普通高等教育“十三五”规划教材

物理化学实验指导

WULI HUAXUE SHIYAN ZHIDAO

贺全国　汤建新　刘展鹏　主编

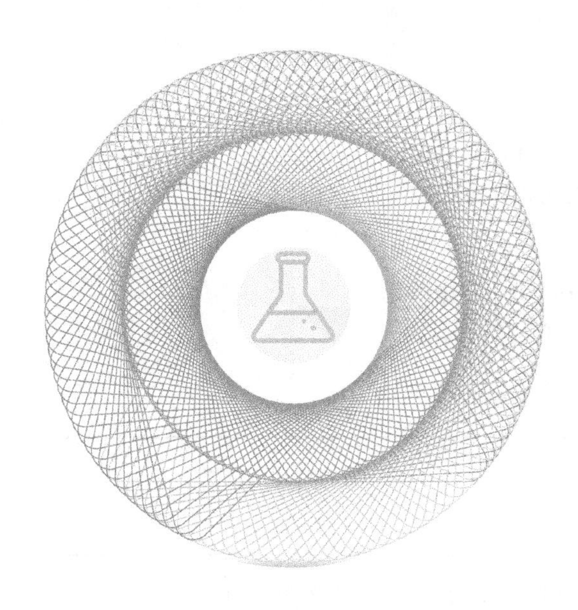

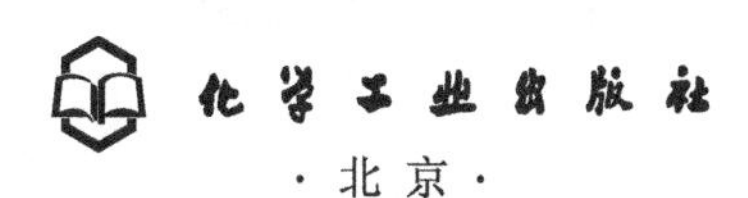

·北京·

《物理化学实验指导》综合多所高校物理化学基础实验教学的多年基本实践，根据新工科建设以及“六卓越一拔尖”计划2.0等理工科高校教育改革新精神，充分考虑物理化学学科的发展情况并结合先进实验教学理念编写而成。全书分为绪论、物理化学实验基础知识与技术、基础物理化学实验、综合性物理化学实验及附录等部分，内容覆盖物理化学热力学、动力学、电化学、胶体与表（界）面化学等分支，有利于学生掌握物理化学基本原理、实验技能和实验方法，促进学生养成独立设计实验的良好习惯，着力培养学生的实践创新能力。

本书可作为普通高等理工科化学化工类专业的基本实验课教材，也可供化学化工类职业院校师生参考。

图书在版编目（CIP）数据

物理化学实验指导/贺全国，汤建新，刘展鹏主编.
—北京：化学工业出版社，2019.12（2023.2重印）
ISBN 978-7-122-35631-4

Ⅰ.①物… Ⅱ.①贺…②汤…③刘… Ⅲ.①物理化学-化学实验-高等学校-教学参考资料 Ⅳ.①O64-33

中国版本图书馆CIP数据核字（2019）第267881号

责任编辑：旷英姿　林　媛　　　　装帧设计：王晓宇
责任校对：宋　玮

出版发行：化学工业出版社（北京市东城区青年湖南街13号　邮政编码100011）
印　　装：北京科印技术咨询服务有限公司数码印刷分部
787mm×1092mm　1/16　印张14½　字数356千字　　2023年2月北京第1版第2次印刷

购书咨询：010-64518888　　　　售后服务：010-64518899
网　　址：http://www.cip.com.cn
凡购买本书，如有缺损质量问题，本社销售中心负责调换。

定　　价：45.00元

前言

物理化学作为四大基础化学实验之一，其实验原理和方法对化学化工等相关专业的专业实验及科学研究具有普遍的指导意义。本书综合多所高校物理化学基础实验教学的多年基本实践，根据新工科建设以及“六卓越一拔尖”计划2.0等理工科高校教育改革新精神，以及理论性与实践性相结合、基础性与前瞻性相结合、基本技能训练与学术能力培养相结合等先进实验教学理念，同时充分考虑物理化学学科的发展和实验仪器设备的更新情况编写而成。全书包括绪论、物理化学实验基础知识与技术、基础物理化学实验、综合性物理化学实验及附录等内容，含36个实验项目、15种仪器和6类实验知识与技术介绍。

本书安排了实验基础知识与技术及28个基础实验项目介绍，内容覆盖物理化学热力学、动力学、电化学、胶体与表（界）面化学等分支学科，有利于学生对物理化学基本实验技能和基本原理、实验方法的掌握。此外，本书还编写了8个综合性实验，简单介绍了实验背景和原理，并以“实验提示”的形式对实验过程进行了简单的说明，目的是鼓励学生对实验进行独立深入的思考，结合所学的物理化学知识进行实验设计，以期初步养成学生独立设计实验的良好习惯，着力培养学生的解决实践问题和实践创新能力。

本书具有以下几个特点：第一，在实验原理的介绍中紧密联系物理化学理论课程，在实验方法的介绍中注重实验的设计思路，便于学生了解实验原理与方法之间的内在联系，掌握科学研究的基本方法，培养科学的思维方式；第二，在实验方法中加强了实验手段与方法的更新和发展，大力引入现代实验技术与手段，突出了计算机技术在物理化学实验中的应用，以期最大限度激发学生的学习兴趣，增强学生对现代实验技术的了解；第三，基础实验部分设计规范的数据记录表格，有利于培养学生实验过程的严谨性和规范性。

本书由贺全国、汤建新、刘展鹏主编，湖南工业大学生命科学与化学学院李广利、刘军、聂立波、段海婷、李福枝、龙兰共同参与编写。编写过程中得到了湖南工业大学生命科学与化学学院及湘潭大学化学学院的领导的大力支持和关怀，多位从事物理化学教学的一线同仁对本书的编写提出宝贵的建议，特此表示感谢！

本书可作为高等学校化学化工等相关专业的物理化学实验教材，也可供从事化学化工研究的科研人员参考。限于编者的水平，书中不乏缺点和不足，衷心期望读者批评指正。

编者

2019年9月

目录

第一篇 绪 论

第三篇　基础物理化学实验

第四篇　综合性物理化学实验

附录 物理化学实验常用数据表

参考文献

第一篇 绪 论

物理化学实验是化学实验学科的一个重要分支，它是借助于物理学的原理、技术、手段、仪器和设备，运用数学运算工具来研究和探讨物质体系的物理化学性质和化学反应规律的一门学科。物理化学实验是继无机化学实验、分析化学实验、有机化学实验后的一门基础实验课程。这门课程对本科生四年来实验技术的提高和升华起着承前启后的桥梁作用，为毕业论文工作的顺利开展提供了可靠的方法论和技术手段。

一、物理化学实验的目的

物理化学实验是化学教学体系中一门独立的课程，它与物理化学课程的关系最为密切，但与后者又有明显的区别：物理化学课程注重物理化学理论知识的掌握；而物理化学实验则要求学生能够熟练运用物理化学原理解决实际化学问题。

物理化学实验是在无机化学实验、分析化学实验、有机化学实验的基础上，运用物理化学的知识，承上启下，对体系进行综合性质测定的基础实验。其特点是实验中常采用多种物理测量仪器，利用物理方法研究化学变化规律。物理化学实验的目的是使学生初步了解物理化学的研究方法，掌握物理化学的基本实验技术和技能，学习化学实验研究的基本方法，为将来从事化学理论研究和与化学相关的实践活动打下良好的基础。

物理化学实验的主要目的是：

① 使学生掌握物理化学实验中常见的物理量（如温度、压力、电性质和光学性质等）的测量原理和方法，熟悉物理化学实验常用仪器和设备的原理与使用，从而能够根据所学原理与技能选择和使用仪器，设计实验方案，为后续的学习及今后的工作打下必要的基础。

② 培养学生观察实验现象，能够正确记录和处理数据，并具备进行实验结果的分析和归纳，以及书写规范、完整的实验报告等能力。养成严肃认真、实事求是的科学态度和作风。

③ 验证所学的有关基础理论，巩固和加深对物理化学的基本概念、基本原理的理解。

物理化学实验的基本任务是，通过讲授和十几个实验项目的训练，使学生掌握物理化学基本实验技术（如恒温调节、热化学测量、电化学测量、晶体结构测定）和一些常用物理化学实验仪器（如贝克曼温度计、电位差计、旋光仪、分光光度计、磁天平）的使用方法。理解每个实验的基本原理，进一步提高学生的实验技能。

二、 物理化学实验的要求

物理化学实验整个过程包括实验前预习、实验操作、数据测量和书写报告等几个步骤，为达到上述的实验目的，基本要求如下。

1. 实验预习

学生应事前仔细阅读实验内容，了解实验的目的要求、原理、方法，明确实验所需测量的物理量，了解一些特殊测量仪器的简单原理及操作方法。在预习中应特别注意影响实验成败的关键操作。

在充分预习的基础上写出预习报告。预习报告包括实验的简单原理和步骤，操作要点和记录数据的表格，以及预习中产生的疑难问题。上实验课时要将预习本带上，实验指导教师在实验前要检查学生的预习情况，并作必要的提问。无预习报告者，不得进行实验。

2. 实验过程

实验前，学生要检查实验装置与试剂是否符合实验要求，经检查认为合格后，方可进行实验。

实验过程中，要求操作准确，观察现象要仔细、认真，记录要准确、完整、整洁；要开动脑筋，善于发现和解决实验中出现的问题；实验时，应保持安静，仔细认真地完成每一步骤的操作。

实验结束后，实验原始记录需经指导教师检查签字；整理或清洗实验仪器，所有仪器应恢复原状，排列整齐，经教师检查后，方可离开实验室。

3. 撰写实验报告

实验报告必须个人独立完成，要用简练的语言，完整地表达所要说明的问题。

实验报告的内容包括：实验名称、实验目的、简明原理（包括必要的计算公式）、仪器装置示意图、扼要的实验步骤和关键操作、数据记录与处理、实验结果讨论等。

实验报告格式见图 1-0-1。

姓名＿＿＿＿＿ 学号＿＿＿＿＿ 班级＿＿＿＿＿

课程＿＿＿＿＿ 实验名称＿＿＿＿＿ 实验次数＿＿＿＿＿

组号＿＿＿＿＿ 实验日期＿＿＿＿＿ 页数＿＿＿＿＿

一、实验目的

二、实验原理

简单介绍原理，包括必要的计算公式和实验装置图。

三、实验用品

试剂

仪器

四、操作步骤

五、注意事项

六、数据记录与处理

日期＿＿＿＿＿ 温度＿＿＿＿＿ 气压＿＿＿＿＿

1. 实验原始数据表格

2. 数据处理结果（包括图形分析）

七、结果讨论及实验感受

图 1-0-1　实验报告基本格式

实验数据尽可能采用表格形式，作图必须用坐标纸，数据处理和作图应按误差有关规定进行。如应用计算机处理实验数据，则应附上计算机打印的记录。讨论内容包括：对实验过程特殊现象的分析和解释、实验结果的误差分析、实验的改进意见、实验应用及心得体会等。

三、物理化学实验的安全与防护

物理化学是一门实验性科学，实验室安全工作非常重要。具体应做好以下三方面的工作。

1. 仪器的使用与维护

仪器使用得当，维护及时，可大大延长使用寿命，保证一定的测量精度，同时大幅提高使用效益。学生要做好以下工作：

① 仔细阅读仪器使用说明书，严格遵守操作规程，弄清仪器的结构原理、使用方法和注意事项。

② 仪器接好线路后，经仔细检查确认无误后方可接通电源进行实验。实验完毕后，关机时应按开机的逆顺序进行。

③ 根据实验需要和仪器情况选择适当的测量精度和量程。在未知测量范围时，量程应放在最大挡，然后逐渐降挡。

④ 光学仪器上的透镜、反射镜、棱镜、光栅等切忌用手触摸。如有灰尘应先用洗耳球吹去，再用镜头纸轻擦干净，但光栅不能用镜头纸擦拭。

2. 实验室安全用电常识

① 常用交流电。我国市售交流电为 50Hz、220V 的交流电。

② 安全电压。我国规定的安全电压为 36V、50Hz 的交流电，超过 45V 为危险电压。

③ 操作电器时，手必须干燥。

④ 修理和安装电器设备必须先切断电源。

⑤ 物理化学实验室一般允许最大电流为 30A，实验台电流最大不超过 15A，切忌超负荷工作。

⑥ 仪器的保险丝使用要合理，不能使用不匹配的保险丝。

3. 高压储气瓶的使用与防护

① 注意不同类型的气体，其储气瓶颜色的异同。

② 正确使用减压阀。

③ 实验者手、衣服或工具上沾污油脂者不得使用氧气类钢瓶。

④ 氧气钢瓶漏气时不得使用麻、棉等物去堵漏。

4. 实验过程中的防护意识

（1）防毒

① 实验前，应了解所用药品的毒性及防护措施。

② 操作有毒气体（如 H_2S、Cl_2、Br_2、NO_2、浓 HCl 和 HF 等）应在通风橱内进行。

③ 苯、四氯化碳、乙醚、硝基苯等的蒸气会引起中毒。它们虽有特殊气味，但久嗅会使人嗅觉减弱，所以应在通风良好的情况下使用。

④ 有些药品（如苯、有机溶剂、汞等）能透过皮肤进入人体，应避免与皮肤接触。

⑤ 氰化物、高汞盐［$HgCl_2$、$Hg(NO_3)_2$ 等］、可溶性钡盐（$BaCl_2$）、重金属盐（如镉、铅盐）、三氧化二砷等剧毒药品，应妥善保管，使用时要特别小心。

⑥ 禁止在实验室内喝水、吃东西。饮食用具不要带进实验室，以防毒物污染，离开实验室及饭前要洗净双手。

（2）防爆

可燃气体与空气混合，当两者比例达到爆炸极限时，受到热源（如电火花）的诱发，就会引起爆炸。一些气体的爆炸极限见表 1-0-1。

① 使用可燃性气体时，要防止气体逸出，室内通风要良好。

② 操作大量可燃性气体时，严禁同时使用明火，还要防止发生电火花及其他撞击火花。

③ 有些药品如叠氮铝、乙炔银、乙炔铜、高氯酸盐、过氧化物等受震和受热都易引起爆炸，使用要特别小心。

④ 严禁将强氧化剂和强还原剂放在一起。

⑤ 久藏的乙醚使用前应除去其中可能产生的过氧化物。

⑥ 进行容易引起爆炸的实验，应有防爆措施。

表 1-0-1　与空气相混合的某些气体的爆炸极限（20℃，1atm）

气体	爆炸高限（体积分数）/%	爆炸低限（体积分数）/%	气体	爆炸高限（体积分数）/%	爆炸低限（体积分数）/%
氢	74.2	4.0	乙酸	—	4.1
乙烯	28.6	2.8	乙酸乙酯	11.4	2.2
乙炔	80.0	2.5	一氧化碳	74.2	12.5
苯	6.8	1.4	水煤气	72	7.0
乙醇	19.0	3.3	煤气	32	5.3
乙醚	36.5	1.9	氨	27.0	15.5
丙酮	12.8	2.6			

（3）防火

① 许多有机溶剂如乙醚、丙酮、乙醇、苯等非常容易燃烧，大量使用时室内不能有明火、电火花或静电放电。实验室内不可存放过多这类药品，用后还要及时回收处理，不可倒入下水道，以免聚集引起火灾。

② 有些物质如磷、金属钠、钾、电石及金属氢化物等，在空气中易氧化自燃。还有一些金属如铁、锌、铝等粉末，比表面积大也易在空气中氧化自燃。这些物质要隔绝空气保存，使用时要特别小心。

实验室如果着火不要惊慌，应根据情况进行灭火，常用的灭火剂有：水、沙、二氧化碳灭火器、四氯化碳灭火器、泡沫灭火器和干粉灭火器等。可根据起火的原因选择使用，以下几种情况不能用水灭火：金属钠、钾、镁、铝粉、电石、过氧化钠着火，应用干沙灭火；比水轻的易燃液体，如汽油、苯、丙酮等着火，可用泡沫灭火器；有灼烧的金属或熔融物的地方着火时，应用干沙或干粉灭火器；电器设备或带电系统着火，可用二氧化碳灭火器或四氯化碳灭火器。

（4）防灼伤

强酸、强碱、强氧化剂、溴、磷、钠、钾、苯酚、冰醋酸等都会腐蚀皮肤，特别要防止溅入眼内。液氧、液氮等的低温也会严重灼伤皮肤，使用时要小心。万一灼伤应及时治疗。

四、测量误差与实验数据的处理

在物理化学实验中，通常是在一定的条件下测量某一个或几个物理量的大小，然后用计算或作图的方法求得其物理化学的数值或验证规律。如何选择适当的测量方法，如何估计所测得结果的可行程度，如何对所得数据进行合理的处理，这是实验中经常遇到的问题。因此，要做好物理化学实验，必须进行正确的测量以及对数据进行合适的处理。

1. 常用仪器的测量精度

在实验中，必须按照所用仪器的测量精度来记录数据。物理化学实验中常用仪器的测量精度 d 见表 1-0-2～表 1-0-6。

表 1-0-2 分析天平的测量精度

天平	一等分析天平	二等分析天平	工业天平
d/kg	$\pm 0.0001 \times 10^{-3}$	$\pm 0.0004 \times 10^{-3}$	$\pm 0.05 \times 10^{-3}$

表 1-0-3 台秤的测量精度

称重	称量 1kg	称量 0.1kg
d/kg	$\pm 0.1 \times 10^{-3}$	$\pm 0.02 \times 10^{-3}$

表 1-0-4 移液管的测量精度

规格/mL	一等仪器的 d/mL	二等仪器的 d/mL
50	±0 .05	±0.12
25	±0.04	±0.10
10	±0.02	±0.04
5	±0.01	±0.03
2	±0.006	±0.01

表 1-0-5 容量瓶的测量精度

规格/mL	一等仪器的 d/mL	二等仪器的 d/mL
250	±0.10	±0.20
100	±0.10	±0.20
50	±0.05	±0.10

表 1-0-6 水银温度计的测量精度

水银温度计	1℃刻度温度计	0.1℃刻度温度计	贝克曼温度计
d/℃	±0.2	±0.02	±0.002

注：一般 d 取温度计最小分度值的 1/10 或 1/5。

水银压力计的测量精度 d 取±13Pa（或±0.1mmHg）；1.0 级电表测量精度 d 取最大量程值的 1%；0.5 级电表测量精度 d 取最大量程值的 0.5%。

如果对某仪器的精度不详，则按一般经验，d 为其最小分度值的 3/10。

2. 实验误差的估计

在物理化学实验中，有些物理量是能够直接测量的，有些则不能直接测量，而是通过对一些物理量的直接测得的数值，按照一定的公式加以运算才能等到，这称为间接测量。在间接测量中每个直接测量的误差都会影响最后结果的误差。误差分为以下几种。

① 随机误差　也称为偶然误差和不定误差，是由于在测定过程中一系列有关因素微小的随机波动而形成的具有相互抵偿性的误差。其产生的原因是分析过程中种种不稳定随机因

素的影响，如室温、相对湿度和气压等环境条件的不稳定，分析人员操作的微小差异以及仪器的不稳定等。随机误差的大小和正负都不固定，但多次测量就会发现，绝对值相同的正负随机误差出现的概率大致相等，因此它们之间常能互相抵消，所以可以通过增加平行测定的次数取平均值的办法减小随机误差。

② 系统误差　是指一种非随机性误差。如违反随机原则的偏向性误差，在抽样中由登记记录造成的误差等。它使总体特征值在样本中变得过高或过低。产生原因主要有：

a. 所抽取的样本不符合研究任务；

b. 不了解总体分布的性质选择了可能曲解总体分布的抽样程序；

c. 有意识地选择最方便的和解决问题最有利的总体元素，但这些元素并不代表总体(例如只对先进企业进行抽样)。

这类误差只要事先作好充分准备，是可以避免的。

③ 粗差　是指在相同观测条件下作一系列的观测，是测量误差的种类之一，一般是指绝对值大于 3 倍中误差的观测误差，包括内外作业中因疏忽大意而造成的差错在内。其绝对值超过限差的测量偏差，含有粗差的测量数据绝不能采用。

不同函数关系时计算相对误差和绝对误差的公式列于表 1-0-7。

表 1-0-7　利用函数关系计算时的相对误差和绝对误差公式

函数关系	绝对误差	相对误差
加法　设 $u=x+y$	$\Delta u=\pm(\lvert\Delta\bar{x}\rvert+\lvert\Delta\bar{y}\rvert)$	$\dfrac{\Delta u}{u}=\pm\left(\dfrac{\lvert\Delta\bar{x}\rvert+\lvert\Delta\bar{y}\rvert}{x+y}\right)$
减法　设 $u=x-y$	$\Delta u=\pm(\lvert\Delta\bar{x}\rvert+\lvert\Delta\bar{y}\rvert)$	$\dfrac{\Delta u}{u}=\pm\left(\dfrac{\lvert\Delta\bar{x}\rvert+\lvert\Delta\bar{y}\rvert}{x-y}\right)$
乘法　设 $u=xy$	$\Delta u=\pm(x\lvert\Delta\bar{y}\rvert+y\lvert\Delta\bar{x}\rvert)$	$\dfrac{\Delta u}{u}=\pm\left(\dfrac{\lvert\Delta\bar{x}\rvert}{x}+\dfrac{\lvert\Delta\bar{y}\rvert}{y}\right)$
除法　设 $u=x/y$	$\Delta u=\pm\left(\dfrac{x\lvert\Delta\bar{y}\rvert+y\lvert\Delta\bar{x}\rvert}{y^2}\right)$	$\dfrac{\Delta u}{u}=\pm\left(\dfrac{\lvert\Delta\bar{x}\rvert}{x}+\dfrac{\lvert\Delta\bar{y}\rvert}{y}\right)$
乘方　设 $u=x^n$	$\Delta u=\pm(nx^{n-1}\lvert\Delta\bar{x}\rvert)$	$\dfrac{\Delta u}{u}=\pm n\left(\dfrac{\lvert\Delta\bar{x}\rvert}{x}\right)$
对数　设 $u=\ln x$	$\Delta u=\pm\left(\left\lvert\dfrac{\Delta\bar{x}}{x}\right\rvert\right)$	$\dfrac{\Delta u}{u}=\pm\left(\dfrac{\lvert\Delta\bar{x}\rvert}{x\ln x}\right)$

由此可见，若几个数值相乘或相减时，最后结果的相对误差，等于各个数值的相对误差之和。因此，结果的相对误差比其中任一个数据测量的相对误差都大。

如果知道直接测量的误差对最后结果产生的影响，那就可以了解哪一方面的测量是实验结果误差的主要来源，如果事先预定了最后结果的误差限度，则各直接测定值可允许的最大误差也可断定，据此就可以选择合适的精密度的测量工具与之配合。但是，如果盲目地使用精密仪器，不考虑相对误差，不考虑仪器的相互配合，则非但不能提高测量结果的准确度，反而徒然枉费精力，浪费仪器和药品。

事先计算各个测量的误差，分析其影响，能使人们选择正确的实验方法，选用精密度适宜的仪器，抓住实验测量关键，获得较好的实验结果。

3. 误差分析应用举例

例如：以苯为溶剂，用凝固点下降法测萘的摩尔质量，计算公式为：

$$M_B=\frac{K_f W_B}{W_A(T_f^0-T_f)}$$

式中，A 和 B 分别代表溶剂和溶质；K_f 为凝固点下降常数；W_A、W_B、T_f^0 和 T_f 分别为苯和萘的质量以及苯和溶液的凝固点，且均为实验的直接测量值。根据这些测量值（见表 1-0-8 中前三列数据）求摩尔质量的相对误差 $\Delta M/M$，并估计所求摩尔质量的最大误差。已知苯的 K_f 为 $5.12 \text{K} \cdot \text{mol}^{-1} \cdot \text{kg}$。

表 1-0-8 实验测值及误差计算

实验次数	1	2	3	平均	平均误差
T_f^0/℃	5.801	5.790	5.802	5.797	±0.005(1)
T_f/℃	5.500	5.504	5.495	5.500	±0.003(2)

(1) 平均误差 $\Delta T_f^0 = \dfrac{|5.801-5.797|+|5.790-5.797|+|5.802-5.797|}{3} = \pm 0.005℃$

(2) 平均误差 $\Delta T_f = \dfrac{|5.500-5.500|+|5.504-5.500|+|5.495-5.500|}{3} = \pm 0.003℃$

实验测量值的平均值及平均误差列于表 1-0-8 后两列，实验测量时的仪器精度及相对误差列于表 1-0-9。

表 1-0-9 实验测量的 W_A、W_B 和 $(T_f^0 - T_f)$ 值及相对误差

测量值	使用仪器及测量精度	相对误差
$W_A = 20.00\text{g}$	工业天平，±0.05g	$\dfrac{\Delta W_A}{W_A} = \dfrac{\pm 0.05}{20} = \pm 2.5 \times 10^{-3}$
$W_B = 0.1472\text{g}$	分析天平，±0.0002g	$\dfrac{\Delta W_B}{W_B} = \dfrac{\pm 0.0002}{0.15} = \pm 1.3 \times 10^{-3}$
$T_f^0 - T_f = 0.297℃$	贝克曼温度计，±0.002℃	$\dfrac{\Delta T_f^0 + \Delta T_f}{T_f^0 - T_f} = \dfrac{\pm\|0.005+0.003\|}{0.3} = \pm 0.027$

根据误差传递公式有：

$$\frac{\Delta M}{M} = \pm\left(\frac{\Delta W_A}{W_A} + \frac{\Delta W_B}{W_B} + \frac{\Delta T_f^0 + \Delta T_f}{T_f^0 - T_f}\right)$$

$$= \pm\left(\frac{0.05}{20} + \frac{0.0002}{0.15} + \frac{0.008}{0.3}\right) = \pm 0.031$$

$$M = \frac{5.12 \times 1000 \times 0.1472}{20.00 \times 0.297} = 127$$

$$\Delta M = 127 \times 0.031 = 3.9$$

因此，
$$M = (127 \pm 4)\text{g} \cdot \text{mol}^{-1}$$

从以上测量结果可见，最大误差来源是温度差的测量，而温度差的误差又取决于测温精度和操作技术条件的限制。只有当测量操作控制精度和仪器精度相符时，才能以仪器的测量精度估计测量的最大误差。上例中贝克曼温度计的读数精度可达± 0.002℃，而温度差测量的最大误差达 0.008℃，所以不能直接用贝克曼温度计的测量精度来估计测量的最大误差。因此在实验之前要估算各测量值的误差，有助于正确选择实验方法和选用精密度相当的仪器，达到预期的效果。

五、实验数据的表示与处理

1. 有效数字

在物理化学实验中，为了得到准确的实验结果，不仅要准确地测定各种数据，而且还要

正确地记录数据和计算。对任一物理量的测量，其数据不仅表示该物理量的大小，而且还反映了测定的准确程度，其准确度是有限的，我们只能以某一近似值表示之。例如：

$$K=\frac{IUT}{\Delta T}=\frac{1.02\times 0.98\times 1260}{0.802}=1570.4438$$

从运算来讲，并无错误，但实际上用这样几位数字表示上述测量结果是错误的，因为实验所用的测量仪器不可能准确到这种程度。

(1) 有效数字及其记录

有效数字是指实际上能测量到的数字。记录数据和计算结果究竟应该保留几位有效数字，须根据使用仪器的精度来决定，所保留的有效数字中只有最后一位是可疑的数字。

例如：分析天平　　1.6848g　　五位有效数字

　　　滴定管　　　24.40mL　　四位有效数字

有效数字越多，表明测量结果的准确度越高，但超过测量精度的范围，过多的位数毫无意义。

在确定有效数字时，要注意“0”这个符号。

0.0015g　　二位有效数字

0.150g　　三位有效数字

至于750mmHg中的“0”很难说是不是有效数字，应写成指数形式。

7.5×10^2 mmHg　　二位有效数字

7.50×10^2 mmHg　　三位有效数字

pH=13.54　　四位有效数字

$[H^+]=3.2\times 10^{-7}\text{mol}\cdot L^{-1}$　　二位有效数字

(2)有效数字的运算

有效数字进行运算时舍去多余数字时采用“四舍六入五留双”的原则。即欲保留的末位有效数字其后面第一位数字为4及以下时，则舍去；若为6及以上，则在前一位加上1；若为5时，如果前一位数字为奇数，则加上1(即成“双”)，如果前一位数字为偶数，则舍去不计。例如：

数字	四位有效数字	五位有效数字
27.0235	27.02	27.024
27.0115	27.01	27.012
27.1065	27.11	27.106

① 加减运算时，计算结果有效数字末位的位置应与各项中绝对误差最大的那项相同。例如：

```
  0.12                                     0.12
+)12.232   应先进行有效数字修约再计算   +)12.23
-) 1.5683                              -)1.57
```

② 若第一位有效数字等于或大于8，则有效数字位数可多记1位。例如：

8.12　　四位有效数字

9.03　　四位有效数字

③ 乘除运算时，所得积或商的有效数字，应以各值中有效数字最低者为标准。例如：

$$2.3\times0.524=1.2$$

$$\frac{1.751\times0.0191}{91}=\frac{1.75\times0.0191}{91}=3.67\times10^{-4}$$

三个量的平均值：$\frac{11.8+11.6+11.7}{3}=11.7$

“3”并不意味着只有一位有效数字，它是自然数，非测量所得，因此应将它视为无限多位有效数字。π、e 等也同样视为无限多位有效数字。

④ 在比较复杂的计算中，要按先加减后乘除的方法。

计算中间各步可保留各数值位数较以上规则多一位。以免由于多次四舍五入引起误差积累，但最后结果仍只保留应有的位数。例如：

$$\left[\frac{0.663\times(78.42+5.3)}{881-851}\right]^2=\left[\frac{0.663\times83.7}{30}\right]^2=3.4$$

⑤ 在对数计算中，所取对数位数（对数首数除外）应与真数的有效数字相同。例如：

$$\lg317.2=2.5013\ ;\ \lg7.1=0.85\ ;\ 0.652=\lg4.49$$

2. 实验数据的表达方法

（1）列表法

在物理化学实验中，用表格来表示实验结果是指自变量与因变量一个一个地对应着排列起来，以便从表格上能清楚而迅速地看出两者的关系。作表格时，应注意以下几点：

① 表格名称　每一表格均有一个完全而简明的名称。

② 行名与量纲　每一变量应占表格中的一行，每一行的第一列写出该变量的名称及量纲。

③ 正确地使用有效数字。

④ 指数形式的写法　用指数来表示数据中小数点位置时，为简便起见，可以将指数放在行名旁，但此时指数上的正负号易号。

例如：液体饱和蒸气压测定实验的原始数据如表 1-0-10 所示。

表 1-0-10　不同温度下乙醇的饱和蒸气压

温度 t/℃	20.0	24.0	28.0	32.0	36.0
蒸气压 p/kPa	5.89	7.42	9.27	11.61	14.40

将表 1-0-10 进行数据处理后的结果列于表 1-0-11 中：

表 1-0-11　液体饱和蒸气压数据处理结果

$(1/T)\times10^3/\mathrm{K}^{-1}$	3.41	3.37	3.32	3.28	3.23
$\lg(p/p^0)$	−1.23	−1.13	−1.03	−0.935	−0.842

（2）图解法

利用图解法可以直观显示出变量间的依赖关系，同时可以从图中内插值、外推值、曲线的斜率、发现极值、转折点及其他周期性变化规律等，从而计算其他物理量。

① 作图法在物理化学实验中的应用　用作图法表达物理化学实验数据，能清楚地显示出所研究的变量的变化规律，如极大值、极小值、转折点、周期性、数量的变化速率等重要性质。根据所作的图形，还可以作切线、求面积，将数据进一步处理。作图法的应用极为广泛，其中最重要的有：

a. 求外推值　有些不能由实验直接测定的数据，常常可以用作图外推的方法求得。主要是利用测量数据间的线性关系，外推至测量范围之外，求得某一函数的极限值，这种方法称为外推法。例如，用黏度法测定高聚物的分子量实验中，首先必须用外推法求得溶液的浓度趋于零时的黏度（即特性黏度）值，才能算出分子量。

b. 求极值或转折点　函数的极大值、极小值或转折点，在图形上表现得很直观。例如，环己烷-乙醇双液系相图确定最低恒沸点（极小值）。

c. 求经验方程　若因变量与自变量之间有线性关系，那么就应符合下列方程：

$$y=ax+b$$

它们的几何图形应为一直线，a 是直线的斜率，b 是直线在 y 轴上的截距。应用实验数据作图，作一条尽可能联结诸实验点的直线，从直线的斜率和截距便可求得 a 和 b 的具体数据，从而得出经验方程。

对于因变量与自变量之间是曲线关系而不是直线关系的情况，可对原有方程或公式作若干变换，转变成直线关系。如朗格缪尔吸附等温式：

$$\Gamma=\Gamma_{\infty}\frac{Kc}{1+Kc}$$

吸附量 Γ 与浓度 c 之间为曲线关系，难以求出饱和吸附量 Γ_{∞}。可将上式改写成：

$$\frac{c}{\Gamma}=\frac{1}{K\Gamma_{\infty}}+\frac{1}{\Gamma_{\infty}}c$$

以 c/Γ 对 c 作图得一直线，其斜率的倒数为 Γ_{∞}。

d. 作切线求函数的微商　作图法不仅能表示出测量数据间的定量函数关系，而且可以从图上求出各点函数的微商。具体做法是在所得曲线上选定若干个点，然后用镜像法作出各切线，计算出切线的斜率，即得该点函数的微商值。

e. 求导数函数的积分值（图解积分法）　设图形中的因变量是自变量的导数函数，则在不知道该导数函数解析表示式的情况下，也能利用图形求出定积分值，称图解积分，通常求曲线下所包含的面积常用此法。

② 作图的一般原则

a. 坐标纸　在作图时选用最多的是直角坐标纸，有时也用半对数或全对数纸，在表示三组分体系相图时，常用三角坐标纸。

b. 坐标轴　坐标纸分为直角坐标纸，半对数或对数坐标纸，三角坐标纸和极坐标纸等几种，其中直角坐标纸最常用。选好坐标纸后，还要正确选择坐标标度，要求：要能表示全部有效数字；坐标轴上每小格的数值，应可方便读出，且每小格所代表的变量应为 1、2、5 的整数倍，不应为 3、7、9 的整数倍。如无特殊需要，可不必将坐标原点作为变量零点，而从略低于最小测量值的整数开始，可使作图更紧凑，读数更精确；若曲线是直线或近乎直线，坐标标度的选择应使直线与 x 轴约成 45°夹角。

c. 绘制测量点　将测得的各数据绘于图上，点的大小应代表测量的精确度。在同一个图上，如有几组测量数据，可分别用 △、×、⊙、○、●等不同符号加以区别，并在图上对这些符号注明。

d. 作曲线　用曲线尺或曲线板作尽可能接近各点的曲线，曲线应光滑清晰。曲线不必通过所有的点，但分布在曲线两旁的点数应近似相等，测量点与曲线距离应尽可能小。连线的好坏会直接影响到实验结果的准确性，如有条件鼓励用计算机作图。

e. 写图名 曲线作好后，应写上完整的图名、比例尺以及主要的测量条件，如：温度、压力等。

③ 在曲线上作切线通常用的两种方法

a. 镜像法 若需在曲线上某一点 A 作切线，可取一平面镜垂直放于图纸上，也可用玻璃棒代替镜子，使玻璃棒和曲线的交线通过 A 点，此时，曲线在玻璃棒中的像与实际曲线不相吻合，见图 1-0-2(a)，以 A 点为轴旋转玻璃棒，使玻璃棒中的曲线与实际曲线重合时，见图 1-0-2(b)，沿玻璃棒作直线 MN，这就是曲线在该点的法线，再通过 A 点作 MN 的垂线 CD，即可得切线，见图 1-0-2(c)。

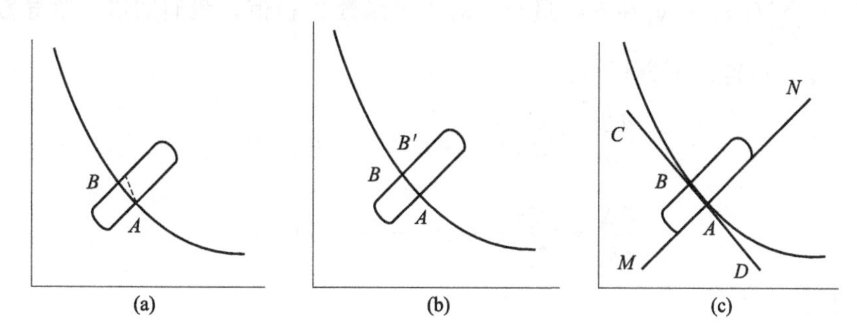

图 1-0-2 镜像法作切线示意图

b. 平行线法 在所选择的曲线段上，作两条平行线 AB、CD，连接两线段的中点 M、N 并延长与曲线交于 O 点，通过 O 点作 CD 的平行线 EF，即为通过 O 点的切线，见图 1-0-3。

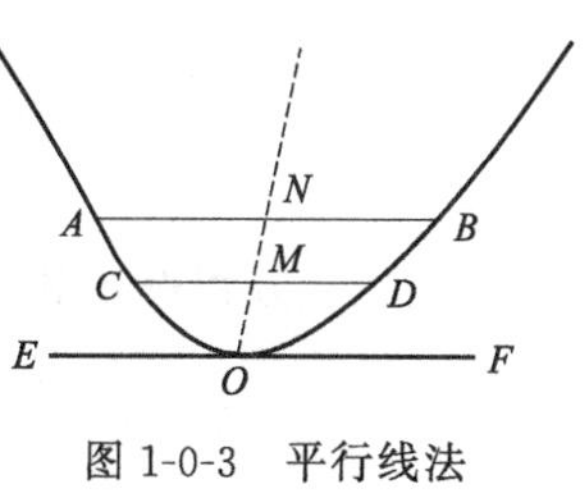

图 1-0-3 平行线法作切线示意图

(3) 数学方程式法

一组实验数据可以用数学方程式表示出来，这样一方面可以反映出数据结果间的内在规律性，便于进行理论解释或说明；另一方面这样的表示简单明了，还可进行微分、积分等其他变换。

对于一组实验数据，一般没有一个简单方法可以直接得到一个理想的经验公式，通常是先将一组实验数据画图，根据经验和解析几何原理，猜测经验公式的应有形式。将数据拟合成直线方程比较简单，但往往数据点间并不呈线性关系，则必须根据曲线的类型，确定几个可能的经验公式，然后将曲线方程转变成直线方程，再重新作图，看实验数据是否与此直线方程相符，最终确定理想的经验公式。

下面介绍几种直线方程拟合的方法：直线方程的基本形式是 $y=ax+b$，直线方程拟合就是根据若干自变量 x 与因变量 y 的实验数据确定 a 和 b。

① 目测制图法 在直角坐标纸上，用实验数据作图得一直线，将直线与轴相交，即为直线截距 b，直线与轴的夹角为 θ，则 $a=\tan\theta$。另外也可在直线两端选两个点，坐标分别为 (x_1, y_1)、(x_2, y_2)，它们应满足直线方程，可得

$$\begin{aligned} y_1 &= ax_1+b \\ y_2 &= ax_2+b \end{aligned}$$

解此联立方程，可得 a 和 b。

② 平均法 平均法的原理是在一组测量数据中，正负偏差出现的机会相等，所有偏差的代数和将为零。计算时将所测的 m 对实验值代入方程 $y=ax+b$，得 m 个方程。将此方

程分为数目相等的两组，将每组方程各自相加，分别得到一方程如下：

$$\sum_{1}^{m/2} y_i = a \sum_{1}^{m/2} x_i + b$$

$$\sum_{(m/2)+1}^{m} y_i = a \sum_{(m/2)+1}^{m} x_i + b$$

解此联立方程，可得 a 和 b。

③ 最小二乘法　假定测量所得数据并不满足方程 $y=ax+b$ 或 $ax-y+b=0$，而存在所谓残差 δ。令：$\delta_i = ax_i - y_i + b$。最好的曲线应能使各数据点的残差平方和（$\Delta$）最小。即 $\Delta = \sum_{1}^{n} \delta_i^2 = \sum_{1}^{n} (ax_i - y_i + b)^2$ 最小。对于求函数 Δ 极值，我们知道一阶导数 $\partial \Delta / \partial a$ 和 $\partial \Delta / \partial b$ 必定为零，可得以下方程组：

$$\frac{\partial \Delta}{\partial a} = 2 \sum_{1}^{n} x_i (ax_i - y_i + b) = 0$$

$$\frac{\partial \Delta}{\partial b} = 2 \sum_{1}^{n} x_i (ax_i - y_i + b) = 0$$

变换后可得：

$$a \sum_{1}^{n} x_i^2 + b \sum_{1}^{n} x_i = \sum_{1}^{n} x_i y_i$$

$$a \sum_{1}^{n} x_i + nb = \sum_{1}^{n} y_i$$

解此联立方程得 a 和 b：

$$a = \frac{n \sum x_i y_i - \sum x_i y_i}{n \sum x_i^2 - (\sum x_i)^2}$$

$$b = \frac{\sum y_i}{n} - a \frac{\sum x_i}{n}$$

3. 计算机处理物理化学实验数据的方法和技术

(1) 常用的数据处理方法

物理化学实验中常用的数据处理方法主要有三种：

① 图形分析及公式计算　如“燃烧热的测定”“溶解热的测定”“凝固点降低法测定摩尔质量”“差热分析”“离子迁移数的测定”“铁的极化和钝化曲线的测定”等实验用此方法。

② 用实验数据作图或对实验数据计算后作图，然后线性拟合　由拟合直线的斜率或截距求得需要的参数。如“液体饱和蒸气压的测定”“一级反应——蔗糖的转化”“丙酮碘化反应动力学”“二级反应——乙酸乙酯的皂化”“黏度法测高聚物的摩尔质量”“偶极矩的测定”等实验用此方法。

③ 非线性曲线拟合，作切线，求截距或斜率　如“溶液表面张力的测定——最大泡压法”等实验用此方法。

第①种数据处理方法用计算器即可完成，第②和第③种数据处理方法可用相关软件在计算机上完成。第②种数据处理方法即线性拟合。第③种数据处理方法即非线性曲线拟合，如果已知曲线的函数关系，可直接用函数拟合，由拟合的参数得到需要的物理量；如果不知道曲线的函数关系，可根据曲线的形状和趋势选择合适的函数和参数，以达到最佳拟合效果，多项式拟合适用于多种曲线，通过对拟合的多项式求导得到曲线的切线斜率，由此进一步处理数据。

（2）计算机数据处理技术

在物理化学实验教学中应用现代信息技术，众多高校教师做了不少的工作。但是，仍然相当滞后于其他领域。实验数据的正确记录、处理、归纳和分析，进而形成完整的实验报告，是物理化学实验教学的基本要求之一。现行广泛使用的教材中，关于实验数据的处理，大多停留在手工处理上。同样的数据由不同的学生来处理，结果很可能不相同；即使同一个学生在不同的时间处理用一组数据，结果也不完全一致。而采用计算机软件处理数据，可以避免繁琐的数据处理过程，提高数据处理的精确度，用表格、图像代替坐标纸，以提高工作效率。另外还可以强化学生的计算机应用能力，激发学生对物理化学实验的兴趣。

目前，用于处理物理化学实验数据的软件主要有两种，即 Microsoft Excel 和 Origin。Microsoft Excel 虽具有强大的数据分析功能，并能很方便地将数据处理过程的基本单元制成电子模板，使用时，只要调出相应的模板，输入原始数据，激活相应的功能按钮，就能得到实验作图要求的各项参数，但其图形处理、分析功能不如 Origin 简便、强大。若将两者结合，利用 Excel 模板制作实验数据处理表，再将作图所需数据直接从 Excel 导入 Origin 作图，就能做到取长补短。

Origin 软件数据处理基本功能包括：对数据进行函数计算或输入表达式计算，数据排序，选择需要的数据范围，数据统计、分类、计数、关联、t-检验等。Origin 软件图形处理基本功能有：数据点屏蔽、平滑、FFT 滤波、差分与积分、基线校正、水平与垂直转换、多个曲线平均、插值与外推、线性拟合、多项式拟合、指数衰减拟合、指数增长拟合、S 形拟合、Gaussian 拟合、Lorentzian 拟合、多峰拟合、非线性曲线拟合等。

物化实验数据处理主要用到 Origin 软件的如下功能：对数据进行函数计算或输入表达式计算、数据点屏蔽、线性拟合、插值与外推、多项式拟合、非线性曲线拟合、差分等。

对数据进行函数计算或输入表达式计算的操作如下：在工作表中输入实验数据，右击需要计算的数据行顶部，从快捷菜单中选择 Set Column Values，在文本框中输入需要的函数、公式和参数，点击 OK，即刷新该行的值。

Origin 可以屏蔽单个数据或一定范围的数据，用以去除不需要的数据。屏蔽图形中的数据点操作如下：打开 View 菜单中 Toolbars，选择 Mask，然后点击 Close。点击工具条上 Mask point toggle 图标，双击图形中需要屏蔽的数据点，数据点变为红色，即被屏蔽。点击工具条上 Hide/Show Mask Points 图标，隐藏屏蔽数据点。

线性拟合的操作：绘出散点图，选择 Analysis 菜单中的 Fit Linear 或 Tools 菜单中的 Linear Fit，即可对该图形进行线性拟合。结果记录中显示：拟合直线的公式、斜率和截距的值及其误差，相关系数和标准偏差等数据。

插值与外推的操作：线性拟合后，在图形状态下选择 Analysis 菜单中的 Interpolate/Extrapolate，在对话框中输入最大 X 值和最小 X 值及直线的点数，即可对直线插值和外推。

Origin 提供了多种非线性曲线拟合方式：①在 Analysis 菜单中提供了如下拟合函数：多项式拟合、指数衰减拟合、指数增长拟合、S 形拟合、Gaussian 拟合、Lorentzian 拟合和多峰拟合；在 Tools 菜单中提供了多项式拟合和 S 形拟合。②Analysis 菜单中的 Non-linear

Curve Fit 选项提供了许多拟合函数的公式和图形。③Analysis 菜单中的 Non-linear Curve Fit 选项可让用户自定义函数。

多项式拟合适用于多种曲线，且方便易行，操作如下：对数据作散点图，选择 Analysis 菜单中的 Fit Polynomial 或 Tools 菜单中的 Polynomial Fit，打开多项式拟合对话框，设定多项式的级数、拟合曲线的点数、拟合曲线中 X 的范围，点击 OK 或 Fit 即可完成多项式拟合。结果记录中显示：拟合的多项式公式、参数的值及其误差，R^2（相关系数的平方）、SD（标准偏差）、N（曲线数据的点数）、P 值（$R^2=0$ 的概率）等。

差分即对曲线求导，在需要作切线时用到。可对曲线拟合后，对拟合的函数手工求导，或用 Origin 对曲线差分，操作如下：选择需要差分的曲线，点击 Analysis 菜单中 Calculus/Differentiate，即可对该曲线差分。

另外，Origin 可打开 Excel 工作簿，调用其中的数据，进行作图、处理和分析。Origin 中的数据表、图形以及结果记录可复制到 Word 文档中，并进行编辑处理。

关于 Origin 软件的其他的更详细的用法，参照 Origin 用户手册及有关参考资料。

4. 计算机实验数据处理实例

(1) 用 Excel 列表处理数据及作图

在液体饱和蒸气压测定实验中，直接测量了 9 个温度及对应的真空度。数据处理时，要计算蒸气压、$1/T$、$\ln p$，作 $\ln p$- $1/T$ 图，拟合直线求斜率，计算平均摩尔汽化焓。用 Excel 处理数据步骤如下：

① 启动 Excel，将大气压、9 个温度及对应的真空度数据填入表格，在 D2～D10 格中输入公式计算蒸气压，在 E2～E10 格中输入公式计算 $1/T$，在 F2～F10 格中输入公式计算 $\lg p$，如图 1-0-4 所示。

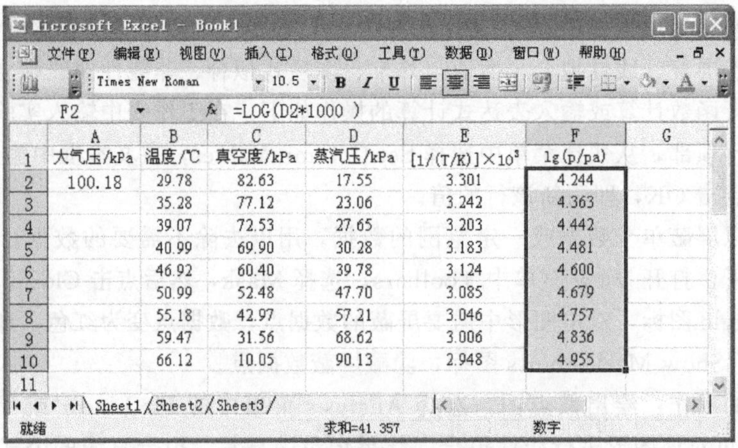

Microsoft Excel - Book1

文件(F) 编辑(E) 视图(V) 插入(I) 格式(O) 工具(T) 数据(D) 窗口(W) 帮助(H)

Times New Roman 10.5

F2 =LOG(D2*1000)

	A	B	C	D	E	F	G
1	大气压/kPa	温度/℃	真空度/kPa	蒸汽压/kPa	[1/(T/K)]×10³	lg(p/pa)	
2	100.18	29.78	82.63	17.55	3.301	4.244	
3		35.28	77.12	23.06	3.242	4.363	
4		39.07	72.53	27.65	3.203	4.442	
5		40.99	69.90	30.28	3.183	4.481	
6		46.92	60.40	39.78	3.124	4.600	
7		50.99	52.48	47.70	3.085	4.679	
8		55.18	42.97	57.21	3.046	4.757	
9		59.47	31.56	68.62	3.006	4.836	
10		66.12	10.05	90.13	2.948	4.955	
11							

Sheet1 / Sheet2 / Sheet3 /

就绪 求和=41.357 数字

图 1-0-4 在表格中输入公式

② 在 F12 格中，通过菜单“插入”“函数”“SLOPE”，输入计算斜率的公式，得到经过指定数据点的拟合直线的斜率。在 F13 格中，通过菜单“插入”“函数”“CORREL”，输入计算相关系数的公式，得到指定数据的相关系数，如图 1-0-5 所示。

③ 选定某一个单元格，输入计算平均摩尔汽化焓的公式，可以得到平均摩尔汽化焓。注意：通过菜单中“格式”的“单元格”设定数据的格式，例如只显示有效数字，将数据的指数部分放在项目栏内，使数据栏内的数据简洁直观等。可以将表格数据复制或粘贴到

Microsoft Excel - Book1

F12　=SLOPE(F2:F10,E2:E10)

	A	B	C	D	E	F	G
1	大气压/kPa	温度/℃	真空度/kPa	蒸汽压/kPa	[1/(T/K)]×10³	lg(p/pa)	
2	100.18	29.78	82.63	17.55	3.301	4.244	
3		35.28	77.12	23.06	3.242	4.363	
4		39.07	72.53	27.65	3.203	4.442	
5		40.99	69.90	30.28	3.183	4.481	
6		46.92	60.40	39.78	3.124	4.600	
7		50.99	52.48	47.70	3.085	4.679	
8		55.18	42.97	57.21	3.046	4.757	
9		59.47	31.56	68.62	3.006	4.836	
10		66.12	10.05	90.13	2.948	4.955	
11							
12					lg-1/T	-2.009	
13					相关系数	-0.9998	

图 1-0-5　通过函数求斜率和相关系数

Word 文档中，编辑成规范的三线表格，如表 1-0-12 所示。

表 1-0-12　饱和蒸气压实验数据

大气压/kPa	温度/℃	真空度/kPa	蒸气压/kPa	$[1/(T/\mathrm{K})]\times10^3$	$\lg(p/\mathrm{Pa})$
100.18	29.78	82.63	17.55	3.301	4.244
	35.28	77.12	23.06	3.242	4.363
	39.07	72.53	27.65	3.203	4.442
	40.99	69.90	30.28	3.183	4.481
	46.92	60.40	39.78	3.124	4.600
	50.99	52.48	47.70	3.085	4.679
	55.18	42.97	57.21	3.046	4.757
	59.47	31.56	68.62	3.006	4.836
	66.12	10.05	90.13	2.948	4.955

④ 用 Excel 作图。在液体饱和蒸气压测定实验中，用 Excel 作 $\ln p$-$1/T$ 图。步骤如下：

通过菜单“插入”“图表”，选择“图表类型”，根据软件提示，选定数据，设置有关图表参数，作出散点图；用左键点击选中图中数据点，右键弹出快捷菜单，选“添加趋势线”，并选择在图上标出直线方程。如图 1-0-6 所示。

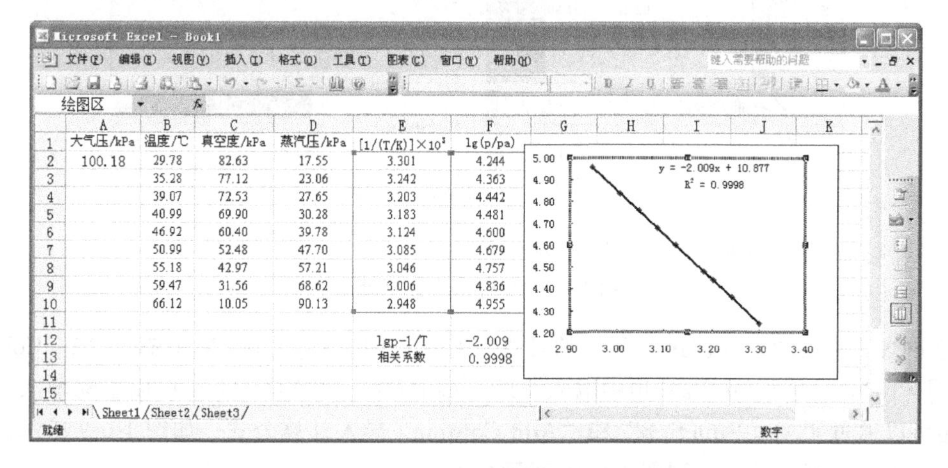

	A	B	C	D	E	F
1	大气压/kPa	温度/℃	真空度/kPa	蒸汽压/kPa	[1/(T/K)]×10³	lg(p/pa)
2	100.18	29.78	82.63	17.55	3.301	4.244
3		35.28	77.12	23.06	3.242	4.363
4		39.07	72.53	27.65	3.203	4.442
5		40.99	69.90	30.28	3.183	4.481
6		46.92	60.40	39.78	3.124	4.600
7		50.99	52.48	47.70	3.085	4.679
8		55.18	42.97	57.21	3.046	4.757
9		59.47	31.56	68.62	3.006	4.836
10		66.12	10.05	90.13	2.948	4.955
12					lgp-1/T	-2.009
13					相关系数	0.9998

图 1-0-6　Excel 作图拟合方程

（2）用 Origin 作图

① 在 Excel 中绘制表格，输入实验原始数据，选中表格内容，复制到 TXT 文件中。打开 Origin 窗口，点击控制栏上的，导入 TXT 文件，如图 1-0-7 所示。

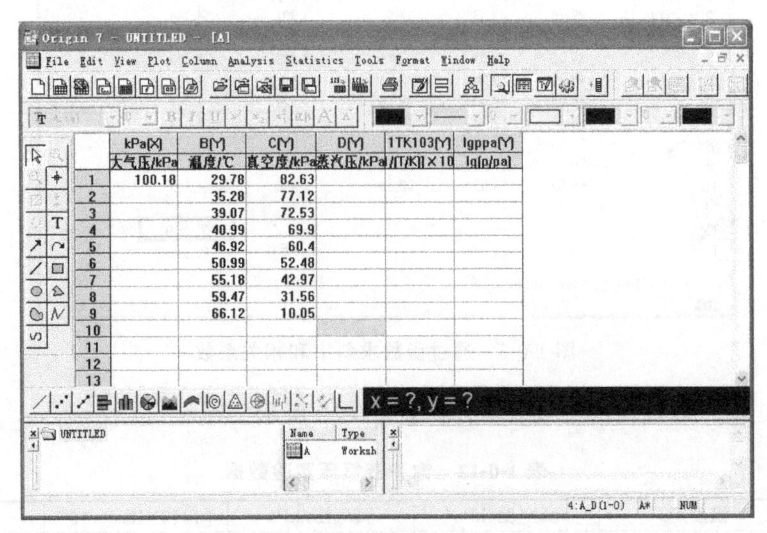

图 1-0-7 Origin 中导入 TXT 数据

② 在 D 列求蒸气压值，可选中 D[Y] 列，按右键选择“Set Column Value”，如图 1-0-8 所示，输入计算函数 Col(D)＝100.18-Col(c)【输入字母不分大小写】，点击“OK”，则 D 列自动显示蒸气压值。

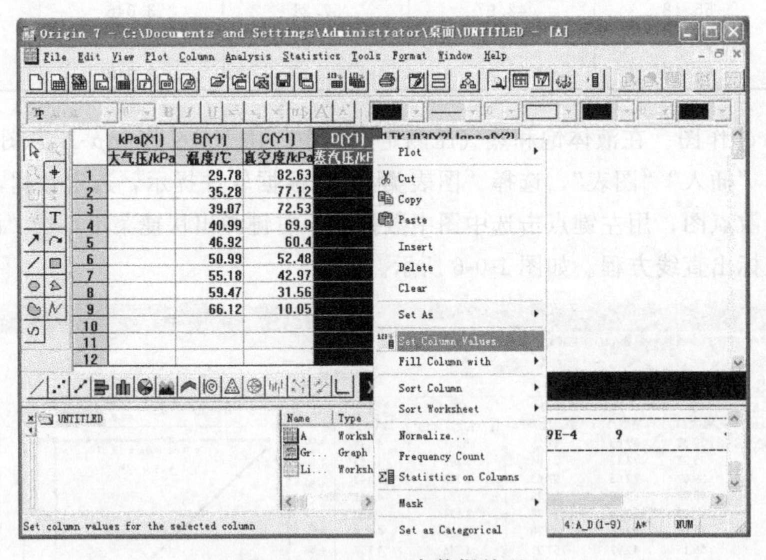

图 1-0-8 Origin 中数据处理

③ 同理，对后两列数据进行同样的计算。对 $[1/(T/\mathrm{K})]\times10^3$ 项中输入“1/[Col(B)+273.15]*1000”，对 $\lg(p/\mathrm{Pa})$ 项中输入“Log[Col(D)*1000]”。不仅可以手动输入计算公式，还可以通过“Add Function”和“Add Column”导入计算公式。如图 1-0-9 所示。对所有项的值进行计算以后，得到图 1-0-10 所示界面。

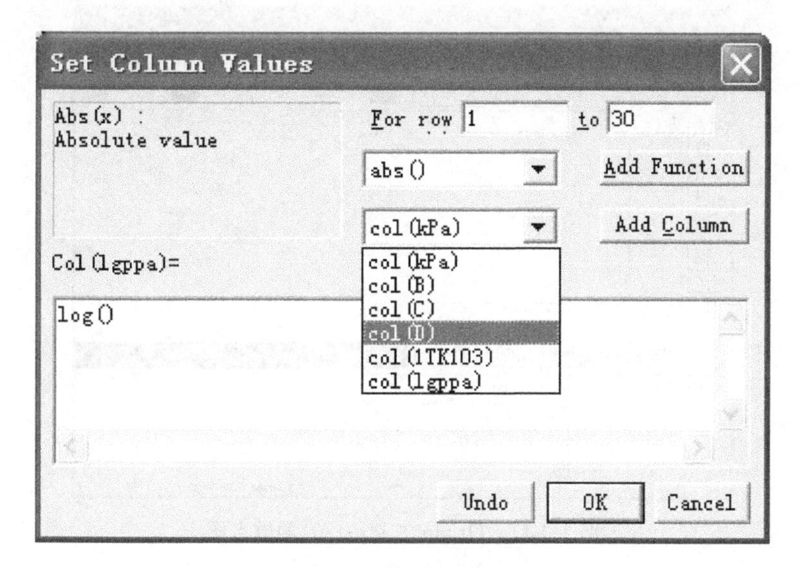

图 1-0-9 Origin 中插入公式

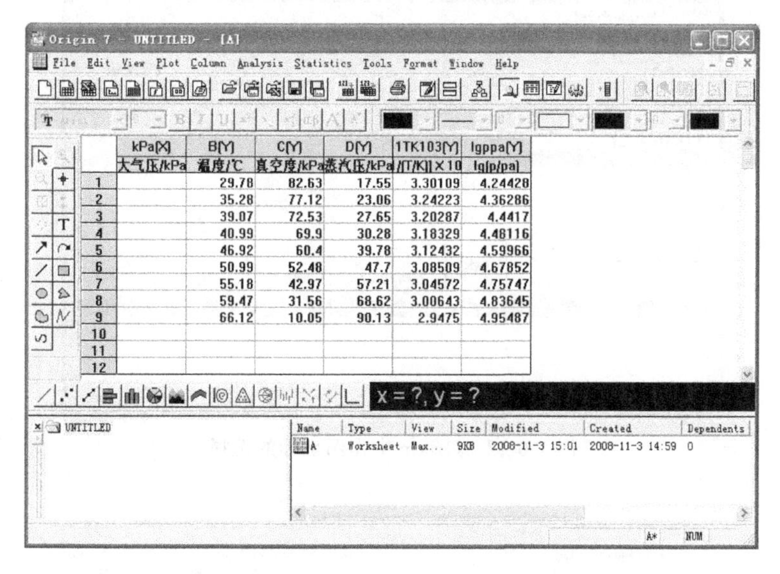

图 1-0-10 Origin 计算结果

④ 选中$[1/(T/K)]\times 10^3$ 项按右键选择“Set As X”，对 $\lg(p/\mathrm{Pa})$ 项按右键选择“Set As Y”，然后同时选中两列，点击界面左下角的[图标]，得到 $\lg p-1/T$ 的散点图，如图 1-0-11。还可以通过点击界面左下角的[图标]，将 $1/T$ 列选中“<->X”，$\lg p$ 列选中“<->Y”（如图 1-0-12 所示），最后点击加入键“Add”，点击“OK”也可得到 $1/T$-$\lg p$ 曲线图。

如果有多列数据作图，在 Origin 中通过图 1-0-12 所示界面，重复以上步骤即可继续添加其他的数据列作出多条曲线。

⑤ 对直线进行拟合，可选择 Analysis 的子菜单 Fit Linear，得到直线斜率。如图 1-0-13 所示。

界面右下角的文本记录了直线拟合方程。其直线斜率 $B=-2.01$。

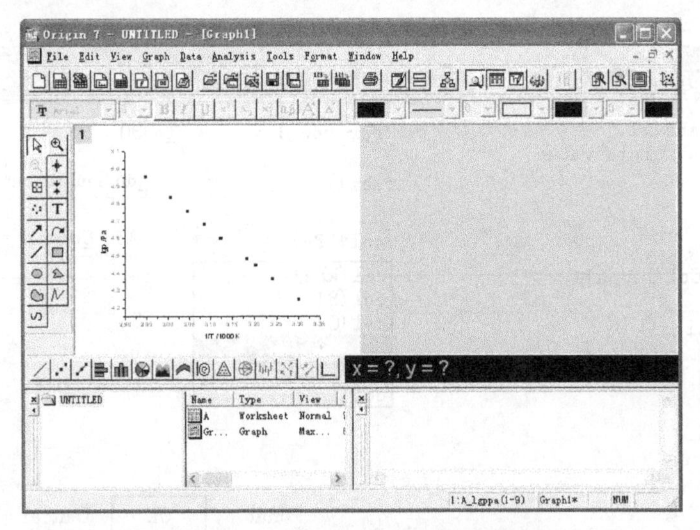

图 1-0-11　Origin 中 lg$p$-1/T 的散点图

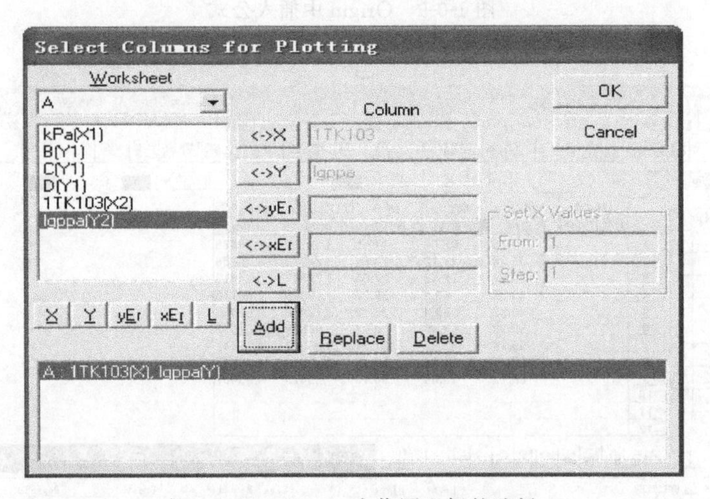

图 1-0-12　Origin 中作图坐标的选择

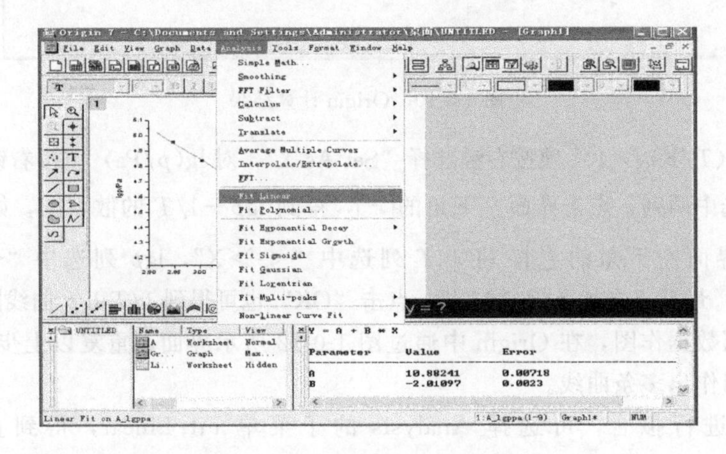

图 1-0-13　Origin 中线性拟合结果

第二篇 物理化学实验基础知识与技术

第一章 压力与流量测量技术

一、压力及其测量

压力是用来描述体系状态的一个重要参数。许多物理、化学性质，例如熔点、沸点、蒸气压等都与压力有关。在化学热力学和化学动力学研究中，压力也是一个很重要的因素。因此，压力的测量具有重要的意义。

就物理化学实验来说，压力的应用范围高至气体钢瓶的压力，低至真空系统的真空度。压力通常可分为高压、中压、常压和负压。压力范围不同，测量方法不一样，精确度要求不同，所使用的单位也各有不同的传统习惯。

(一) 压力的表示

压力是指垂直作用于单位面积上的力，又称压力强度，或简称压强。国际单位制（SI）用帕斯卡作为通用的压力单位，以Pa或帕表示。当作用于$1m^2$（平方米）面积上的力为1N（牛顿）时就是1Pa（帕斯卡）：$1Pa=1N/m^2$。

但是，原来的许多压力单位，例如，标准大气压（或称物理大气压，简称大气压）、工程大气压（即$kgf \cdot cm^{-2}$）、巴等现在仍然在使用。物理化学实验中还常选用一些标准液体（例如汞）制成液体压力计，压力大小就直接以液体的高度来表示。它的意义是作用在液柱单位底面积上的液体重量与气体的压力相平衡或相等。例如，1atm可以定义为：在0℃、重力加速度等于$9.80665m \cdot s^{-2}$时，760mm高的汞柱垂直作用于底面积上的压力。此时汞的密度为$13.5951g \cdot cm^{-3}$。因此，1atm又等于$1.03323kgf \cdot cm^{-2}$。上述压力单位之间的换算关系参见附录中附表6。

除了所用单位不同之外，压力还可用绝对压、表压和真空度来表示。图2-1-1表示了三者的关系。

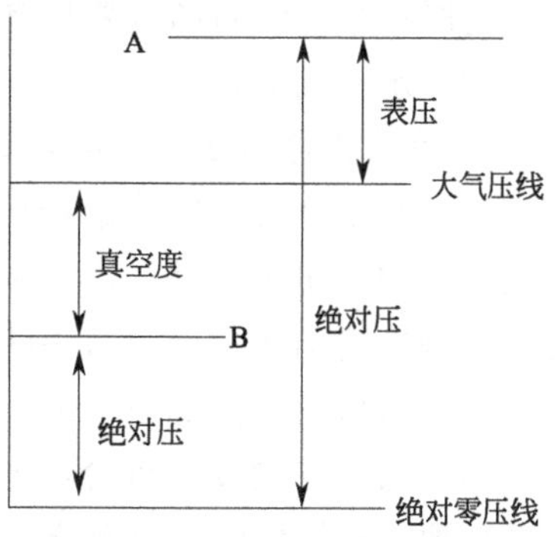

图2-1-1 绝对压、表压与真空度的关系

显然，在压力高于大气压的时候：

绝对压＝大气压＋表压

或：表压＝绝对压－大气压

而在压力低于大气压的时候：

绝对压＝大气压－真空度

或：真空度＝大气压－绝对压

当然，上述式子等号两端各项都必须采用相同的压力单位。

（二）测压仪表

1. 福廷式气压计

福廷式气压计又称为动槽式水银气压计，是一种最常用的测量大气压力的仪器。福廷式气压计属于单管真空汞压力计，它以汞柱所产生的静压力来平衡大气压力 p，汞柱的高度就可以度量大气压力的大小，其原理如图 2-1-2 所示。

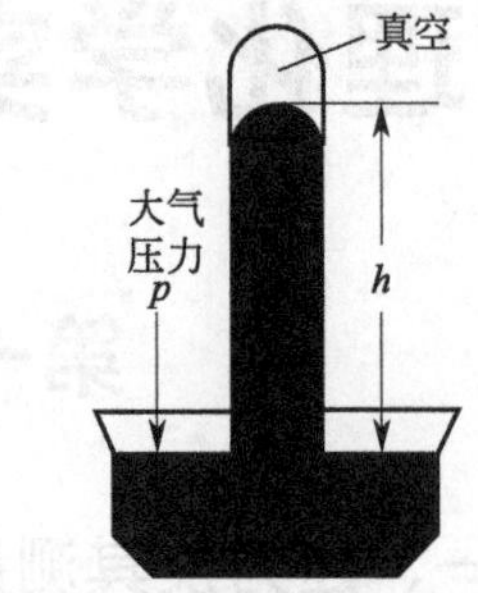

图 2-1-2　气压计原理示意图

（1）福廷式气压计结构

福廷式气压计的外部是一黄铜管，管的顶端有悬环，用以悬挂在实验室的适当位置。气压计内部是一根一端封闭的装有水银的长玻璃管。玻璃管封闭的一端向上，管中汞面的上部为真空，管下端插在水银槽内。水银槽底部是一羚羊皮袋，下端由螺旋支持，转动此螺旋可调节槽内水银面的高低。水银槽的顶盖上有一倒置的象牙针，其针尖是黄铜标尺刻度的零点。此黄铜标尺上附有游标尺，转动游标调节螺旋，可使游标尺上下游动，见图 2-1-3 所示。

（2）福廷式气压计的使用方法

① 水银面调节　慢慢旋转螺旋，调节水银槽内水银面的高度，使槽内水银面升高。利用水银槽后面磁板的反光，注视水银面与象牙尖的空隙，直至水银面与象牙尖刚刚接触，然后用手轻轻扣一下铜管上面，使玻璃管上部水银面凸面正常。稍等几秒钟，待象牙针尖与水银面的接触无变动为止。

② 调节游标尺　转动气压计旁的螺旋，使游标尺升起，并使下沿略高于水银面。然后慢慢调节游标，直到游标尺底边及其后边金属片的底边同时与水银面凸面顶端相切。这时观察者眼睛的位置应和游标尺前后两个底边的边缘在同一水平线上。

③ 读取汞柱高度　当游标尺的零线与黄铜标尺中某一刻度线恰好重合时，则黄铜标尺上该刻度的数值便是大气压值，不须使用游标尺。当游标尺的零线不与黄铜标尺上任何一刻度重合时，那么游标尺零线所对标尺上的刻度，则是大气压值的整数部分（mm）。再从游标尺上找出一根恰好与标尺上的刻度相重合的刻度线，则游标尺上刻度线的数值便是气压值的小数部分。

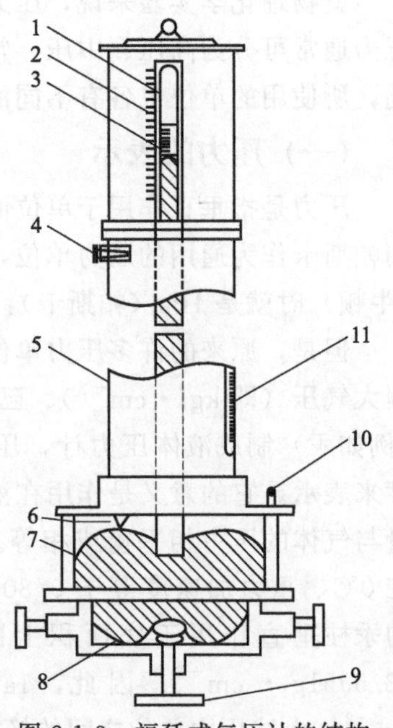

图 2-1-3　福廷式气压计的结构

1—玻璃管；2—黄铜标尺；3—游标尺；4—调节螺栓；5—黄铜管；6—象牙针；7—汞槽；8—羚羊皮袋；9—调节汞面的螺栓；10—气孔；11—温度计

④ 整理工作　记下读数后，将气压计底部螺旋向下移动，使水银面离开象牙针尖。记下气压计的温度及所附卡

片上气压计的仪器误差值，然后进行校正。

(3) 气压计读数的校正　水银气压计的刻度是以温度为0℃，纬度为45°的海平面高度为标准的。若不符合上述规定时，从气压计上直接读出的数值，除进行仪器误差校正外，在精密的工作中还必须进行温度、纬度及海拔高度的校正。

① 仪器误差的校正　由于仪器本身制造的不精确而造成读数上的误差称“仪器误差”。仪器出厂时都附有仪器误差的校正卡片，应首先加上此项校正。

② 温度影响的校正　由于温度的改变，水银密度也随之改变，因而会影响水银柱的高度。同时由于铜管本身的热胀冷缩，也会影响刻度的准确性。当温度升高时，前者引起偏高，后者引起偏低。由于水银的膨胀系数较铜管的大，因此当温度高于0℃时，经仪器校正后的气压值应减去温度校正值；当温度低于0℃时，要加上温度校正值。气压计的温度校正公式如下：

$$p_0=\frac{1+\beta t}{1+\alpha t}p=p-p\ \frac{\alpha-\beta}{1+\alpha t}t$$

式中，p 为气压计读数，mmHg；t 为气压计的温度，℃；α 为水银柱在0～35℃之间的平均体膨胀系数（$\alpha=0.0001818$）；β 为黄铜的线膨胀系数（$\beta=0.0000184$）；p_0 为读数校正到0℃时的气压值，mmHg。显然，温度校正值即为 $p\ \frac{\alpha-\beta}{1+\alpha t}$。其数值列有数据表（见表2-1-1），实际校正时，读取 p、t 后可查表求得。

③ 海拔高度及纬度的校正　重力加速度（g）随海拔高度及纬度不同而异，致使水银的重量受到影响，从而导致气压计读数的误差。其校正办法是：经温度校正后的气压值再乘以（$1-2.6\times10^{-3}\cos2\lambda-3.14\times10^{-7}$）。式中，$\lambda$ 为气压计所在地纬度，度；H 为气压计所在地海拔高度，m。此项校正值很小，在一般实验中可不必考虑。

④ 其他如水银蒸气压的校正、毛细管效应的校正等，因校正值极小，一般都不考虑。

(4) 使用时注意事项

① 调节螺旋时动作要缓慢，不可旋转过急。

② 在调节游标尺与汞柱凸面相切时，应使眼睛的位置与游标尺前后下沿在同一水平线上，然后再调到与水银柱凸面相切。

③ 发现槽内水银不清洁时，要及时更换水银。

2. 空盒气压表

空盒气压表是由随大气压变化而产生轴向移动的空盒组作为感应元件，通过拉杆和传动机构带动指针，指示出大气压值的。

当大气压升高时，空盒组被压缩，通过传动机构使指针顺时针转动一定角度；当大气压降低时，空盒组膨胀，通过传动机构使指针逆向转动一定角度。空盒气压表测量范围在600～800mmHg，度盘最小分度值为0.5mmHg。测量温度在－10～40℃之间。读数经仪器校正和温度校正后，误差不大于1.5mmHg。

空盒气压表体积小、重量轻，不需要固定，只要求仪器工作时水平放置。但其精确度不如福廷式气压计。

在使用空盒气压表时应注意，因每台仪器在鉴定时的环境温度和大气压都不尽相同，所以每台仪器的仪器刻度校正值、温度校正值和仪器校正值也都不相同。应根据每台仪器所提供的校正表格里的数据进行校正。

表 2-1-1　气压计读数的温度校正值

温度/℃	740mmHg	750mmHg	760mmHg	770mmHg	780mmHg
1	0.12	0.12	0.12	0.13	0.13
2	0.24	0.25	0.25	0.25	0.15
3	0.36	0.37	0.37	0.38	0.38
4	0.48	0.49	0.50	0.50	0.51
5	0.60	0.61	0.62	0.63	0.64
6	0.72	0.73	0.74	0.75	0.76
7	0.85	0.86	0.87	0.88	0.89
8	0.97	0.98	0.99	1.01	1.02
9	1.09	1.10	1.12	1.13	1.15
10	1.21	1.22	1.24	1.26	1.27
11	1.33	1.35	1.36	1.38	1.40
12	1.45	1.47	1.49	1.51	1.53
13	1.57	1.59	1.61	1.63	1.65
14	1.69	1.71	1.73	1.76	1.78
15	1.81	1.83	1.86	1.88	1.91
16	1.93	1.96	1.98	2.01	2.03
17	2.05	2.08	2.10	2.13	2.16
18	2.17	2.20	2.23	2.26	2.29
19	2.29	2.32	2.35	2.38	2.41
20	2.41	2.44	2.47	2.51	2.54
21	2.53	2.56	2.60	2.63	2.67
22	2.65	2.69	2.72	2.76	2.79
23	2.77	2.81	2.84	2.88	2.92
24	2.89	2.93	2.97	3.01	3.05
25	3.01	3.05	3.09	3.13	3.17
26	3.13	3.17	3.21	3.26	3.30
27	3.25	3.29	3.34	3.38	3.42
28	3.37	3.41	3.46	3.51	3.55
29	3.49	3.54	3.58	3.63	3.68
30	3.61	3.66	3.71	3.75	3.80
31	3.73	3.78	3.83	3.88	3.93
32	3.85	3.90	3.95	4.00	4.05
33	3.97	4.02	4.07	4.13	4.18
34	4.09	4.14	4.20	4.25	4.31
35	4.21	4.26	4.32	4.38	4.43

3. U形管压力计

U形管压力计是实验室常用的压力计（如图 2-1-4 所示）。其测压范围为 0～101.3kPa，它构造简单、使用方便，测量精度较高，且容易制作。但是测量范围不大，示值与工作液密度有关。它的结构不牢固，耐压程度较差。

U形管压力计由两端开口的垂直U形玻璃管及垂直放置的刻度尺所构成。管内盛有适量的工作液体（常用汞、水或乙醇等），U形管的一端连接已知压力（p_1）的基准系统（如大气等），另一端连接到被测压力（p_2）系统。被测系统的压力 p_2 可由下式计算得到：

$$p_1 = p_2 + \Delta h \cdot \rho g \quad \text{或} \quad \Delta h = \frac{p_1 - p_2}{\rho g}$$

U形压力计可用来测量：两气体压力差；气体的表压（p_1 为测量气压，p_2 为大气压）；气体的绝对压力（令 p_2 为真空，p_1 所示即为绝对压力）；气体的真空度（p_1 通大气，p_2

为负压，可测其真空度）。

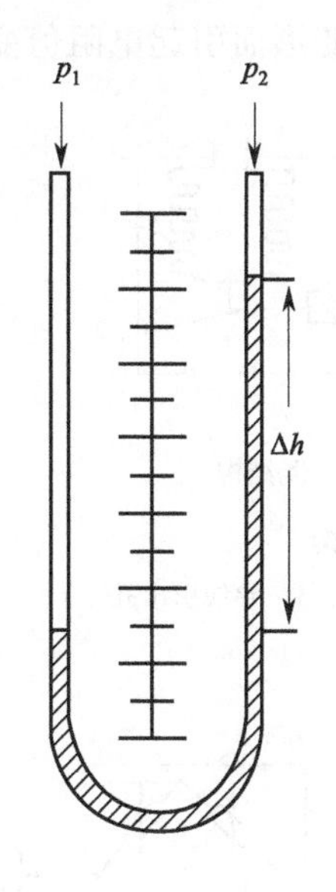

图 2-1-4　U 形压力计

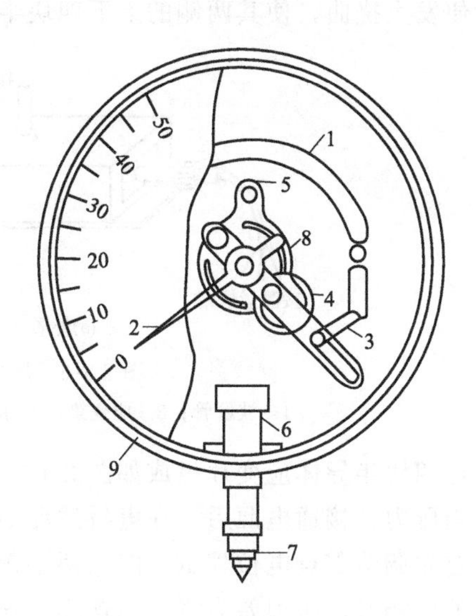

图 2-1-5　弹簧管压力计

1—金属弹簧管；2—指针；3—连杆；4—扇形齿轮；5—弹簧；6—底座；7—测压接头；8—小齿轮；9—外壳

4. 弹性式压力计

（1）结构特点

弹性式压力计是利用弹簧等元件的弹性力来测量压力，它是测压仪表（如氧气表）中常用的压力计。由于弹性元件的结构和材料不同，因此各压力计的弹性位移与被测压力的关系不尽相同。物理化学实验室常用的是单管弹簧式压力计（如图 2-1-5 所示）。被测压力系统的气体从弹簧管固定端进入，通过弹簧管自由端的位移带动指针运动，指示压力值。

（2）使用注意事项

① 合理选择压力表量程。为了保证足够的测量精度，选择的量程应在仪表分度标尺的 1/2～3/4 范围内；

② 使用时环境温度不得超过 35℃，如超过应给予温度修正；

③ 测量压力时，压力表指针不应有跳动和停滞现象；

④ 对压力表应定期进行校验。

5. 数字式电子压力计

实验室经常用 U 形管汞压力计测量从真空到外界大气压这一区间的压力。虽然这种方法原理简单、形象直观，但由于汞的毒害以及不便于远距离观察和自动记录，因此这种压力计逐渐被数字式电子压力计所取代。数字式电子压力计具有体积小、精确度高、操作简单、便于远距离观测和能够实现自动记录等优点，目前已得到广泛的应用。用于测量负压（0～100kPa）的 DP-A 精密数字压力计即属于这种压力计。

数字式电子压力计是由压力传感器、测量电路和电性指示器三部分组成。压力传感器主要由波纹管、应变梁和半导体应变片组成。如图 2-1-6 所示，弹性应变梁的一端固定，另一端和连接系统的波纹管相连，称为自由端。当系统压力通过波纹管底部作用在自由端时，应变梁便发生挠曲，使其两侧的上下四块半导体应变片因机械变形而引起电阻值变化。

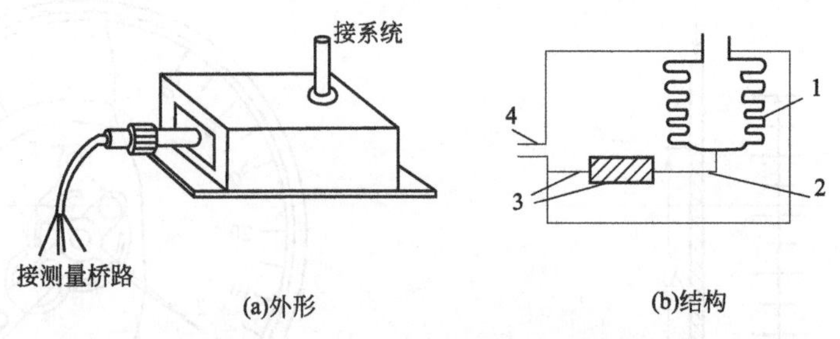

图 2-1-6 压力传感器外形与内部结构

1—波纹管；2—应变梁；3—应变片（两侧前后共四片）；4—导线引出孔

这四块半导体应变片组成如图 2-1-7 所示的电桥线路。

当压力计接通电源后，在电桥线路 AB 端输入适当电压后，首先调节零点电位器 R_x 使电桥平衡，这时传感器内压力与外压相等，压力差为零。当连通负压系统后，负压经波纹管产生一个应力，使应变梁发生形变，半导体应变片的电阻值发生变化，电桥失去平衡，从 CD 端输出一个与压力差相关的电压信号，可用数字电压表或电位计测得。如果对传感器进行标定，可以得到输出信号与压力差之间的比例关系为 $\Delta p = kV$。此压力差通过电性指示器记录或显示。

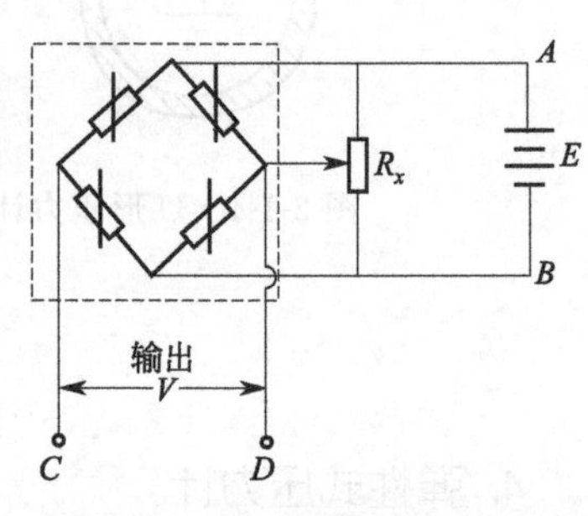

图 2-1-7 压力传感器电桥线路

二、真空技术

真空是指压力小于一个大气压的气态空间。真空状态下气体的稀薄程度，常以压强值表示。习惯上称作真空度。不同的真空状态，意味着该空间具有不同的分子密度。在现行的国际单位制（SI）中，真空度的单位与压强的单位均为帕斯卡（Pasca），简称帕，符号为 Pa。

在物理化学实验中，通常按真空度的获得和测量方法的不同，将真空区域划分为：粗真空（101325～1333Pa）；低真空（1333～0.1333Pa）；高真空（0.1333～1.333×10^{-6}Pa）；超高真空（<1.333×10^{-6}Pa）。

1. 真空获得

为了获得真空，就必须设法将气体分子从容器中抽出。凡是能从容器中抽出气体，使气体压力降低的装置，均可称为真空泵。如水流泵、机械真空泵、油泵、扩散泵、吸附泵、钛泵等。

（1）机械泵

若使系统获得 1～10^{-1}Pa 的低真空，采用机械泵抽气即可达到目的。单级旋片式油封机械泵的基本结构如图 2-1-8 所示。它主要由泵体和偏心转子组成。经过精密加工的偏心转子下面安装有带弹簧的滑片，由电动机带动，

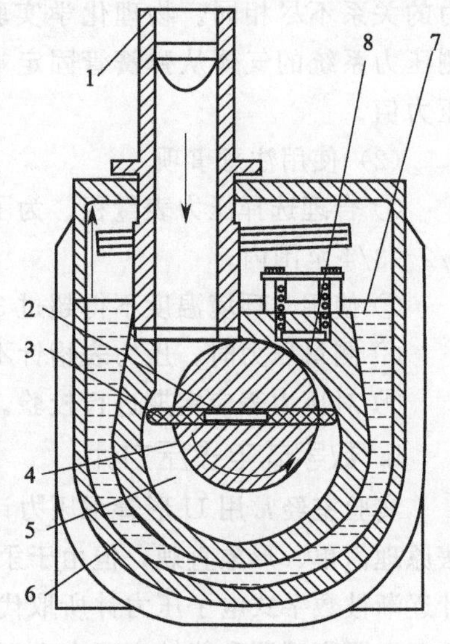

图 2-1-8 旋片式真空泵

1—进气嘴；2—旋片弹簧；3—旋片；4—转子；5—泵体；6—油箱；7—真空泵油；8—排气嘴

偏心转子紧贴泵腔壁旋转。滑片靠弹簧的压力也紧贴泵腔壁。滑片在泵腔中连续运转，使泵腔被滑片分成的两个不同的容积呈周期性的扩大和缩小。气体从进气嘴进入，被压缩后经过排气阀排出泵体外。如此循环往复，将系统内的压力减小。

旋片式机械泵的整个机件浸在真空油中，这种油的蒸气压很低，既可起润滑作用，又可起封闭微小的漏气和冷却机件的作用。

使用油封机械泵的注意事项：

① 油泵不能用来直接抽吸易液化的蒸气，如水蒸气、挥发性液体（例如乙醚和苯等）。如果遇到这些场合时，必须在油泵的进气口前接吸收塔或冷阱。例如，用氯化钙或五氧化二磷吸收水汽，用石蜡油吸收烃蒸气，用活性炭或硅胶吸收其他蒸气。冷阱所用的制冷剂通常为干冰（−78℃）或液氮（−196℃）。

② 油泵不能用来抽吸腐蚀性气体。如氯化氢、氯气或氧化氮等。因为这些气体能侵蚀油泵内精密机件的表面，使真空度下降。遇到这种场合时，应当先经过固体苛性钠吸收塔处理。

③ 油泵由电动机带动，使用时应先注意马达的电压。运转时电动机的温度不能超过60℃。在正常运转时，不应有摩擦、金属撞击等异声。

④ 停止油泵运转前，应使泵与大气相通，以免泵油冲入系统。为此，在连接系统装置时，应当在油泵的进口处连接一个大气相通的玻璃活塞。

（2）扩散泵

若使系统获得 $10^{-1} \sim 10^{-6}$ Pa 的高真空，需采用扩散泵。图 2-1-9 是玻璃油扩散泵的结构和工作原理示意图。扩散泵底部的硅油被电炉加热沸腾、气化后通过中心导管从顶部的二级喷口处高速喷出，在喷口处形成低压，对周围气体产生抽吸作用而将气体带走。同时硅油蒸气即被冷凝成液体回到底部，重复循环使用。被夹带在硅油蒸气中的气体在底部富集后，随即被机械泵抽走。所以使用扩散泵时一定要以机械泵为前级泵，扩散泵本身不能抽真空。扩散泵所用的硅油容易氧化，所以升温不能过高，使用一段时间、硅油颜色变深后，就要更换新油。

（3）水抽气泵

水抽气泵结构如图 2-1-10 所示，它可用玻璃或金属制成。其工作原理是当水从泵内的收

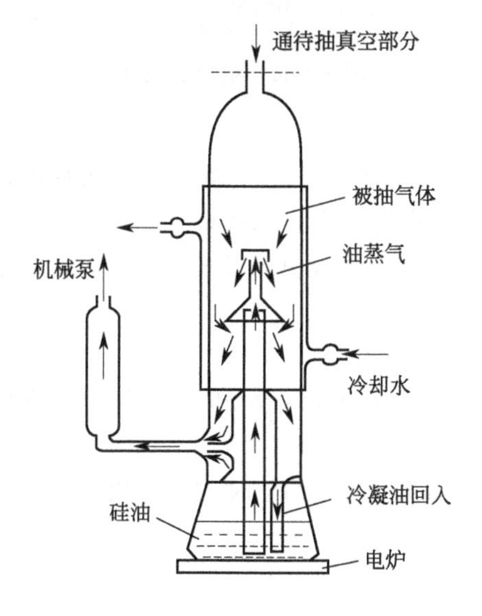

图 2-1-9　油扩散泵原理图

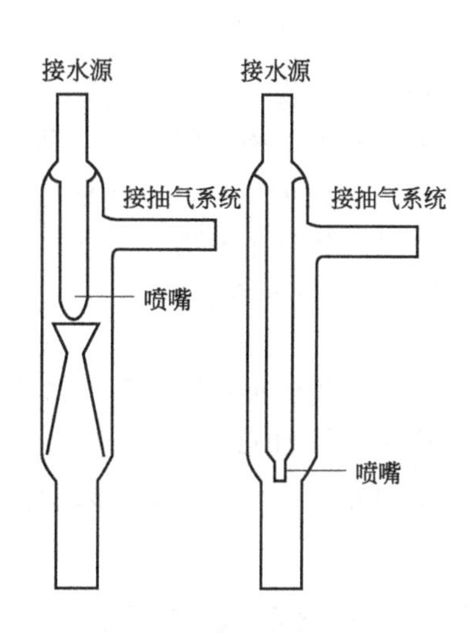

图 2-1-10　水喷射泵

缩口高速喷出时，静压降低，水流周围的气体便被喷出的水流带走。使用时，只要将进水口接到水源上，调节水的流速就可改变泵的抽气速率。显然，它的极限真空度受水的饱和蒸气压限制，如 15℃时为 1.70kPa，25℃时为 3.17kPa 等。实验室中水抽气泵还广泛地用于抽滤沉淀物以及拣拾散落在地的水银微粒。

2. 真空的测量

用于测量真空压力的仪器称为真空规，例如热偶真空规和电离真空规。前者适用于测量 $10 \sim 10^{-1}$Pa 低真空范围的压力；后者适用于测量 $10^{-1} \sim 10^{-6}$Pa 高真空范围的压力。这两种真空规都是相对真空规，需用绝对真空规（如麦克劳林真空规）校对后才能指示相应的压力值。若将热偶真空规与电离真空规组装在一起则称为复合真空规。

（1）热偶真空规

热偶真空规的结构如图 2-1-11 所示。当气体压力低于某一定值时，气体的热导率 K 与压力 p 存在 $K=bp$ 的正比关系（式中 b 为一比例系数），热偶真空规就是基于这个原理设计的。测量时，将热偶规连入真空系统内，调节加热丝上的加热电流恒定不变，则热电偶温度将取决于真空规内气体的热导率；而热电偶的热电势又是随温度而变化的。因此，当与热偶规相连的真空系统的压力降低时，气体热导率减小，加热丝的温度升高，热电偶的热电势便随之增高。由此可见，只要检测热电偶的热电势即可确定系统的真空度。

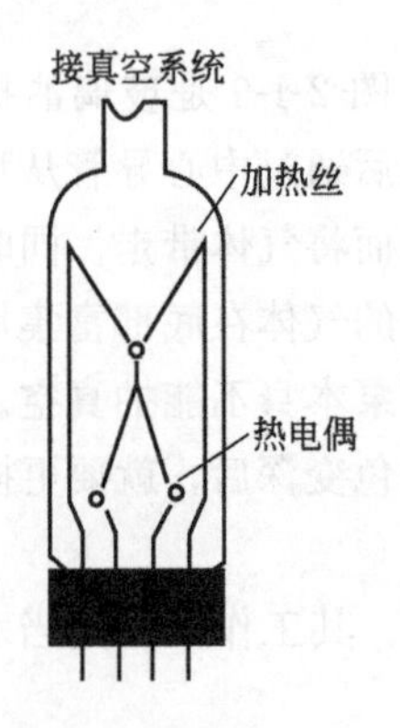

图 2-1-11 热偶真空规

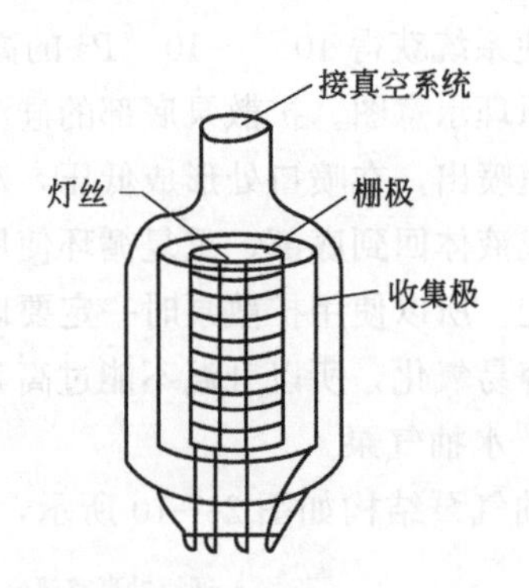

图 2-1-12 电离真空规

（2）电离真空规

电离真空规的结构如图 2-1-12 所示。电离真空规实际上是个三极管，将电离真空规连入真空系统内。测量时规管灯丝通电后发射电子，电子向带正电压的栅极加速运动并与气体分子碰撞，使气体分子电离，电离所产生的正离子又被收集极吸引而形成离子流。此离子流 I_+ 与气体的压力 p 呈线性关系：

$$I_+ = SI_e p$$

式中，S 为规管灵敏度；I_e 为发射电流。对一定的规管来说，S 和 I_e 为定值。因此测得 I_+ 即可确定系统的真空度。

用电离真空规测量真空度，只能在被测系统的压力低于 10^{-1}Pa 时才可使用，否则将烧坏规管。

三、气体钢瓶及减压阀

在实验室中，经常使用各种气体钢瓶。气体钢瓶是储存压缩气体和液化气体的高压容器，容积一般为40～60L，最高工作压力15MPa，最低的也在0.6MPa以上。在气瓶上一般均应有制造厂、制造日期、气瓶型号、气瓶质量、气体容积、工作压力、试验压力及检验日期等信息，此外为避免各种钢瓶使用时发生混淆，常将钢瓶漆上不同颜色并注明瓶内气体的名称。

1. 气体钢瓶使用

(1) 常用气体钢瓶的标记

我国常用气体钢瓶的标记见表2-1-2。

表2-1-2　我国常用气体钢瓶的标记

气体类别	瓶身颜色	标字颜色	字样
氮气	黑	黄	氮
氧气	天蓝	黑	氧
氢气	深蓝	红	氢
压缩空气	黑	白	压缩空气
二氧化碳	黑	黄	二氧化碳
氦	棕	白	氦
液氨	黄	黑	氨
氯	草绿	白	氯
乙炔	白	红	乙炔
氟氯烷	铝白	黑	氟氯烷
石油气体	灰	红	石油气
粗氩气体	黑	白	粗氩
纯氩气体	灰	绿	纯氩

(2) 气体钢瓶的使用

① 在钢瓶上装上配套的减压阀。检查减压阀是否关紧，方法是逆时针旋转调压手柄至螺杆松动为止。

② 打开钢瓶总阀门，此时高压表显示出瓶内储气总压力。

③ 慢慢地顺时针转动调压手柄，至低压表显示出实验所需压力为止。

④ 停止使用时，先关闭总阀门，待减压阀中余气逸尽后，再关闭减压阀。

(3) 钢瓶使用注意事项

① 钢瓶应存放在阴凉、干燥、远离热源的地方。可燃性气瓶应与氧气瓶分开存放。

② 搬运钢瓶要小心轻放，钢瓶帽要旋上。

③ 使用时应装减压阀和压力表。可燃性气瓶（如H_2、C_2H_2）气门螺丝为反丝；不燃性或助燃性气瓶（如N_2、O_2）为正丝。各种压力表一般不可混用。

④ 不要让油或易燃有机物沾染在气瓶上（特别是气瓶出口和压力表上）。

⑤ 开启总阀门时，不要将头或身体正对总阀门，防止万一阀门或压力表冲出伤人。

⑥ 不可把气瓶内气体用光，以防重新充气时发生危险。

⑦ 使用中的气瓶每三年应检查一次，装腐蚀性气体的钢瓶每两年检查一次，不合格的气瓶不可继续使用。

⑧ 氢气瓶应放在远离实验室的专用小屋内，用紫铜管引入，并安装防止回火的装置。

2. 减压阀的使用

(1) 氧气减压阀的外观及工作原理

氧气减压阀的外观及工作原理分别见图2-1-13及图2-1-14。

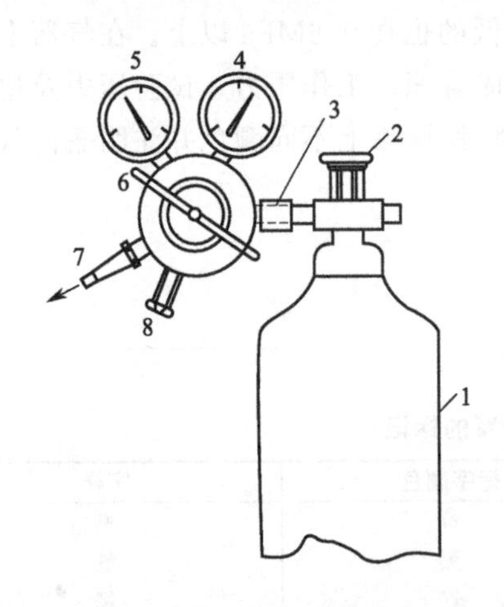

图 2-1-13 氧气减压阀与钢瓶连接示意图

1—钢瓶；2—钢瓶开关；3—钢瓶与减压表连接螺母；4—高压表；5—低压表；6—低压表压力调节螺杆；7—出口；8—安全阀

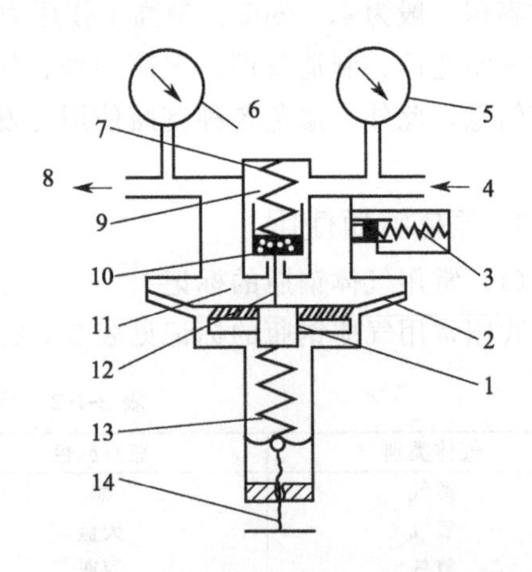

图 4-1-14 氧气减压阀工作原理示意图

1—弹簧垫块；2—传动薄膜；3—安全阀；4—进气口；5—高压表；6—低压表；7—压缩弹簧；8—出口；9—高压气室；10—活门；11—低压气室；12—顶杆；13—主弹簧；14—低压表压力调节螺杆

氧气减压阀的高压腔与钢瓶连接，低压腔为气体出口，并通往使用系统。高压表的示值为钢瓶内储存气体的压力。低压表的出口压力可由调节螺杆控制。

使用时先打开钢瓶总开关，然后顺时针转动低压表压力调节螺杆，使其压缩主弹簧并传动薄膜、弹簧垫块和顶杆而将活门打开。这样进口的高压气体由高压室经节流减压后进入低压室，并经出口通往工作系统。转动调节螺杆，改变活门开启的高度，从而调节高压气体的通过量并达到所需的压力值。

减压阀都装有安全阀。它是保护减压阀并使之安全使用的装置，也是减压阀出现故障的信号装置。如果由于活门垫、活门损坏或由于其他原因，导致出口压力自行上升并超过一定许可值时，安全阀会自动打开排气。

(2) 氧气减压阀的使用方法

① 按使用要求的不同，氧气减压阀有许多规格。最高进口压力大多为 $150\text{kgf}\cdot\text{cm}^{-2}$（约 $150\times10^5\text{Pa}$），最低进口压力不小于出口压力的 2.5 倍。出口压力规格较多，一般为 0～$1\text{kgf}\cdot\text{cm}^{-2}$（$1\times10^5\text{Pa}$），最高出口压力为 $40\text{kgf}\cdot\text{cm}^{-2}$（约 $40\times10^5\text{Pa}$）。

② 安装减压阀时应确定其连接规格是否与钢瓶和使用系统的接头相一致。减压阀与钢瓶采用半球面连接，靠旋紧螺母使二者完全吻合。因此，在使用时应保持两个半球面的光洁，以确保良好的气密效果。安装前可用高压气体吹除灰尘。必要时也可用聚四氟乙烯等材料作垫圈。

③ 氧气减压阀应严禁接触油脂，以免发生火警事故。

④ 停止工作时，应将减压阀中余气放净，然后拧松调节螺杆以免弹性元件长久受压变形。

⑤ 减压阀应避免撞击振动，不可与腐蚀性物质相接触。

(3) 其他气体减压阀

有些气体，例如氮气、空气、氩气等永久性气体，可以采用氧气减压阀。但还有一些气体，如氨等腐蚀性气体，则需要专用减压阀。市面上常见的有氮气、空气、氢气、氨、乙炔、丙烷、水蒸气等专用减压阀。

这些减压阀的使用方法及注意事项与氧气减压阀基本相同。但是，还应该指出：专用减压阀一般不用于其他气体。为了防止误用，有些专用减压阀与钢瓶之间采用特殊连接口。例如氢气和丙烷均采用左牙螺纹，也称反向螺纹，安装时应特别注意。

四、流量测量及仪器

流体分为可压缩流体和不可压缩流体两类。流量的测定在科学研究和工业生产上都有广泛应用。测定流体流量的装置称为流量计或流速计。实验室常用的主要有转子流量计、毛细管流量计、皂膜流量计和湿式流量计。

1. 转子流量计

转子流量计又称浮子流量计，是目前工业上或实验室常用的一种流量计。其结构如图2-1-15所示。它是由一根锥形的玻璃管和一个能上下移动的浮子所组成。当气体自下而上流经锥形管时，被浮子节流，在浮子上下端之间产生一个压差。浮子在压差作用下上升，当浮子上、下压差与其所受的黏性力之和等于浮子所受的重力时，浮子就处于某一高度的平衡位置；当流量增大时，浮子上升，浮子与锥形管间的环隙面积也随之增大，则浮子在更高位置上重新达到受力平衡。因此流体的流量可用浮子升起的高度表示。

转子流量计很少自制，市售的标准系列产品，规格型号很多，测量范围也很广，流量每分钟几毫升至几十毫升。这些流量计用于测量哪一种流体，如气体或液体，是氮气或氢气，市售产品均有说明，并附有某流体的浮子高度与流量的关系曲线。若改变所测流体的种类，可用皂膜流量计或湿式流量计另行标定。

使用转子流量计需注意几点：①流量计应垂直安装；②要缓慢开启控制阀；③待浮子稳定后再读取流量；④避免被测流体的温度、压力突然急剧变化；⑤为确保计量的准确、可靠，使用前均需进行校正。

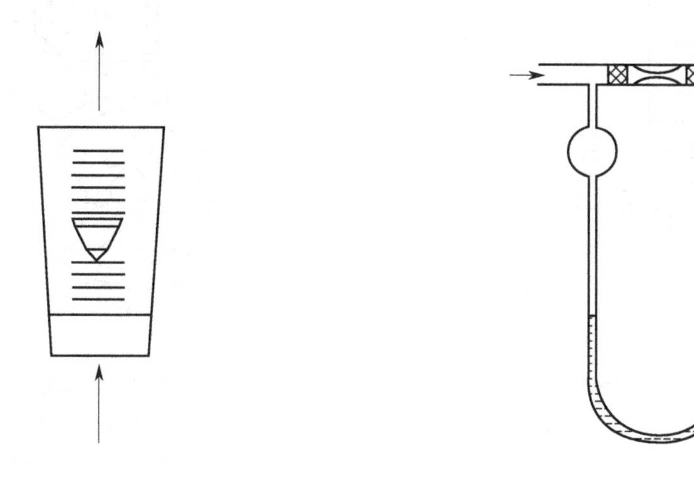

图 2-1-15 转子流量计　　图 2-1-16 毛细管流量计

2. 毛细管流量计

毛细管流量计的外表形式很多，图2-1-16所示是其中的一种。它是根据流体力学原理制成的。当气体通过毛细管时，阻力增大，线速度（即动能）增大，而压力降低（即位能减小），这样气体在毛细管前后就产生压差，借流量计中两液面高度差（h）显示出来。当毛

细管长度 L 与其半径之比等于或大于 100 时，气体流量 V 与毛细管两端压差存在线性关系：

$$V=\frac{\pi r^4 \rho}{8L\eta}\Delta h=f\ \frac{\rho}{\eta}\Delta h$$

式中，$f=\frac{\pi r^4}{8L\eta}$为毛细管特征系数；r 为毛细管半径；ρ 为流量计所盛液体的密度；η 为气体黏度系数。当流量计的毛细管和所盛液体一定时，气体流量 V 和压差 Δh 成直线关系。对不同的气体，V 和 Δh 有不同的直线关系；对同一气体，更换毛细管后，V 和 Δh 的直线关系也与原来不同。而流量与压差这一直线关系不是由计算得来的，而是通过实验标定，绘制出 V-Δh 的关系曲线。因此，绘制出的这一关系曲线，必须说明使用的气体种类和对应的毛细管规格。

毛细管流量计多为自行装配，根据测量流速的范围，选用不同孔径的毛细管。流量计所盛的液体可以是水、液体石蜡或水银等。在选择液体时，要考虑被测气体与该液体不互溶，也不起化学反应，同时对速度小的气体采用密度小的液体，对流速大的采用密度大的液体，在使用和标定过程中要保持流量计的清洁与干燥。

3. 皂膜流量计

这是实验室常用的构造十分简单的一种流量计，它可用滴定管改制而成。如图 2-1-17 所示。橡皮头内装有肥皂水，当待测气体经侧管流入后，用手将橡皮头一捏，气体就把肥皂水吹成一圈圈的薄膜，并沿管上升，用停表记录某一皂膜移动一定体积所需的时间，即可求出流量（体积 · 时间$^{-1}$）。这种流量计的测量是间断式的，宜用于尾气流量的测定，标定测量范围较小的流量计（约 100mL · min^{-1} 以下），而且只限于对气体流量的测定。

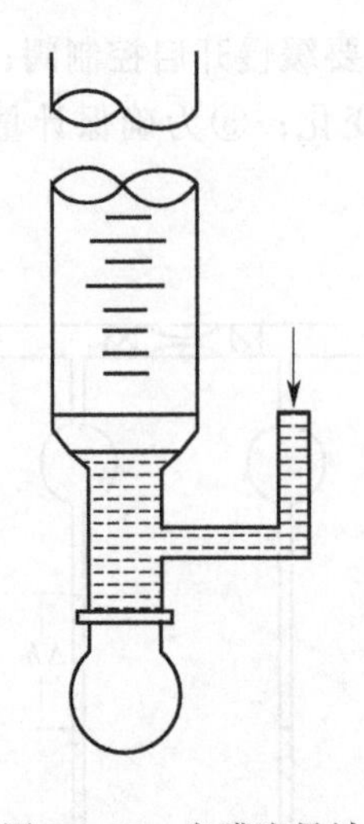

图 2-1-17 皂膜流量计

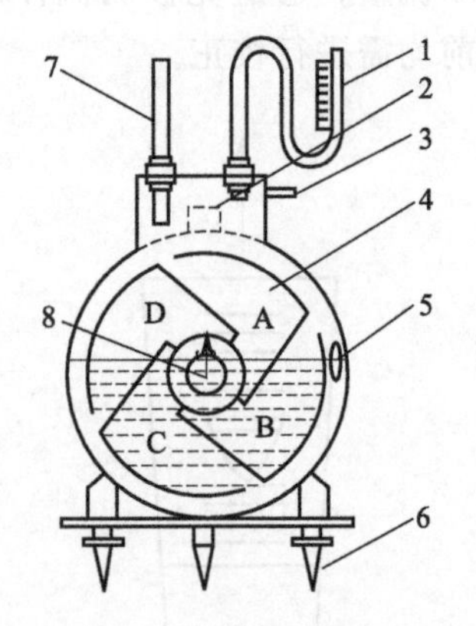

图 2-1-18 湿式流量计

1—压差计；2—水平仪；3—排气管；4—转鼓；5—壳体；6—支脚；7—水位器；8—进气管

4. 湿式流量计

湿式流量计属于容积式流量计，也是实验室常用的一种流量计。它主要由圆鼓形壳体、转鼓及传动计数机构所组成。如图 2-1-18 所示。转鼓由圆筒及四个弯曲形状的叶片所构成。四个叶片构成 A、B、C、D 四个体积相等的小室。鼓的下半部浸在水中，水位高低由水位器指示。气体从背部中间的进气管依次进入各室，并不断地由顶部排出，迫使转鼓不停地转动。气体流经流量计的体积由盘上的计数装置和指针显示，用停表记录流经某一体积所需的时间，便可求得气体流量。图 2-1-18 所示位置，表示 A 室开始进气，B 室正在进气，C 室正在排气，D 室排气将完毕。湿式流量计的测量是累积式的，它用于测量气体流量和标定流量计。湿式流量计事先应经标准容量瓶进行校准，因为每个气室的有效体积是由预先注入流量计的水面控制的，所以在使用时必须检查水面是否达到预定的位置。

使用时注意：①先调整湿式流量计的水平，使水平仪内气泡居中；②流量计内注入蒸馏水，其水位高低应使水位器中液面与针尖接触；③被测气体应不溶于水且不腐蚀流量计；④使用时，应记录流量计的温度。

第二章　温度测量与控制技术

温度是描述体系宏观状态的一个基本参量，是体系内部分子、原子平均动能大小的量度。体系内部分子、原子动能的增加或减少，在宏观上表现为体系温度的升高或降低。

两个冷热不同的物体互相接触后，热者变冷，冷者变热，最后两物体达到冷热程度相同，称为热平衡。这是热力学中一个基本实验事实——热力学第零定律。两个互为热平衡体系的温度相等是温度测量的基础，当温度计与被测体系之间达到热平衡时，与温度有关的物理量才能用来表征体系的温度。而温度的量值与温标的选取有关。

一、温标

国际温标是规定一些固定点，这些固定点用特定的温度计精确测量，在规定的固定点之间的温度的测量是以约定的内插方法及指定的测量仪器以及相应物理量的函数关系来定义的。确立一种温标，需要有以下三条：

① 选择测温物质　作为测温物质，它的某种物理性质如体积、电阻、温差电势以及辐射电磁波的波长等须与温度有依赖关系而又有良好的重现性。

② 确定基准点　测温物质的某种物理特性，只能显示温度变化的相对值，必须确定其相当的温度值，才能实际使用。通常是以某些高纯物质的相变温度，如凝固点、沸点等，作为温标的基准点。

③ 划分温度值　基准点确定以后，还需要确定基准点之间的分隔，如：摄氏温标是以 1atm 下水的冰点（0℃）和沸点（100℃）为两个定点，定点间分为 100 等份，每一份为 1℃。用外推法或内插法求得其他温度。

下面介绍最常用的两种温标。

1. 热力学温标

热力学温标也称开尔文（Kelvin）温标。它是建立在卡诺（Carnot）循环的基础之上，与测温物质无关，在任何测量范围内均具有线性关系，是理想的科学的温标。

热力学温标用单一基准点定义。1948 年第九次国际计量大会确定：水的三相点的热力学温度为 273.16 度，水的三相点到绝对零度之间的 1/273.16 为热力学温标的 1 度。

为了更好地统一国际间的温度量值，现在采用《1968 年国际实用温标（IPTS-68）——1975 年修订版》的规定：热力学温度的符号为 T，单位名称为开［尔文］，单位符号为 K，1K 等于水的三相点热力学温度的 1/273.16。

2. 摄氏温标

摄氏温标使用较早，最初是用水银玻璃温度计测定水的相变点来确定温度标度的，规定在1atm（101325Pa）下，水的凝固点为0℃，沸点为100℃，在这两点之间划分为100等份，每等份代表1个温度单位，以℃表示。

应该指出，热力学温度 T 是国际单位制（SI制）中的基本单位。但在其专有名称导出的单位中仍有摄氏温度 t 的名称。这里所指的摄氏温度已不是历史上所定义的101325Pa（1atm）下水的凝固点为0℃、沸点为100℃进行划分摄氏温度的概念，而是用热力学温度 T 按下式定义的温标：

$$t/℃ \equiv T/\text{K}-273.16$$

根据这个定义，273.16K为摄氏温标的零点（0.00℃），它与水的凝固点不再有直接联系。不过，其优越性是明显的，因为热力学温度与摄氏温度的分度值相同，因此实际用于测量温度差时，既可用K表示，也可用℃表示。

二、温度计

国际温标规定，从低温到高温划分为四个温区，在各温区分别选用一个高度稳定的标准温度计来度量各固定点之间的温度值。这四个温区及相应的标准温度计见表2-2-1。

表 2-2-1 四个温区的划分及相应的标准温度计

温度范围	13.81～273.15K	273.1～903.89K	903.89～1337.58K	1337.58K以上
标准温度计	铂电阻温度计	铂电阻温度计	铂铑(10%)-铂热电偶	光学高温计

下面介绍几种常见的温度计。

1. 水银温度计

水银温度计是实验室常用的温度计。它的结构简单，价格低廉，具有较高的精确度，直接读数，使用方便；但是易损坏，损坏后无法修理。水银温度计适用范围为238.15～633.15K（水银的熔点为234.45K，沸点为629.85K），如果用石英玻璃作管壁，充入氮气或氩气，最高使用温度可达到1073.15K。常用的水银温度计刻度间隔有：2K、1K、0.5K、0.2K、0.1K等，与温度计的量程范围有关，可根据测定精度选用。

（1）水银温度计的种类和使用范围

① 一般使用－5～105℃、－5～150℃、－5～250℃、－5～360℃等，每分度1℃或0.5℃。

② 供量热学使用有9～15℃、12～18℃、15～21℃、18～24℃、20～30℃等，每分度0.01℃。

③ 测温差的贝克曼（Beckmann）温度计，是一种移液式的内标温度计，测量范围－20～150℃，专用于测量温差。

④ 电接点温度计，可以在某一温度点上接通或断开，与电子继电器等装置配套，可以用来控制温度。

⑤ 分段温度计，从－10～220℃，共有23支。每支温度范围10℃，每分度0.1℃，另外有－40～400℃，每隔50℃增设1支，每分度0.1℃。

（2）水银温度计的校正

用水银温度计测量被测体系的温度，首先必须保证水银温度计的准确性。在通常情况下，水银温度计都或多或少地存在一定的误差。水银温度计的误差主要来自于以下三个方面的原因：玻璃毛细管的内径不均匀；温度计的水银球受热后体积发生改变；使用中水银温度计有局部处于被测体系之外。

因此在使用温度计时要进行读数校正，通常只对后两种因素引起的误差进行读数校正。

① 零点校正　由于水银温度计下端玻璃球的体积在使用过程中可能会改变，导致温度读数与真实值不符，因此必须校正零点。校正方法是，把水银温度计与标准温度计进行比较，也可以用纯物质的相变点标定校正。冰水体系是最常使用的一种，将温度计浸入冰水体系中，得到的温度值与刻度零点之差 $\Delta t_{零点}$ 称为零点校正值。

② 露茎校正　水银温度计有“全浸”和“非全浸”两种。非全浸式水银温度计常刻有校正时浸入量的刻度，在使用时若室温和浸入量均与校正时一致，所示温度是正确的。

全浸式水银温度计使用时应当全部浸入被测体系中，如图 2-2-1 所示，达到热平衡后才能读数。全浸式水银温度计如不能全部浸没在被测体系中，则因露出部分与体系温度不同，必然存在读数误差，因此必须进行校正。这就必须进行露茎校正，其方法如图 2-2-2 所示。校正值按下式计算：

$$\Delta t_{露}=\frac{kh}{1-kh}(t_{测}-t_{环})$$

式中，h 为露出于被测体系之外的水银柱长度，称为露茎高度，以温度差值（℃）表示；$t_{测}$ 为测量温度计的读数；$t_{环}$ 为环境温度，可用一支辅助温度计读出，其水银球应置于测量温度计露茎高度的中部；k 为水银对于玻璃的膨胀系数，使用摄氏度时，$k=0.00016$，上式中 kh 远小于 1，所以 $\Delta t\approx kh$（$t_{测}-t_{环}$）。

考虑了以上两个因素，实际温度应该为测量值与各项校正值之和：

$$t=t_{测}+\Delta t_{零点}+\Delta t_{露}$$

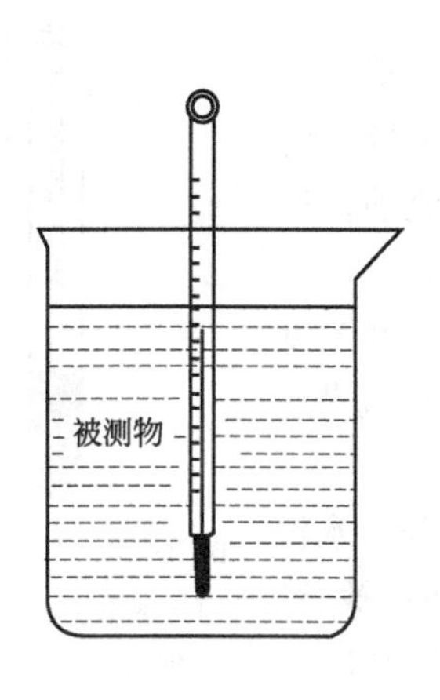

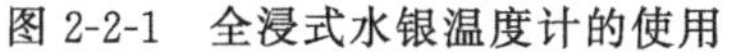

图 2-2-1　全浸式水银温度计的使用

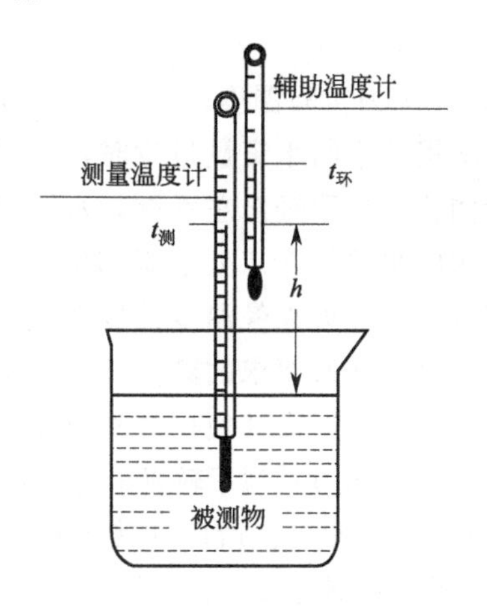

图 2-2-2　温度计露茎校正示意图

2. 贝克曼温度计

(1) 贝克曼温度计的构造及特点

在物理化学实验中，常常需要对系统的温度差进行精确的测量，如燃烧热的测定、溶解热的测定及凝固点降低法测定分子量等均要求温度测量精确到 0.002℃。然而普通温度计不能达到此精确度，需用贝克曼温度计进行测量。

贝克曼温度计的构造如图 2-2-3 所示，它也是水银温度计的一种，与一般水银温度计不同之处在于，除了在毛细管下端有一大的水银球外，还在温度计的上部有水银储槽。贝克曼温度计的特点是：它的刻度精确至 0.01℃，用放大镜读数时可估计到 0.002℃；另外它的量程较短（一般全程为 5℃），不能测定温度的绝对值，一般只用于测量温差。要测量不同范围内的温度变化，则需利用上端的水银储槽，调节下端水银球中的水银量。

(2) 贝克曼温度计的使用方法

首先根据实验的要求确定选用某一类型的贝克曼温度计。使用时需经过以下步骤：

① 测定贝克曼温度计的 R 值　贝克曼温度计最上部刻度处 a 到毛细管末端 b 处所相当的温度值称为 R 值。将贝克曼温度计与一支普通温度计（最小刻度 0.1℃）同时插入盛水或其他液体的烧杯中加热，贝克曼温度计的水银柱就会上升，由普通温度计读出从 a 到 b 段相当的温度值，称为 R 值。一般取几次测量值的平均值。

② 水银球中水银量的调节　在使用贝克曼温度计时，首先应当将它插入一杯与待测体系温度相同的水中，达到热平衡以后，如果毛细管内水银面在所要求的合适刻度附近，说明水银球中的水银量合适，不必进行调节。否则，就应当调节水银球中的水银量。若球内水银过多，毛细管水银量超过 b 点，就应当左手握贝克曼温度计中部，将温度计倒置，右手轻击左手手腕，使水银储管内水银与 b 点处水银相连接，再将温度计轻轻倒转放置在温度为 t' 的水中，平衡后用左手握住温度计的顶部，迅速取出，离开水面和实验台，立即用右手轻击左手手腕，使水银储管内水银在 b 点处断开。此步骤要特别小心，切勿使温度计与硬物碰撞，以免损坏温度计。温度 t' 的选择可以按照下式计算：

$$t'=t+R+(5-x)$$

式中，t 为实验温度；x 为 t℃时贝克曼温度计的设定读数。

若水银球中的水银量过少时，左手握住贝克曼温度计中部，将温度计倒置，右手轻击左手腕，水银就会在毛细管中向下流动，待水银储槽内水银与 b 点处水银相接后，再按上述方法调节。

调节后，将贝克曼温度计放在实验温度 t℃的水中，观察温度计水银柱是否在所要求的刻度 x 附近，如相差太大，再重新调节。

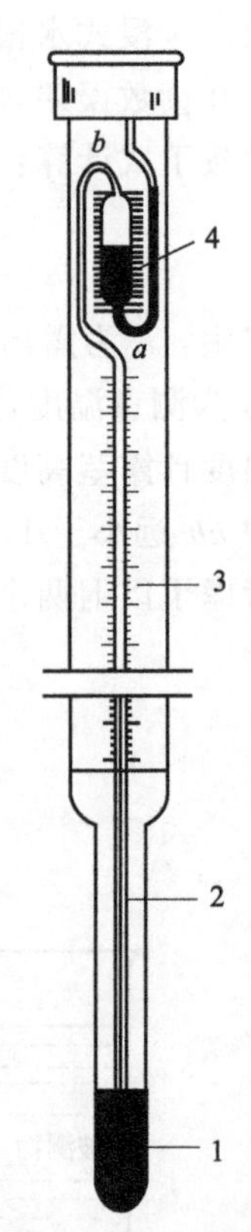

图 2-2-3　贝克曼温度计
1—水银球；2—毛细管；
3—温度标尺；4—水银储槽

(3) 贝克曼温度计使用注意事项

① 贝克曼温度计属于较贵重的玻璃仪器，并且毛细管较长，水银量也较多，易于损坏。所以在使用时必须十分小心，不能随便放置，一般应安装在仪器上或调节时握在手中，用完后应放在温度计盒里。

② 调节时，不能骤冷骤热，以防止温度计破裂。操作时动作不可过大，并与实验台保持一定距离，以免碰到实验台上损坏温度计。

③ 在调节时，如温度计下部水银球的水银与上部储槽中的水银始终不能相接时，应停下来，检查一下原因，不可一味对温度计升温，而使下部水银过多地流入上部储槽中。

④ 使用夹子固定温度计时，必须垫有橡胶垫，不能用铁夹直接夹温度计。

3. 热电偶温度计

自 1821 年塞贝克（Seebeck）发现热电效应起，热电偶的发展已经历了一个多世纪。据统计，在此期间曾有300余种热电偶问世，但应用较广的热电偶仅有40～50种。国际电工委员会（IEC）对其中被国际公认、性能优良和产量最大的七种制定标准，即IEC 584-1和IEC 584-2中所规定的：S分度号（铂铑10-铂）；B分度号（铂铑30-铂铑6）；K分度号（镍铬-镍硅）；T分度号（铜-康铜）；E分度号（镍铬-康铜）；J分度号（铁-康铜）；R分度号（铂铑13-铂）等热电偶。

热电偶是目前工业测温中最常用的传感器，这是由于它具有以下优点：测温点小，准确度高，反应速度快；品种规格多，测温范围广，在－270～2800℃范围内有相应产品可供选用；结构简单，使用维修方便，可作为自动控温检测器等。

（1）热电偶温度计工作原理

把两种不同的导体或半导体接成图2-2-4所示的闭合回路，如果将它的两个接点分别置于温度各为T及T_0（假定$T>T_0$）的热源中，则在其回路内就会产生热电动势（简称热电势），这个现象称作热电效应。

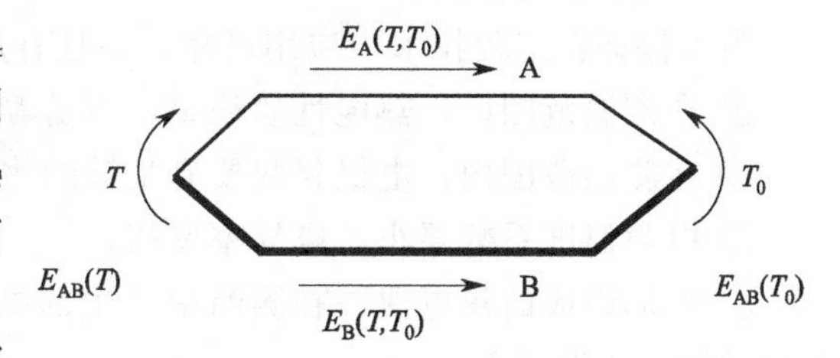

图2-2-4　热电偶回路热电势分布

在热电偶回路中所产生的热电势由两部分组成：接触电势和温差电势。

① 温差电势　温差电势是在同一导体的两端因其温度不同而产生的一种热电势。由于高温端（T）的电子能量比低温端的电子能量大，因而从高温端跑到低温端的电子数比从低温端跑到高温端的电子数多，结果高温端因失去电子而带正电荷，低温端因得到电子而带负电荷，从而形成一个静电场。此时，在导体的两端便产生一个相应的电位差$U_T-U_{T_0}$，即为温差电势。图中的A、B导体分别都有温差电势，分别用E_A（T，T_0）、E_B（T，T_0）表示。

② 接触电势　接触电势产生的原因是，当两种不同导体A和B接触时，由于两者电子密度不同（如$N_A>N_B$），电子在两个方向上扩散的速率就不同，从A到B的电子数要比从B到A的多，结果A因失去电子而带正电荷，B因得到电子而带负电荷，在A、B的接触面上便形成一个从A到B的静电场E，这样在A、B之间也形成一个电位差U_A-U_B，即为接触电势。其数值取决于两种不同导体的性质和接触点的温度。分别用E_{AB}（T）、E_{AB}（T_0）表示。

这样在热电偶回路中产生的总电势E_{AB}（T，T_0）由四部分组成：

$$E_{AB}(T,T_0)=E_{AB}(T)+E_B(T,T_0)-E_{AB}(T_0)-E_A(T,T_0)$$

由于热电偶的接触电势远远大于温差电势，且$T>T_0$，所以在总电势E_{AB}（T，T_0）中，以导体A、B在T端的接触电势E_{AB}（T）为最大，故总电势E_{AB}（T，T_0）的方向取决于E_{AB}（T）的方向。因$N_A>N_B$，故A为正极，B为负极。

热电偶总电势与电子密度及两接点温度有关。电子密度不仅取决于热电偶材料的特性，而且随温度变化而变化，它并非常数。所以当热电偶材料一定时，热电偶的总电势成为温度T和T_0的函数差。又由于冷端温度T_0固定，则对一定材料的热电偶，其总电势E_{AB}（T，T_0）就只与温度T成单值函数关系，

$$E_{AB}(T,T_0)=f(T)-C$$

每种热电偶都有它的分度表（参考端温度为0℃），分度值一般取温度每变化1℃所对应的热电势之电压值。

(2) 热电偶温度计的特点

① 灵敏度高。测温点小，准确度高，反应速率快；配以精密的电位差计，通常可达到0.01K。

② 重现性好。热电偶经过精密的热处理后，其热电势-温度函数关系的重现性极好。

③ 量程宽。测温范围广，在−270～2800℃范围内有相应产品可供选用；其量程仅受其材料适用范围的限制。

④ 使用方便。结构简单，使用维修方便。热电偶测温可将温度信号直接转变成电压信号，便于自动记录与自动控制，且适用于远距离测量，因而得到广泛应用。

(3) 热电偶电极材料

为了保证在工程技术中应用可靠，并且有足够精确度，对热电偶电极材料有以下要求：

① 在测温范围内，热电性质稳定，不随着时间变化；

② 在测温范围内，电极材料要有足够的物理化学稳定性，不易氧化或腐蚀；

③ 电阻温度系数要小，电导率要高；

④ 它们组成的热电偶，在测温中产生的电势要大，并希望这个热电势与温度成单值的线性或接近线性关系；

⑤ 材料复制性好，可制成标准分度，机械强度高，制造工艺简单，价格便宜；

⑥ 最后还应强调一点，热电偶的热电特性仅决定于选用的热电极材料的特性，而与热电极的直径、长度无关。

(4) 热电偶温度计的种类及性能

表 2-2-2 列出了一些热电偶的基本参数。热电偶经过一个多世纪的发展，品种繁多，而国际公认、性能优良、产量最大的共有七种，目前在我国常用的有以下几种热电偶。

① 铂铑 10-铂热电偶　它由纯铂丝和铂铑丝（铂 90%、铑 10%）制成。由于铂和铂铑能得到高纯度材料，故其复制精度和测量的准确性较高，可用于精密温度测量和作基准热电偶，有较高的物理化学稳定性。主要缺点是热电势较弱，在长期使用后，铂铑丝中的铑分子产生扩散现象，使铂丝受到污染而变质，从而引起热电特性失去准确性，成本高。可在1300℃以下温度范围内长期使用。

② 镍铬-镍硅（镍铬-镍铝）热电偶　它由镍铬与镍硅制成，化学稳定性较高，可用于900℃以下温度范围。复制性好，热电势大，线性好，价格便宜。虽然测量精度偏低，但基本上能满足工业测量的要求，是目前工业生产中最常见的一种热电偶。镍铬-镍铝和镍铬-镍硅两种热电偶的热电性质几乎完全一致。由于后者在抗氧化及热电势稳定性方面都有很大提高，因而逐渐代替前者。

③ 铂铑 30-铂铑 6 热电偶　这种热电偶可以测 1600℃以下的高温，其性能稳定，精确度高，但它产生的热电势小，价格高。由于其热电势在低温时极小，因而冷端在 40℃以下范围时，对热电势值可以不必修正。

④ 镍铬-考铜热电偶　热电偶灵敏度高，价廉。测温范围在 800℃以下。

⑤ 铜-康铜热电偶　铜-康铜热电偶的两种材料易于加工成漆包线，而且可以拉成细丝，因而可以做成极小的热电偶。其测量低温性极好，测温范围为−270～400℃，而且热电灵敏度也高。它是标准型热电偶中准确度最高的一种，在 0～100℃范围可以达到 0.05℃（对应热电势为 2μV 左右）。它在医疗方面得到广泛的应用，由于铜和康铜都可拉成细丝便于焊接，因而时间常数很小，为 ms 级。

表 2-2-2　热电偶基本参数

热电偶类别	材质及组成	新分度号	旧分度号	使用范围/℃	热电势系数/mV·K^{-1}
廉价金属	铁-康铜(CuNi40)		FK	0～800	0.0540
	铜-康铜	T	CK	－200～300	0.0428
	镍铬 10-考铜(CuNi43)		EA-2	0～800	0.0695
	镍铬-考铜		NK	0～800	
	镍铬-镍硅	K	EU-2	0～1300	0.0410
	镍铬-镍铝(NiAl2Si1Mg2)			0～1100	0.0410
贵金属	铂-铂铑 10	S	LB-3	0～1600	0.0064
	铂铑 30-铂铑 6	B	LL-2	0～1800	0.00034
难熔金属	钨铼 5-钨铼 20		WR	0～200	

如前所述，各种热电偶都具有不同的优缺点。因此，在选用热电偶时应根据测温范围、测温状态和介质情况综合考虑。

(5) 热电偶温度计的制备及校正

在制备热电偶时，热电偶电极的材料、直径的选择，应根据测量范围、测定对象的特点，以及电极材料的价格、机械强度、热电偶的电阻值等而定。热电偶的长度应由它的安装条件及需要插入被测介质的深度决定。下面以镍铬-考铜热电偶为例，简单介绍热电偶的实验室制备方法。

取一段长约 0.6m 的镍铬丝，二段长约 0.5m 的考铜丝。在镍铬丝上套上绝缘小瓷管，将其两端分别与两根考铜丝紧密绞合在一起（绞合段长约 5mm)。将绞合段稍稍加热后，沾上少许硼砂粉，在小火上加热使硼砂熔化成玻璃态包裹在绞合部分（防止下一步高温熔融时金属被氧化)，然后放在电弧焰或煤气灯的还原焰中使绞合点熔融成一个光滑的小珠，退火后将玻璃层除去即可。接点的质量直接影响到测量的可靠性，故要求熔点圆滑，无裂纹及焊渣，其直径约为金属直径的两倍为宜。热电偶接点常见的结构形式如图 2-2-5 所示。

热电偶使用时必须首先确定其电势与温度的对应关系，此过程称为热电偶的校正。图 2-2-6 示出热电偶的校正、使用装置。使用时一般是将热电偶的一个接点放在待测物体中（热端)，而将另一端放在储有冰水的保温瓶中（冷端)，这样可以保持冷端的温度恒定。校正一般是通过用一系列温度恒定的标准体系，测得热电势和温度的对应值来得到热电偶的工作曲线。

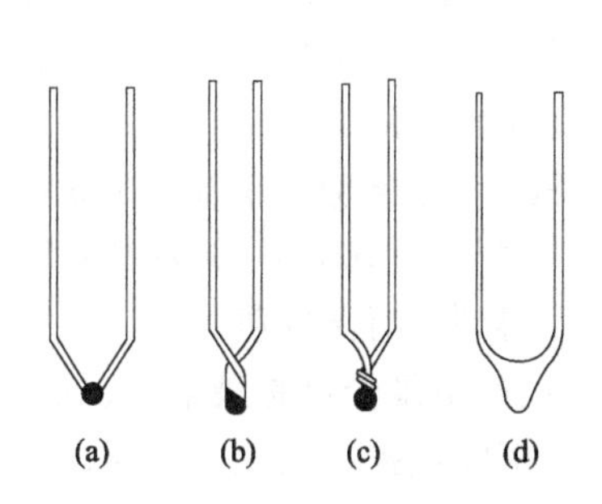

图 2-2-5　热电偶接点常见的结构

(a) 直径一般为 0.5mm；(b) 直径一般为 1.5～3mm；

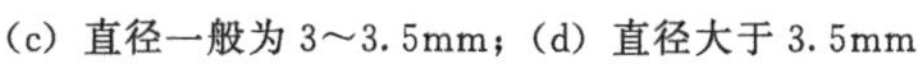

(c) 直径一般为 3～3.5mm；(d) 直径大于 3.5mm

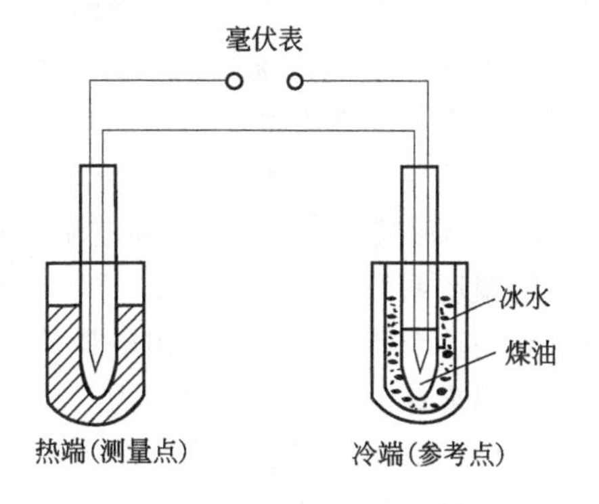

图 2-2-6　热电偶的校正、使用示意图

4. 精密数字温度温差仪

在物理化学实验中，对体系的温差进行精确测量时（如燃烧热测定实验），以往都是使用水银贝克曼温度计。这种水银玻璃仪器虽然原理简单、形象直观，但使用时易破损，且不能实现自动化控制，特别是在使用前的调节比较麻烦，近年来逐渐被电子贝克曼温度计所取代。电子贝克曼温度计的热电偶通常采用的是对温度极为敏感的热敏电阻，它是由金属氧化物半导体材料制成的，其电阻与温度的关系为 $R=A\exp(-B/t)$（R 为电阻，t 为摄氏温度，A、B 为与材料有关的参数）。通过温度的变化，转换成电性能变化，测量电性能变化便可测出温度的变化。

5. 其他温度计

(1) 金属电阻温度计

主要有铂电阻温度计和半导体温度计。铂电阻温度计响应快、灵敏度高（能够达到 10^{-4}K）、准确度高，测量范围宽（13.2～1373.2K）。

(2) 热敏电阻温度计

热敏电阻温度计是由铁、镍、锌等金属氧化物在高温下熔制而成。与金属电阻相比，有更大的温度系数，因此灵敏度更高。但由于电阻值会因老化而逐渐改变，需经常标定，因此不适于较高温度下使用。

(3) 蒸气压低温温度计

这类温度计的测温参数是根据液体的饱和蒸气压与温度的单值函数关系来确定温度值。测量范围为 1.2～100.2K，灵敏度可达 10^{-2}K，使用方便，但测量范围较小。实验室中常用的有氧饱和蒸气温度计，主要用于测定液氮的温度。

(4) 光学高温计或辐射温度计

光学高温计的特点是不与测量体系接触，因此可以不干扰被测体系。测量范围是 973.2～2273.2K，但与被测物体表面辐射情况有关，使用时需标定。

(5) 集成温度计

随着集成技术和传感技术飞速发展，人们已能在一块极小的半导体芯片上集成包括敏感器件、信号放大电路、温度补偿电路、基准电源电路等在内的各个单元。这是所谓的敏感集成温度计，它使传感器和集成电路成功地融为一体，并且极大地提高了测温性能。它是目前测温度的发展方向，是实现测温智能化、小型化（微型化）、多功能化的重要途径，同时也提高了灵敏度。它跟传统的热电阻、热电偶、半导体 pn 结等温度传感器相比，具有体积小、热容量小、线性度好、重复性好、稳定性好、输出信号大且规范化等优点。尤其是线性度好及输出信号大且规范化、标准化，这是其他温度计无法比拟的。

它的输出形式可分为电压型和电流型两大类。其中电压型温度系数几乎都是 $10\text{mV}\cdot℃^{-1}$，电流型的温度系数则为 $1\mu\text{A}\cdot℃^{-1}$，它还具有相当于绝对零度时输出电量为零的特性，因而可以利用这个特性从它的输出电量的大小直接换算，而得到绝对温度值。

集成温度计的测温范围通常为－50～150℃，而这个温度范围恰恰是最常见、最有用的。因此，它广泛应用于仪器仪表、航天航空、农业、科研、医疗监护、工业、交通、通信、化工、环保、气象等领域。

三、温度控制

在科学实验中，除了需要进行温度测量外，还常常需要维持某一恒定的温度。物质的物理化学性质，如黏度、密度、蒸气压、表面张力、折射率等都随温度而改变，要测定这些性质必须在恒温条件下进行。一些物理化学常数如平衡常数、化学反应速率常数等也与温度有关，这些常数的测定也需恒温，因此，掌握恒温技术非常必要。

恒温控制可分为两类，一类是利用物质的相变点温度来获得恒温，如液氮（77.3K）、干冰（194.7K）、冰-水（273.15K）、$Na_2SO_4 \cdot 10H_2O$（305.6K）、沸水（373.15K）、沸点萘（491.2K）等。这些物质处于相平衡时构成一个“介质浴”，将需要恒温的研究对象置于这个介质浴中，就可以获得一个高度稳定的恒温条件。如果介质是纯物质，则恒温的温度就是该介质的相变温度，而不必另外精确标定。该方法简单，但温度的选择受到很大限制。另外一类是利用电子调节系统进行温度控制，此方法控温范围宽，可以任意调节设定温度。

电子调节系统种类很多，但从原理上讲，它必须包括三个基本部件，即变换器、电子调节器和执行系统。变换器的功能是将被控对象的温度信号变换成电信号；电子调节器的功能是对来自变换器的信号进行测量、比较、放大和运算，最后发出某种形式的指令，使执行系统进行加热或制冷（见图 2-2-7）。电子调节系统按其自动调节规律可以分为断续式二位置控制和比例-积分-微分（PID）控制两种，简介如下。

1. 断续式二位置控制

实验室常用的电烘箱、电冰箱、高温电炉和恒温水浴等，大多采用这种控制方法。变换器的形式可分为以下几种。

(1) 双金属膨胀式

利用不同金属的线膨胀系数不同，选择线膨胀系数差别较大的两种金属，线膨胀系数大的金属棒在中心，另外一个套在外面，两种金属内端焊接在一起，外套管的另一端固定，见图 2-2-8。在温度升高时，中心金属棒便向外伸长，伸长长度与温度成正比。通过调节触点开关的位置，可使其在不同温度区间内接通或断开，达到控制温度的目的。其缺点是控温精度差，一般有几开范围。

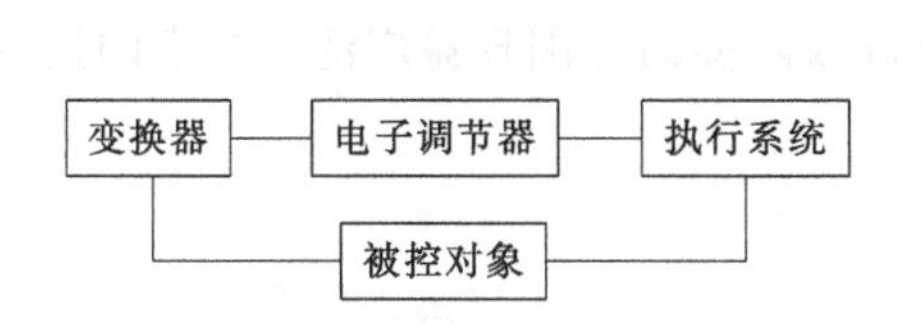

图 2-2-7　电子调节系统的控温原理

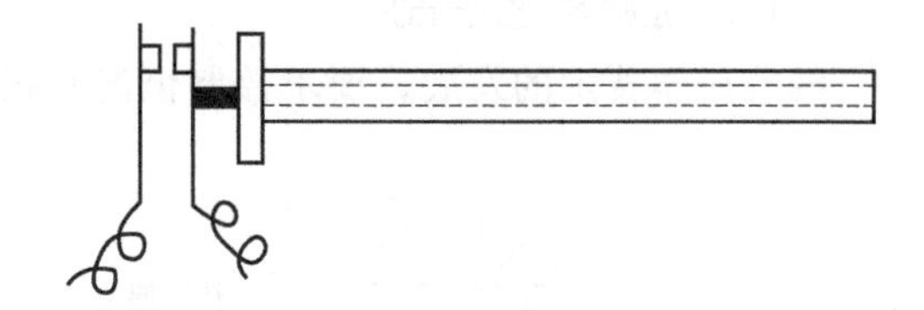

图 2-2-8　双金属膨胀式温度控制器示意图

(2) 电接点温度计

电接点温度计是一支可以导电的特殊温度计，又称为导电表。图 2-2-9 是它的结构示意图。它有两个电极，一个固定与底部的水银球相连，另一个可调电极 5 是金属丝，由上部伸入毛细管内。顶端有一磁铁，可以旋转螺旋丝杆，用以调节金属丝的高低位置，从而调节设定温度。当温度升高时，毛细管中水银柱上升与一金属丝接触，两电极导通，使继电器线圈中电流断开，加热器停止加热；当温度降低时，水银柱与金属丝断开，继电器线圈通过电流，使加热器线路接通，温度又回升。如此，不断反复，使恒温槽控制在一个微小的温度区间波动，被测体系的温度也就限制在一个相应的微小区间内，从而达到恒温的目的。

电接点温度计的温度控制属于“通”“断”类型，当加热器接通后，恒温介质温度上升，热量的传递使水银温度计中的水银柱上升。但热量的传递需要时间，因此常出现温度传递的滞后，往往是加热器附近介质的温度超过设定温度。同理，降温时也会出现滞后现象。由此可知，采用电接点温度计控制的温度有一个波动范围，并不是控制在某一固定不变的温度。控温效果即灵敏度较差。

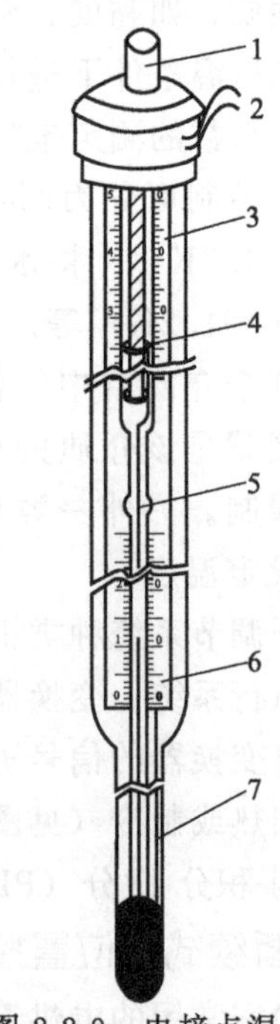

图 2-2-9 电接点温度计
1—磁性螺旋调节器；2—电极引出线；3—上标尺；4—指示螺母；5—可调电极；6—下标尺；7—电极

(3) 动圈式温度控制器

温度控制表、双金属膨胀类变换器不能用于高温，而动圈式温度控制器采用能工作于高温的热电偶作为变换器，可用于高温控制。动圈式温度控制器的原理如图 2-2-10 所示。

插在恒温系统中的热电偶将温度信号变为电信号，加于动圈式毫伏表的线圈上。该线圈用张丝悬挂于磁场中，热电偶的信号可使线圈有电流通过而产生感应磁场，与外磁场作用使线圈转动。当张丝扭转产生的反力矩与线圈转动的力矩平衡时，转动停止。此时动圈偏转的角度与热电偶的热电势成正比。动圈上装有指针，指针在刻度板上指出了温度数值。指针上装有铝旗，在刻度板后装有前后两半的检测线圈和控温指针，可机械调节左右移动，用于设定所需的温度。当加热时铝旗随指示温度的指针移动，当上升到所需温度时，铝旗进入检测线圈，与线圈平行切割高频磁场，产生高频涡流电流使继电器断开而停止加热；当温度降低时，铝旗走出检测线圈，使继电器闭合又开始加热。为防止当被控对象的温度超过设定温度时，铝旗冲出检测线圈而产生加热的错误信号，在温度控制器内设有挡针。动圈式温度控制器也属于“通”“断”类型，温度起伏大，控温精度差。

2. PID 温度精密控制

随着科学技术的发展，要求控制恒温和程序升温或降温的范围日益广泛，要求的控温精

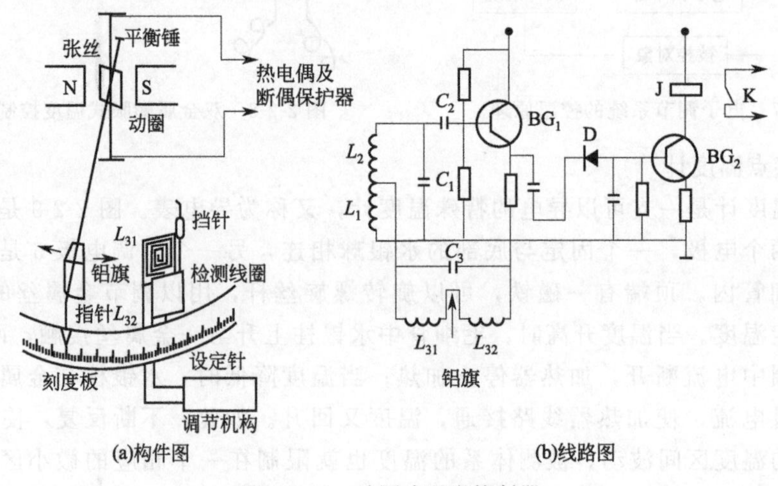

图 2-2-10 动圈式温度控制器

度也大大提高，在通常温度下，使用上述的断续式二位置控制器比较方便，但是由于只存在通断两个状态，电流大小无法自动调节，控制精度较低，特别在高温时精度更低。20 世纪 60 年代以来，控温手段和控温精度有了新的进展，广泛采用 PID 调节器，使用可控硅控制加热电流随偏差信号大小而作相应变化，即按照偏差（设定温度与系统温度之间的差值称为偏差）信号的变化规律，由调节器自动调节通过加热器的电流，大幅度提高了控温精度。

PID 温度调节系统基本原理见图 2-2-11，该调节系统用热电偶测量恒温体系的温度，由毫伏定值器给出与设定温度相应的毫伏值，热电偶的热电势与定值器给出的毫伏值进行比较，如有偏差，说明炉温偏离设定温度。此偏差经过放大后送入 PID 调节器，再经可控硅触发器推动可控硅执行器，以相应调整炉丝加热功率，从而使偏差消除，炉温保持在所要求的温度控制精度范围内。

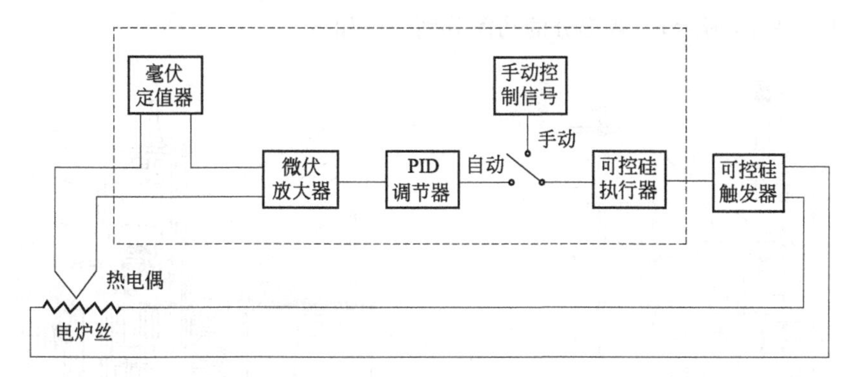

图 2-2-11 PID 温度调节系统方框图

PID 温度调节系统中，P 指比例调节，I 指积分调节，D 指微分调节。比例调节的特点是在任何时候输出和输入之间都存在一一对应的比例关系，温度偏差信号越大，调节输出电压越大，使加热器加热速度越快；温度偏差信号变小，调节输出电压变小，加热器加热速率变小；偏差信号为 0 时，比例调节器输出电压为零，加热器停止加热。这种调节速度快，但不能保持恒温，因为停止加热会使炉温下降，下降后又有偏差信号，再进行调节，使温度总是在波动。为改善恒温情况而再加入积分调节。积分调节是调节输出量与输入量随时间的积分成比例关系，偏差信号存在，经长时间的积累，就会有足够的输出信号。若把比例调节、积分调节结合起来，在偏差信号大时，比例调节起作用，调节速度快，很快使偏差信号变小；当偏差信号接近零时，积分调节起作用，仍能有一定的输出来补偿向环境散发的热量，使温度保持不变。微分调节是调节输出量与输入量变化速度之间的比例关系，即微分调节是由偏差信号的增长速度的大小来决定调节作用的大小。不论偏差本身数值有多大，只要这偏差稳定不变，微分调节就没有输出，不能减小这个偏差，所以微分调节不能单独使用。控温过程中加入微分调节可以加快调节过程，在温差大时，比例调节使温差变化，这时再加入微分调节，根据温差变化速度输出额外的调节电压，加快了调节速度。当偏差信号变小，偏差信号变化速率也变小时，积分调节发挥作用。随着时间的延续，偏差信号越小，发挥主要作用的就越是积分调节，直到偏差为 0，温度恒定。在整个温度控制过程中合理利用上述三种调节作用各自的特点，优势互补，自动调节加热电流，可实现温度的精密控制。

PID 控制是一种比较先进的模拟控制方式，适用于各种条件复杂、情况多变的实验系统。目前，已有多种 PID 控温仪可供选用，常用型号一般有：DWK-720、DWK-703、DDZ-Ⅱ、DDZ-Ⅱ、DTL-121、DTL-161、DTL-152、DTL-154 等，其中 DWK 系列属于精密温度自动控制仪，其他是PID的调节单元，DDZ-Ⅲ型调节单元可与计算机联用，使模拟调节更加完善。

PID控制的原理及线路分析比较复杂，请参阅有关专门著作。

四、恒温槽及常温和低温控制

在常温区间（室温至250℃），通常使用恒温槽作为控温装置，它利用液体为热传导的介质对被恒温体系的温度进行调节和控制。用液体作为介质的优点是热容量大，导热性能好，使温度控制的稳定性和灵敏度大为提高。

1. 恒温槽

恒温槽一般是由浴槽、搅拌器、加热器、定温计、继电器和测量温度计等部分组成（如图2-2-12、图2-2-13所示），各部分的功能分别介绍如下：

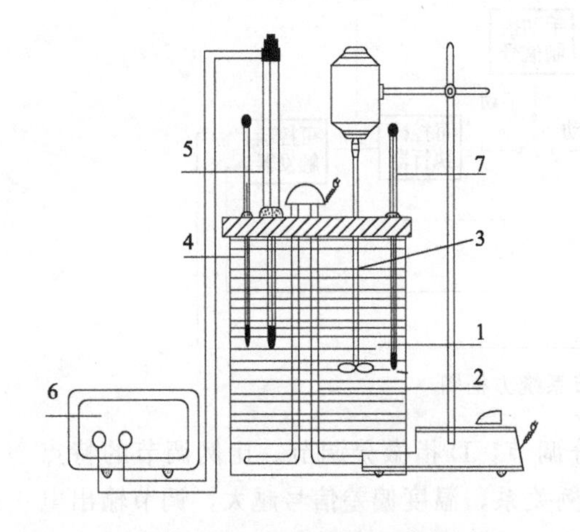

图2-2-12 恒温槽装置示意图

1—浴槽；2—加热器；3—搅拌器；4—温度计；5—定温计；6—继电器；7—贝克曼温度计图

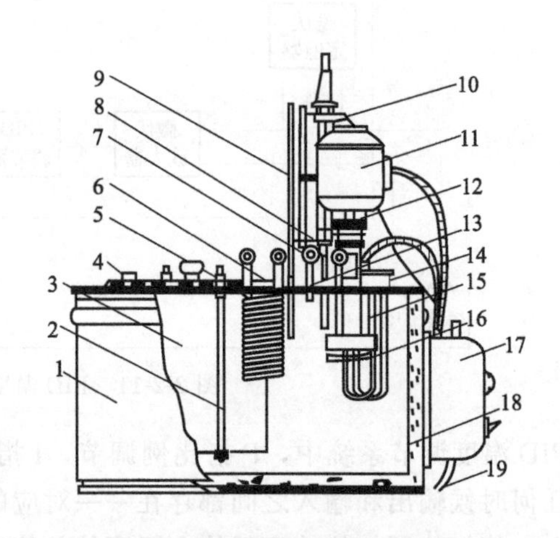

图2-2-13 超级恒温槽示意图

1—外壳；2—恒温筒支架；3—恒温筒；4—恒温筒加水口；5—冷凝管；6—恒温筒盖子；7—水泵进水口；8—水泵出水口；9—温度计；10—定温计；11—电动机；12—水泵；13—加水口；14—加热元件线盒；15—两组加热元件；16—搅拌叶；17—电子继电器；18—保温层；19—电源插头

① 浴槽 通常使用玻璃容器便于观察，也可以用金属容器。其大小视实验需要而定，浴槽内的介质根据温度控制范围可选用如下介质：

−60～30℃乙醇或乙醇水溶液；0～90℃乙醇或乙醇水溶液；80～160℃甘油或甘油水溶液；70～300℃液体石蜡、硅油等。

② 加热器 常用的是电热器。加热器功率的大小应根据浴槽大小和恒温温度的实际需要而定，如容量为20L的浴槽，要求恒温在20～30℃时，可选用200～300W的加热器。为了提高恒温的效果，可采用两套加热器。刚开始加热时，用功率较大的加热器加热，当温度达恒定时，用功率较小的加热器来维持恒温。

③ 搅拌器 一般采用电动搅拌器，用变速器来调节转速。搅拌器一般应尽量安装在加热器附近，使热量迅速传递，保持浴槽内各部位温度均匀。

④ 温度计 观察恒温槽的温度常用1/10℃的水银温度计，若测量恒温槽的灵敏度，可用1/100℃温度计或贝克曼温度计。温度计的安装位置应尽量靠近被测系统，所用温度计在

使用前需进行校正。

⑤ 定温计　定温计的作用是当恒温槽的温度达到设定值时，发出信号，使加热系统停止加热。低于设定温度时，则发出信号，命令加热系统继续加热。恒温槽的定温计通常采用水银电接点温度计。

⑥ 继电器　由于定温计允许通过的电流很小（约为几毫安以下），不能同加热器直接相连，所以在定温计和加热器之间加一个继电器。通常的继电器有电子管继电器和晶体管继电器两种。

电子管继电器由继电器和控制电路两部分组成，其工作原理如下：可以把电子管的工作看成一个半波整流器（图 2-2-14），$R_e \sim C_1$ 并联电路的负载，负载两端的交流分量用来作为栅极的控制电压。当电接点温度计的触点为断路时，栅极与阴极之间由于 R_1 的耦合而处于同位，即栅极偏压为零。这时板流较大，约有 18mA 通过继电器，能使衔铁吸下，加热器通电加热；当电接点温度计为通路，板极是正半周，这时 $R_e \sim C_1$ 的负端通过 C_2 和电接点温度计加在栅极上，栅极出现负偏压，使板极电流减少到 2.5mA，衔铁弹开，电加热器断路。

因控制电压是利用整流后的交流分量，R_e 的旁路电流 C_1 不能过大，以免交流电压值过小，引起栅极偏压不足，衔铁吸下不能断开；C_1 太小，则继电器衔铁会颤动，这是因为板流在负半周时无电流通过，继电器会停止工作，并联电容后依靠电容的充放电而维持其连续工作，如果 C_1 太小就不能满足这一要求。C_2 用来调整板极的电压相位，使其与栅压有相同的峰值。R_2 用来防止触电。

电子继电器控制温度的灵敏度很高，使得电接点温度计使用寿命很长，故获得普遍使用。

随着科技的发展，电子管继电器中电子管逐渐被晶体管代替，典型线路见图 2-2-15。当温度控制表呈断开时，E 通过电阻 R_b 给 pnp 型三极管的基极 b 通入正向电流 I_b，使三极管导通，电极电流 I_c 使继电器 J 吸下衔铁，K 闭合，加热器加热。当温度控制表接通时，三极管发射极 e 与基极 b 被短路，三极管截止，J 中无电流，K 被断开，加热器停止加热。当 J 中线圈电流突然减少时会产生反电动势，二极管 D 的作用是将它短路，以保护三极管避免被击穿。

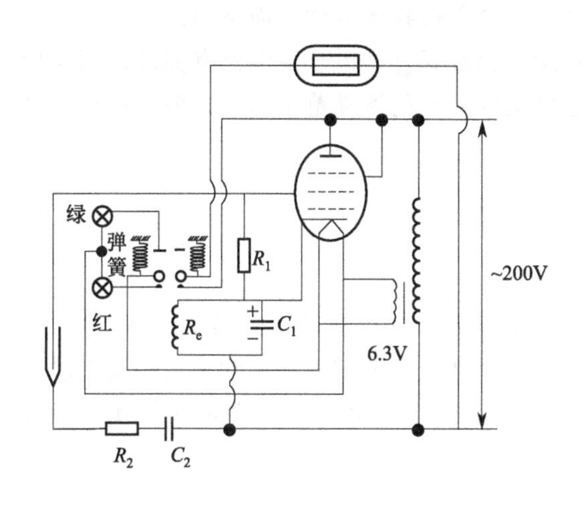

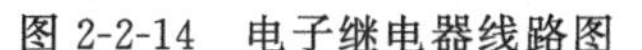
图 2-2-14　电子继电器线路图

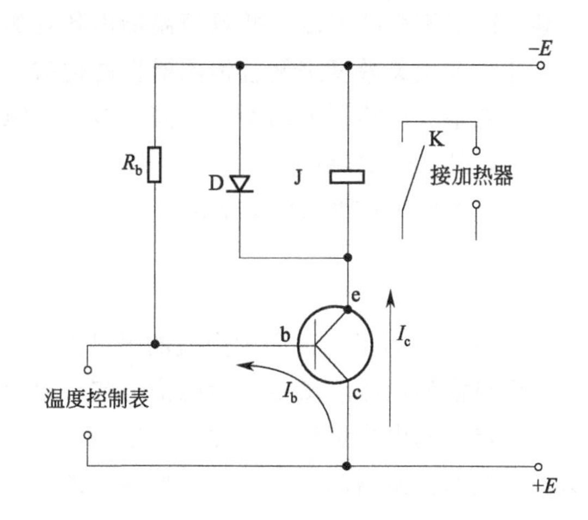

图 2-2-15　晶体管继电器线路图

2. 超级恒温槽

超级恒温槽的基本结构见图 2-2-13，其工作原理与一般恒温槽相同，两者最大的区别是超级恒温槽内有循环泵，可将浴槽内的恒温水对外输出并进行循环。另外，浴槽外壳有保温层，浴槽内设有恒温筒，筒内可作液体恒温（或空气恒温）之用。若要控制较低的温度，可从冷凝管中通入冷水加以调节。

3. 低温控制

有些实验需在低于室温的条件下进行，此时须用低温控制装置。如果恒温温度只是比室温稍低，可用带有制冷机的恒温浴槽并选用适当的恒温介质。

实验室中也可用冰盐混合物的低共熔点特性使被测体系温度恒定，表 2-2-3 列出了一些化合物和冰的低共熔点。

表 2-2-3　盐类和冰的低共熔点

盐	盐的混合比（质量分数）/%	最低到达温度/℃	盐	盐的混合比（质量分数）/%	最低到达温度/℃
KCl	19.5	−10.7	NaCl	22.4	−21.2
KBr	31.2	−11.5	KI	52.2	−23.0
$NaNO_3$	44.8	−15.4	NaBr	40.3	−28.0
NH_4Cl	19.5	−16.0	NaI	39.0	−31.5
$(NH_4)_2SO_4$	39.8	−18.3	$CaCl_2$	30.2	−49.8

利用表中的化合物作为冷冻剂时，可将冷冻剂装入蓄冷桶中，配以超级恒温槽，利用超级恒温槽的循环泵输送测量用的液体。若实验中要求更低的恒温温度，则可以把试样浸在液态制冷剂中（液氮、液氢等），把它装入密闭容器中，利用泵进行排气，降低蒸气压，则液体的沸点也降下来了，因为要控制此状态下的液体温度，只需控制液体和与之平衡的蒸气压。

4. 恒温槽的性能测试

恒温槽的温度控制装置属于“通”“断”类型，当加热器接通后，恒温介质温度上升，热量的传递使水银温度计中的水银柱上升。但热量的传递需要时间，因此常出现温度传递的滞后，往往是加热器附近介质的温度超过设定温度，所以恒温槽的温度超过设定温度。同理，降温时也会出现滞后现象。由此可知，恒温槽控制的温度有一个波动范围，并不是控制在某一固定不变的温度。并且恒温槽内各处的温度也会因搅拌效果优劣而不同。

通常采用灵敏度来衡量恒温槽性能优劣，它除与感温元件、电子继电器有关外，还与搅拌器的效率、加热器的功率等有关，显然，恒温槽温度控制的波动范围越小，槽内各处温度越均匀，其灵敏度越高。

恒温槽的灵敏度 Δt 可表示为：

$$\Delta t=\pm\frac{t_1-t_2}{2}$$

式中，t_1 为恒温过程中介质的最高温度；t_2 为恒温过程中介质的最低温度。

恒温槽的性能测试主要考虑槽内实际温度与设定温度之间的偏差。通常采用在设定温度下，指定时间内测量槽内温度，以槽内实际温度对时间作图，由 T-t 曲线来判断其性能优劣。典型的恒温槽性能测试 T-t 曲线见图 2-2-16。

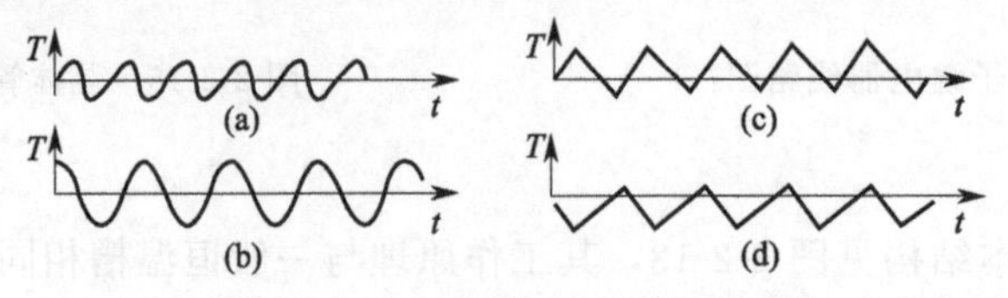

图 2-2-16　恒温槽性能测试曲线

从图 2-2-16 可以看出：曲线（a）表示恒温槽灵敏度较好；（b）、（c）、（d）表示恒温槽灵敏度较差；其中曲线（b）为控温元件效果较差，导致槽温偏离设定温度较大；曲线（c）表示加热器功率太大；曲线（d）表示加热器功率太小或散热太快。

影响恒温槽灵敏度的因素很多，大体有：恒温介质流动性好，热容大则传热性能好，控温灵敏度就高；加热器功率要适宜，热容量要小，控温灵敏度就高；搅拌器搅拌速度要足够大，才能保证恒温槽内温度均匀；定温计及继电器对温度的变化敏感，反应迅速则控温灵敏度就高；环境温度与设定温度的差值越小，控温效果越好。此外，加热器尽量安置在搅拌器附近，以利于热量的迅速传递。

第三章　电学测量技术

电化学测量技术在物理化学实验中占有十分重要的地位，它是物理学中的一些电学测量技术在电化学领域中的具体应用，常用来测量电解质溶液的电导、原电池电动势等参量。由于电化学体系中含有电解质溶液，因此决定了电化学测量方法的特殊性，如电导测量的惠斯登（Wheatston）电桥法，电池电动势测量的对消法等。作为基础实验，主要介绍传统的电化学测量与研究方法，对于目前利用光、电、磁、声、辐射等非传统的电化学研究方法，一般不予介绍。只有掌握了传统的基本方法，才有可能正确理解和运用近代电化学研究方法。

一、电导（电导率）的测量

1. 电导（电导率）概述

能导电的物体称为导体。导体主要有两类：一类是电子导体，如金属、石墨等，它们是靠自由电子在电场作用下的定向移动而导电。另一类是离子导体，如电解质溶液、熔融电解质或固体电解质等，这类导体依靠离子在电场作用下的定向迁移而导电。

电解质溶液的导电能力由电导 G 来量度，它是电阻的倒数，即：$G=1/R$，电导的单位是“西门子”，符号为“S”，$1S=1\Omega^{-1}$。

将电解质溶液放入两平行电极之间，若两电极距离为 l，电极面积为 A，则溶液的电导为：

$$G=\kappa\frac{A}{l}$$

式中，κ 为电导率，其物理意义是 $l=1\text{m}$，$A=1\text{m}^2$ 时溶液的电导，其单位为 $\text{S}\cdot\text{m}^{-1}$。定义电导池常数 K_{cell}：

$$K_{\text{cell}}=\frac{l}{A}\quad 则：\kappa=K_{\text{cell}}G$$

通常将一个电导率已知的电解质溶液注入电导池中，测其电导 G，根据上式即可求出 K_{cell}。

2. 电导（电导率）的测量

电解质溶液的电导的测量实际上可以用电阻测量的方法进行，但由于电解质导体与电子导体的导电机理的区别，在测量方法上两者还是有较大差别的。电解质溶液的电导（电导率）测量实验中主要采用平衡电桥法和电阻分压法，分述如下。

（1）平衡电桥法

电解质溶液的电导通常利用惠斯登（Wheatston）电桥测量，但测量时不能用直流电源，因直流电流通过溶液时，导致电化学反应发生，不但使电极附近溶液的浓度改变引起浓差极化，还会改变电极的本质。因此必须采用较高频率的交流电，其频率通常选为1000Hz左右。另外，构成电导池的两极采用惰性铂电极，避免电极发生化学反应。

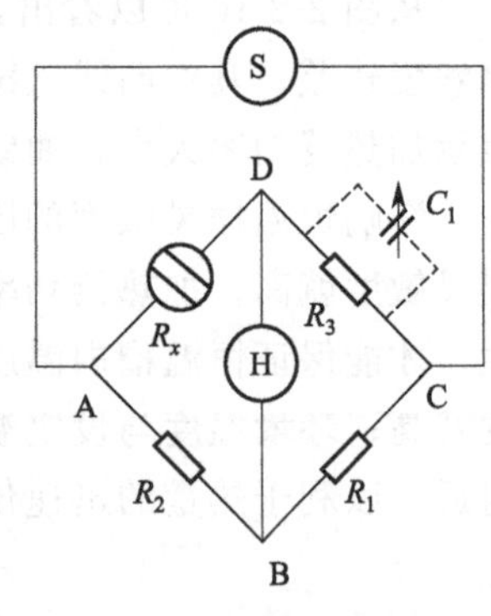

图 2-3-1 惠斯登电桥测电导的原理

惠斯登电桥测电导的原理如图 2-3-1 所示，其中 S 为交流信号发生器，R_1、R_2 和 R_3 是三个可变交流变阻箱的电阻，R_x 为待测溶液的电阻，H 为耳机（或示波器），C_1 为在 R_3 上并联的可变电容器，以实现容抗平衡。测定时，调节 R_1、R_2、R_3 和 C_1，使 H 中无电流通过，此时电桥达到了平衡。则有：

$$R_x/R_2=R_3/R_1 \quad 即 R_x=R_2R_3/R_1$$

R_x 的倒数即为溶液的电导，即 $G_x=1/R_x=R_1/(R_2R_3)$

由于温度对溶液的电导有影响，因此实验在恒温条件下进行。

如上所述，电解质溶液属于离子导体，其电阻同电子导体一样，也服从欧姆定律和 $R=\rho l/A$（推导）式，因此两者测量电阻的原理和方法相同，即都是利用惠斯登电桥。所不同的是，电解质溶液的导电是由正、负离子共同承担的，导电过程中在两电极上总是伴随着电化学反应，这种特殊性导致在测量技术上需做如下三点改变：①使用交流电源，且保证交流电的波形对称，使交流电前半周在电极上产生的变化在后半周得以抵消，最好是纯正弦波（可采用音频振荡器），它可使正反两方向流过的电量完全相等，因而可以认为电极上没有化学反应产生。如果交流波形不对称，则可能在某一方向上电量过剩，造成电极的极化。②因采用交流电源，所以不能用直流检流器，而改用示波器或耳机。③需补偿电导池的电容。对交流电来说，电导池的两个电极相当于一个电容器，因此须在电阻 R_x 上并联一个可变电容器。为防止电导池中溶液浓度改变而产生极化，交流电源的频率应高一些。但是另一方面，由于电阻箱（R_1、R_2、R_3）存在电感和电容，电导池也有电容，因此在使用高频交流信号时，电桥平衡条件应当是：$Z_x/Z_2=Z_3/Z_1$，式中 Z 为阻抗（包括电阻、电容和电感），若交流信号的频率不太高，则电感和电容的影响可以忽略，此时 $R_x/R_2=R_3/R_1$ 仍然成立。综合以上因素，交流信号的频率一般选择在1000Hz左右。另外为防止电导池中产生热效应，电源电压一般不超过10V。

惠斯登电桥的示零装置采用示波器，其灵敏度高而且很直观，但常受到外来电磁波的干扰，若采用低阻值的耳机则可避免这种干扰，但灵敏度不高，且克服不了测量过程中的人为因素。

(2) 电阻分压法

测量电解质溶液的电导最常用的是电导仪。电导仪的测量原理完全不同于平衡电桥法，它是基于电阻分压原理的一种不平衡测量法，电阻分压法测量原理示意图见图 2-3-2。

稳压器输出稳定的直流电压，供给振荡器和放大器，使它们在稳定状态下工作。振荡器采用电感负载式的多谐振荡电路，具有很低的输出阻抗，它的输出电压不随电导池电阻 R_x 的变化而变化，从而为电导池 R_x 与电阻 R_m 串联组成的电阻分压回路提供了一个稳定的标准电压 U，产生电流强度 I_x。根据欧姆定律易知电阻 R_m 上的分压 U_m 为：

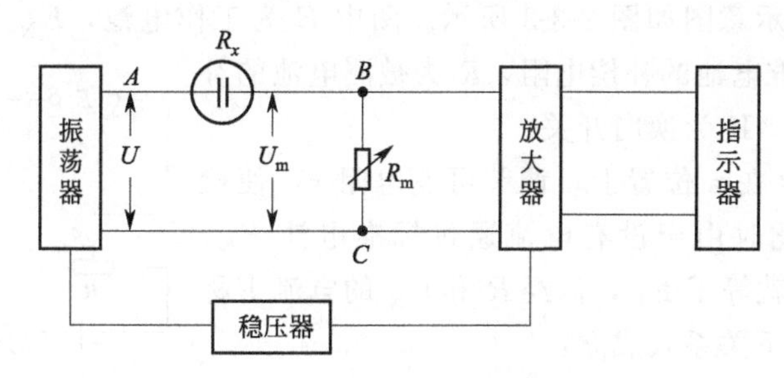

图 2-3-2 电阻分压法测量原理图

$$U_m = I_m R_m = I_x R_m = \frac{UR_m}{R_m + R_x} = \frac{UR_m}{R_m + 1/G_x} = \frac{UR_m}{R_m + K_{cell}/\kappa}$$

式中，G_x 为电导池中溶液的电导；K_{cell} 为电导池常数；κ_x 为溶液的电导率。

上式中 U 不变，K_{cell} 为定值，R_m 经设定后也不变，所以电导 G_x 及 κ_x 只是 U_m 的函数。U_m 经放大器后，换算成电导值（电导仪）或电导率值（电导率仪）后显示在指示器上。

为了消除电导池两电极间分布电容对 R_x 的影响，电导仪中设有电容补偿电路，它通过电容产生一个反向电压加在 R_m 上，使电极间分布电容的影响得以消除。

（3）电导电极的选择

使用电导电极测定溶液电导（率）时，电导电极及使用的测量频率应根据被测溶液的电导率的大小而定。通常可按表 2-3-1 中的原则进行选择。

表 2-3-1 电导测量中电极的选择原则

电导率范围/$\mu S \cdot cm^{-1}$	测量频率	推荐使用电极常数/cm^{-1}	使用电极
0.05～2	低频	0.01,0.1	DJS-I 型光亮电极
2～200	低频	0.1,1.0	DJS-I 型光亮电极
200～2000	高频	1.0	DJS-I 型光亮电极
2000～20000	高频	1.0,10	DJS-I 型铂黑电极
20000～200000	高频	10	DJS-I 型或 10 型铂黑电极

二、电动势的测量

1. 电动势测量的基本原理

原电池是利用电极上的氧化还原反应实现化学能（即 $\Delta_r G_m$）转换为电能（zEF）的装置。在恒温恒压下的可逆过程中，二者通过 $\Delta_r G_m = W_f$ 一式建立了如下联系：

$$\Delta_r G_m = -zEF$$

因此通过测量电动势 E，可以提供化学反应的热力学信息。显然这种测量必须满足“可逆”这一先决条件。

作为可逆电池，除了要求电池反应可逆（即物质可逆），还要求能量可逆。即测量时电流趋近于零，如果用伏特计或电压表进行测量，有电流通过被测电池，则破坏了电池的可逆性。因此在测量电动势时，需要在装置中并联一个与被测电池电动势方向相反、数值相等的外加电动势，用以对消被测电池的电动势，从而实现了电流趋于零的可逆条件，这就是著名的波根多夫（Poggendorff）对消法。根据对消法测量原理所设计的电位测量仪器称为电位差计。其工作原理的示意图如图 2-3-3 所示。图中 E 为工作电池，E_N 为标准电池，E_x 为被测电池，R_N 为标准电池的补偿电阻，R 为被测电池的补偿电阻；G 为检流计，K 为换向开关。

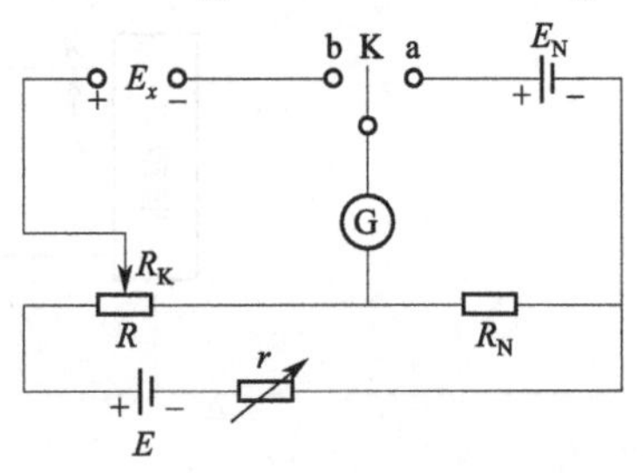

图 2-3-3 对消法测电动势原理

当换向开关 K 合在 a 位置上，调节可变电阻 r，使检流计 G 指示为零。此时由于没有电流通过标准电池 E_N，则 R_N 两端的电势差就等于 E_N，流经 R 和 R_N 的电流 I 称为工作电流，则有如下关系式成立：

$$E_N=IR_N$$

工作电流调好后，将换向开关 K 合到 b 的位置上，移动滑线电阻的滑动点，再次使检流计 G 指示零，此时滑线电阻的阻值为 R_K，则有下式成立：

$$E_x=IR_K$$

上两式相除得到 $E_x=R_K E_N/R_N$

由该式即可求得被测电池的电动势 E_x。

利用对消法测量电池电动势具有以下优点：①完全对消时无电流通过电池，满足了可逆电池的条件；②不需要测定线路中的电流强度 I，只要工作电池的电压非常稳定即可；③E_x 的测量精度完全依赖于 E_N 和电阻 R_K 和 R_N，而这些量都可以精确给出，因此 E_x 的测量精度很高。

原电池电动势一般用直流电位差计并配以饱和式标准电池和检流计来测量。电位差计可分为高阻型和低阻型两类，使用时可根据待测系统的不同选用不同类型的电位差计。通常高电阻系统选用高阻型电位差计，低电阻系统选用低阻型电位差计。但不管电位差计的类型如何，其测量原理都是一样的。此外，随着电子技术的发展，一些新型的电子电位差计也得到了广泛应用。

2. 标准电池

标准电池是作为电动势参考标准用的一种化学电池，是电化学实验中基本校验仪器之一。作为一种高度可逆的电池，它的电动势极其准确，重现性好，具有极小的温度系数，并且能长时间稳定不变。它的主要用途是配合电位差计测定另一电池的电动势。现在国际上通用的标准电池是韦斯顿（Weston）电池。其构造如图 2-3-4 所示。电池由一 H 形管构成，负极为含镉 12.5% 的镉汞齐，正极为汞和硫酸亚汞的糊状物，两极之间盛以硫酸镉的饱和溶液，管的顶端加以密封。

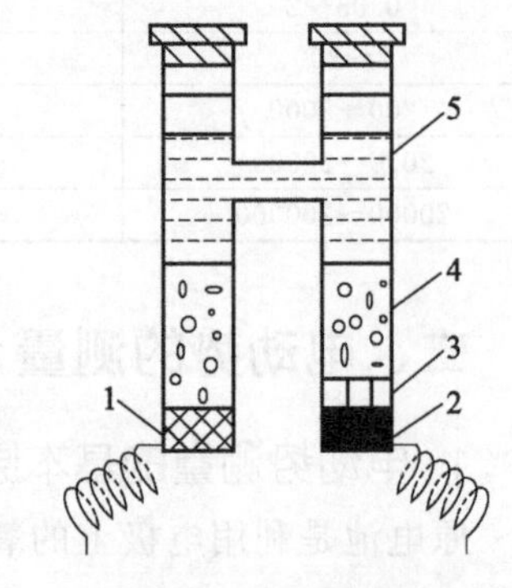

图 2-3-4 标准电池

1—含 Cd12.5% 的镉汞齐；2—汞；3—硫酸亚汞的糊状物；4—硫酸镉晶体；5—硫酸镉饱和溶液

标准电池的电池反应如下：

负极：Cd（汞齐）$\longrightarrow Cd^{2+}+2e$

正极：Hg_2SO_4（s）$+2e \longrightarrow 2Hg$（l）$+SO_4^{2-}$

电池反应：Cd（汞齐）$+Hg_2SO_4$（s）$+\frac{8}{3}H_2O \longrightarrow 2Hg$（l）$+CdSO_4 \cdot \frac{8}{3}H_2O$

标准电池的电动势很稳定，重现性好，20℃时 $E_0=1.0186V$，其他温度下 E_t 可按下式算得：

$$E_t=E_0-4.06\times10^{-5}(t-20)-9.5\times10^{-7}(t-20)^2$$

使用标准电池时应注意：

① 使用温度 4～40℃；

② 正负极不能接错；

③ 不能振荡，不能倒置，携取要平稳；

④ 不能用万用表直接测量标准电池；

⑤ 标准电池只是校验器，不能作为电源使用，测量时间必须短暂，间歇按键，以免电流过大，损坏电池；

⑥ 电池若未加套直接暴露于日光，会使硫酸亚汞变质，电动势下降；

⑦ 按规定时间，需要对标准电池进行计量校正。

3. 检流计

检流计灵敏度很高，常用来检查电路中有无电流通过。主要用在平衡式直流电测量仪器如电位差计、电桥作示零仪器，另外在光-电测量、差热分析等实验中测量微弱的直流电流。目前实验室中使用最多的是磁电式多次反射光点检流计，它可以和分光光度计及电位差计配套使用。

磁电式多次反射光点检流计的检测灵敏度可达 10^{-9}A，其基本结构如图 2-3-5 所示。

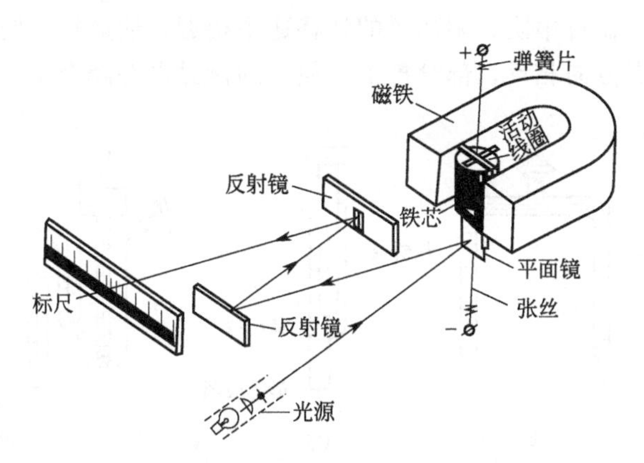

图 2-3-5　磁电式多次反射光点检流计结构示意图

磁电式多次反射光点检流计工作原理是在磁电式电流表的活动线圈上连接一个小反射镜，并以磷青铜丝（张丝）悬吊起来。当被测电流通过活动线圈时所产生的转动力矩使线圈偏转，而张丝的弹簧片所产生的反力矩阻止了活动线圈的继续转动而停留在某一偏转角上。为使活动线圈的转动能反映在标尺上而读出数值来，则利用一照明灯发生的一束光照射到小反射镜上，再经多次光点反射，最后在半透明的标尺上成像，指示出活动线圈的偏转角度，从而表示出电流的大小。

4. 液接电势与盐桥

(1) 液接电势

在两种不同电解质溶液的界面处，或在两种溶质相同而浓度不同的电解质溶液界面处，存在着微小的电位差（一般不超过 0.03V），称为液体接界电势，简称液接电势。

液接电势的产生是因为离子的迁移速率不同。例如，两种浓度不同的 HCl 溶液相接触形成界面时，则 H^+ 和 Cl^- 均从浓度大的一侧向浓度小的一侧扩散。由于 H^+ 比 Cl^- 扩散得快，所以稀溶液中因 H^+ 过量而带正电，浓溶液中则因留下多余的 Cl^- 而带负电，则在界面两侧产生了电势差。电势差的产生使扩散快的离子减速，使扩散速率慢的离子加速，当达到稳定状态时，两种离子以相同的速率通过界面，在界面处形成恒定的电势差，此电势差即为液体接界电势。

同理在浓度相同的 $AgNO_3$ 溶液与 HNO_3 溶液形成的液/液界面处，可认为 NO_3^- 不扩散，H^+ 向 $AgNO_3$ 一侧扩散，Ag^+ 向 HNO_3 一侧扩散，但 H^+ 比 Ag^+ 扩散速率快，使得接界处 $AgNO_3$ 一侧带正电，HNO_3 一侧带负电。

液接电势的值一般在几十毫伏的范围，在电动势的测量中一般不能忽略。

(2) 盐桥

为了准确测定电池电动势，必须设法消除液接电势，或尽量降低到最小程度。通常采用的方法是在两个溶液之间安置一个“盐桥”。盐桥的一般形式见图 2-3-6。

选择盐桥中的电解质的原则是高浓度、正负离子迁移速率接近相等，且不与电池中溶液发生化学反应。常采用 KCl、NH_4NO_3 和 KNO_3 的饱和溶液。如实验中使用硝酸银溶液，则盐桥溶液就不能用氯化钾溶液，而选择硝酸铵溶液较为合适。当盐桥插入到浓度不大的两电解质溶液之间的界面时，电池中原来的一个液体接触界面被盐桥溶液与两个电解质溶液的两个接界面所取代，盐桥中高浓度的阴、阳离子向电解质溶液的扩散就成为这两个接界面处离子扩散的主流。由于盐桥中阴、阳离子的迁移速率相近，使盐桥与两个溶液接触产生的液接电势均很小，且两者方向相反，部分抵消后使总的接界电势降至 1～2mV。

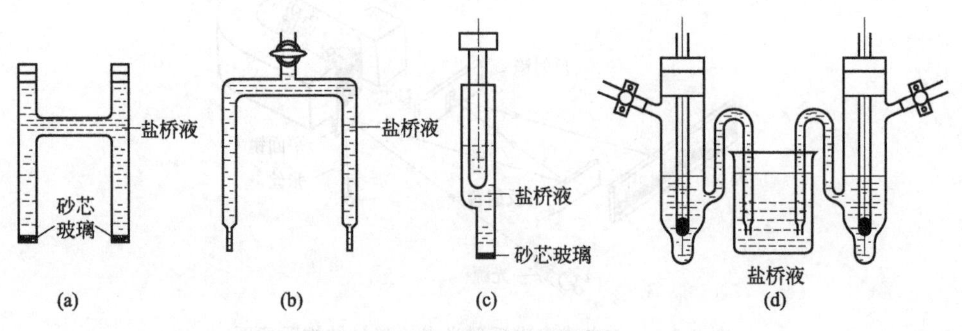

图 2-3-6 盐桥的几种形式

三、电极过程动力学研究

研究电极过程动力学的主要目的在于弄清影响电极反应速率的基本因素，从而能有效地按照人们的愿望去影响电极反应进行的方向与速率。电极过程动力学实验主要是测量电极反应的动力学参数和确定电极反应历程。电极过程动力学的实验方法很多，如循环伏安法、恒电流极化曲线法、线性电位扫描法、暂态法、交流阻抗法、滴汞电极和旋转圆盘（环盘）电极法等。由于计算机和电子技术以及应用软件的高速发展，上述较复杂的电极过程动力学实验方法现在可用一台仪器来完成。

电极过程动力学实验的测量线路通常如图 2-3-7 所示。

1. 三电极体系

电化学测量所用电解池通常含有三个电极，工作电极（又称研究电极）、参比电极和辅助电极。测量仪器可通过反馈系统自动调节流过工作电极和辅助电极间的电流，从而控制工作电极和参比电极之间的电位，以达到恒定电位的目的；当应用恒电流技术进行测量时，仪器则根据设定值控制流过工作电极和辅助电极间的电流大小，同时记录工作电极和参比电极之间的电位随时间的变化。

2. 恒电流极化曲线的测量

可通过电化学工作站对体系进行恒电流极化曲线的测量。对于每一个极化电流密度 i，可以测量出相应的电极电势 φ。根据实验直接测量得到的极化电流密度 i 和电极电势 φ 的数据，就可绘制电流极化曲线（即 i-φ 曲线图），如图 2-3-8 所示。

对于电化学极化，也就是电化学步骤为最慢步骤时，从电极过程动力学理论可导出极化公式为：

$$\eta = a + b\ln i$$

式中，η 为极化的超电势，$\eta = \varphi - \varphi_{平}$（$\varphi_{平}$ 为平衡电势）。超电势与电流密度的对数成直线关系，这就是著名的塔菲尔（Tafel）经验式的表现形式。式中常数为：

$$a = -\frac{RT}{\alpha nF}\ln i_0 \quad b = \frac{RT}{\alpha nF}$$

根据超电势 η 与电流密度 i 的实验数据，通过图解法可求得常数 a 和 b，从而可求得电极过程动力学参数 α 与交换电流 i_0 等。

同时可再根据以下关系式求得电极反应的速率常数 k：

$$i_0 = nFkc_{O}^{(1-\alpha)} c_{R}^{\alpha}$$

式中，c_O 和 c_R 分别为电极反应氧化态和还原态物质的浓度。

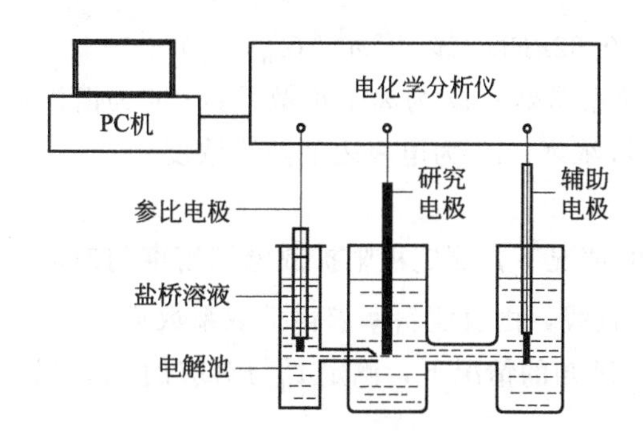

图 2-3-7　电极过程动力学测量线路示意图

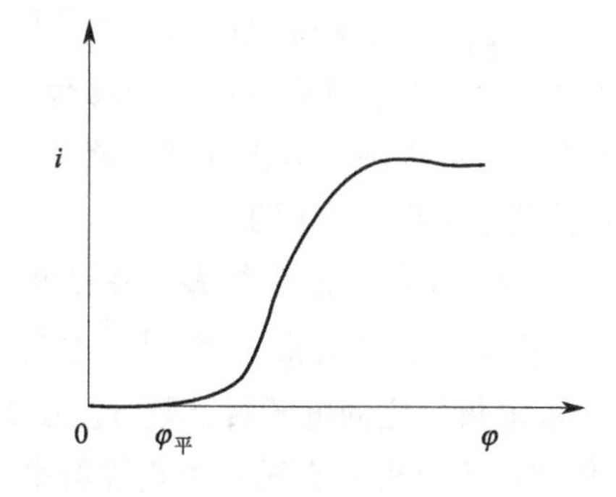

图 2-3-8　极化曲线示意图

3. 恒电势极化曲线的测量

恒电势法能够测绘完整的极化曲线，对金属溶解和金属钝化的研究非常有利。恒电势极化曲线的测量也可通过电化学综合测试仪进行。它将研究电极的电势恒定维持在所需要的数值，然后测量该电势下对应的电流值。

在实际测量中常采用的恒电势测量方法有两种。

（1）静态法

将电极电势长时间地维持在某一恒定值，同时测量电流随时间的变化而变化，直到电流值基本达到某一定值，然后改变不同的电势值，分别测量电势随时间的变化，以获得完整的极化曲线。

（2）动态法

控制电极电势以一定的速率连续地改变（扫描），并测量对应电势下的瞬时电流值，将瞬时电流与对应的电极电势作图，可以获得完整的极化曲线。所采用的扫描速率（电位变化速率）则根据研究电极体系而定。循环伏安法也是动态法的一种技术。根据循环伏安实验结果可判断氧化还原反应体系的可逆程度。

4. 旋转圆盘电极的应用

旋转圆盘电极是测定体系电化学参数的基本实验方法之一。它能够建立一个均一稳定的表面扩散状态，因此可以应用于测定溶液中离子扩散过程的参数，也可应用于研究固体电极的化学反应动力学参数。

旋转圆盘电极的结构如图 2-3-9 所示。电极中心是一根金属棒（如铜棒），棒的下端是电极的圆形光亮表面（即圆盘，如铂）。外面是绝缘体（通常是聚四氟乙烯或环氧树脂）。

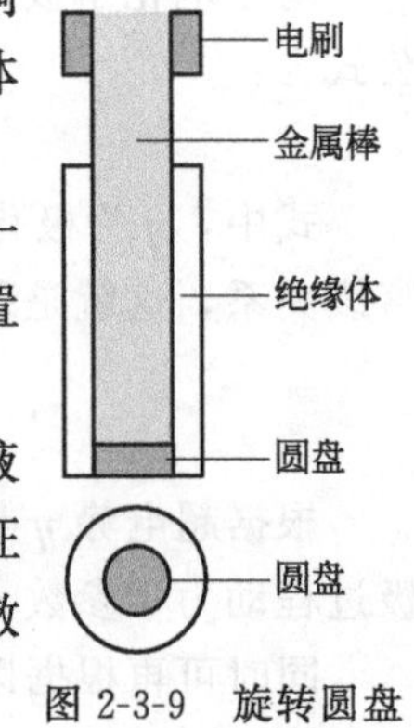

图 2-3-9 旋转圆盘电极测量装置

旋转圆盘电极测量装置与一般极化曲线测量装置类似，只是增加了一个控制电极转速且连续可调的装置。其中最重要的是圆盘电极和速控装置的设计，尤其是高速旋转电极（有的可达 10000r/min）。

旋转圆盘电极是轴向对称的，当电极以一定速率旋转时，电极下方液体将沿中心轴上升，上升液体被旋转电极表面抛向圆盘周边。理论可以证明圆盘电极上各点的扩散层厚度是相同的，而电流密度也是均匀的。扩散电流密度 i_d 与转速有如下关系：

$$i_d = -0.62nFD^{2/3}\nu^{-1/6}\omega^{1/2}(c_b - c_s)$$

而极限扩散电流密度 i'_d 与转速的关系为：

$$i'_d = -0.62nFD^{2/3}\nu^{-1/6}\omega^{1/2}c_b; i_d = -0.62nFD^{2/3}\nu^{-1/6}\omega^{1/2}(c_b - c_s)$$

式中，n 为电极反应的电子转移数；F 为法拉第常数；D 为离子扩散系数；ν 为溶液动力黏度系数；ω 为圆盘电极旋转角速度，c_b 为溶液浓度；c_s 为电极表面溶液浓度。

旋转圆盘电极可应用于：

① 测量离子的扩散系数 D。在已知 c_b 和 ν 的情况下，测定极限扩散电流密度与对应的旋转角速度数据，然后将 i'_d 对 $\omega^{1/2}$ 作图，可得一直线，由直线斜率求得扩散系数 D。

② 求电极反应的电子转移数 n。在 D、ν、ω 已知的情况下，测定 i'_d 与对应的 c_b，以 i'_d 对 c_b 作图，也可得一直线，由直线斜率求得 n。

③ 同理，利用极限扩散电流公式还可以求得溶液浓度。

④ 在旋转圆盘电极上获得的恒电流极化曲线测量数据，还可以求得电极反应的其他动力学参数。

四、电化学测量仪

电化学测量是物理化学实验中的一个重要手段，随着数字和电子技术的高速发展，电化学测量仪器也在不断发展更新。传统的由模拟电路的恒电位仪、信号发生器和记录装置组成的电化学测量仪器已经被由计算机控制的电化学测试装置所代替。如上海辰华仪器公司的 CHI600A 系列和天津兰力科公司的 LK98 系列等。

1. 电化学测量仪工作原理

电化学测量仪器通常由恒电位仪、信号发生器、记录装置以及电解池系统组成。电解池一般有三个电极：工作电极（研究电极），参比电极和辅助电极。恒电位仪可通过反馈系统自动调节通过工作电极和辅助电极间的电流，从而控制工作电极和参比电极之间的电位。

(1) 恒电位仪工作原理

恒电位仪的电路结构多种多样，但从原理上可分为差动输入式和反相串联式。

差动输入式原理如图 2-3-10 (a) 所示，电路中包含一个差动输入的高增益电压放大器，其同相输入端接基准电压，反相输入端接参比电极，而研究电极接公共地端。基准电压 V_2 是稳定的标准电压，可根据需要进行调节，所以也叫给定电压。参比电极与研究电极的电位之差 $V_1=\varphi_{参}-\varphi_{研}$，与基准电压 V_2 进行比较，恒电位仪可自动维持 $V_1=V_2$。如果由于某种原因使二者发生偏差，则误差信号 $V_e=V_2-V_1$ 便输入到电压放大器进行放大，进而控制功率放大器，及时调节通过电解池的电流，维持 $V_1=V_2$。例如，欲控制研究电极相对于参比电极的电位为－0.5V，即 $V_1=\varphi_{参}-\varphi_{研}=+0.5\text{V}$，则需调基准电压 $V_2=+0.5\text{V}$，这样恒电位仪便可自动维持研究电极相对于参比电极的电位为－0.5V。因参比电极的电位稳定不变，故研究电极的电位被维持恒定。如果取参比电极的电位为零伏，则研究电极的电位被控制在－0.5V。如果由于某种原因（如电极发生钝化）使电极电位发生改变，即 V_1 与 V_2 之间发生了偏差，则此误差信号 $V_e=V_2-V_1$ 便输入到电压放大器中进行放大，继而驱动功率放大器迅速调节通过研究电极的电流，使之增大或减小，从而研究电极的电位又恢复到原来的数值。由于恒电位仪的这种自动调节作用很快，即响应速度高，因此不但能维持电位恒定，而且当基准电压 V_2 为不太快的线性扫描电压时，恒电位仪也能使 $V_1=\varphi_{参}-\varphi_{研}$ 按照指令信号 V_2 发生变化，因此可使研究电极的电位发生线性变化。

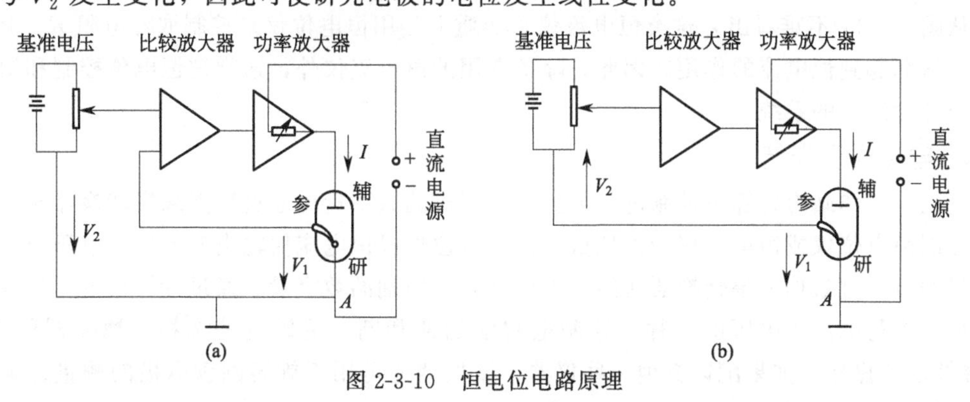

图 2-3-10　恒电位电路原理

反相串联式恒电位仪如图 2-3-10(b) 所示，与差动输入式不同的是 V_1 与 V_2 是反相串联，输入到电压放大器的误差信号仍然是 $V_e=V_2-V_1$，其他工作过程并无区别。

(2) 恒电流仪工作原理

恒电流控制方法和仪器多种多样，而且恒电位仪通过适当的接法就可作为恒电流仪使用。图 2-3-11 为两种恒电流电路原理图。

图 2-3-11(a) 中，a、b 两点电位相等，即 $V_a=V_b$。因 $V_a=V_i$，V_a 等于电流 I 流经取样电阻 R_I 上的电压降，即 $V_a=IR_I$，所以 $I=V_i/R_I$。因运算放大器的输入偏置电流很小，故电流 I 就是流经电解池的电流。当 V_i 和 R_I 调定后，则流经电解池的电流就被恒定了；或者说，电流 I 可随指令信号 V_i 的变化而变化。这样，流经电解池的电流 I，只取决于指令信号 V_i 和取样电阻 R_I，而不受电解池内阻变化的影响。在这种情况下，虽然 R_I 上的电压降由 V_i 决定，但电流 I 却不是取自 V_i 而是由运算放大器输出端提供。当需要输出大电流时，必须增加功率放大级。这种电路的缺点是，当输出电流很小时（如小于 5μA）误差较大。因为，即使基准电压 V_i 为零时，也会输出这样大小的电流。解决方法是用对称互补

功率放大器，并提高运算放大器的输入阻抗，这样不但可使电流接近于零，而且可得到正负两种方向的电流。这种电路的另一缺点是负载（电解池）必须接地。因此，研究电极以及电位测量仪器也要接地。只能用无接地端的差动输入式电位测量仪器来测量或记录电位。另外，这种电路要求运算放大器有良好的共模抑制比和宽广的共模电压范围。

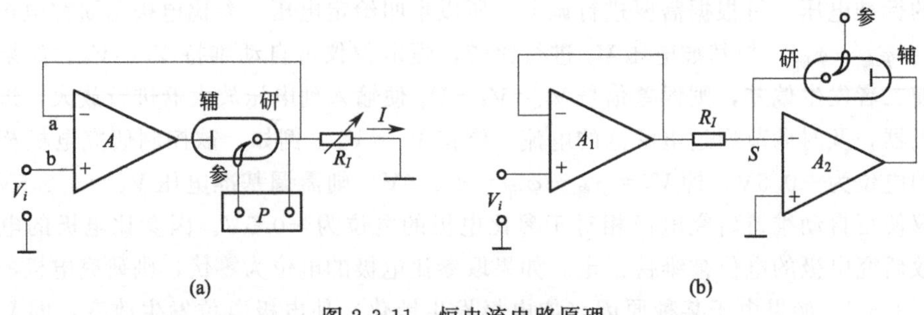

图 2-3-11 恒电流电路原理

对于图 2-3-11(b) 所示的恒电流电路，运算放大器 A_1 组成电压跟踪器，因结点 S 处于虚地，只要运算放大器 A_2 的输入电流足够小，则通过电解池的电流 $I=V_i/R_I$，因而电流可以按照指令信号 V_i 的变化规律而变化。研究电极处于虚地，便于电极电位的测量。在低电流的情况下，使用这种电路具有电路简单而性能良好的优点。

从图 2-3-11 不难看出，这类恒电流仪，实质上是用恒电位仪来控制取样电阻 R_I 上的电压降，从而起到恒电流的作用。因此，除了专用的恒电流仪外，通常把恒电位控制和恒电流控制设计为统一的系统。

2. 电化学工作站

电化学工作站由计算机控制进行测量。计算机的数字量可通过数据采集转换器转换成能用于控制恒电位仪或恒电流仪的模拟量；而恒电位仪或恒电流仪输出的电流、电压及电量等模拟量则可通过数据采集转换器转换成可由计算机识别的数字量。通过计算机可产生各种电压波形、进行电流和电压的采样、控制电解池的通和断、灵敏度的选择、滤波器的设置、*IR* 降补偿等操作。如果配以其他一些仪器，该仪器还可用于旋转圆盘电极的测量、电化学石英晶体微天平的测量以及微电极技术等。

（1）电化学工作站基本结构

电化学工作站主机一般由单片机系统、起始电位和扫描电位发生器、恒电位/恒电流电路、mA 级和 μA 级电流/电压转换电路、恒电流调零电路、电压放大和滤波电路、*IR* 降补偿器和基线扣除电路、输入检测控制器、高速数据采集电路以及电源电路等几部分组成，如图 2-3-12。

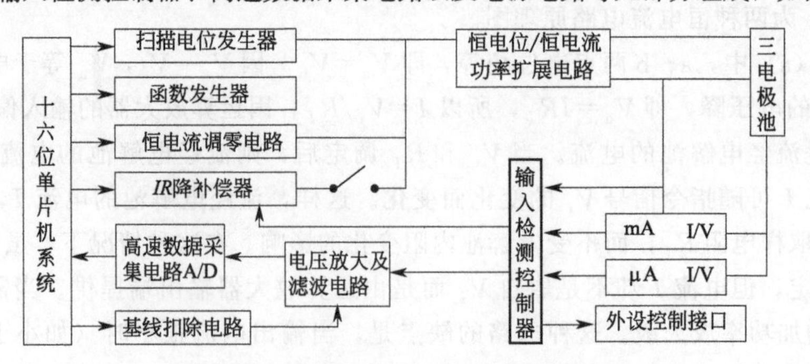

图 2-3-12 电化学工作站基本结构示意图

（2）电化学工作可提供的电化学测量方法

电化学工作站能提供多种电化学测量方法（参见表 2-3-2），可以一机多用，可以在同一台仪器上开出三十多种不同方法的电化学与电分析化学实验，使用灵活方便，实验曲线实时显示，使操作者在实验时更加直观、方便。另外该仪器在科学研究领域广泛应用于电化学机理研究、电极过程动力学研究以及材料、金属腐蚀、生物学、医学、药物学、环境生态学等多学科领域的研究。

表 2-3-2　电化学工作站可提供的电化学方法

单电位阶跃计时电流法	双电位阶跃计时电流法	计时电量法
电流-时间曲线	开路电位-时间曲线	控制电位电解库仑法
电位溶出分析法	线性扫描伏安(极谱)法	循环伏安法
塔菲尔曲线	采样电流极谱(伏安)法	线性扫描溶出伏安法
常规脉冲伏安(极谱)法	差分脉冲伏安(极谱)法	差分常规脉冲伏安(极谱)法
差分脉冲溶出伏安法	方波伏安(极谱)法	循环方波伏安法
方波溶出伏安法	交流伏安法	选相交流伏安法
二次谐波交流伏安法	交流溶出伏安法	单电流阶跃计时电位法
线性电流计时电位法	双电流阶跃计时电位法	控制电流电解库仑法
双高阻输入电位测量	卷积和去卷积伏安法	交流阻抗技术

五、溶液酸度的测量

溶液的酸度常用酸度计（pH 计）来测定，其优点是使用方便、测量迅速。主要由参比电极、指示电极和测量系统三部分组成。参比电极常用的是饱和甘汞电极，指示电极则通常是一支对 H^+ 具有特殊选择性的玻璃电极。组成的电池可表示如下：

玻璃电极 | 待测溶液 | 饱和甘汞电极

当待测溶液的酸度发生变化时，玻璃电极相对于参比电极的电极电势改变值为：

$$\Delta E(\mathrm{mV}) = -58.16 \times \frac{273.15 + t}{293.15} \times \Delta \mathrm{pH}$$

式中，ΔE（mV）为电极电动势的变化值；ΔpH 为溶液 pH 的变化值；t 为被测溶液的温度，℃。

鉴于由玻璃电极组成的电池内阻很高，在常温时达几百兆欧，因此不能用普通的电位差计来测量电池的电动势。

酸度计的种类很多，其基本工作原理如图 2-3-13 所示。

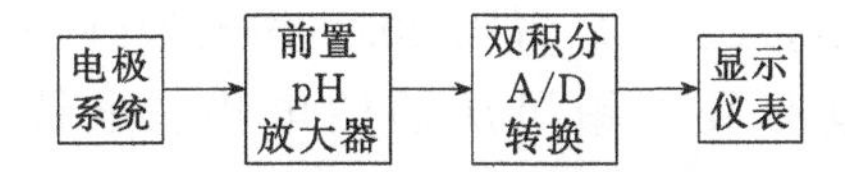

图 2-3-13　酸度计基本工作原理

酸度计的基本工作原理是利用 pH 电极和甘汞电极对被测溶液中不同的酸度产生的直流电位，通过前置 pH 放大器输入到 A/D 转换器中，以达到显示 pH 值数字的目的。同样，在配上适当的离子选择电极作电位滴定分析时，以达到显示终点电位的目的。

1. 电极系统

电极系统通常由玻璃电极和甘汞电极组成，当一对电极形成的电位差等于零时，被测溶液的 pH 值即为零电位 pH 值，它与玻璃电极内溶液有关，通常选用零电位 pH 值为 7 的玻璃电极。此外将玻璃电极和参比电极合并制成复合 pH 电极，使电极系统得到简化，测量更为方便直接。

2. 前置 pH 放大器

由于玻璃电极的内阻很高，因此，本放大器是一个高输入的直流放大器，由于电极把 pH 值变为毫伏值是与被测溶液的温度有关的，因此，放大器还有一个温度补偿器。

3. A/D 转换器

A/D 转换器应用双积分原理实现模数转换，通过对被测溶液的信号电压和基准电压的二次积分，将输入的信号电压换成与其平均值成正比的精确时间间隔，用计数器测出这个时间间隔内脉冲数目，即可得到被测信号电压的数字值。

六、电极

在电化学测试中，电极的选用是非常重要的，本节简要介绍几种常用电极的形式及使用。

1. 电导电极

测量电解质溶液电导所用的电导池的形式很多，目前实验室多采用市售的电导电极，其结构如图 2-3-14 所示。主要部件是两片固定在不溶性玻璃上的平行铂片，作为电导池的两个电极，测量时电极间充满被测溶液。电导池系数 K_{cell} 值可通过已知电导率的溶液（KCl 溶液）进行标定。

为了精确测定溶液的电导，应尽量减少电极的极化作用，为此选择电极时，根据被测溶液电导率的大小可采用不同形式的电极：若被测溶液的电导率很小（$\kappa<10^{-3}S\cdot m^{-1}$），此时极化不严重，一般采用光亮铂电极；若被测溶液电导率较大（$10^{-3}S\cdot m^{-1}<\kappa<1S\cdot m^{-1}$），采用镀上铂黑的铂电极；若被测溶液的电导率很大（$\kappa>1S\cdot m^{-1}$），应选用自制的 U 形管电导池，这种电导池两电极间距离较大（5～16cm），两极间管径很小，所以电导池系数很大。

铂黑电极是在铂片上镀一层微小颗粒的铂晶体，因光线射入铂晶体经过不断反射后均被吸收，因而呈现黑色。镀上铂黑后极大地增加了电极的表面积，相应地减小了电流密度，同时又因为铂黑能吸附气体起到了催化作用，也降低了活化超电势，从而减少了电极的极化。对于市售的光亮铂电极如果需要镀铂黑，可按图 2-3-15 连接电路进行电镀。

将光滑铂片电极经 KOH、HNO_3 等溶液去油污并洗净后，浸入氯铂酸（H_2PtCl_6）电镀液（由 3%铂氯酸、0.25%的醋酸铅组成）中，调节可变电阻器，控制电流大小，使电极上略有气泡逸出即可（电流不易过大）。每隔 30s，用转换开关改变一次电流方向，连续电镀 20～30min，即可得到镀有紧密铂黑层的铂电极。电镀结束后，取出电极再置于 $1mol\cdot L^{-1}$ 的 H_2SO_4 溶液中进行阴极极化，此时铂黑电极为阴极，另一铂电极为阳极，利用电解时产生的 H_2 除去吸附在电极上的残余氯气（Cl_2）10min 后取出清洗，并浸于蒸馏水中备用，勿使其干燥。

2. 标准氢电极

1953 年，国际理论和应用化学学会（IUPAC）建议采用标准氢电极作为参考电极。

标准氢电极的构造是：把镀有铂黑的铂片浸入 $a_{H+}=1$ 的溶液中，并以 $p^{\ominus}$ 的干燥氢气不断地冲击到铂片上，即构成了标准氢电极。如图 2-3-16 所示，其电极符号表示为：$H^+(a_{H+}=1)\mid H_2(p^{\ominus})\mid Pt$，电极反应为：

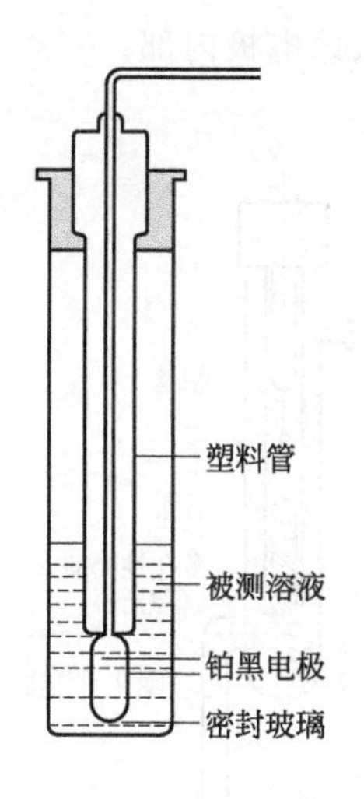

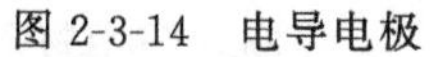

图 2-3-14　电导电极

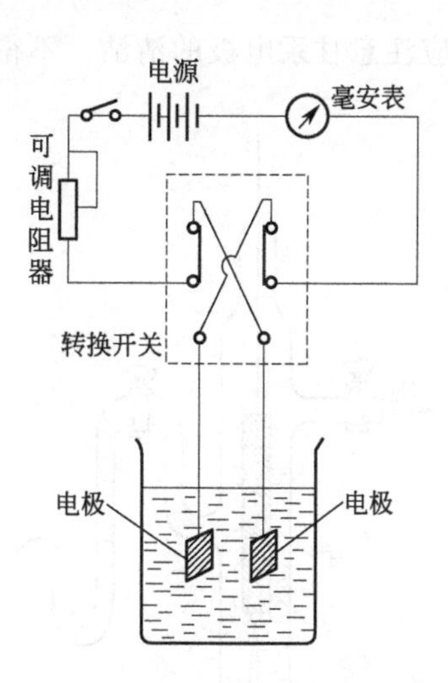

图 2-3-15　铂电极镀铂黑电路图

$$2H^{+}(a_{H^{+}}=1)+2e \longrightarrow H_2(p^{\ominus})$$

在 25℃时，配制 $a_{H+}=1$ 的溶液，可取浓度为 $1.184mol \cdot L^{-1}$ 的 HCl 溶液即可，因为此时溶液的 $a_{\pm}\approx 1$，可视为 $a_{H^{+}}=1$。按电极电势的定义，标准氢电极的电极电势恒为零。

3. 甘汞电极

甘汞电极的结构如图 2-3-17 所示。甘汞电极的电极电势随温度的变化而改变，使用时须根据实验温度校正其电极电势。

甘汞电极的表示形式如下：

$Hg\text{-}Hg_2Cl_2$ (s) | KCl (a)

电极反应为：Hg_2Cl_2 (s) $+2e \longrightarrow 2Hg$ (l) $+2Cl^{-}$ ($a_{Cl^{-}}$)

其电极电势：$\varphi_{甘汞}=\varphi^{\ominus}_{甘汞}-\dfrac{RT}{F}\ln a_{Cl^{-}}$

式中，$\varphi^{\ominus}_{甘汞}$为甘汞电极的标准电极电势，298.2K 时 $\varphi^{\ominus}_{甘汞}=0.2680V$，电极电势 $\varphi_{甘汞}$ 取决于 Cl^{-} 的活度。甘汞电极按 KCl 溶液的浓度可有：$0.1mol \cdot L^{-1}$、$1.0mol \cdot L^{-1}$ 和饱和式三种。不同氯化钾溶液浓度的 $\varphi^{\ominus}_{甘汞}$ 与温度的关系见表 2-3-3。

表 2-3-3　不同氯化钾溶液浓度的甘汞电极的 $\varphi^{\ominus}_{甘汞}$ 与温度的关系

氯化钾溶液浓度/$mol \cdot L^{-1}$	电极电势 $\varphi^{\ominus}_{甘汞}$/V
饱和	$0.2412-7.6\times10^{-4}(t-25)$
1.0	$0.2801-2.4\times10^{-4}(t-25)$
0.1	$0.3337-7.0\times10^{-5}(t-25)$

各文献上列出的甘汞电极的电势数据，常不相符合，这是因为液接电势的变化对甘汞电极电势有影响，由于所用盐桥的介质不同，而影响甘汞电极电势的数据。

使用甘汞电极时应注意：

① 由于甘汞电极在高温时不稳定，故甘汞电极一般适用于 70℃以下的测量。

② 甘汞电极不宜用在强酸、强碱性溶液中，因为此时的液体接界电势较大，而且甘汞可能被氧化。

③ 如果被测溶液中不允许含有氯离子，应避免直接插入甘汞电极。

④ 应注意甘汞电极的清洁，不得使灰尘或局外离子进入该电极内部。

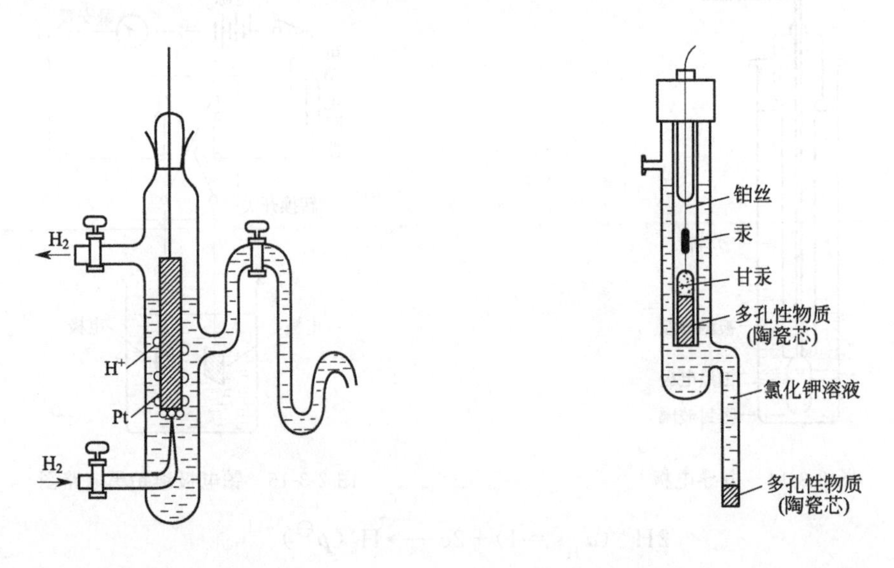

图 2-3-16 标准氢电极　　图 2-3-17 甘汞电极

⑤ 当电极内溶液太少时应及时补充。

4. 银-氯化银电极

银-氯化银电极与甘汞电极相似，都是属于对 Cl^- 可逆的金属难溶盐电极。它是将氯化银涂在银的表面上再浸入含有 Cl^- 的溶液中构成（图 2-3-18）。该电极的电极电势在高温下较甘汞电极稳定。但 AgCl（s）易遇光分解，而且如果失水干燥，AgCl 涂层也会脱落，故 AgCl 电极不易保存。

银-氯化银的电极反应为：

$$AgCl(s)+e \longrightarrow Ag(s)+Cl^-$$

电极电势与 Cl^- 活度有关

$$\varphi=\varphi^{\ominus}-\frac{RT}{F}\ln a_{Cl^-}$$

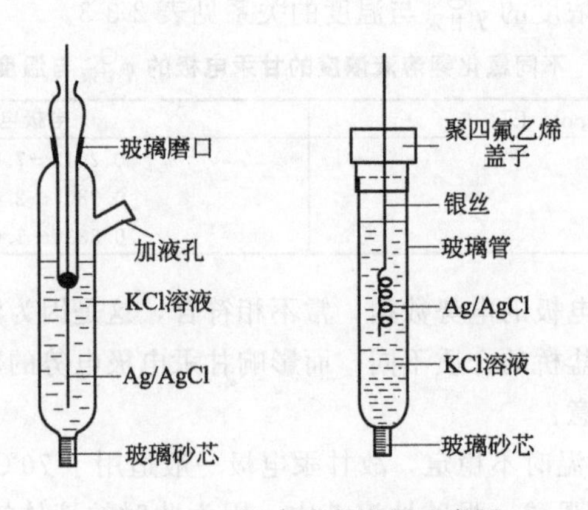

图 2-3-18 银-氯化银电极示意图

20℃时几种 Ag-AgCl 电极的电极电势与 KCl 溶液浓度的关系如表 2-3-4 所示：

表 2-3-4 Ag-AgCl 电极的电极电势

氯化钾溶液浓度/$mol \cdot L^{-1}$	电极电势/V
饱和	0.1981
0.1	0.2223
1.0	0.288

制备 Ag-AgCl 电极的方法很多。较简便的方法是取一根洁净的银丝与一根铂丝，均插入 $0.1mol \cdot L^{-1}$ 的 HCl 溶液中，外接直流电源和可调电阻进行电镀。控制电流密度为 $5mA \cdot cm^{-2}$，通过约 5min，在阳极的银丝表面即镀上一层 AgCl。用去离子水洗净后，浸入指定浓度的 KCl 溶液中保存待用。

5. 玻璃电极

玻璃电极在酸度计测定中作为指示电极。其构造如图 2-3-19 所示，下端是一个很薄的由特种玻璃制成的玻璃泡，其直径为 5～10mm，玻璃厚度为 0.2mm，泡中装有 $0.1mol \cdot L^{-1}$ 的 HCl 溶液和一个 Ag-AgCl 电极为内参比电极，这样组成的玻璃电极可表示为：

$$Ag \mid AgCl \mid HCl\ (0.1mol \cdot L^{-1})\ 玻璃膜$$

该电极的电极电势为：

$$\varphi_b = \varphi_b^{\ominus} - \frac{RT}{F} \ln \frac{1}{(a_{H^+})_x} = \varphi_b^{\ominus} - 2.303 \frac{RT}{F} pH$$

则有：$pH = \dfrac{\varphi_b^{\ominus} - \varphi_b}{2.303RT/F}$

式中，$\varphi_b^{\ominus}$ 可称为玻璃电极的标准电极电势。理论上，可通过一个已知 pH 的标准溶液为外部待测溶液来测量上述电池的电动势，利用此式求出 $\varphi_b^{\ominus}$ 值。但在实际上不具体计算出此值，而是通过标准缓冲溶液对酸度计进行标定校正，然后即可直接测量。

由于玻璃电极的内阻很高，常温时可达几百兆欧，因此不能用普通的电位差计来测量电池的电动势。一般用数字电压表进行测量。

6. 复合 pH 电极

上述测量 pH 需要一对电极组成电池，为了使测量装置简化，近年来，出现了将玻璃电极和参比电极合并制成的复合 pH 电极（如图 2-3-20 所示）。目前市售的酸度计多采用复合 pH 电极。该电极分内参比电极和外参比电极两部分，其中内参比电极与上述玻璃电极完全一样，而外参比电极为 Ag-AgCl 电极，外参比溶液是经 AgCl 饱和的 KCl 溶液。电极管内及引线装有屏蔽层，以防静电感应而引起电位漂移。当复合电极置于水溶液中时就组成了如下电池：

内参比溶液　　外部溶液

$Ag \mid AgCl \mid HCl(0.1mol \cdot L^{-1}) \mid$ 玻璃膜 $\mid$ 待测溶液 $\parallel$ 饱和甘汞电极

内参比电极　　外参比电极

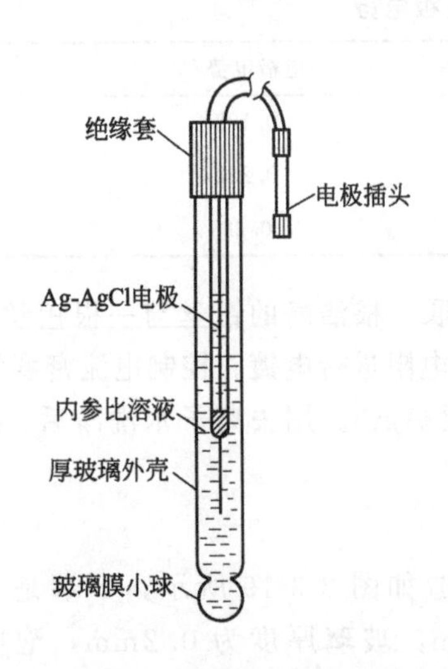

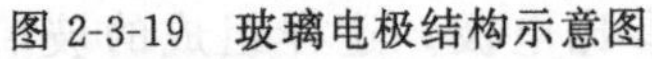
图 2-3-19 玻璃电极结构示意图

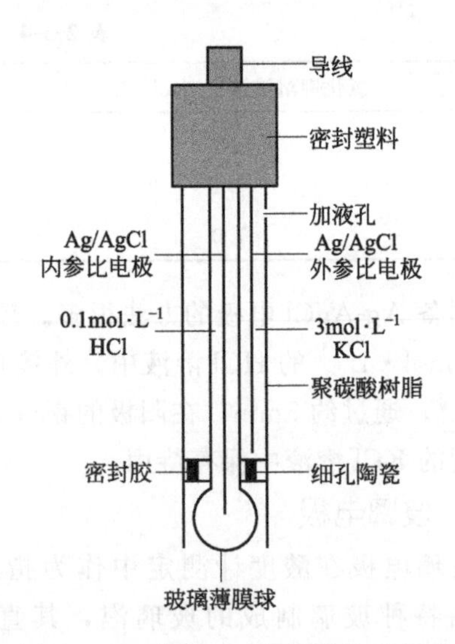

图 2-3-20 复合 pH 电极结构示意图

该电池的电动势为：

$$E=\varphi_{\mathrm{Ag}}-\varphi_{\mathrm{b}}=\varphi_{\mathrm{Ag}}-(\varphi_{\mathrm{b}}^{\ominus}-2.303\frac{RT}{F}\mathrm{pH})$$

则有：$\mathrm{pH}=\dfrac{\varphi-\varphi_{\mathrm{Ag}}+\varphi_{\mathrm{b}}^{\ominus}}{2.303RT/F}$

式中，φ_{Ag} 与 φ_{b} 分别为 Ag-AgCl 电极与玻璃电极的电极电势；$\varphi_{\mathrm{b}}^{\ominus}$ 为玻璃电极的标准电极电势。

第四章 光学测量技术

光与物质相互作用可以产生各种光学现象，如光的反射、折射、吸收、散射、偏振以及物质的受激辐射等。通过研究这些光学现象，可以提供原子、分子以及晶体结构等方面的大量信息。例如利用折射率的测量可以检验物质纯度，利用吸光度的测量确定组成，利用旋光度的测量鉴别手性分子以及利用 X 射线衍射确定晶体结构等，因此光学测量技术具有广泛的应用。在任何光学测量系统中，均包括光源、滤光器、盛样品器和检测器这些部件，对于不同的光学测量，其部件及组合方式不尽相同，下面仅简要介绍物理化学实验中一些常见的光学测量技术及相关仪器。

一、折射率的测定

折射率是物质的重要参数之一，它是物质内部电子运动状态的反映。许多纯物质都具有一定的折射率，其折射率与物质的本性、测试温度、光源的波长等因素有关，对于混合物或溶液，还与组分的组成有关，因此通过折射率的测定，可以测定物质的浓度，鉴定液体的纯度。此外，物质的摩尔折射率、密度、极性分子的偶极矩等也都与折射率密切相关。

1. 基本原理

光从介质 A 进入另一种介质 B 时，不仅光速会发生改变，而且还会发生折射。根据折射定律可知，在一定的波长及温度下，其入射角 α 和折射角 β 与 A、B 两种介质的折射率 n_A、n_B 有如下关系，即

$$\frac{\sin\alpha}{\sin\beta}=\frac{n_A}{n_B}=n_{A,B} \tag{2-4-1}$$

式中，$n_{A,B}$ 为介质 B 对介质 A 的相对折射率。

若介质 A 为真空，按规定 $n_A=1.00000$，故 $n_{A,B}=n_B$，此时的 n_B 称介质 B 的绝对折射率。若介质 A 为空气，其绝对折射率为 $n_A=1.00029$，这样得到的折射率 n_B 称为常用折射率。

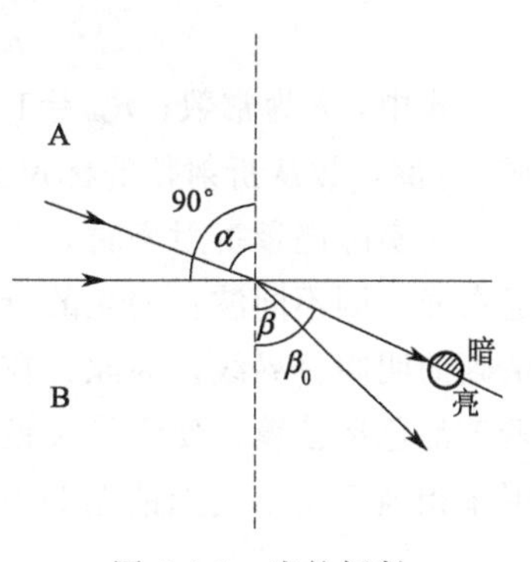

图 2-4-1　光的折射

如果 $n_A<n_B$，则 A 介质称为光疏介质，B 介质称为光密介质。如图 2-4-1 所示，当光由光疏介质进入光密介质时，折射角 β 小于入射角 α。当入射角 α 达到极大值 90°时，所对应的折射角 β 称为临界折射角，用 β_0 表示。因为没有比 β_0 更大的折射角，所以对于入射角为 0～90°的入射光线，折射后都应落在临界折射角 β_0 之内而成为亮区，之外则成为暗区，此时若在折射方向的 S 处放置一目镜，则目镜上将出现半明半暗的图像，即临界折射角决定了半明半暗分界线的位置。根据式(2-4-1) 可知，在临界折射时有：

$$n_A=n_B\sin\beta_0 \tag{2-4-2}$$

若介质 A 为被测物，介质 B 为玻璃棱镜，棱镜的折射率 n_B 为已知，由上式可知，只要测得 β_0 即可求出被测物的折射率 n_A。阿贝折射仪就是根据这个原理设计的。

2. 阿贝折射仪

阿贝折射仪是测量物质折射率的专用仪器，该测量方法的主要特点是：无需特殊光源，普通日光即可；棱镜有恒温夹套，可进行恒温测量；试样用量少，测量精确高；测量快速，操作简单。

阿贝折射仪的光学系统如图 2-4-2 所示。

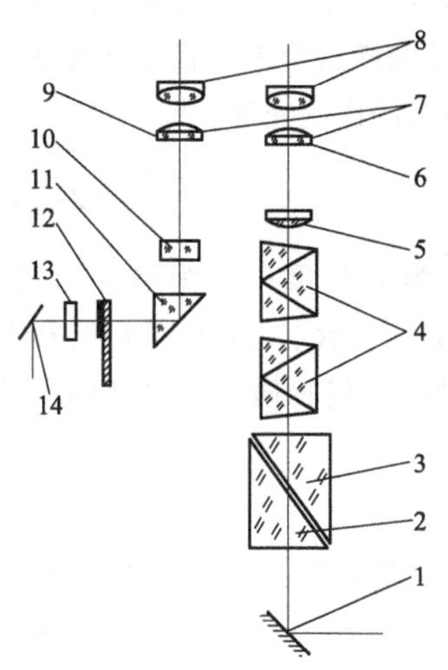

图 2-4-2　阿贝折射仪光学系统示意图

1—反射镜；2—辅助棱镜；3—测量棱镜；4—消色散棱镜；5—物镜；6—分划板；7，8—目镜；9—分划板；10—物镜；11—转向棱镜；12—照明度盘；13—毛玻璃；14—小反光镜

它的主要部分是由两个折射率为 1.75 的玻璃直角棱镜所构成，上部为测量棱镜，是光学平面镜；下部为辅助棱镜，其斜面是粗糙的毛玻璃，两者之间约有 0.1～0.15mm 厚度空隙，用于装待测液体，并使液体展开成一薄层。当从反射镜反射来的入射光进入辅助棱镜至粗糙表面时，产生漫散射，以各种角度透过待测液体，而从各个方向进入测量棱镜而发生折射。其折射角都落在临界角 β_0 之内，因为棱镜的折射率大于待测液体的折射率，因此入射角从 0°～90°的光线都通过测量棱镜发生折射。具有临界角 β_0 的光线从测量棱镜出来反射到目镜上，此时若将目镜十字线调节到适当位置，则会看到目镜上呈半明半暗状态。折射光都应落在临界角 β_0 内，成为亮区，其他部分为暗区，构成了明暗分界线。

根据式 (2-4-2) 可知，只要已知棱镜的折射率 $n_{棱}$，通过测定待测液体的临界角 β_0，就能求得待测液体的折射率 $n_{液}$。实际上测定 β_0 值很不方便，当折射光从棱镜出来进入空气又产生折射，折射角为 β_0'。n 液与 β_0'之间的关系为：

$$n_{液}=\sin r\sqrt{n_{液}^2-\sin^2\beta_0'}-\cos r\sin\beta_0' \tag{2-4-3}$$

式中，r 为常数；$n_{棱}=1.75$。测出 $\beta_0{}'$即可求出 $n_{液}$。因为在设计折射仪时已将 $\beta_0{}'$换算成 $n_{液}$值，故从折射仪的标尺上可直接读出液体的折射率。

在实际测量折射率时，人们使用的入射光不是单色光，而是使用由多种单色光组成的普通白光，因不同波长的光的折射率不同而产生色散，在目镜中看到一条彩色的光带，而没有清晰的明暗分界线，为此，在阿贝折射仪中安置了一套消色散棱镜（又叫补偿棱镜）。通过调节消色散棱镜，使测量棱镜出来的色散光线消失，明暗分界线清晰，此时测得的液体的折射率相当于用单色光钠光 D 线所测得的折射率 n_D。

二、旋光度的测量

1. 旋光现象、旋光度和比旋光度

一般光源发出的光，其光波在垂直于传播方向的一切方向上振动，这种光称为自然光，或称非偏振光；而只在一个方向上有振动的光称为平面偏振光。当一束平面偏振光通过某些物质时，其振动方向会发生改变，此时光的振动面旋转一定的角度，这种现象称为物质的旋光现象。这个角度称为旋光度，以 α 表示。物质的这种使偏振光的振动面旋转的性质叫做物质的旋光性。凡有旋光性的物质称为旋光物质。

偏振光通过旋光物质时，我们对着光的传播方向看，如果使偏振面向右（即顺时针方向）旋转的物质，叫做右旋性物质；如果使偏振面向左（逆时针）旋转的物质，叫做左旋性物质。

物质的旋光度是旋光物质的一种物理性质，除主要决定于物质的立体结构外，还因实验条件的不同而有很大的不同。因此，人们又提出“比旋光度”的概念作为量度物质旋光能力的标准。规定以钠光 D 线作为光源，温度为 293.15K 时，一根 10cm 长的样品管中，装满（每立方厘米溶液中含有 1g 旋光物质）溶液后所产生的旋光度，称为该溶液的比旋光度，即

$$[\alpha]_t^{\mathrm{D}}=\frac{10\alpha}{Lc} \tag{2-4-4}$$

式中，D 表示光源，通常为钠光 D 线；t 为实验温度；α 为旋光度；L 为液层厚度，cm，c 为被测物质的浓度［以每毫升溶液中含有样品的质量（g）表示］。为区别右旋和左旋，常在左旋光度前加“－”号。如蔗糖 $[\alpha]_t^{\mathrm{D}}=52.5°$表示蔗糖是右旋物质。而果糖的比旋光度为 $[\alpha]_t^{\mathrm{D}}=-91.9°$，表示果糖为左旋物质。

（1）平面偏振光的产生

一束自然光以一定角度进入尼科尔（Nicol）棱镜（由两块直角镜组成）后，分解成两束振动面相互垂直的平面偏振光（如图 2-4-3 所示）。由于折射率不同，两束光经过第一块棱镜后到达棱镜与加拿大树胶层的界面时，折射率大的一束光被全反射，并由棱镜框上的黑色涂层吸收。另一束光则通过第二块直角棱镜，从而在尼科尔棱镜的反射方向上得到一束单一的平面偏振光。这种尼科尔棱镜称为起偏镜。

（2）平面偏振光的检测

对偏振光的偏振面的角度位置也可以用尼科尔棱镜进行检测，此棱镜称为检偏镜。它和旋光仪的刻度盘装在同一轴上，能随之一起转动。若一束光线经过起偏镜后，所得到的偏振光沿 OA 方向振动（如图 2-4-4 所示）。检偏镜只允许沿某一方向振动的偏振光通过，设图

中的 OB 为检偏镜所允许通过的偏振光的振动方向。OA 和 OB 间的夹角为 θ，振幅为 E 的沿 OA 方向振动的偏振光可分解为相互垂直的两束平面偏振光，振幅分别为 $E\cos\theta$ 和 $E\sin\theta$，其中只有与 OB 相重合的分量 $E\cos\theta$ 可以通过检偏镜，而与 OB 垂直的分量 $E\sin\theta$ 则不能通过。由于光的强度 I 正比于光振幅的平方，显然，当 $\theta=0°$时，$E\cos\theta=E$，透过检偏镜的光最强；当 $\theta=90°$时，$E\cos\theta=0$，此时就没有偏振光通过检偏镜。如以 I 表示透过检偏镜光的强度；以 I_0 表示透过起偏镜光的强度，当 θ 在 0°～90°之间变化时，则有如下关系：$I=I_0\cos^2\theta$。旋光仪就是利用透光的强弱来测定物质的旋光度的。

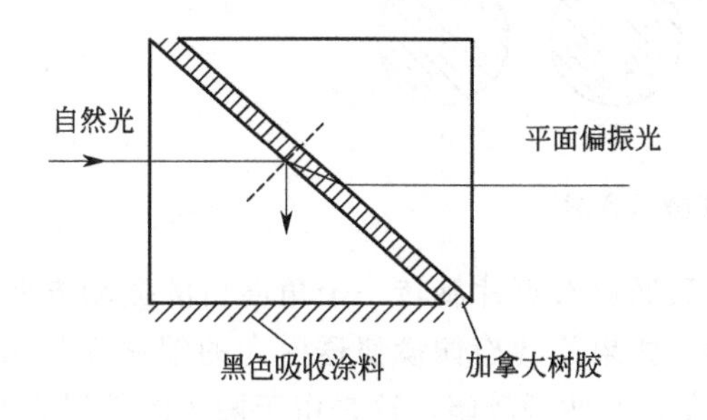

图 2-4-3　尼科尔棱镜

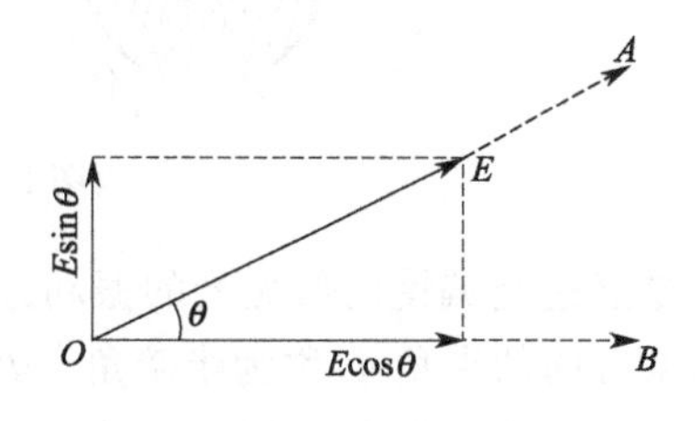

图 2-4-4　检偏镜原理

2. 旋光仪的构造和测试原理

旋光度是由旋光仪进行测定的，旋光仪的主要元件是两块尼科尔棱镜。

当一束单色光照射到尼科尔棱镜时，分解为两束相互垂直的平面偏振光，一束折射率为 1.658 的寻常光，一束折射率为 1.486 的非寻常光，这两束光线到达加拿大树脂黏合面时，折射率大的寻常光（加拿大树脂的折射率为 1.550）被底面上的墨色涂层吸收，而折射率小的非寻常光则通过棱镜，这样就获得了一束单一的平面偏振光。用于产生平面偏振光的棱镜称为起偏镜，如让起偏镜产生的偏振光照射到另一个透射面与起偏镜透射面平行的尼科尔棱镜，则这束平面偏振光也能通过第二个棱镜，如果第二个棱镜的透射面与起偏镜的透射面垂直，则由起偏镜出来的偏振光完全不能通过第二个棱镜。如果第二个棱镜的透射面与起偏镜的透射面之间的夹角 θ 在 0°～90°之间，则光线部分通过第二个棱镜，此第二个棱镜称为检偏镜。通过调节检偏镜，能使透过的光线强度在最强和零之间变化。如果在起偏镜与检偏镜之间放有旋光性物质，则由于物质的旋光作用，使来自起偏镜的光的偏振面改变了某一角度，只有检偏镜也旋转同样的角度，才能补偿旋光线改变的角度，使透过的光的强度与原来相同。旋光仪就是根据这种原理设计的，如图 2-4-5 所示。

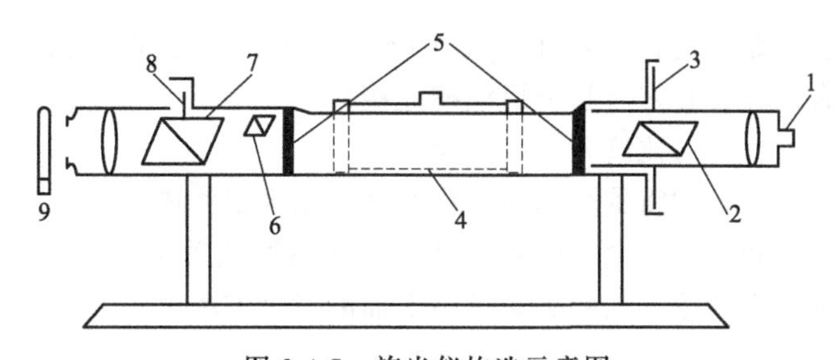

图 2-4-5　旋光仪构造示意图

1—目镜；2—检偏棱镜；3—圆形标尺；4—样品管；5—窗口；6—半暗角器件；7—起偏棱镜；8—半暗角调节；9—灯

通过检偏镜用肉眼判断偏振光通过旋光物质前后的强度是否相同是十分困难的，这样会产生较大的误差，为此设计了一种在视野中分出三分视界的装置，原理是：在起偏镜后放置一块狭长的石英片，由起偏镜透过来的偏振光通过石英片时，由于石英片的旋光性，使偏振光旋转了一个角度 Φ，通过镜前观察，光的振动方向如图 2-4-6 所示。

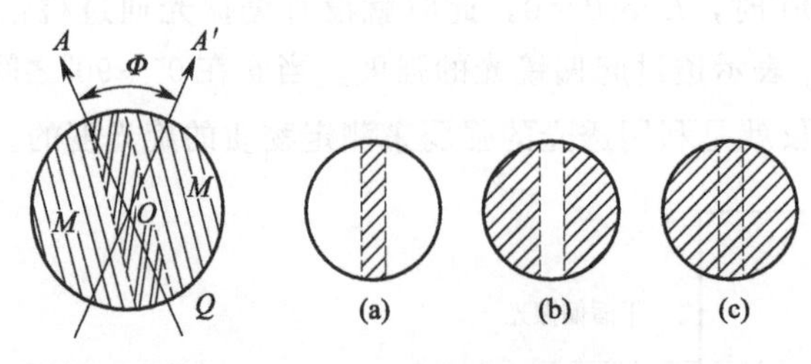

图 2-4-6 三分视野示意图

A 是通过起偏镜的偏振光的振动方向，A'是又通过石英片旋转一个角度后的振动方向，此两偏振方向的夹角 Φ 称为半暗角（$\Phi=2°\sim3°$），如果旋转检偏镜使透射光的偏振面与 A' 平行时，在视野中将观察到：中间狭长部分较明亮，而两旁较暗，这是由于两旁的偏振光不经过石英片，如图 2-4-6（b）所示。如果检偏镜的偏振面与起偏镜的偏振面平行（即在 A 的方向时），在视野中将是：中间狭长部分较暗而两旁较亮，如图 2-4-6（a）。当检偏镜的偏振面处于 $\Phi/2$ 时，两旁直接来自起偏镜的光偏振面被检偏镜旋转了 $\Phi/2$，而中间被石英片转过角度 Φ 的偏振面对被检偏镜旋转角度 $\Phi/2$，这样中间和两边的光偏振面都被旋转了 $\Phi/2$，故视野呈微暗状态，且三分视野内的暗度是相同的，如图 2-4-6（c），将这一位置作为仪器的零点，在每次测定时，调节检偏镜使三分视界的暗度相同，然后读数。

3. 影响旋光度的因素

（1）浓度的影响

由式(2-4-4) 可知，对于具有旋光性物质的溶液，当溶剂不具旋光性时，旋光度与溶液浓度和溶液厚度成正比。

（2）温度的影响

温度升高会使旋光管膨胀而长度加长，从而导致待测液体的密度降低。另外，温度变化还会使待测物质分子间发生缔合或离解，使旋光度发生改变。通常温度对旋光度的影响，可用下式表示：

$$[\alpha]_t^\lambda=[\alpha]_t^{\mathrm{D}}+Z(t-20)$$

式中，t 为测定时的温度；Z 为温度系数。

不同物质的温度系数不同，一般在 $-(0.01\sim0.04)$℃$^{-1}$ 之间。为此在实验测定时必须恒温，旋光管上装有恒温夹套，与超级恒温槽连接。

（3）浓度和旋光管长度对比旋光度的影响

在一定的实验条件下，常将旋光物质的旋光度与浓度视为成正比，因此可将比旋光度作为常数。实际上旋光度和溶液浓度之间并不是严格地呈线性关系，因此比旋光度并非常数，在精密的测定中比旋光度和浓度间的关系可用下面的三个方程之一表示：

$$[\alpha]_t^\lambda=A+Bq$$

$$[\alpha]_t^\lambda=A+Bq+Cq^2$$

$$[\alpha]_t^\lambda=A+\frac{Bq}{C+q}$$

式中，q 为溶液的百分浓度；A、B、C 为常数，可以通过不同浓度的几次测量来确定。

旋光度与旋光管的长度成正比。旋光管通常有 10cm、20cm、22cm 三种规格。经常使用的有 10cm 长度的。但对旋光能力较弱或者较稀的溶液，为提高准确度，降低读数的相对误差，需用 20cm 或 22cm 长度的旋光管。

三、分光光度计

1. 吸收光谱原理

物质中分子内部的运动可分为电子的运动、分子内原子的振动和分子自身的转动，因此具有电子能级、振动能级和转动能级。

当分子被光照射时，将吸收能量引起能级跃迁，即从基态能级跃迁到激发态能级。而三种能级跃迁所需能量是不同的，需用不同波长的电磁波去激发。电子能级跃迁所需的能量较大，一般在 1～20eV，吸收光谱主要处于紫外及可见光区，这种光谱称为紫外及可见光谱。如果用红外线（能量为 1～0.025eV）照射分子，此能量不足以引起电子能级的跃迁，而只能引发振动能级和转动能级的跃迁，得到的光谱为红外光谱。若以能量更低的远红外线（0.025～0.003eV）照射分子，只能引起转动能级的跃迁，这种光谱称为远红外光谱。由于物质结构不同对上述各能级跃迁所需能量都不一样，因此对光的吸收也就不一样，各种物质都有各自的吸收光带，因而就可以对不同物质进行鉴定分析，这是光度法进行定性分析的基础。

根据朗伯-比耳定律：当入射光波长、溶质、溶剂以及溶液的温度一定时，溶液的光密度和溶液层厚度及溶液的浓度成正比，若液层的厚度一定，则溶液的光密度只与溶液的浓度有关：

$$T=I/I_0, E=-\lg T=\lg(1/T)=\varepsilon lc$$

式中，c 为溶液浓度；E 为某一单色波长下的光密度（又称吸光度）；I_0 为入射光强度；I 为透射光强度；T 为透光率；ε 为摩尔消光系数，l 为液层厚度。

在待测物质的厚度 l 一定时，光密度与被测物质的浓度成正比，这就是光度法定量分析的依据。

2. 分光光度计的构造及原理

（1）分光光度计的类型及概略系统图

① 单光束分光光度计　单光束分光光度计示意图见图 2-4-7。每次测量只能允许参比溶液或样品溶液的一种进入光路中。这种仪器的特点是结构简单，价格便宜，主要适用于定量分析。其缺点是测量结果受电源的波动影响较大，容易给定量分析带来较大误差。此外，这种仪器操作麻烦，不适于作定性分析。

② 双光束分光光度计　双光束分光光度计示意图见图 2-4-8。由于两光束同时分别通过参比溶液和样品溶液，因而可以消除光源强度变化带来的误差。目前较高档仪器都采用双光束方法。

以上两类仪器测的光谱图见图 2-4-9。

③ 双波长分光光度计　双波长分光光度计示意图见图 2-4-10。在可见-紫外类单光束和双光束分光光度计中，就测量波长而言，都是单波长的，它们测得参比溶液和样品溶液吸光度之差。而双波长分光光度计由同一光源发出的光被分成两束，分别经过两个单色器，从而

可以同时得到两个不同波长（λ_1和λ_2）的单色光。它们交替地照射同一液体，得到的信号是两波长处吸光度之差ΔA，$\Delta A = A_{\lambda_1} - A_{\lambda_2}$，当两个波长保持1～2nm间隔同时扫描时，得到的信号将是一阶导数，即吸光度的变化率曲线。

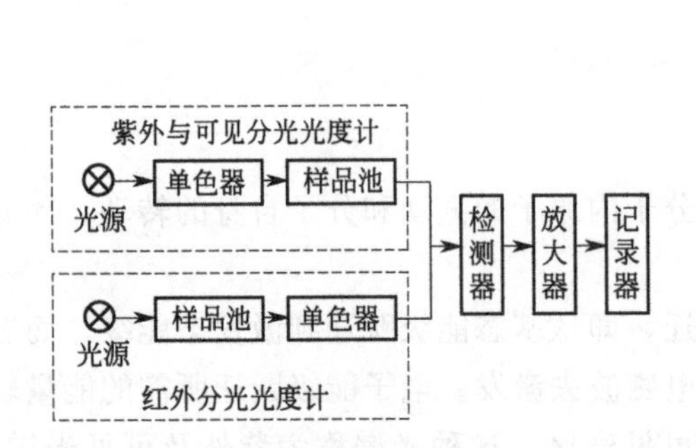

图 2-4-7 单光束分光光度计系统

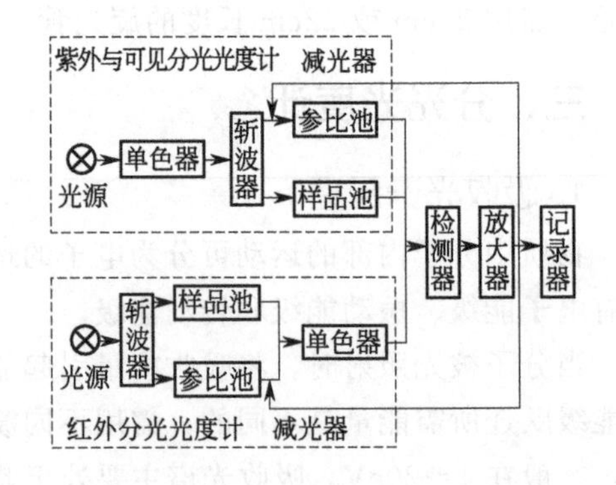

图 2-4-8 双光束分光光度计系统

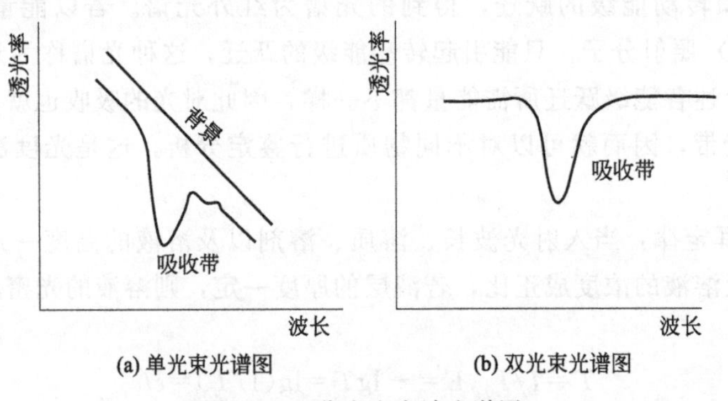

(a) 单光束光谱图 (b) 双光束光谱图

图 2-4-9 分光光度计光谱图

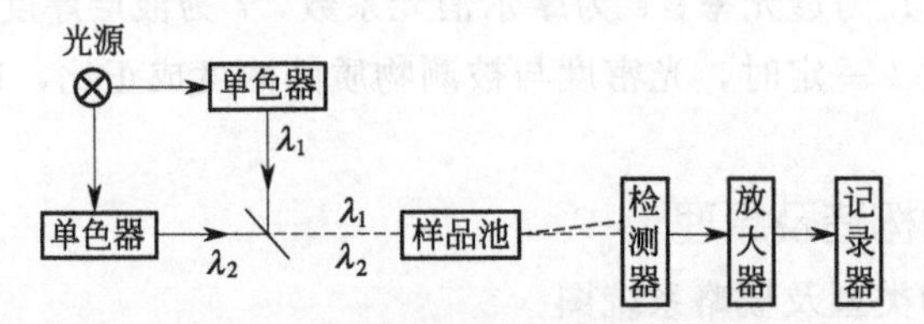

图 2-4-10 双波长分光光度计系统图

用双波长法测量时，可以消除因吸收池的参数不同，位置不同，污垢以及制备参比液等带来的误差。它不仅能测量高浓度试样、多组分试样，而且能测定一般分光光度计不宜测定的浑浊的试样。测定相互干扰的混合试样时，操作简单，且精度高。

（2）光学系统的各部分简述

分光光度计种类很多，生产厂家也很多。光学系统中的几个重要部件介绍如下。

① 光源 对光源的主要要求是：对于测定波长领域要有均一且平滑的连续的强度分布，不随时间而变化，光散射后到达监测器的能量又不能太弱。一般可见区域为钨灯，紫外区域为氘或氢灯，红外区域为硅碳棒或能斯特灯。

② 单色器 单色器是将复合光分出单色光的装置，一般可用滤光片、棱镜、光栅、全息栅等元件。现在比较常用的是棱镜和光栅。单色器材料，可见分光光度计为玻璃，紫外分

光光度计为石英，而红外分光光度计为 LiF、CaF_2 及 KBr 等材料。

a. 棱镜 光线通过一个顶角为 θ 的棱镜，从 AC 方向射向棱镜，如图 2-4-11 所示，在 C 点发生折射。光线经过折射后在棱镜中沿 CD 方向到达棱镜的另一个界面上，在 D 点又一次发生折射，最后光在空气中 DB 方向行进。这样光线经过此棱镜后，传播方向从 AA' 变为 BB'，两方向的夹角 δ 称为偏向角。偏向角与棱镜的顶角 θ、棱镜材料的折射率以及入射角 i 有关。如果平行的入射光由 λ_1、λ_2、λ_3 三色光组成，且 $\lambda_1>\lambda_2>\lambda_3$，通过棱镜后，就分成三束不同方向的光，且偏向角不同。波长越短、偏向角越大，如图 2-4-12 所示 $\delta_1<\delta_2<\delta_3$，这即为棱镜的分光作用，又称光的色散，棱镜分光器就是根据此原理设计的。

棱镜是分光的主要元件之一，一般是三角柱体。棱镜单色器示意图如图 2-4-13 所示。

b. 光栅 单色器还可以用光栅作为色散元件，反射光栅是由磨平的金属表面上刻划许多平行的、等距离的槽构成。辐射由每一刻槽反射，反射光束之间的干涉造成色散。

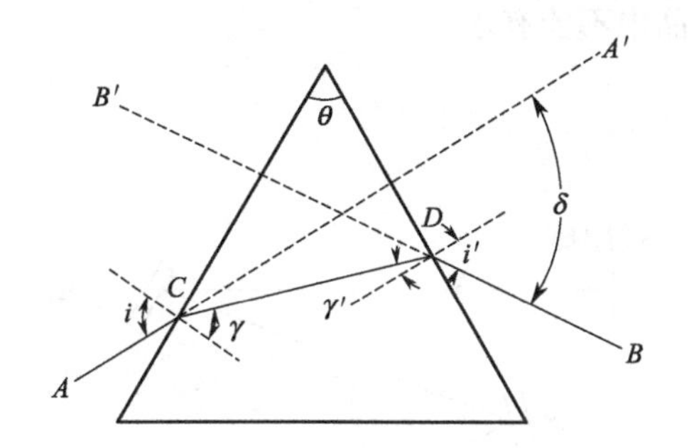

图 2-4-11 棱镜的折射

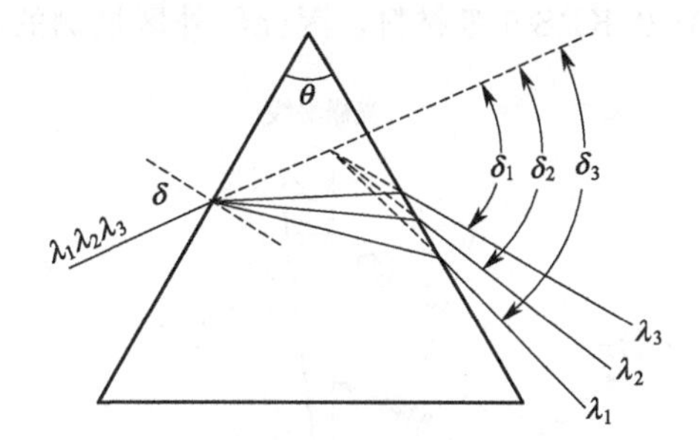

图 2-4-12 不同波长的光在棱镜中的色散

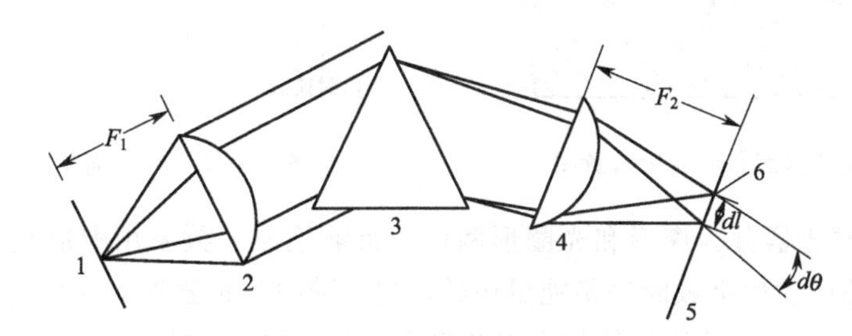

图 2-4-13 棱镜单色器示意图

1—入射狭缝；2—准直透镜；3—色散元件；

4—聚焦透镜；5—焦面；6—出射狭缝

反射式衍射光栅是在衬底上周期地刻划很多微细的刻槽，一系列平行刻槽的间隔与波长相当，光栅表面涂上一层高反射率金属膜。光栅沟槽表面反射的辐射相互作用产生衍射和干涉。对某波长，在大多数方向消失，只在一定的有限方向出现，这些方向确定了衍射级次。如图 2-4-14 所示，光栅刻槽垂直辐射入射平面，辐射与光栅法线入射角为 α，衍射角为 β，衍射级次为 m，d 为刻槽间距，在下述条件下得到干涉的极大值：

$$m\lambda=d(\sin\alpha+\sin\beta)$$

定义 φ 为入射光线与衍射光线夹角的一半，即 $\varphi=(\alpha-\beta)/2$；θ 为相对于零级光谱位置的光栅角，即 $\theta=(\alpha+\beta)/2$，得到更方便的光栅方程：

$$m\lambda=2d\cos\varphi\sin\theta$$

从该光栅方程可看出：对一给定方向 β，可以有几个波长与级次 m 相对应 λ 满足光栅方程。比如 600nm 的一级辐射和 300nm 的二级辐射、200nm 的三级辐射有相同的衍射角。

衍射级次 m 可正可负。

对相同级次的多波长在不同的 β 分布开。

含多波长的辐射方向固定，旋转光栅，改变 α，则在 $\alpha+\beta$ 不变的方向得到不同的波长。

当一束复合光线进入光谱仪的入射狭缝，首先由光学准直镜准直成平行光，再通过衍射光栅色散为分开的波长（颜色）。利用不同波长离开光栅的角度不同，由聚焦反射镜再成像于出射狭缝（图 2-4-15）。通过电脑控制可精确地改变出射波长。

③ 斩波器　其功能是将单束光分成两路光。

④ 样品池　在紫外及可见分光光度法中，一般使用液体试液，对样品池的要求，主要是能透过有关辐射线。通常，可见区域可以用玻璃样品池，紫外区域用石英样品池，而红外分光光度法上述两种材料都在红外区域有吸收，因此不能用其作透光材料。一般选用 NaCl、KBr 及 KRS-5 等材料，因此红外区域测的液体样品中不能有水。

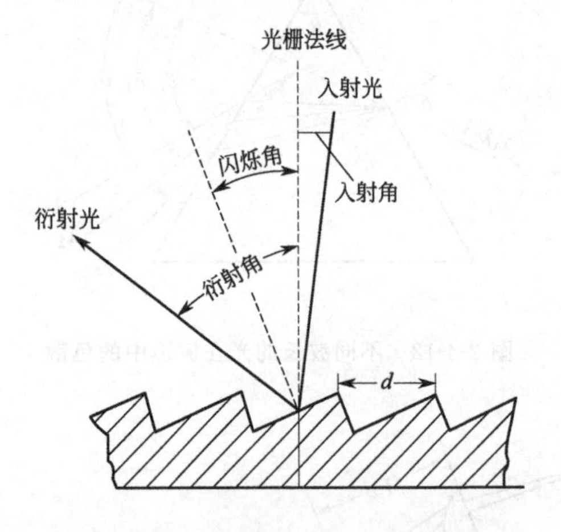

图 2-4-14　光栅截面高倍放大示意图

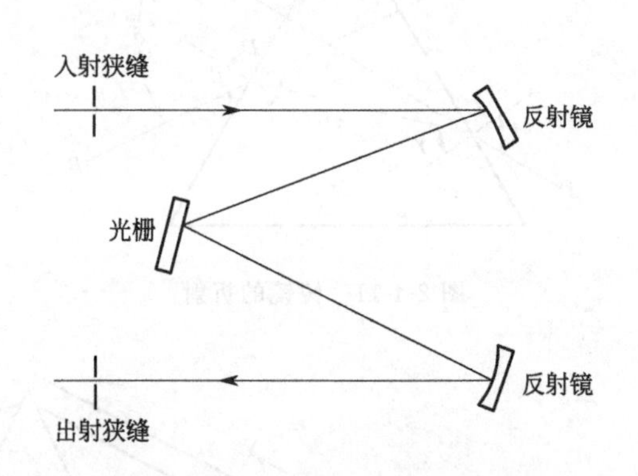

图 2-4-15　一个简单的光栅单色器

⑤ 减光器　减光器分为楔形和光圈形两种。目前绝大多数采用楔形减光器。减光器是为了当样品在光路中发生吸收时平衡能量用的，要求减少光束强度时要均匀且呈线性变化。

⑥ 狭缝　狭缝是放在分光系统的入口和出口，开启间隔（狭缝宽度）直接影响分辨率。狭缝大，光的能量增加，但分辨率下降。

⑦ 检测器　在紫外与可见分光光度计中一般灵敏度要求低的用光电管，较高的用光电倍增管，在红外分光光度计则用高真空管热电偶、测热辐射计、高莱池、光电导检测器以及热释电检测器。

3. 分光光度计基本操作

分光光度计的型号非常多，操作不尽相同，在这只能把测量时的基本步骤列一下。

① 开启电源，预热仪器。

② 选择测量纵坐标方式，一般为吸光度或透光率。

③ 选择测试波长，自动扫描仪器选择扫描范围，手动选单一波长。

④ 选择合适的样品池，加入参比和样品溶液并放入样品池室的支架上。

⑤ 手动分光光度计型机器，打开样品池室的箱盖，用调“0”电位器校正电表显示“0”位，以消除暗电流。将参比拉入光路中，盖上比色皿室的箱盖。做透光率时，调节

光密度旋钮电位器校正电表显示“100”，如果显示不到“100”，可适当增加灵敏度的挡数。做吸光度时，调节光密度旋钮电位器，使数字显示为“000.0”。将样品推入光路中读取所要数值。

⑥ 自动扫描型分光光度计，单光束将参比放入测量光路中，在扫描范围内测其基线。然后把样品溶液放入测量光路中测得谱图。双光束将参比和样品溶液分别放入两测量光路中直接扫描即可。红外分光光度计一般用空气作为参比。

⑦ 测量完毕后，关闭开关，取下电源插头，取出样品池洗净、放好，盖好比色皿室箱盖和仪器。

4. 分光光度计使用注意事项

① 正确选择样品池材质。测定波长在 360nm 以上时，用玻璃比色皿；测定波长在 360nm 以下时，需用石英比色皿。比色皿外部要用滤纸吸干，不要用手触摸比色皿光滑的表面。

② 每套仪器配套的比色皿不能与其他仪器的比色皿单个调换。若损坏需增补时，应经校正后才可使用。

③ 开启关闭样品室盖时，需轻轻地操作，防止损坏光门开关。

④ 不测量时，应使样品室盖处于开启状态，以避免光电管疲劳，使数字显示不稳定。

⑤ 如大幅度调整波长时，需等数分钟后才能工作，因为光能量变化急剧，使光电管响应变得缓慢，需要一个移光响应平衡时间。

⑥ 仪器要保持干燥、清洁。应经常检查干燥室内的硅胶是否变色，变色后应及时更换。仪器使用半年或搬动后，要检查波长的准确性。

第五章　热化学测量技术

从本质上说，物理变化和化学变化是原子、分子间作用或结合方式的改变，这些状态改变过程中都伴随着能量的变化，也就是产生热效应的原因。反过来，通过热效应的测量，可以反映出物质的结构与性质及变化规律的一些重要信息。测量体系状态变化过程的热效应统称为热化学测量。它是物理化学实验中一项重要的实验技术，最常见的热化学测量技术是量热技术、差热分析技术和热分析（步冷曲线法）技术等，而热化学测量技术又与温度测量技术密切相关。

一、量热技术

“量热”通常包括物质计量和热量测定两大部分。热效应大小与参比态以及体系本身的压力、温度、体积等状态有关。所以，热量的测定必须标明各种有关参数，以便于比较。在条件允许时，应尽可能在标准状态或某一特定状态下进行测定。

热量计原称量热计，可按其测量原理分为补偿式和温差式两大类；按工作方式又可分为绝热、恒温和环境恒温三种。

1. 热量计的测量原理

(1) 补偿式量热

将研究体系置于热量计中，热效应势将引起体系温度的变化，而补偿式量热方法将以热流形式及时、连续地予以补偿，使体系温度得以保持恒定。利用相变潜热和电-热或电-制冷效应是常用的两种方法。

① 相变补偿量热方法　设将一反应体系置于冰水浴中，其热效应将使部分冰融化或使部分水凝固。已知冰的单位质量融化焓，只要测得冰水转变的质量，就可求得热效应的数值。这是一种最简单的冰热量计，这类热量计简单易行，灵敏度和准确度都较高，热损失小。然而，热效应是处于相变温度这一特定条件下发生的。这既为确定热效应的环境温度提供了精确的数据，但也限制了这类热量计的使用范围。

② 电效应补偿量热原理　对于一个吸热的化学或物理变化过程，可将体系置于一液体介质中，利用电热效应对其补偿，使介质温度保持恒定。这类热量计的工作原理与恒温水浴相似。由测温系统将测得值与设定值比较后，反馈给控制系统。其不同点在于，加热器所消耗的电功可由电压U、电流I和时间t的精确测定求得。如不考虑体系的介质与外界的热交换，则该变化过程的焓变ΔH为：

$$\Delta H=Q_p=\int U(t)I(t)\mathrm{d}t$$

显然，介质温度可根据需要予以设定，温度波动情况可用高灵敏度的温差温度计显示。电量的测量精度远高于温度的测量。只要介质恒温良好，焓变的测得值就可靠。至于介质与外界的热交换，介质搅拌所产生的热量以及其他干扰因素都可以通过空白实验予以校正。

电子控制系统的设计及操作参数的选择将直接影响到温度恒定的情况，即控温品种是否良好。图 2-5-1 表示流向样品的热流、温度控制系统的温度波动及电热功率随时间变化的情况。图中Δt为信号反馈的时间常数。曲线①为漂移型，曲线②为振荡型，曲线③为非周期性变化的较理想状况。

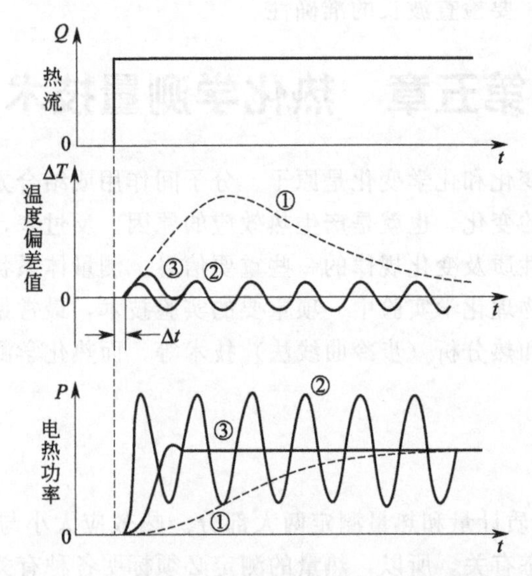

图 2-5-1　反馈控制系统对吸热效应补偿的品质

对于放热效应就必须使用电制冷元件，利用帕提尔（Peltier）效应来补偿。在两种不同金属组成的回路上通以一定的电流，双金属的接点上将分别形成冷端和热端。帕提尔功率在两端的分配比例与电流大小有关。两端功率相等时的回路电流为I_0。在某一小于I_0的工作电流I时，其制冷功率为

$$P_{冷}=hI(1-\frac{I}{I_0})$$

式中，η 称帕提尔系数，它与所用元件材料及工作温度有关。实际上，出于冷热端之间的导热，将使得制冷效率低于计算值，这会给放热效应的测量带来一定系统误差。不过，到目前为止，电冷效应补偿热量计的应用仍为数不多。

（2）温差式量热

热量计中发生的热效应，导致热量计温度变化的情况下，热量的测量可以用不同时间 t 或在不同位置 x_t 测得的温度差来表示：

$$\Delta T = T(t_1) - T(t_2)$$

$$\Delta T = T(x_1) - T(x_2)$$

① 时间温差测量方法　燃烧热实验所用的氧弹热量计就是根据温度随时间变化的原理设计的。热效应

$$Q_v = C_{计} \Delta T$$

式中，$C_{计}$ 称热量计的热容或热量计水当量，它包括构成热量计的各部件、工作介质以及研究体系本身。$C_{计}$ 与测量时的温度甚至与热效应所造成的温度差 ΔT 有关。同时，热量计与环境水夹套的热交换，即所谓"热漏"，在所难免。因此，$C_{计}$ 必须用已知热效应值的标准物质，或用电能，在相近的实验条件下进行标定，再以雷诺（Reynolds）作图法予以修正。

② 位置温差测量方法　体系的热效应以一定的热流形式向热量计或周围环境散热，其间存在着温度梯度。同时测量两个位置的温度 T（x_1）和 T（x_2），由其温差对时间积分可以测得热量：

$$Q = K \int \Delta T(t) \mathrm{d}t$$

式中，K 为仪器常数，由标定求得。

图 2-5-2 为管式液-液反应的流动式热量计的示意图。设处于相同的温度 $T(x_1)$ 的两个反应物连续流入反应管，混合后起反应并伴有热效应。设在 x_2 处其反应已全部完成。一定时间后，反应管与周围环境的热交换关系将处于稳定态，则 ΔT 也将恒定。$\Delta T(x)$ 与反应热成正比，其比例系数也同样须经标定。

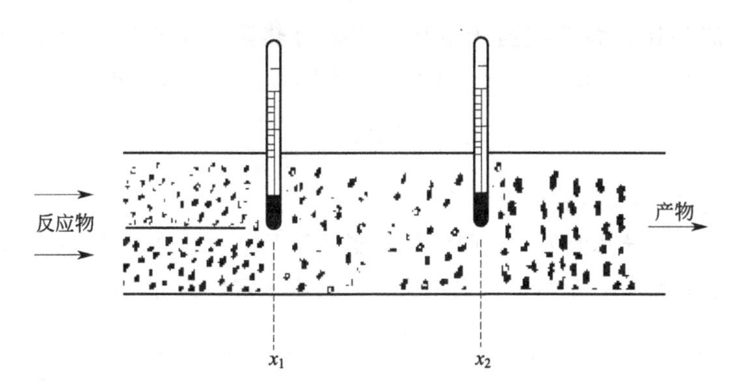

图 2-5-2　流动式热量计测定反应热示意图

2. 热量计的工作方式

（1）恒温式

把体系处于一个热容量很大的恒温环境中，设两者之间的热导率非常大，热阻 $R_{燃}$ 趋于零，则体系与环境的热交换可在瞬间完成。这样一来，发生热效应的体系和环境的温度相

等，$T_{体}=T_{环}=$恒定值。

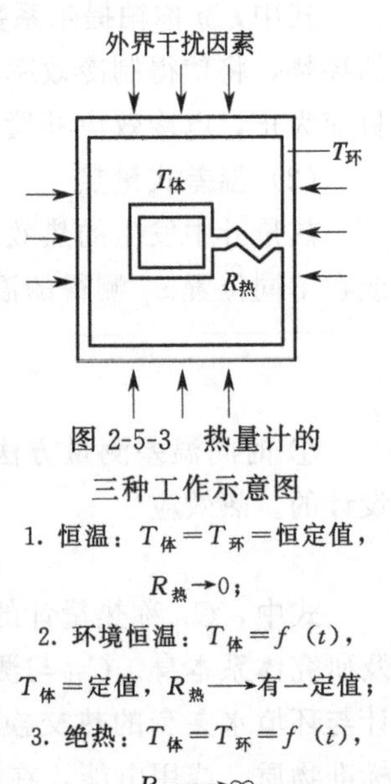

图 2-5-3 热量计的三种工作示意图

1. 恒温：$T_{体}=T_{环}=$恒定值，$R_{热}\to 0$；
2. 环境恒温：$T_{体}=f(t)$，$T_{体}=$定值，$R_{热}\longrightarrow$有一定值；
3. 绝热：$T_{体}=T_{环}=f(t)$，$R_{热}\longrightarrow\infty$

实际上，环境需用上述相变或电补偿效应予以补偿，才有可能抵消体系传导出来的热效应。而热效应的大小恰好可以通过补偿的能量计算出来。在理想条件下，图 2-5-3 所示体系的体系温度 $T_{体}$和环境温度 $T_{环}$应不随时间和空间而异。实际测量中，体系、测温元件、介质、加热或冷却元件之间的差异及滞后是必然存在的。所谓“恒温”，只是恒温变化的幅度可以忽略而已。

尽管如此，恒温量热在热化学测量中仍占有很重要的地位。

(2) 环境温度

量热是在环境温度恒定的条件下来测量体系温度变化的情况，并进而反映热量的传递。所谓环境，通常是一个恒温浴、相变浴或金属恒温块。在燃烧热测定实验中所用到的氧弹热量计尽管没有恒温浴，但可认为它是以室温水夹套作为环境的，所以可将其当成环境恒温测量方式的一个例子。以图 2-5-3 的示意表示，$T_{环}$不变，$T_{体}$是时间的函数；体系与环境间的热阻有一定值，热交换以合理速率通过热阻进行。热流大小只是环境与体系温度差的函数，实质上则只是 $T_{体}$的线性函数。

热的损失，或称“热漏”，在量热实验中往往是引起误差的重要因素。而环境恒温测量方法没有必要将热损失减至最小。关键在于，在一定温差时的热漏情况应有较好的重现性以便通过标定予以校正。当然，热漏过分严重，必将降低热量计的灵敏度，这也是不可取的。

热导式热量计是一种较为常见的环境恒温的热量计。体系产生的热效应有一部分 Q_R 通过热阻流向环境，其余的热量 Q_C 将使体系及其容器的温度改变。在该过程的某一时刻，热效应 Q 的功率为：

$$P=\frac{dQ}{dt}=\frac{dQ_C}{dt}=\frac{dQ_R}{dt}$$

将热流与电流相比，温差相当于电压，则通过热阻 $R_{热}$ 的热传导达到稳定时，热流 dQ_R/dt 应为 $\Delta T/R_{热}$，而 $dQ_C=C_{计}\,d(\Delta T)$，将两者代入上式，得

$$P=C_{计}\frac{d(\Delta T)}{dt}+\frac{\Delta T}{R_{热}}$$

式中，$C_{计}$为量热容器及其内含物总的有效热容。

体系与环境之间传导热流的“热阻”可由测量两者温差的热点堆组成。它所输出的温差电动势在记录仪上的响应值 h 与 ΔT 成正比，令其比例常数为 g。两式合并积分为：

$$Q=\int_{t_1}^{t_2}P\,dt=C_{卡}\int_{T_1}^{T_2}d(\Delta T)+\frac{1}{R_{热}}\int_{t_1}^{t_2}\Delta T\,dt=\frac{C_{卡}}{g}\int_{h_1}^{h_2}dh+\frac{1}{R_{热}\,g}\int_{t_1}^{t_2}h\,dt$$

设定边界条件就可得到某一段时间内体系产生的热量。由图 2-5-4 可以看出，若 t_1 和 t_2 分别选定于热效应的前后，h_1 和 h_2 都将在热谱曲线的基线上，$dh=0$，即上式右边的前项为 0。结果，热效应计算式变为：

$$Q=\int_{-\infty}^{+\infty}P\,dt=\frac{1}{R_{热}\,g}\int_{-\infty}^{+\infty}h\,dt$$

即：整个变化过程的热效应可用热谱曲线下的峰面积来计算。与仪器及操作条件有关的

常数 $C_{计}$、$R_{热}$ 和 g 都可借助测定相近条件下的电能加以精确标定。

(3) 绝热

理想的绝热状态意味着被测体系与环境之间无热量交换。要是热效应过程极其迅速，在整个测量过程中来不及热交换；或体系与环境隔热十分完善，热阻无限大，这都可达到绝热的目的。显然，这两种方法在实际中都难以实现。比较实际的办法是：让环境温度随体系温度改变，两种始终保持一致，即 $T_{体}=T_{环}=f(t)$。不过，如被测体系与环境的接触面积很大，或体系温度变化过于急剧，则因传热过快或环境补偿滞后引起误差偏大。一般这种绝热测量方法宜用于热效应变化较慢的过程。在扫描量热中，热效应 Q 的数值可通过测定用于补偿所消耗的电功来计算。

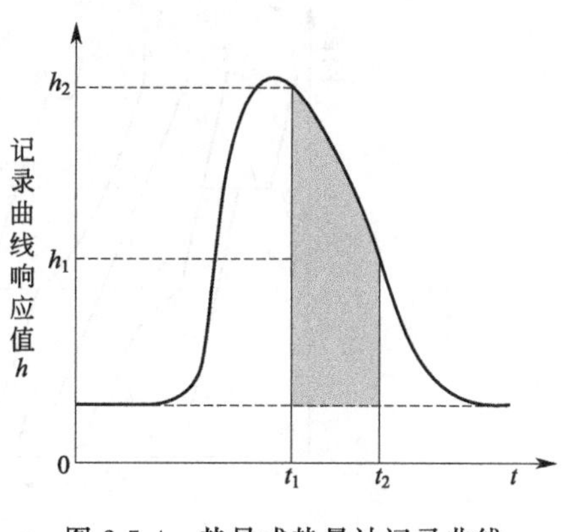

图 2-5-4　热导式热量计记录曲线

3. 空白、标定及其他

为提高量热测定结果的可靠性，通常可在与实验完全一致的操作条件下做一空白实验，以校正由搅拌、热导和热漏等因素带来的影响。

在较精密的测量中，为避免外界条件波动的影响，常设计一个作为参比的量热容器与测量容器组成双体式结构。参比容器的一切条件都尽可能与体系容器相一致。而热效应的测量是以两者的温度差为基础的。

如前所述，$C_{计}$、$R_{热}$ 和 g 这些仪器常数与各台仪器性能、外界条件以及热效应大小和样品性质本身都有关系，只有通过标定才能精确求得。通常，热效应的大小是通过与另一已知能量定量转化的热效应相比较而求得的，所以，热量计可看成是一个用于比较热效应的工具。已知与未知热效应之间的联系就是仪器常数。实验中常采用已知反应热的化学反应或精确测量的电能作为标定基础。而电补偿恒温和绝热测量方法就是直接以电能来度量热效应。

电热补偿恒温或绝热，其电热元件置于液态介质的环境中。所消耗电功的记录与温度控制系统相连以记下电压和电流强度随时间变化的情况。通常可用专用微处理机积分求得总的结果。

量热过程能量变化与时间的关系，实质上是该变化过程动力学性质的体现。在仪器的热滞后可以忽略的情况下，一条完整的热化学曲线不仅给出了一定时间内热效应大小的数值 Q，同时还反映该变化过程的动力学特性。

二、热分析法（步冷曲线法）技术

热分析是在程序控温下测量物质的物理性质与温度关系的一类技术。这里所指的“热分析法”就是通过测定步冷曲线绘制体系相图的方法。

对所研究的二组分体系，配成一系列不同组成的样品，加热使之完全熔化，然后再均匀降温，记录温度随时间的变化曲线——称为“步冷曲线”。体系若有相变，必然产生相变热，使降温速率减慢，则在步冷曲线上会出现“拐点”或“平台”，从而可以确定出相变温度。以横轴表示混合物的组成，纵轴表示温度，即可绘制出被测体系的相图，如图 2-5-5 所示。

以 A 和 B 二组分体系为例，纯组分 A 的步冷曲线如图中“1”所示，高温液体从 a 点开始降温，从 a 到 b 的降温过程中没有发生相变，降温速率较快。当冷却到组分 A 的熔点

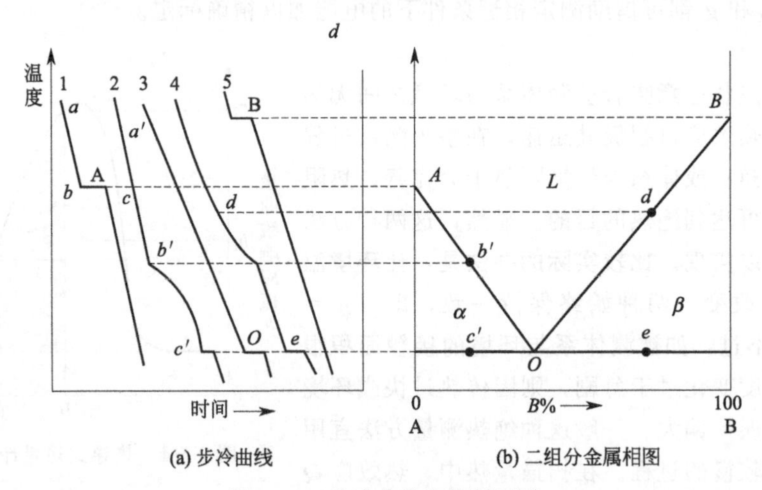

(a) 步冷曲线　　(b) 二组分金属相图

图 2-5-5　步冷曲线法绘制相图

时，固体 A 开始析出，体系处于固-液两相平衡，此时温度保持不变，故步冷曲线上出现 bc 段的“平台”。当液体 A 全部凝固成固体 A 后，温度又继续下降。根据“平台”所对应的温度，可以确定相图中的 A 点即纯 A 的熔点。

混合物的步冷曲线与纯组分的步冷曲线有所不同，如图中步冷曲线 2 所示，从 a' 到 b' 是熔液单纯的降温过程，降温速率较快，当温度达到 b' 点所对应的温度时，开始有固体 A 析出，b' 点所对应的温度一般低于 A 的熔点，例如金属锡（Sn）的熔点为 232℃，如果在 Sn 中混杂一些金属铅（Pb），则锡的凝固点便低于 232℃。又如，当有机物的纯度不够时，熔点也会下降。这便是“凝固点降低原理”。此时体系呈两相平衡（熔液和固体 A），但温度仍可下降，由于固体 A 析出时产生了相变热，故降温速率减慢，步冷曲线上出现了 b' 点所对应的“拐点”，由此可以确定相图中的 b' 点。随着固体 A 逐渐析出，熔液的组成不断改变，当温度达到 c' 点时，又有固体 B 析出，此时体系处于三相平衡（熔液、固体 A 和固体 B），根据相律可知，$f^*=2-3+1=0$，所以温度不变，步冷曲线上出现了“平台”，根据此“平台”温度，确定相图中的 c' 点。当熔液全部凝固后，温度又继续下降，这是固体 A 和固体 B 的单纯降温过程。

步冷曲线 3 的特点是高温熔液在降温到 O 点所对应的温度以前没有任何固体析出。在达到 O 点所对应的温度时，固体 A 和固体 B 同时析出，此时体系呈三相平衡，由此确定了相图中的 O 点，O 点以下是固体 A 和固体 B 的降温过程。

步冷曲线 4 与 2 类似，所不同的是在“拐点”d 处析出的是固体 B，在“平台”e 处又析出固体 A，同样处于三相平衡，由此确定相图中的 d 点和 e 点。

步冷曲线 5 与 1 类似，其“平台”对应纯组分 B 的熔点。

将各样品刚开始发生相变的各点 A、b'、O、d、B 用线连接起来；c'、O、e 各点所对应的温度一样，用直线将它们连接起来；这样 A-B 二组分体系相图便绘制出来了。

三、差热分析技术

差热分析（Differential Thermal Analysis，简称 DTA）是热分析方法中的一种。它是在程序控温下，测量物质和参比物的温度差及温度关系的技术。当物质发生物理变化和化学变化时（如脱水、晶型转变、热分解等）时，都有其特征的温度，并伴随着热效应，从而造成该物质的温度与参比物温度之间的温差，根据此温差及相应的特征温度，可以鉴定物质或研究其有关的物理化学性质。

1. 差热分析的基本原理

差热分析（DTA）的原理见图 2-5-6。如果对某待测样品进行差热分析，可将其与热稳定性极好参比物（如 Al_2O_3 或 SiO_2）一起放入电炉中，以设定的程序均匀升温。由于参比物在整个温度变化范围内不发生任何物理变化和化学变化，因而其温度始终与设定的程序温度相同。所以当样品不发生物理变化或化学变化时，也就没有热量产生，其温度与参比物的温度相同，两者的温差 $\Delta T=0$；当样品发生物理变化或化学变化时，伴随着热效应的产生，使样品与参比物的温差 $\Delta T\neq 0$。

若以温差为纵坐标，以参比物温度为横坐标作图，所得差热曲线如图 2-5-7 所示。图中 ab 段表示没有发生物理变化或化学变化，温差 $\Delta T=0$，故差热曲线是一条水平线（基线）；当温度达到 b 点所示温度时，$\Delta T<0$，样品发生吸热变化，故出现向下的峰形曲线（最低点为 c），当吸热结束后，温差消失（$\Delta T=0$），又重新恢复到水平线（d 点所示）的位置，b 点代表此吸热变化的样品的特征温度。当参比物温度达到 e 点所示温度时，因样品发生放热（$\Delta T>0$）变化，则出现了向上的峰形曲线，e 点代表此放热变化的特征温度（c、d、f、g 诸点与样品的量及升温速率等操作条件有关）。上述差热峰的面积（峰形曲线与基线围成的面积）应与过程热量成正比，即：

$$Q=\frac{K}{m}\int_{T_1}^{T_2}\Delta T(T)\mathrm{d}T$$

式中，m 为样品的质量；ΔT（T）为温度 T 时的温差；T_1、T_2 分别为差热峰的起始温度与终止温度；$\int_{T_1}^{T_2}\Delta T(T)\mathrm{d}T$ 为差热峰的面积；K 称为仪器参数，与仪器特征及测量条件有关。同一仪器在相同的测量条件下 K 为定值，若用一定量已知热量的标准物质（例如 Sn 的 $\Delta H_m=60.67\mathrm{J/g}$），在相同的实验条件下测定其差热峰面积，由上式可求得 K。

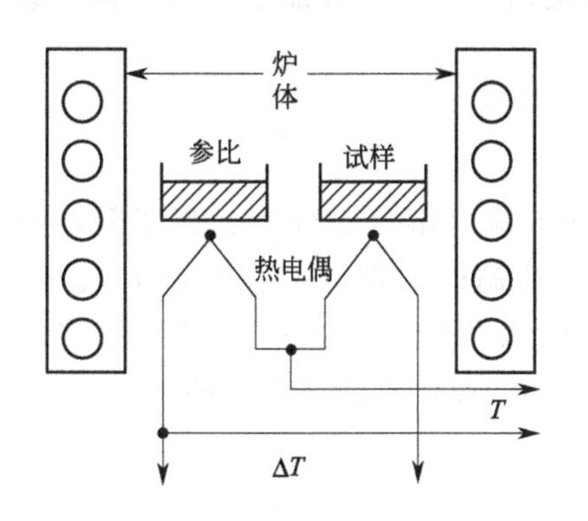

图 2-5-6　差热分析的原理图

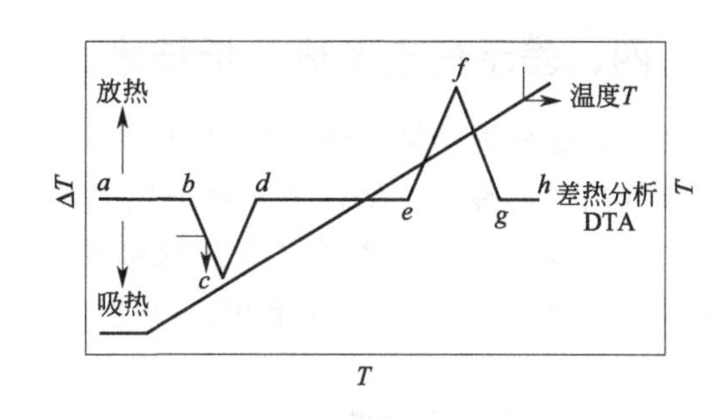

图 2-5-7　差热分析曲线

分析差热图谱就是分析差热峰的数目、位置、方向、高度、宽度、对称性以及峰的面积等。峰的数目表示在测定温度范围内，待测样品发生变化的次数；峰的位置表示发生变化的特征温度；峰的方向表示过程是吸热还是放热；峰的面积对应于过程热量的大小。峰高、峰宽及对称性除与测定条件有关外，往往还与样品变化过程的动力学因素有关。因此分析差热图谱可以得到物质变化的一些规律。

2. 影响差热分析的主要因素

热分析是一种动态技术，许多因素对所得曲线均有影响，包括测试条件的选择与样品的处理两大方面。一般而言，各种措施对仪器的分辨力与灵敏度影响刚好相反，所以具体操作时应综合考虑，以得到较好的测试条件。

（1）测试条件的选择

包括升温速率、炉内气氛及参比物的选择等

① 升温速率不仅影响峰温的位置，而且影响峰面积的大小。一般来说升温速率小，基线漂移小，得到宽而浅的峰型，也能使相邻峰更好地分离，即分辨力高，但测量时间长，要求仪器的灵敏度高。而升温速率大，峰面积变大，峰型尖锐，峰对应的温度偏高，易使基线漂移，并且可能导致相邻峰的重叠，分辨率下降。一般升温速率选择8～10℃/min为宜。

② 炉内气氛及压力主要是影响化学反应或物理变化的平衡温度及峰型。例如草酸钙吸热分解生成的CO，在氧化性气氛中会燃烧，在曲线上将出现一个较大的放热峰将原来的吸热峰完全掩盖。又如，碳酸盐的分解产物CO_2如被气流或真空泵带走，将会导致分解吸热峰偏向低温方向。应根据样品的性质选择炉内气氛及压力。

③ 参比物的选择应尽量与待测样品的热容、热导率及粒度相一致，此外参比物的颗粒大小、装填情况应尽量与试样一致，以减小基线的漂移。

（2）样品的处理

包括样品粒度、样品用量及装填情况等

① 样品粒度以100～200目左右为宜。粒度大峰形较宽、分辨率也较差，特别是受扩散控制的反应过程与样品粒度的关系更大。但粒度过小可能破坏晶格或分解。

② 样品用量多，测量灵敏度高，结果的偶然误差也减少；样品用量少，可使各处的样品基本上处于相同的温度和气氛条件下，均一性较好。

③ 为了改善样品的导热性、透气性，防止样品烧结，有时在样品中加入参比物或其他热稳定材料作稀释剂。

四、差示扫描量热分析技术

在差热分析测量试样的过程中，当试样产生热效应（熔化、分解、相变等）时，由于试样内的热传导，试样的实际温度已不是程序所控制的温度（如在升温时）。由于试样的吸热或放热，促使温度升高或降低，因而进行试样热量的定量测定是困难的。要获得较准确的热效应，可采用差示扫描量热法（differential scanning clorimetry，简称DSC）。

1. DSC的基本原理

DSC是在程序控制温度下，测量输给物质和参比物的功率差与温度关系的一种技术。

经典DTA常用一金属块作为样品保持器以确保样品和参比物处于相同的加热条件下。而DSC的主要特点是试样和参比物分别各有独立的加热元件和测温元件，并由两个系统进行监控。其中一个用于控制升温速率，另一个用于补偿试样和惰性参比物之间的温差。图2-5-8显示了DTA和DSC加热部分的不同，图2-5-9为常见DSC的原理示意图。

试样在加热过程中由于热效应与参比物之间出现温差ΔT时，通过差热放大电路和差动

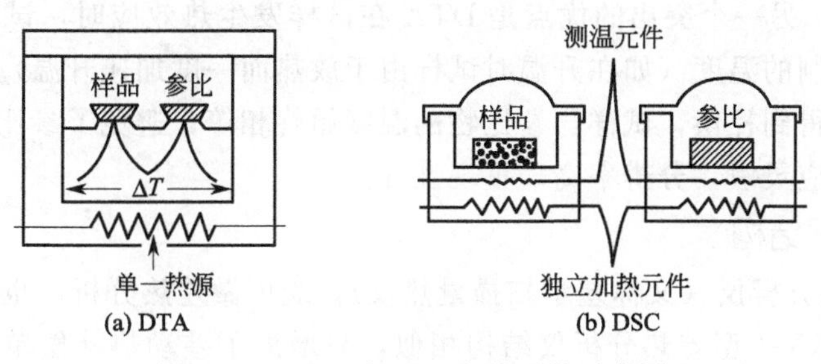

图 2-5-8　DTA 和 DSC 加热元件示意图

热量补偿放大器，使流入补偿电热丝的电流发生变化：当试样吸热时，补偿放大器使试样一边的电流立即增大；反之，当试样放热时则使参比物一边的电流增大，直到两边热量平衡，温差 ΔT 消失为止。换句话说，试样在热反应时发生的热量变化，由于及时输入电功率而得到补偿，所以实际记录的是试样和参比物下面两只电热补偿的热功率之差随时间 t 的变化 $\mathrm{d}H/\mathrm{d}t$-t 关系。如果升温速率恒定，记录的也就是热功率之差随温度 T 的变化 $\mathrm{d}H/\mathrm{d}t$-T 关系，如图 2-5-10 所示。其峰面积 S 正比于热焓的变化：

$$\Delta H_{\mathrm{m}}=KS$$

式中，K 为与温度无关的仪器常数。

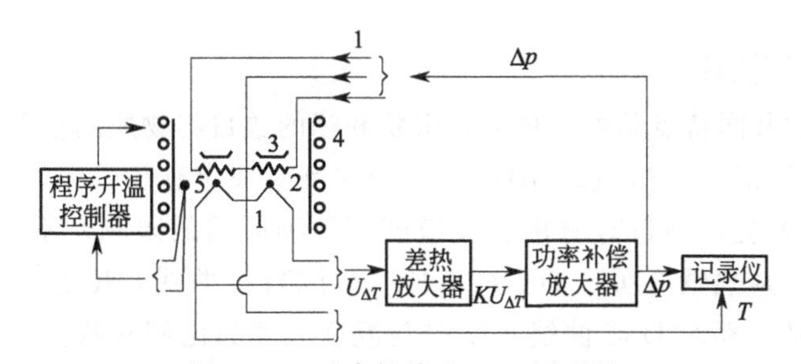

图 2-5-9　功率补偿式 DSC 原理图

1—温差热电偶；2—补偿电热丝；3—坩埚；4—电炉；5—控温热电偶

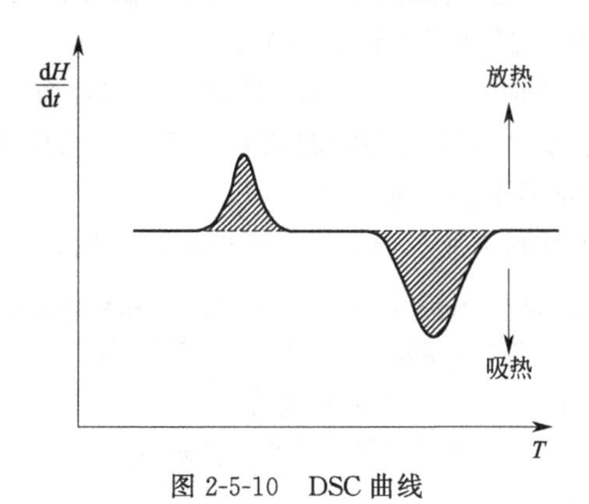

图 2-5-10　DSC 曲线

如果事先用已知相变热的试样标定仪器常数，再根据待测样品的峰面积，就可得到 ΔH 的绝对值。仪器常数的标定，可利用测定锡、铅、铟等纯金属的熔化，从其熔化热的文献值即可得到仪器常数。

因此，用差示扫描量热法可以直接测量热量，这是与差热分析的一个重要区别。此外，

DSC与DTA相比，另一个突出的优点是DTA在试样发生热效应时，试样的实际温度已不是程序升温时所控制的温度（如在升温时试样由于放热而一度加速升温）。而DSC由于试样的热量变化随时可得到补偿，试样与参比物的温度始终相等，避免了参比物与试样之间的热传递，故仪器的反应灵敏，分辨率高，重现性好。

2. DSC的仪器结构

CDR型差动热分析仪（又称差示扫描量热仪），既可做差热分析，也可做差示扫描量热分析。其结构与CRY-1型差热分析仪结构相似，只增加了差动热补偿单元，其余装置皆相同。其仪器的操作也与CRY-1型差热分析仪基本一样，但需注意两点：

① 将“差动”“差热”的开关置于“差动”位置时，微伏放大器量程开关置于±100μV处（不论热量补偿的量程选择在哪一挡，在差动测量操作时，微伏放大器的量程开关都放在±100μV挡）。

② 将热补偿放大单元量程开关放在适当位置。如果无法估计确切的量程，则可放在量程较大位置，先预做一次。

不论是差热分析仪还是差示扫描量热仪，使用时首先确定测量温度，选择坩埚：500℃以下用铝坩埚；500℃以上用氧化铝坩埚，还可根据需要选择镍、铂等坩埚。

注意：被测量的样品若在升温过程中能产生大量气体，或能引起爆炸，或具有腐蚀性的都不能用。

3. DTA和DSC应用

DTA和DSC的共同特点是峰的位置、形状和峰的数目与物质的性质有关，故可以定性地用来鉴定物质；从原则上讲，物质的所有转变和反应都应有热效应，因而可以采用DTA和DSC检测这些热效应，不过有时由于灵敏度等种种原因的限制，不一定都能观测得出；而峰面积的大小与反应热焓有关，即$\Delta H=KS$。对DTA曲线，K是与温度、仪器和操作条件有关的比例常数。而对DSC曲线，K是与温度无关的比例常数。这说明在定量分析中DSC优于DTA。为了提高灵敏度，DSC所用样品容器与电热丝紧密接触。但由于制造技术上的问题，目前DSC仪测定温度只能达到750℃左右，温度再高，只能用DTA了。DTA则一般可用到1600℃的高温，最高可达到2400℃。

近年来热分析技术已广泛应用于石油产品、高聚物、配合物、液晶、生物体系、医药等有机和无机化合物，它们已成为研究有关问题的有力工具。但从DSC得到的实验数据比从DTA得到的更为定量，并更易于作理论解释。

DTA和DSC在化学领域和工业上得到了广泛的应用，见表2-5-1和表2-5-2。

表2-5-1 DTA和DSC在化学领域中特殊的应用

材料	研究类型	材料	研究类型
催化剂 聚合材料 脂和油 润滑油 配位化合物 碳水化合物 氨基酸和蛋白质 金属盐水化合物 金属和非金属化合物 煤和褐煤 木材和有关物质	相组成,分解反应,催化剂鉴定 相图,玻璃化转变,降解,熔化和结晶 固相反应 脱水反应 辐射损伤 催化剂 吸附热 反应热 聚合热 升华热	天然产物 有机物 黏土和矿物 金和合金 铁磁性材料 土壤 液晶材料 生物材料	转变热 脱溶剂化反应 脱溶剂化反应 固-气反应 居里点测定 转化热 纯度测定 热稳定性 氧化稳定性 玻璃转变测定

表 2-5-2　DTA 和 DSC 在某些工业中的应用

测定或估计	陶瓷	陶瓷冶金	化学	弹性体	爆炸物	法医化学	燃料	玻璃	油墨	金属	油漆	药物	黄磷	塑料	石油	肥皂	土壤	织物	矿物
鉴定	√		√	√	√	√	√		√	√		√	√	√	√	√	√	√	√
组分定量	√	√	√	√		√			√	√		√	√	√	√	√	√	√	√
相图	√	√	√					√		√			√	√	√	√			√
热稳定			√	√	√		√		√		√	√	√	√	√	√		√	√
氧化稳定			√	√	√		√		√	√	√	√	√	√	√	√		√	
反应性		√	√					√		√	√	√	√	√	√	√			√
催化活性	√	√	√				√	√		√									√
热化学常数	√	√	√	√	√	√	√	√	√	√	√	√	√	√	√	√	√	√	√

注：画钩者表示 DTA 或 DSC 可用于该测定。

五、热重分析技术

热重分析法（thermogravimetric analysis，简称 TG）是在程序控制温度下，测量物质质量与温度关系的一种技术。许多物质在加热过程中常伴随质量的变化，这种变化过程有助于研究晶体性质的变化，如熔化、蒸发、升华和吸附等物质的物理现象；也有助于研究物质的脱水、解离、氧化、还原等化学现象。

1. TG 的基本原理与仪器

进行热重分析的基本仪器为热天平。热天平一般包括天平、炉子、程序控温系统、记录系统等部分。有的热天平还配有通入气氛或真空装置。典型的热天平示意图如图 2-5-11。除热天平外，还有弹簧秤。国内已有 TG 和 DTG 联用的示差天平。

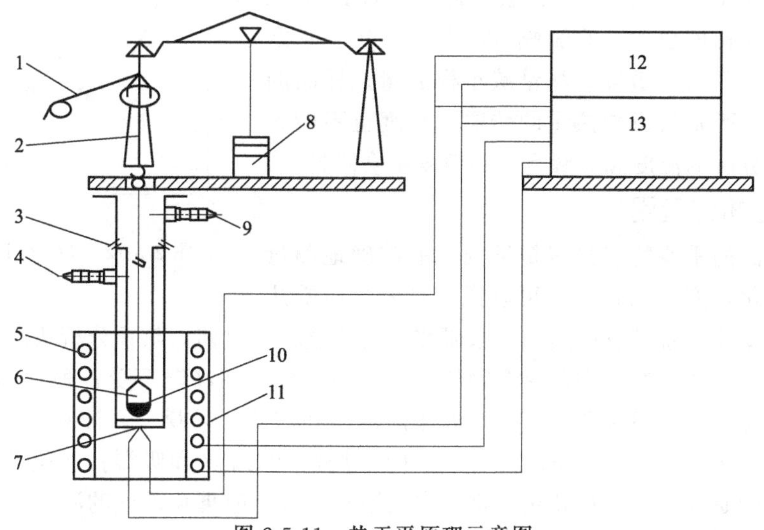

图 2-5-11　热天平原理示意图

1—机械减码；2—吊挂系统；3—密封管；4—出气口；5—加热丝；6—样品盘；7—热电偶；8—光学读数；9—进气口；10—样品；11—管状电阻炉；12—温度读数表头；13—温控加热单元

热重分析法通常可分为两大类：静态法和动态法。静态法是等压质量变化的测定，是指一物质的挥发性产物在恒定分压下，物质平衡与温度 T 的函数关系。以失重为纵坐标，温度 T 为横坐标作等压质量变化曲线图。等温质量变化的测定是指一物质在恒温下，物质质量变化与时间 t 的依赖关系，以质量变化为纵坐标，以时间为横坐标，获得等温质量变化曲线图。动态法是在程序升温的情况下，测量物质质量的变化对时间的函数关系。

在控制温度下，样品受热后重量减轻，天平（或弹簧秤）向上移动，使变压器内磁场移动，输电功能改变；另一方面加热电炉温度缓慢升高时热电偶所产生的电位差输入温度控制器，经放大后由信号接收系统绘出 TG 热分析图谱。

热重法实验得到的曲线称为热重曲线（TG 曲线），如图 2-5-12 曲线 a 所示。TG 曲线以质量作纵坐标，从上向下表示质量减少；以温度（或时间）作横坐标，自左至右表示温度（或时间）增加。

从热重法可派生出微商热重法（DTG），它是 TG 曲线对温度（或时间）的一阶导数。以物质的质量变化速率 $\mathrm{d}m/\mathrm{d}t$ 对温度 T（或时间 t）作图，即得 DTG 曲线，如图 2-5-12 曲线 b 所示。DTG 曲线上的峰代替 TG 曲线上的阶梯，峰面积正比于试样质量。DTG 曲线可以微分 TG 曲线得到，也可以用适当的仪器直接测得，DTG 曲线比 TG 曲线优越性大，它提高了 TG 曲线的分辨力。

2. 影响热重分析的因素

热重分析的实验结果受到许多因素的影响，基本可分二类：一是仪器因素，包括升温速率、炉内气氛、炉子的几何形状、坩埚的材料等；二是样品因素，包括样品的质量、粒度、装样的紧密程度、样品的导热性等。

在 TGA 的测定中，升温速率增大会使样品分解温度明显升高。如升温太快，试样来不及达到平衡，会使反应各阶段分不开。合适的升温速率为 5～10℃ · min^{-1}。

样品在升温过程中，往往会有吸热或放热现象，这样使温度偏离线性程序升温，从而改变了 TG 曲线位置。样品量越大，这种影响越大。对于受热产生气体的样品，样品量越大，气体越不易扩散。再则，样品量大时，样品内温度梯度也大，将影响 TG 曲线位置。总之实验时应根据天平的灵敏度，尽量减小样品量。样品的粒度不能太大，否则将影响热量的传递；粒度也不能太小，否则开始分解的温度和分解完毕的温度都会降低。

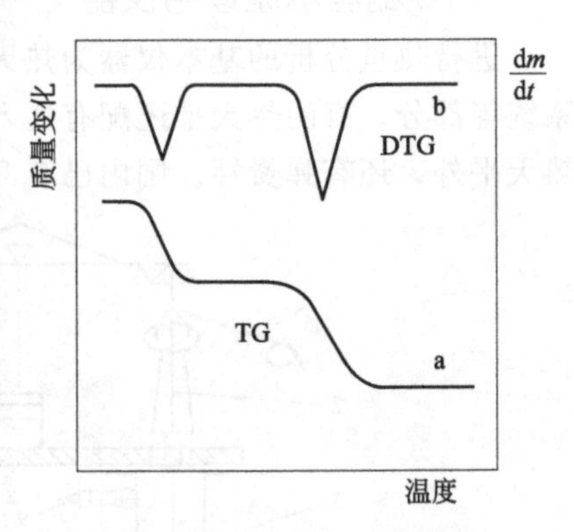

图 2-5-12 TG 及 DTG 曲线

3. 热重分析的应用

热重分析法的重要特点是定量性强，能准确地测量物质的质量变化及变化的速率，可以说，只要物质受热时发生重量的变化，就可以用热重法来研究其变化过程。目前，热重分析法已在下述诸方面得到应用：①无机物、有机物及聚合物的热分解；②金属在高温下受各种气体的腐蚀过程；③固态反应；④矿物的煅烧和冶炼；⑤液体的蒸馏和汽化；⑥煤、石油和木材的热解过程；⑦含湿量、挥发物及灰分含量的测定；⑧升华过程；⑨脱水和吸湿；⑩爆炸材料的研究；⑪反应动力学的研究；⑫发现新化合物；⑬吸附和解吸；⑭催化活度的测定；⑮表面积的测定；⑯氧化稳定性和还原稳定性的研究；⑰反应机制的研究。

第六章 表面及胶体实验技术

两相之间的接触面称为界面。“表面”原指一物质对真空或与其自身的蒸气相接触的面，在胶体科学中，两相中有一相为气相的界面则可称表面。气-固相界面称为固体表面，气-液相界面称为液体表面。胶体所研究的体系有着巨大的界面或表面，通常以单位质量或单位体积物质的表面积来衡量该物质的分散程度。

表面化学与胶体化学密切相关，虽然表面化学源出于胶体化学，但胶体化学的重要研究课题绝大部分是表面化学的问题。表面化学和胶体化学的研究范围很广，既研究平衡性质，也研究动力学性质，还研究结构性质，所以研究的方法也很多。

一般地，表面化学实验主要研究这样一些体系的性质：固-固界面体系；液-气界面体系；液-液界面体系及固-液-气多界面体系。通过对这些体系的研究可获得诸如吸附平衡常数、最大吸附量、比表面积、表面张力、双电层结构性质及ζ电位等数据。这些数据对工农业生产及表面化学的理论研究具有重要的指导意义。胶体化学实验主要研究分散体系的性质，如对憎液溶胶、泡沫和乳液等的稳定性进行研究，分散体系黏度的研究等。本章仅对表面及胶体化学简单的实验技术加以总结及归纳。

一、表面体系的吸附

1. 固-气表面的吸附

在固-气表面体系中，在两相界面上会产生吸附现象，其吸附量即单位质量的固体所吸附的气体的量，是气体温度、压力以及气体和固体性质的函数，即：

吸附量 $\Gamma=f(T、p、气体、固体)$

固-气吸附在一定温度下达到平衡时，吸附量与压力的关系可用等温吸附线描述，也可用等温方程式来描述。在表面化学理论中有 3 个基本的吸附等温方程式：

Freundlich 经验式：

$$\Gamma=\frac{x}{m}=kc^{n}$$

Langmuir 公式：

$$\Gamma=\Gamma_{\infty}\frac{kc}{1+kc}$$

BET 公式：

$$\frac{p}{V(p_{s}-p)}=\frac{1}{V_{m}c}+\frac{(c-1)p}{V_{m}cp_{s}}$$

式中所有参数的物理意义及求法可通过实验数据及图解法和数学解析法求得（详见物理化学理论课教材有关部分）。

上述 3 个方程式，严格来说只适用于中等压力范围，即比压（吸附质压力与其饱和蒸气压之比值）约在 0.05～0.35，在该压力范围内，采用 BET 公式进行实验测量吸附量等相关表面物理量是一种通用的标准方法。但用此公式测量固体比表面的误差仍达 5%～10%，而且重现性不好，主要是因为表面状态情况极为复杂，而公式推导时往往把这些复杂情况加以简化（或理想化），这是表面化学和胶体化学实验的一个重要特点。

物理化学实验中气固吸附量的测量中，氮气因其易获得性和良好的可逆吸附特性，成为最常用的吸附质。通过这种方法测定的固体比表面积称为“等效”比表面积。所谓“等效”的概念是指：样品的比表面积是通过其表面密排包覆（吸附）的氮气分子数量和分子最大横截面积来表征的。实际测定出氮气分子在样品表面平衡饱和吸附量（V），通过不同理论模型计算出单层饱和吸附量（V_{m}），进而得出分子个数，采用表面密排六方模型计算出氮气分子等效最大横截面积（A_{m}），即可求出被测样品的比表面积。由此可见准确测定样品表面单层饱和吸附量 V_{m} 是比表面积测定的关键。

物理化学实验中气固吸附量的测量方法有静态法和动态法。容量法和重量法为静态法，气相色谱法为动态法。

(1) 容量法

容量法是直接测量进入吸附系统气体的总体积和吸附平衡后残留在系统的死空间（管道及样品管空间）的气体体积。然后，根据两体积之差求算吸附量。

(2) 重量法

重量法是测量固体吸附剂在吸附气体前后的重量变化来求得吸附量。

(3) 色谱法

色谱法基本流程如图 2-6-1 所示。应用色谱法测量固体吸附剂在一定温度和压力条件下吸附气体的吸附量时，固体吸附剂作为固定相，装在样品管中，相当于色谱分离柱的作用。用一不被固体吸附剂吸附的气体作为载气，携带作为吸附质的氮气。测量时，氮气在一定的分压力（p_i）下流过色谱鉴定器（热导池）的一边，被带入至低温（液氮温度）的样品管，供固体吸附剂吸附。样品管末端接色谱鉴定器的另一边。

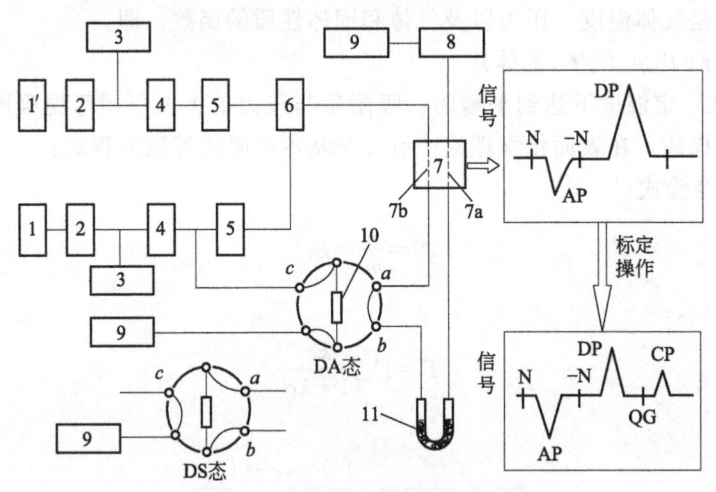

图 2-6-1 色谱法吸附测量装置示意图

1—载气源；1′—实验吸附气体；2—气体稳压装置；3—压力计；4—气体净化器；5—流量计；6—混合阀；7—热导池；7a—测量边；7b—参考边；8—皂膜流量计；9—放空；10—六通平面阀定容管；11—样品管及样品；N—此处样品管套上液氮瓶；−N—此处样品管移走液氮瓶；QG—加入定量吸附气体；AP—吸附峰；DP—脱附峰；CP—标定峰；DA 态—吸附测量时六通阀的通路状态；DS 态—标定时六通阀的通路状态

氮气（被载气携带）如果被固体吸附时，则在色谱流出曲线上会出现吸附峰；如果升高温度，被吸附的气体脱附，从而导致热导率变化，则在色谱流出曲线上会出现脱附峰。不同吸附压力（p_i）的条件下，固体吸附气体的吸附量不同，因而色谱流出曲线也不相同。吸附量大小与色谱流出曲线的脱附峰面积有关。由峰面积求算吸附量有两种方法，即直接标定法和仪器常数法。

直接对比法是利用连续流动色谱法来测定吸附气体量，测定过程中需要选用标准样品（经严格标定比表面积的稳定物质），并联到与被测样品完全相同的测试气路中，通过与被测样品同时进行吸附，分别进行脱附，测定出各自的脱附峰。在相同的吸附和脱附条件下，被测样品和标准样品的比表面积正比于其峰面积大小。

采用直接标定法求吸附量时，在色谱鉴定器及记录器的电路参数不变的情况下，峰面积不仅与脱附气的量有关，而且还和载气流速、载气成分、进样方式有关。所以，在每出一个吸附峰后都必须在相同的条件下，通过连接在六通平面阀上的定量管取得一定量的吸附气体，住吸附系统中加进去，从而在色谱流出曲线上得到标定峰。标定峰的面积要尽量和未知的脱附峰的面积相近。根据峰面积求算吸附量的公式为：

$$V=\frac{S}{S_r}V_r$$

式中，S 为待测样品的脱附峰面积；S_r 为标定峰面积；V_r 为标定时所用的标准条件下（0℃，101325Pa）的吸附气体量（以体积表示）。按此公式则可根据不同吸附压力条件下的色谱流出曲线的脱附峰面积求得不同吸附平衡压力下的吸附量，从而求得吸附等温线。ST-2000B 型比表面及孔径测定仪的测定原理即基于直接标定法。

2. 固-液界面吸附量的测量

固-液界面上也会产生吸附现象，如固体会从溶液中吸附溶质，电极表面也会从电解质溶液中吸附离子。吸附量的测量是将定量的吸附剂与定量的已知浓度的溶液在恒温下充分摇匀，使之达到吸附平衡，然后测量溶液浓度，从浓度的变化即可计算出吸附量，即

$$\Gamma=\frac{x}{m}=\frac{V(c_0-c_{平})}{m}$$

式中，x 为吸附溶质的物质的量；m 为吸附剂的质量；V 为溶液的体积；c_0，$c_{平}$ 分别为吸附前和吸附达到平衡后的溶液的浓度。

这种计算只是近似的，它已假设溶剂未被吸附（实际上溶剂会被吸附），因此 Γ 只能称为表观吸附量。

对于稀溶液或浓度不太高的电解质溶液，可通过不同浓度下的吸附量 Γ，给出类似于固-气体系的吸附等温线，然后，按 Freundlich 和 Langmuir 公式处理数据，求得相应的吸附常数和吸附剂的比表面。

二、表面体系的表面张力

1. 液体表面的表面能与表面张力

液体表面分子在外侧方向没有其他分子的作用，因而液体表面分子比内部分子具有更高的平均位能，故液体有尽量缩小表面积的倾向。让液体增大单位面积时要由外界对液体做功，其所需要的能量称为液体的表面能或表面自由能。例如，质量为 1g 的球形水珠表面积有 $4.85cm^2$，其表面能可达 3.4×10^{-7}J，这个数值可以忽略不计。若将它粉碎成半径为 1×10^{-9}m 的小质粒，其总面积可达 $3\times10^3m^2$，总表面能将大于 200J。

液体的潜在表面能可被用于做功。图 2-6-2 的斜线部分表示一个肥皂膜，它的自发收缩能拉起一定质量的物体，这是表面自由能作用的结果。

液体表面积的缩小将使其达到尽可能低的位能状态，所以自由小液滴常呈球形。

从热力学观点来看，液体表面缩小是一个自发过程，这是使体系总自由能减小的过程，欲使液体产生新的表面 ΔA，就需对其做功，其大小应与 ΔA 成正比：

$$-W'=\sigma\cdot\Delta A$$

如果 ΔA 为 $1m^2$，则 $-W'=\sigma$ 是在恒温恒压下形成 $1m^2$ 新表面所需的可逆功，所以 σ 称为比表面吉布斯自由能，其单位为 $J\cdot m^{-2}$。也可将 σ 看作为作用在界面上每单位长度边缘上的力，称为表面张力，其单位是 $N\cdot m^{-1}$。

2. 表面张力的测量方法

液体的表面张力 σ 是个强度因子，是物质的重要特性之一，在恒温恒压的条件下有一定的数值。测定液体的表面张力 σ 的方法不少，在科研和教学上常采用的有如下几种：

（1）毛细管上升法

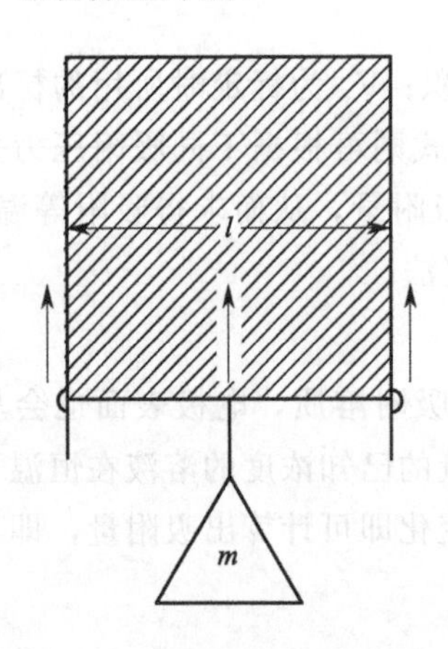

图 2-6-2 表面张力的宏观表示

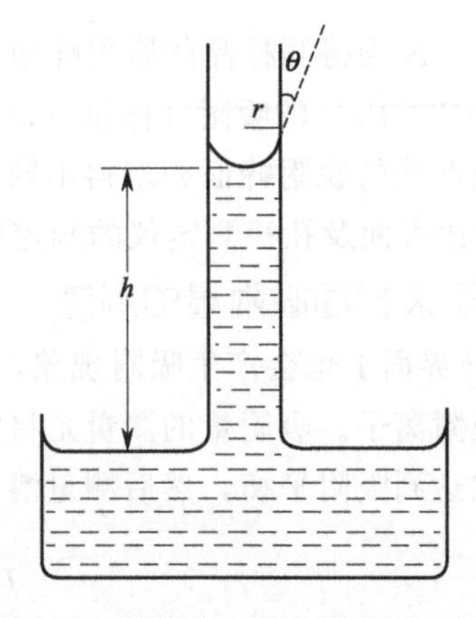

图 2-6-3 毛细管上升法测定表面张力

图 2-6-3 为毛细管上升现象示意图。当玻璃毛细管插入能对玻璃湿润的液体时，这个弯月面受到一个大小为 $2\pi r\sigma\cos\theta$ 的附加负压力的作用，液面呈凹形，毛细管内液面上升。上升高度恰使液柱的重量 $\pi r^2 h\rho g$ 与该附加压力相等，所以达到平衡时，

$$\sigma=\rho ghr/(2\cos\theta)$$

式中，ρ 为液体密度；g 为重力加速度；h 为液面上升高度；r 为毛细管内半径；θ 为接触角，如液体润湿性良好，$\theta=0$，如 $\theta\neq 0$，则由于 θ 不易测准而将影响测定结果。但该法的设备简单，数据精确，所以应用较多。液面上升高度可用测高仪精确读出。所用毛细管内径以 0.2～0.3mm 为宜。为获得正确结果，毛细管粗细应该均匀。可选取笔直的玻璃毛细管一支，由一端吸入少量水银，使其在管中占据长度约为 2～3cm。用经过改装的读数显微镜精确测量水银长度，采用鼓气的方法，细心移动水银的位置，再逐段测定水银在毛细管中的长度。若水银长度不变，即毛细管内径均匀。倒出水银称重，可求出毛细管半径大小。

毛细管上升法精确度很高（精确度可达 0.05%）。但此法的缺点是对样品润湿性要求极严。

（2）最大泡压法

最大泡压法的实验装置简单，操作方便，更重要的是该方法不必测定接触角 θ 和液体密度 ρ。具体介绍可参考实验 25 溶液表面张力的测定——最大泡压法。

（3）滴重或滴体积法

滴重法是液体表面张力测定法之一，如图 2-6-4 所示。转动三通活塞，将针筒抽气，可使毛细管吸取待测液体，过刻度少许，再转动三通，使预先接好的毛细管与滴液管相通，液滴慢慢滴下，至刻度时记录滴完一定体积的滴数 n。如已知液体总质量，则可求得最大液滴质量 m。当液体从垂直放置的毛细玻璃管端极缓慢地流出时，悬挂在端口的液滴逐步长大到滴落前的瞬间，液滴重量与表面张力 σ 相平衡，即 $\sigma=FV\rho g/r$。

式中，V 为每滴液滴体积；g 是重力加速度；r 是玻璃管外半径，测定 m 和 r 后，即可算得表面张力；F 为校正因子（因为在实际工作中，最大液滴未全部掉下，故可引入校正

因子 F，F 是半径 r 和液滴体积 V 的函数)。

本实验也可用纯水作为基准物质，若液体容量为 5.00mL。先吸取蒸馏水，将其放垂直，由刻度开始计算水滴数目 $n_{水}$，然后同样可测得未知液体的滴数 $n_{未}$。再用比重计求得未知液体的密度 $\rho_{未}$，则未知液的表面张力为：

$$\sigma_{未}=\sigma_{水}\rho_{水}n_{水}/(n_{未}\rho_{未})$$

滴重法设备简单，操作方便，准确度高，同时易于温度的控制，已在很多科研工作中开始应用，但对毛细管要求较严，要求下口平整、光滑、无破口。

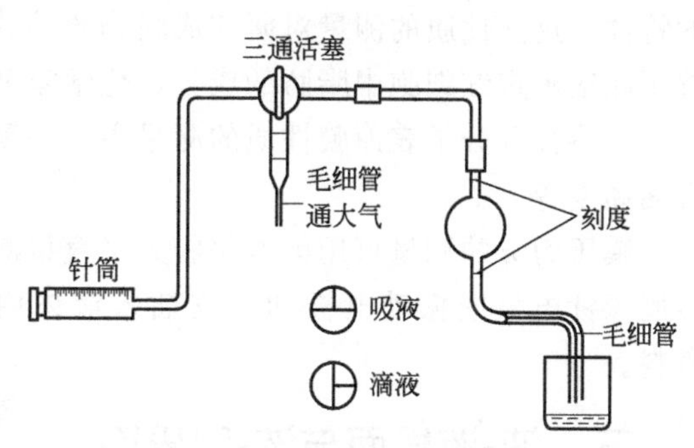

图 2-6-4　滴重法测定表面张力

(4) 其他方法

拉脱法测定表面张力的基本原理是，测量一个已知周长的金属圆环（或金属片）从待测液体表面脱离时所需要的力，从而求得该液体的表面张力。拉脱法表面张力仪主要分为吊环法和吊片法两种，仪器有 Sigma 703 数字表面张力仪、JYW-200 全自动界面张力仪等多种仪器。液滴外形法是将液体滴在平面上，由于表面张力的作用会趋向于成球体，当液滴处于平衡状态后，将其投影并结合照相术可得到液滴的几何图形。它的各轴向的几何尺寸与液体表面张力及密度有关。用拉普拉斯公式与液滴密度及其几何尺寸可建立起相界面的方程式，经过计算后可得该液体的表面张力。液滴外形法常用来测定熔融金属以及界面张力低于 $10^{-4}N\cdot m^{-1}$ 体系的表面张力。振动射流法主要用于测定新生成表面的表面张力，即动态表面张力。

3. 溶液表面张力与表面活性物质

溶液由溶剂与溶质组成，在恒温恒压的条件下，溶液的表面张力随着本体浓度的变化而变化。图 2-6-5 为水溶液中三种类型的表面张力的等温线。多数无机盐水溶液属于第 1 类型，这类溶质称为非表面活性物质。曲线 2 中表面张力随着浓度的增加而逐渐降低，这类溶质称为表面活性物质。低于 8 个碳原子的有机醇、酸、醛、酮、酯等物质属于此类。肥皂、油酸钠和洗涤剂等物质溶解在水中，其表面张力随着浓度的增加而急剧降低，且会出现一个最低值，如曲线 3，这类表面活性物质被称为表面活性剂，其应用十分广泛。

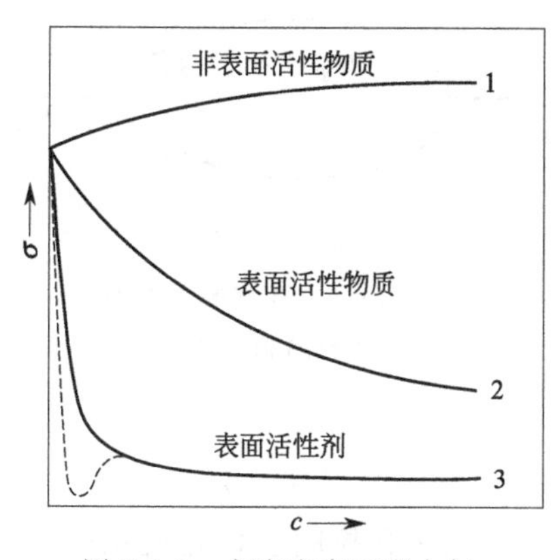

图 2-6-5　水溶液表面张力与溶质浓度的典型关系

表面活性物质溶于水中皆能降低水的表面张力，吉布斯用热力学方法导出了公式：

$$\Gamma=-\frac{c}{RT}\left(\frac{d\sigma}{dc}\right)_T$$

上式的具体含义及测定方法可参见实验 25 溶液表面张力的测定——最大泡压法。显然，随着溶质浓度的增大，溶液表面张力降低，表面上产生正吸附。一旦溶液表面完全被活性物质所占据，就将在溶液中形成胶束。其性质及临界胶束浓度的测定，见实验 32 电导法测定水溶性表面活性剂的临界胶束浓度。上式只适用于非离子型的表面活性物质。对于在溶液中离解出正、负离子的表面活性剂则应取：

$$\Gamma=\frac{c}{RT}\left(-\frac{\partial\sigma}{\partial\ln c}\right)_T$$

4. 单分子表面膜

许多不溶性物质在水的表面铺展而形成单分子层的膜。各种物质的单分子膜都有其固有的特性。这些性质的测量对研究成膜物质的分子在表面的聚结状态和结构有帮助。生物学家曾用此法确定红细胞中脂肪的成分，化学家利用它作为确定分子结构的辅助方法。

不溶性单分子表面膜性质的测量主要是测量单分子膜的膜压力 π，表面膜的表面电势和表面黏度等。

膜压力 π 的测量可用朗谬尔膜天平直接测量。表面电势可借助一支置于表面附近特殊的金属探针电极或振动电极和一支插入液体内部的电极来进行测量。详细方法可参阅有关资料。

三、液-液界面与液-固界面

1. 界面张力

两种互不相溶的液体相互接触时，存在液-液界面。如把一滴油滴在水的表面上时，油滴可能在水面上铺展成单分子层，或均匀分布在水面上形成有一定厚度的双面膜，还可能形成如图 2-6-6 所示的一个凸透镜状液滴。当油滴稳定时，各张力的合力达到平衡。

$$\sigma_{乙}=\sigma_{甲}\cos\theta_{甲}+\sigma_{甲-乙}\cos\theta_{甲-乙}$$

实际上，可以从表面自由能的变化来说明铺展的情况。在液滴铺展时，$\sigma_{乙}$ 消失，同时产生 $\sigma_{甲}$ 和 $\sigma_{甲-乙}$，该过程中表面自由能的降低称为铺展系数 S：

$$S_{甲-乙}=\sigma_{乙}-(\sigma_{甲}+\sigma_{甲-乙})$$

$S_{甲-乙}\geqslant 0$ 时，液体铺展；$S_{甲-乙}<0$ 时液体不铺展。所谓铺展就是两液体的黏附功大于液体的内聚功。“轻水”灭火剂就是使 $S_{水-油}>0$，这样水能铺展于油层之上，形成水膜，达到灭火的目的。

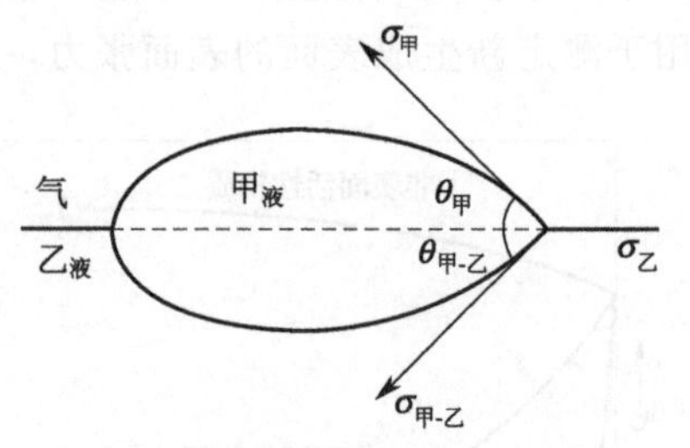

图 2-6-6　在水面上不铺展的油滴示意图

当 $S=0$ 时，

$$\sigma_{甲-乙}=\sigma_{甲}-\sigma_{乙}$$

在一定情况下，分别测定甲、乙两液体的表面张力，可以估算其界面张力。

液-液界面张力的测定，其方法与测定表面张力相似，滴重法和拉脱法仍是使用较多的方法。但操作略有不同。滴重法操作是将毛细管吸入密度大的液体，然后伸入密度小的液体内，再进行计数滴落的液珠。用拉脱法时，环必须为下层液体所湿润。如苯-水界面可用铂环，因为水为下层，水能润湿环。水-四氯化碳体系则必须使用憎水的环。测定时，先将环的平面恰好置于液-液界面，然后向下压或向上拉，由力的大小可计算界面张力。不过下压与上拉结果常有差异，这可能与界面结构或上、下层液体与环的接触角不同有关。

2. 润湿方程与接触角

液体能在固体表面铺展，即为润湿。杨（Young）用力学方法提出了一个润湿方程：

$$\sigma_{固}=\sigma_{液-固}+\sigma_{液}\cos\theta$$

式中，θ 为液-固接触角。由于固体表面会吸附一层液体的薄膜，固体的表面张力变成 $\sigma'_{固}$，铺展系数 $S_{液\text{-}固}$ 成为 $S'_{液\text{-}固}$：最后可得到：

$$S'_{液\text{-}固}=\sigma_{液}(\cos\theta-1)$$

与液-液界面不同，$S'_{液\text{-}固}$ 不可能大于0；$S'_{液\text{-}固}=0$ 可铺展；$S'_{液\text{-}固}<0$ 时不铺展。

3. 接触角的测量

在气、液、固三相交界处，气-液界面与固-液界面之间的夹角被称为接触角，它实际上是液体表面张力与液固界面张力之间的夹角。接触角是材料表面润湿性能的重要参数之一。通过接触角的测量可以获得材料表面固-液、固-气界面相互作用的许多信息，因此，接触角的测量在材料防护、医药、半导体、化妆品、生命科学、油墨工业及其他领域都有重要应用。

接触角测量方法可以按不同的标准进行分类。按照直接测量物理量的不同，可分为量角法、测力法、长度法和透过法。按照测量时三相接触线的移动速率，可分为静态接触角、动态接触角（又分前进接触角和后退接触角）和低速动态接触角。按照测试原理又可分为静止或固定液滴法、Wilhemly 板法、捕获气泡法、毛细管上升法和斜板法。下面按直接测量物理量的不同分类，对几种常用的接触角测量方法做简单的说明。

（1）量角法

这种方法的本质是直接或间接地量取接触角的大小。它是应用最广，也是最直观、最直接的测量方法。具体的做法又有多种，主要有斜板法、摄影法、显微角法、投影法和光点反射法。

斜板法的原理是将固体板插入液体中，当板面与液面的夹角恰为接触角时，液面一直延伸至三相交界处而不会出现弯曲，如图 2-6-7 所示。实验时，将一宽约几厘米的平板固体样品板插入液体中，通过调节固体板的位置改变固体表面与液面的倾斜角，直到液面完全平坦地到达平板的表面，此时平板表面与液面之间的夹角即为接触角，这一角度可直接测量出来。

摄影法、显微角法、投影法都是利用一安装有量角器和叉丝的低倍显微镜观察液面，直接读出角度。

光点反射法的原理是利用一个点光源照射到小液滴上，并在光源处观察反射光，当入射光与液面垂直时，才能在液面看到反射光。测定时，使光点落在三相点位，并以此为中心，改变入射光角度，使之在固体表面的法平面中作圆周运动，当光线在某位置突然变亮时，入射光与固体平面法线的夹角即为接触角，此方法有较好的测量精度，可用于测定纤维的接触角，缺点是只能测定小于90°的接触角。

量角法的缺点是测量结果往往受到操作者的影响，重现性差，误差较大。

（2）测力法

该方法又叫 Wilhemly（板）法或吊片法，是 Wilhemly 于 1863 年首次提出的。其装置如图 2-6-8 所示，测试固体薄板通过金属丝连接于电子天平，当薄板未浸入液体时，薄板只受到重力作用，测力装置的读数为 F_1，当薄板深入到深度为 h 并达到平衡时测力装置读数为 F_2，显然有：

$$F_1=mg$$

$$F_2=mg+A\sigma_{l\text{-}g}\cos\theta-\Delta\rho gAh=mg+A\sigma_{l\text{-}g}\cos\theta-\Delta\rho gV$$

式中，m 为待测固体薄板质量；g 为重力加速度；A 为薄片底面积；$\sigma_{l\text{-}g}$ 为液体的表面张力；V 为薄板浸入的体积。因此，薄片浸入前后测力装置的读数差为：

$$\Delta F = F_2 - F_1 = A\sigma_{\text{l-g}}\cos\theta - \Delta\rho g A h = A\sigma_{\text{l-g}}\cos\theta - \Delta\rho g V$$

由此可以通过测量的方法，来计算出接触角。电子天平的出现使精度大大提高，已从早期的±1提高到±0.1。德国KRUSS公司生产的型号为K12的动态表面能分析仪即基于Wilhemly法原理设计制造的。

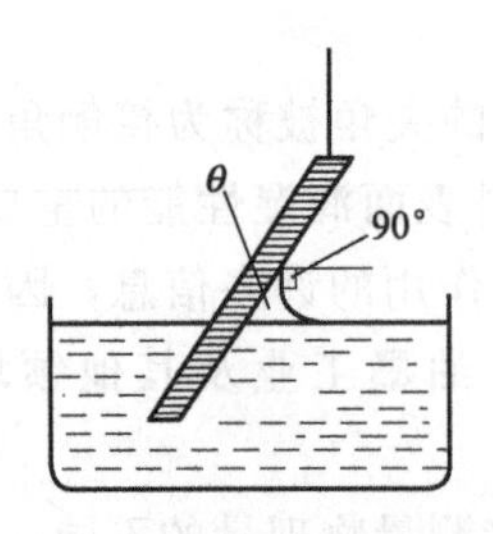

图 2-6-7 斜板法的原理示意图

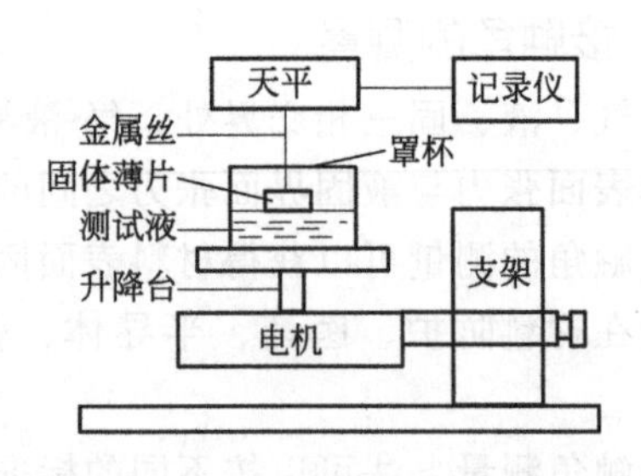

图 2-6-8 Wilhemly 吊片法装置示意图

(3) 长度法

长度法是通过测量相关的长度参数，利用接触角和这些参数的关联方程，求解出接触角，这就避免了做切线的困难。这种方法有以下三种形式：

① 小液滴法　当液滴足够小时，重力可以忽略，液滴是理想的球冠型（如图 2-6-9），测量在固体平面上小液滴的高度（h）和宽度（L），即可得到接触角：$\tan(\theta/2)=L/(2h)$。

这种方法又叫 $\theta/2$ 法。在实际操作中，对于空气中的液滴，要保证接触角的测量误差范围在±0.1°，其底面直径应该在 2～5mm。液滴的直径不能<2mm，是为了避免尺寸效应的影响。目前，美国FTA公司推出的FTA100系列产品、德国Dataphysics公司推出的OCA系列视频光学接触角测量仪以及PCA系列便携式/在线接触角测量仪、ACA系列全自动视频接触角测量仪以及SVT系列视频接触角测量仪（超低界面张力仪）均基于该原理。

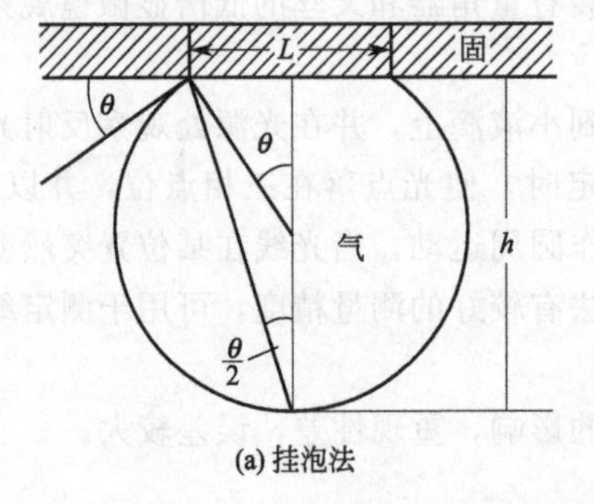

(a) 挂泡法

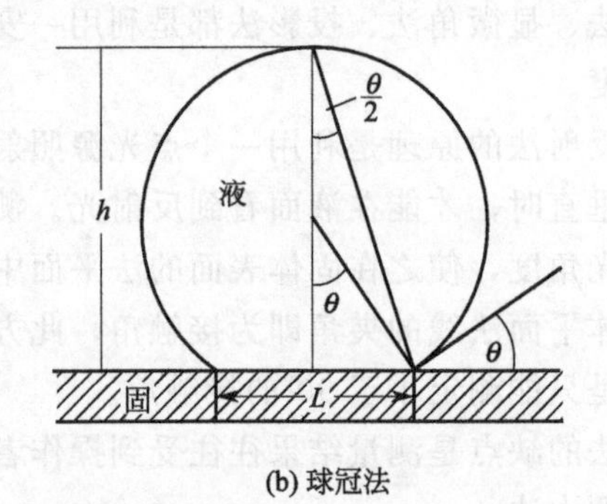

(b) 球冠法

图 2-6-9 小液滴法测接触角示意图

② 液饼法　将液体滴在平固体表面上，不断增加液体的量，起初液滴面积与高度都随之增加。到一定高度时，液滴的高度达到最大值，再增加液体则只增加液滴直径，而高度不再增加。设达到最大高度的平衡液滴是半径为 r、体积为 V 的圆形液饼。若发生微扰，其半径扩大 Δr，高度下降 Δh，如图 2-6-10 所示。接触角与液饼达平衡时的最大高度之间满足：

$$\cos\theta = 1 - \frac{\rho g h_{\text{m}}^2}{2\sigma_{\text{g-l}}}$$

式中，ρ 为液体的密度；g 为重力加速度；h_m 为最大液饼高度；$\sigma_{g\text{-}l}$ 为液体的表面张力。因此，在已知液体的密度 ρ 及表面张力 $\sigma_{g\text{-}l}$ 的前提下，只需实验测出液饼最大高度 h_m，即可计算出接触角的值。但需注意，该方法只有在液滴半径 r 比最大高度 h_m 大很多，并达到平衡时方可使用。

③ 垂片法　将待测薄板竖直插入到液体中，由于毛细作用，液体会沿着薄板上升，如图 2-6-11 所示。液体沿薄片上升的高度 h 与接触角 θ 之间的关系如下：

$$\sin\theta=1-\frac{\rho h^2}{2\sigma_{g\text{-}l}}$$

式中，ρ 为液体的密度；$\sigma_{g\text{-}l}$ 为液体的表面张力；h 为弯月液面上升的高度。这种方法的精度≤0.1°。

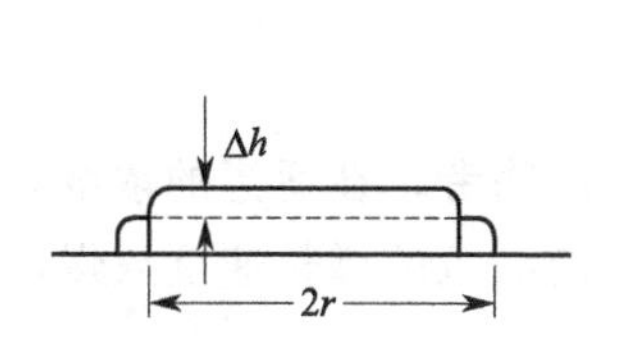

图 2-6-10　液饼法测接触角示意图

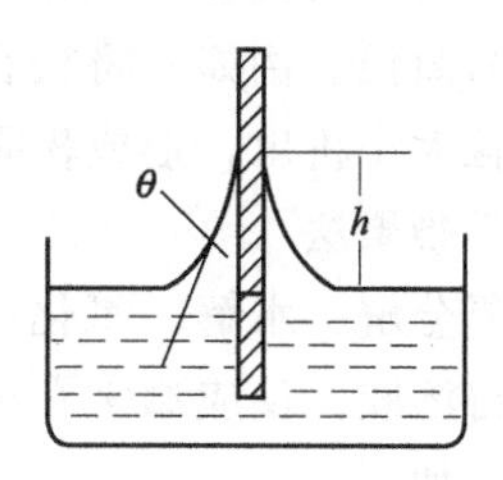

图 2-6-11　垂片法测接触角示意图

长度法由于不需要做切线，测量结果受操作者的影响比量角法小。但长度法在推导接触角与长度参数的关联方程时，往往有一些假设条件。实际测量中又不能完全满足这些条件，如液滴的体积不是非常小，重力的影响不能忽略，液滴不是球形的一部分，或液滴在粗糙表面、多相表面的接触角并不是轴对称等，此时用长度法测量接触角就会给测量结果带来误差。

(4) 透过法

前面介绍的方法一般都只适合平的固体表面，而实际中也会遇到许多有关粉末的润湿问题，常需要测定液体对固体粉末的接触角，透过测量法可以满足这样的要求。它的基本原理是：在装有粉末的管中，固体粒子的空隙相当于一束毛细管，当将该管垂直置于对该固体粉末润湿的液体中，则会产生毛细作用。由于毛细作用取决于液体的表面张力和对固体的接触角，液体在管中上升的最大高度 h 由下式决定：

$$h=\frac{2\sigma_{g-1}\cos\theta}{\rho g r}$$

式中，r 为粉末柱的等效毛细管半径。

通过实验测定液体在管中上升的最大高度 h 及粉末柱的等效毛细管半径即可计算接触角 θ。透过法又可分为透过高度法和透过速度法。

四、溶胶的制备与纯化

一个稳定的胶体体系，须具有动力稳定性和聚集稳定性。动力稳定性决定于分散颗粒的布朗（Brown）运动以抵抗重力和离心力之作用；聚集稳定性决定于体系保持其胶粒分散度的能力，它主要归结于胶粒上所具有的相同电荷，以及溶剂化薄膜。

亲液胶体指分散相和分散介质之间有很好亲和能力的体系，两相间无明显界面稳定体系，无须用特殊方法来制备。憎液胶体的分散相和分散介质之间有明显界面稳定体系。属于热力学不稳定体系。

憎液胶体的制备，除应使分散相以 10^{-9}～10^{-6}m 的胶粒分散于介质中外，通常还可添加适当稳定剂以提高体系的稳定性。其具体方法如下：

1. 凝聚法制备溶胶

由构成分散相物质的分子或离子聚集而成胶体粒子的方法称为凝聚法。它可以获得高分散性的溶胶。小分子溶液用凝聚法（小变大），包括物理凝聚法和化学反应凝聚法制备成溶胶。

（1）物理凝聚法

该方法利用了物质在不同溶剂中溶解度相差悬殊的性质，迅速生成大量晶核，制成溶胶。制作极为简便。例如，将松香的乙醇溶液加入到水中，由于松香在水中的溶度低，则松香以溶胶颗粒大小析出，形成松香的水溶胶。

（2）化学凝聚法

所有的复分解、水解、氧化还原等反应，凡能生成不溶物者，在适当的浓度和其他条件下，均可制得溶胶。反应通常在稀溶液中进行，其目的是使晶粒的增长速度放慢，以此获得细小的颗粒。如：

$$FeCl_3(\text{稀水溶液})+3H_2O\xrightarrow{\text{煮沸}}Fe(OH)_3(\text{溶胶})+3HCl$$

2. 分散法制备溶胶

将粒子分散时，要对其做功。由于体系的界面巨大，所以界面能很高。体系的微小粒子具有自发聚集的倾向以减小界面能，故须在分散介质中加入某些离子或表面活性物质作为稳定剂。由粗分散系统用分散法（大变小）——包括粉碎法、胶溶法及电弧法制备成溶胶。

（1）粉碎法

超声波对介质产生高频的疏密交替作用，可将分散相粗颗粒撕裂粉碎。铅笔芯所用的石墨粉置于水中利用超声波可将其进一步粉碎到 10^{-5} mm 的大小。胶体磨也是常用的粉碎手段。牛奶经胶体研磨或用超声波处理后胶粒变小，乳状液的稳定期就可延长。

（2）胶溶法

胶溶法是把暂时聚集在一起的胶粒重新分开而形成溶胶。造成沉淀的原因是由于制备时缺少稳定剂，如若此时加入少量的电解质，让胶核吸附离子而带电就形成扩散双电层使胶粒又转移到溶液中去。利用吸附、表面扩散、沉淀洗涤等方法把新生成的沉淀变为溶胶（溶胶作用）。

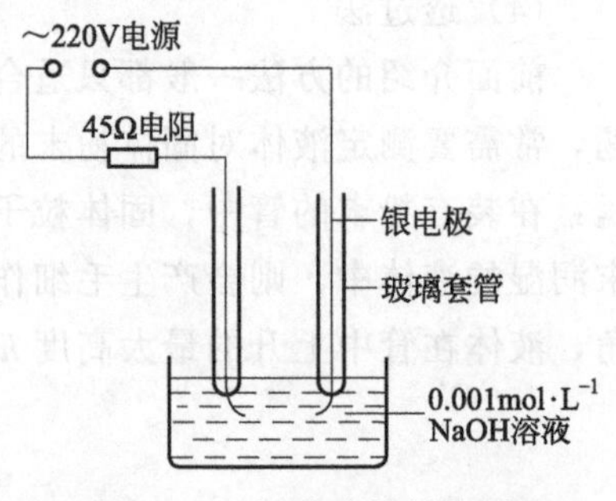

图 2-6-12 银溶胶的制作原理

（3）电弧法

电弧法也是分散法的一种。要把分散的金、银、铂等金属做成电极，置于一定的水溶液中，通电产生电弧使金属形成蒸气，即可制成金属的溶胶体。

以银溶胶的制作为例，实验装置见图 2-6-12。接通电源，将两个电极的端点互相接触，随即拉开至 1～2mm 间距，使之产生电弧。电弧的强热使 Ag 汽化，遇水又冷凝成胶体质点。待溶液变成淡棕色即停止通电，将银溶胶用离心机除去粗质点，即制得银溶胶。

3. 溶胶的纯化

未经纯化的溶胶往往含有很多电解质或其他杂质。少量的电解质可以使溶胶质点因吸附离子而带电，因而对于稳定溶胶是必要的。过量的电解质对溶胶的稳定反而有害。因此，溶胶制得后需经纯化处理。

最常用的纯化方法是渗析，它利用溶胶质点不能透过半透膜，而离子或小分子能透过膜的性质，将多余的电解质或低分子化合物等杂质从溶胶中除去。常用的半透膜有火棉胶膜、醋酸纤维膜等。

纯化溶胶的另一种方法是超过滤法。超过滤是用孔径极小而孔数极多的膜片作为滤膜，利用压差使溶胶流经超过滤器。这时，溶胶质点与介质分开，杂质透过滤膜而除掉。

五、溶胶的电泳、电渗与聚沉

在固-液界面体系中，由于固体的吸附现象，会使固-液界面出现双电层。对于高度分散的固体小颗粒，在分散介质中，会形成固-液球面状双电层，由于其表面带上了某种电荷，就像一个特大的“离子”，在外电场作用下，这种“离子”在分散介质中作定向运动，这种现象称为电泳。相对运动时“离子”与分散介质之间的电位差称电动电势或 ζ 电势。如果在外电场作用下，这种“离子”不运动，而分散介质定向移动，这种现象称为电渗。如这种“离子”在分散介质中迅速下降，则分散体系的表层与底层之间会出现电位差，这种电位差称为沉降电位。若在加压情况下使分散介质连续地渗透过“离子”层，则“离子”层两边也会产生电位差，这种电位差称为流动电位，以上四种现象统称为电动现象。

ζ 电位的测量可以研究固-液界面的结构和吸附机理。ζ 电位也可作溶胶稳定性的宝贵依据。ζ 电位可通过电泳和电渗实验而加以测定。

1. 电泳

电泳法用于胶体粒子的 ζ 电位测量比较方便。电泳法又分宏观法和微观法。宏观法是观察胶体与导电介质的宏观界面在电场中的移动速度，而微观法是通过显微镜直接观察单个胶粒在电场中的移动速度。

宏观电泳法测 ζ 电位装置可参考实验 24 电泳　电渗。实验时可测得加到电泳仪上的电压值，两极间的距离、电泳速度及介质的介电常数和黏度，即可根据电泳公式求得一定条件下的 ζ 电位值。而微观法只要通过显微镜的读数标尺测出某个粒子的电泳速度，再根据其他数据，即可求出 ζ 电位值。

2. 电渗

电渗法原则上将所研究的分散相质点（“离子”）固定成为一紧密结合层，然后在外电场作用下使分散介质从分散相质点层渗透时，测出单位时间内分散介质沉出的量及相应的电流值，结合其他特性数据，根据电渗公式即可求出 ζ 电位值。

3. 聚沉值的测定

电解质对溶胶的聚沉影响很大，它的聚沉作用与电解质的本性及浓度有关，聚沉值的大小反映了各种电解质对某一溶胶的聚沉能力。聚沉值的测量方法是化学法。详见实验 23 溶胶的制备、纯化及聚沉值的测定。

六、一些重要分散体系的实验方法

(一) 流变性质测量

物质的流变性质是指物质（液体或固体）在外力作用下流动与变形的性质。液体流动时表现出黏性；固体变形时显示弹性。在这里我们主要就分散体系黏度的测量作一简单的介绍。

流体黏度是相邻流体层以不同速度运动时所存在内摩擦力的一种量度。黏度分绝对黏度和相对黏度。绝对黏度有两种表示方法：动力黏度和运动黏度。动力黏度是指当单位面积的流层以单位速度相对于单位距离的流层流出时所需的切向力，用希腊字母 η 表示黏度系数（俗称黏度），其单位是帕斯卡秒（Pa·s）。运动黏度是液体的动力黏度与同温度下该液体的密度 ρ 之比，用符号 ν 表示，其单位是平方米每秒（$m^2 \cdot s^{-1}$）。相对黏度是指某液体黏度与标准液体黏度之比，无量纲。黏度测量方法主要有毛细管法、落球法、转筒法等。

1. 毛细管法

此法可测液体绝对黏度，也可测量液体相对黏度。

(1) 液体绝对黏度测量

在一定压差下，液体流经毛细管的体积流量遵循泊萧叶（Poiseuille）定律：

$$Q=\frac{\pi R^4}{8\eta}\times\frac{\Delta p}{l}$$

式中，Q 为单位时间流经毛细管的液体的体积流量；R 为毛细管的半径；l 为毛细管的长度；Δp 为毛细管两端的压力差；η 为液体的绝对黏度。由上式可得：

$$\eta=\frac{\Delta p \pi R^4}{8tl}V$$

式中，V 为 t 时间内流经毛细管的流体的体积。

由此可见，通过实验，在毛细管两端维持一定压差，只要测量出在一定时间 t 内流经毛细管的液体体积 V，根据毛细管的半径 r、长度 l 及压差值即可计算出被测液体黏度 η。

(2) 液体相对黏度的测量

由于绝对黏度测量比较麻烦，所以，往往采用测相对黏度的方法。此法常用的黏度计有奥氏黏度计和乌氏黏度计，其基本原理还是根据泊萧叶（Poiseuille）定律，只不过在这两种黏度计中，毛细管采用垂直放置，流体流经毛细管利用的是流体自身的重力作用（详见实验 26 黏度法测高聚物的分子量）。

(3) 使用玻璃毛细管黏度计注意事项

① 黏度计必须洁净，先用经 2 号砂芯漏斗过滤过的洗液浸泡一天。如用洗液不能洗干净，则改用 5%的氢氧化钠乙醇溶液浸泡，再用水冲净，直至毛细管壁不挂水珠，洗干净的黏度计置于 110℃的烘箱中烘干。

② 黏度计应垂直固定在恒温槽内，因为倾斜会造成液位差变化，引起测量误差，同时会使液体流经时间变长。

③ 黏度计使用完毕，立即清洗，特别是测高聚物时，要注入纯溶剂浸泡，以免残存的高聚物黏结在毛细管壁上而影响毛细管孔径，甚至堵塞。清洗后在黏度计内注满蒸馏水并加塞，防止落进灰尘。

④ 液体的黏度与温度有关，一般要求温度变化不超过±0.3℃。

⑤ 毛细管黏度计的毛细管内径选择，可根据所测物质的黏度而定，毛细管内径太细，容易堵塞，太粗测量误差较大，一般选择测水时流经毛细管的时间大于100s，在120s左右为宜。

毛细管黏度计种类较多，除乌氏黏度计和奥氏黏度计外，还有平氏黏度计和芬氏黏度计，乌氏黏度计和奥氏黏度计适用于测定相对黏度，平氏黏度计适用于石油产品的运动黏度，而芬氏黏度计是平氏黏度计的改良，其测量误差更小。

2. 转筒法

转筒法是将被测液体置于两个同心圆筒之间，其中一个圆筒以一定速率旋转，带动液体转动。由于液体的黏滞性，转筒将受到一个反向的基于流体的黏滞力矩，此黏滞力矩正比于流体的黏度，通过测量黏滞力矩的大小即可得到流体的黏度。目前采用的旋转黏度计均基于转筒法。旋转黏度计一般采用内筒（即转子）通过游丝和转轴连接同步电机，同步电机以稳定的速度旋转，接连刻度圆盘，再通过游丝和转轴带动内筒（即转子）旋转，内筒即受到基于流体的黏性力矩的作用，作用越大，则游丝与之相抗衡而产生的扭矩也越大，于是指针在刻度盘上指示的刻度也就越大。将读数乘以特定的系数即得到液体的黏度。根据需要，旋转黏度计还可测定流体的流变曲线。

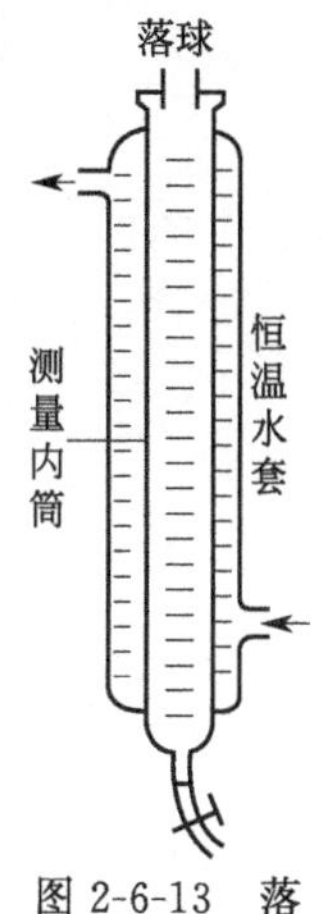

图 2-6-13　落球法示意图

3. 落球法

落球法黏度计是借助于固体球在液体中运动受到黏性阻力，测出球在液体中落下一定距离所需的时间。其基本原理如图 2-6-13 所示。根据斯托克定律，球体在液体中恒速降落时，重力与阻力相等，即：

$$F=\frac{4}{3}\pi r^3(d_s-d_t),F=6\pi r\eta u$$

于是可得：

$$\eta=\frac{2gr^2(d_s-d_t)}{9u}$$

式中，r 为球体半径；u 为球的下降速度；g 为重力加速度；d_s 为球体密度；d_t 为液体密度。

若设 $u=h/t$（h 为球体降落高度，t 为降落全程 h 所需时间）则上式变为：

$$\eta=\frac{2gr^2t(d_s-d_t)}{9h}$$

同理，其相对黏度的关系式可表示为：

$$\eta=\frac{(d_s-d_t)t}{(d_s-d_t)t_0}\eta_0$$

落球式黏度计测量范围较宽，用途广泛，尤其适合于测定较高透明度的液体。但对落球的要求较高，落球要光滑而圆，另外要防止球从圆柱管下落时与圆柱管的壁相碰，造成测量误差。

（二）悬浊液

悬浊液在生活和生产中是常见的，如粉料在液相介质中均匀地分散即为悬浊液。悬浊液的实验方法往往是利用沉降分析测量粉料在一定的粒度范围内的粒度分布。具体方法有沉降天平法和沉降管法以及光学测量法等，而最常用的是沉降天平法。

(三) 胶体电解质临界胶束浓度

胶体电解质的临界胶束浓度（简称 CMC)，即胶体电解质产生增溶和建立胶束的起始浓度。胶体电解质本身是一种新的物质概念，在生活和生产上有广泛的用途，通常用的洗涤剂、添加剂、清洁剂、润湿剂等都属胶体电解质。

胶体电解质的 CMC 值的测量可通过测量胶体电解质在溶液浓度递变过程中表面或界面张力、电导率、密度或渗透压等，根据物性对浓度关系曲线的转折点即可确定胶体电解质的 CMC 值，如图 2-6-14 所示，详见实验 32 电导法测定水溶性表面活性剂的临界胶束浓度。

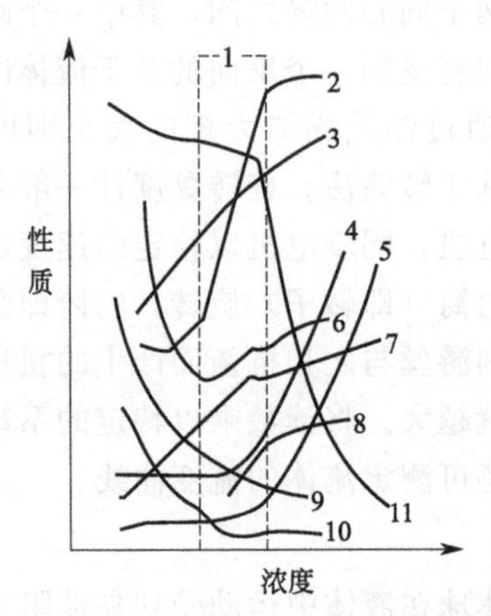

图 2-6-14　胶体电解质体系的性质与浓度的关系

1—临界浓度范围；2—去污力；3—密度；4—高周波电导度；5—增溶作用；
6—表面张力；7—渗透压；8—浊度；9—冰点；10—界面张力；11—当量电导

第三篇
基础物理化学实验

实验1 燃烧热的测定

(一) 实验目的

(1) 明确燃烧热的定义，了解定压燃烧热与定容燃烧热的差别。

(2) 了解氧弹量热计的主要组成及作用，掌握氧弹量热计的操作技术，测定萘的燃烧热。

(3) 学会雷诺图解法，以校正体系漏热引起的温度改变值。

(二) 实验原理

燃烧热是指1mol物质完全氧化生成指定产物时的反应热。燃烧反应是量热研究中最常见的类型之一。量热通常包括物质计量和热量测定两大部分。热量的测定一般是通过温度测量来实现的。燃烧热的测定，除了有其实际应用价值外，还可以用于求算化合物的生成热、键能等。

燃烧热可在恒容或恒压情况下测定。由热力学第一定律可知：在不做非膨胀功情况下，恒容反应热 $Q_V=\Delta U$，恒压反应热 $Q_p=\Delta H$。在氧弹式量热计中所测燃烧热为 Q_V，而一般热化学计算用的值为 Q_p，对于理想气体，这两者可通过下式进行换算：

$$Q_p=Q_V+\Delta nRT$$

式中，Δn 为反应前后生成物与反应物中气体的物质的量（摩尔）之差；R 为摩尔气体常数，T 为反应温度，K。

在盛有定量水的容器中，放入内装有一定量的样品和氧气的密闭氧弹，然后使样品完全燃烧，放出的热量通过氧弹传给水及仪器，引起温度升高。氧弹量热计的基本原理是能量守恒定律，在量热计与环境没有热交换的情况下，测量介质在燃烧前后温度的变化值，热平衡关系为：介质吸收的热量=样品燃烧放热。

通常测定物质的燃烧热，是用氧弹热量计，样品完全燃烧所释放的热量使得氧弹本身及其周围的介质附近的温度升高。整个量热计（连同样品、助燃物、水、气、弹体、搅拌物等）可以看作是等容绝热系统，其热力学能变 $\Delta U=0$。系统的 ΔU 由4个部分组成：样品在氧弹中等容燃烧产生的 ΔU_1，引燃物燃烧产生的 ΔU_2，微量氮气氧化形成硝酸的能变

ΔU_3（极少，可忽略），量热计自身的能变 ΔU_4。于是

$$\Delta U=\Delta U_1+\Delta U_2+\Delta U_3+\Delta U_4=0$$

该式还可写成如下更实用的式子，即：

$$\Delta U=\frac{W_{样}}{M}Q_V+(lQ_{燃烧丝}+mQ_{棉线})+0+(W_{水}C_{水}+C_{计})\Delta T$$

式中，$W_{样}$ 和 M 分别为样品的质量和摩尔质量；Q_V 为样品的恒容摩尔燃烧热；l 和 $Q_{燃烧丝}$ 为引燃用的燃烧丝的长度和其单位长度的燃烧热；m 和 $Q_{棉线}$ 为助燃又绝缘用的棉线的质量和单位质量的燃烧热；$W_{水}$ 和 $C_{水}$ 为以水作为测量介质时，水的质量和热容；$C_{计}$ 称为热量计的水当量，即除水之外，热量计升高 1℃所需的热量；ΔT 为燃烧反应前后体系的温度差。

上述平衡关系可变形为：

$$-\frac{W_{样}}{M}Q_V=(lQ_{燃烧丝}+mQ_{棉线})+0+(W_{水}C_{水}+C_{计})\Delta T$$

每套量热计的热容是不一样，需用定量的、已知燃烧热值的标准物质完全燃烧来测定，实验中一般采用苯甲酸作为标准物质。仪器的热容常用水当量表示。样品等物质燃烧放热使水及仪器每升高 1℃所需的热量，称为水当量。水当量的求法是用已知燃烧热的物质放在量热计中燃烧，测定其始、终态温度。一般来说，对不同样品，只要每次的水量相同，水当量就是定值。因为样品烧热值已知，所以可通过实验测出 $W_{水}C_{水}+C_{计}$ 的大小，用同样的方法就可以测出样品的燃烧热值 Q_V。通过 Q_V 和 Q_p 的关系可计算出样品的定压燃烧热。

热化学实验常用的量热计有环境恒温式量热计和绝热式量热计两种。环境恒温式氧弹量热计及氧弹的构造分别如图 3-1-1、图 3-1-2 所示。

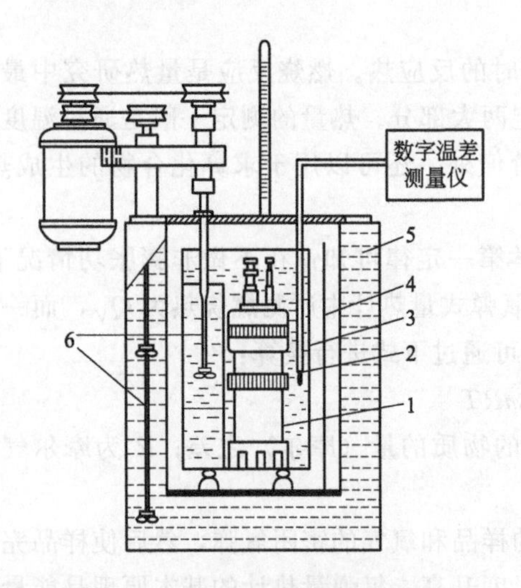

图 3-1-1　环境恒温式氧弹量热计

1—氧弹；2—温度传感器；3—内筒；4—空气隔层；5—外筒；6—搅拌

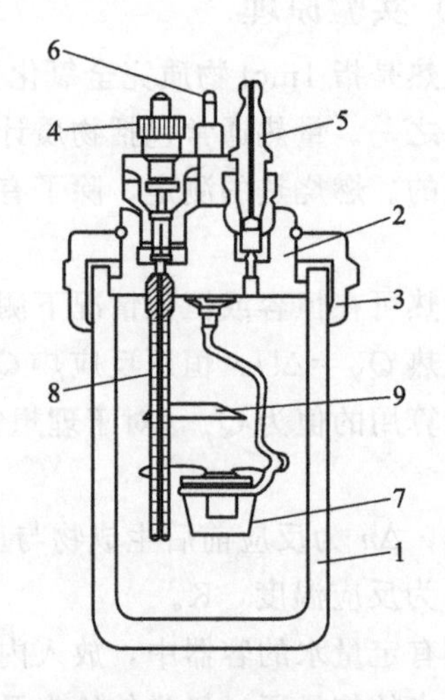

图 3-1-2　氧弹的构造

1—厚壁圆筒；2—弹盖；3—螺帽；4—进气孔；5—排气孔；6—电极；7—燃烧皿；8—电极（同时也是进气管）；9—火焰遮板

绝热式量热计的外筒中有温度控制系统，在实验过程中，环境与实验体系的温度始终相同或始终略低 0.3℃，热损失可以降低到极微小程度，因而，可以直接测出初温和最高温度。环境恒温式量热计的最外层是温度恒定的水夹套，当氧弹中的样品开始燃烧时，内桶与

外层水夹套之间有少许热交换，因此不能直接测出初温和最高温度，实测的温度变化值与恒容完全绝热体系的温度变化 ΔT 存在偏差，必须加以校正。实验中可采用雷诺作图法校正温度变化值。

环境恒温式量热计由雷诺曲线求得 ΔT 的方法如下：将样品燃烧前后历次观察的水温对时间作图，联结成 $FHIDG$ 折线（图 3-1-3），图中 H 相当于开始燃烧之点，D 为观察到的最高温度读数点，选择 H、D 两点对应的温度之中点，作室温之平行线 JI 交折线于 I，过 I 点作垂线 ab，然后将 FH 线和 GD 线外延交 ab 线于 A、C 两点，A 点与 C 点所表示的温度差即为欲求温度的升高 ΔT。图中 AA' 为开始燃烧到温度上升至室温这一段时间 Δt_1 内，由环境辐射进来和搅拌引进的能量而造成体系温度的升高，必须扣除；CC' 为温度由室温升高到最高点 D 这一段时间 Δt_2 内，体系向环境辐射出能量而造成体系温度的降低，因此温差需要校正。由此可见 AC 两点的温差是较客观地表示了由于样品燃烧致使量热计温度升高的数值。

有时量热计的绝热情况良好，热漏小，而搅拌器功率大，不断微量引进能量使得燃烧后的最高点不出现（图 3-1-4）。这种情况下 ΔT 仍然可以按照同样方法校正。

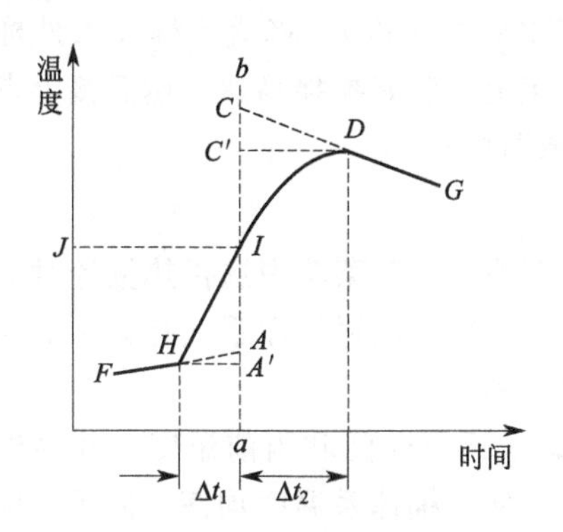

图 3-1-3　绝热较差时的雷诺校正图

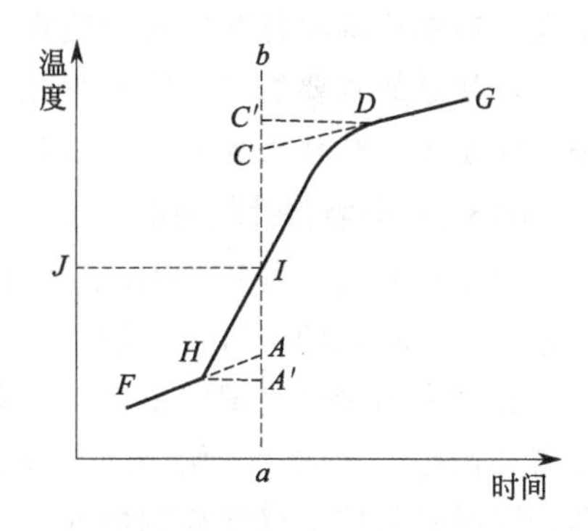

图 3-1-4　绝热良好时的雷诺校正图

本实验采用环境恒温式量热计进行实验，既可手动操作记录数据，同时还可利用燃烧热实验软件，使用计算机采取数据、控时点火和进行数据处理，实验最终结果可由计算机直接打印。

（三）实验仪器与试剂

1. 实验仪器

SHR-15 燃烧热装置（包括氧弹式量热计，数显控制器，氧弹体及其附件），计算机，SWC-II_D 精密数字温度温差仪，氧气钢瓶及其附件全套，压片机，万用表，电子台秤，分析天平，容量瓶（2L，1L），剪刀，直尺。

2. 实验试剂（材料）

燃烧丝，苯甲酸（AR），萘（AR）。

（四）实验步骤

1. 热量计水当量的测定

（1）压片：先用一张专用纸在小台秤上粗称已烘好的苯甲酸 0.8～1.0g，然后剪取一段 9～12cm 长的燃烧丝并称重（点火电流大燃烧丝就要求长些，点火电流小燃烧丝就可以短些)，燃烧丝成 V 形放在压片机的成型孔中，再加入已称好的样品将燃烧丝包埋，丝两端露出。用压片机按压成型、掉头翻挤出圆片。将苯甲酸圆片在干净的玻璃板或专用纸上轻击二三次，以脱落掉粉尘，再用分析天平精确称量样品片至 0.0001g。

(2) 装样及接装燃烧丝：拧开氧弹盖，将盖放在专用架上，装好专用的不锈钢坩埚，将带燃烧丝的样品放入坩埚中。露出样品片外的燃烧丝两端绕接固定在电极上（有的氧弹罐是用挂接柱代替电极）。燃烧丝绕接时除两端接触外，其余部分不能碰不锈钢体，否则通电易短路。用万用电表检查两电极间电阻值，一般应不大于 25Ω，即可旋紧氧弹盖。

(3) 充氧气：先调氧气钢瓶输出阀的压力（一般由实验指导老师调好），将充氧器气头按进氧弹罐的进气柱上，再试提一下是否紧凑，如牢固，旋开充氧旋钮充氧，在 2.0～2.5MPa 之间停顿 10s 即充好了氧。注意充氧时左手扶氧弹罐，右手扶充氧器，以免发生意外。关闭充氧旋钮，取下充氧器。用万用表检查氧弹两极是否通路，若不通，则需放出氧气，打开弹盖进行检查。

(4) 灌水试温、调温：往热量计水夹套中装自来水，将盛水内桶从量热计中取出，擦净内壁，准确量取 3000mL 蒸馏水倒入盛水桶内（内桶温度应比外桶温度低 1℃左右，若高于外桶温度，应加冰降温且冰的质量应在 3000mL 蒸馏水的质量内），将盛水桶放入外桶的绝热支架上，注意放置要稳固。将氧弹放在内桶的固定座上，装好搅拌马达，然后接上点火电极插头（注意进气孔柱头为阴极），盖上筒盖，插好感温探头。

2. SHR-15 电脑控制测量工作

(1) 启动计算机，打开 SHR-15 操作软件，在“实验装置”菜单中选择热量计对应的软件操作窗口及计算机的串行口、数据采样时间（默认：5s）和设置坐标系（有默认坐标系）。

(2) 在“水当量曲线图”窗口里绘制水当量的曲线图

点击“操作”项的“开始绘图”，软件界面随即记录运行时间和当前温度，并绘出温度时间图。同时必须按下仪器控制器面板上的搅拌开关，使内桶体系温度均衡。体系温度稳定（大约 5min）后，按下控制器面板上点火按钮通电点火，点火指示灯闪亮后熄灭，表示着火，氧弹内开始燃烧，此时系统温度迅速上升，进入反应期。如点火指示灯不熄灭表示不着火，应重新点火或停止实验检查氧弹并排除故障。温度不变或开始下降后，便可停止实验。关上点火开关，以免下次实验时提前点火。

关闭搅拌器，取出温度计传感器及氧弹，拭干氧弹，打开放气阀门缓缓放气。放气后，拧开弹盖，检查燃烧是否完全，若弹内有炭黑或未燃烧的试样时，则认为实验失败，需重做。若燃烧完全，则将燃烧后剩下的燃烧丝取出并测量长度，以计算燃烧掉的燃烧丝所放出的热。

(3) 校正水当量的温差

① 在计算机操作软件界面中点击“操作”菜单中的“温差校正”，弹出提示对话框：“用鼠标右键拾取校正点，是否继续?”，点击“是”，进行温差校正。

② 用鼠标右键在点火前的曲线（第一段曲线）上拾取两个坐标点，软件自动校正该段曲线，并提示是否重新校正该段曲线，点击“是”，重新校正；点击“否”进行下一步操作。

③ 用鼠标右键在该曲线的中间位置（中间温度）上拾取一个坐标点，软件自动画出校正该点的“十”字形曲线，并提示是否重输入中间温度，点击“是”，重新校正；点击“否”继续。

④ 用鼠标右键在点火后温差变化率比较小的曲线（第二段曲线）上拾取两个坐标点，软件自动校正该段曲线，并提示是否重新校正该段曲线，点击“是”，重新校正；点击“否”软件计算出温差，填入相应的区域。

(4) 在“计算结果”窗口的“水当量”中输入计算水当量的必要数据（燃烧丝系数为4.1），温差值通过“温差校正”命令校正求得，然后点击“操作”菜单中的“计算水当量”计算出水当量值。保存水当量及曲线图，但不能关闭软件和清空水当量值和曲线图，否则后续实验无法计算待测物质的燃烧热值。

(5) 用同样的方法测定萘的燃烧值。在“待测物曲线图”窗口下绘制萘的曲线图，然后，校正温差和计算待测物的燃烧热值（注：在计算待测物的燃烧热值时确保水当量的文本框内有数据，否则无法计算）。

(6) 保存数据和曲线。此时保存的是水当量、水当量曲线图、待测物的燃烧热值及待测物曲线图。点击文件打印，得到实验数据。

(7) 实验完毕后，退出程序，关机，擦净氧弹。

3. HR-15B 计算机控制测量工作

(1) 启动计算机，打开 HR-15B 程序窗口，在程序界面的“试样质量”中填入所测样品的质量，“试样编号”中输入自编号码，以便识别不同物质的数据。

(2) 用鼠标左键单击工具栏的“设置”菜单，出现一个对话框，将框中“实验内容”改为“热容量”，输入数据中热容量数值为苯甲酸的标准燃烧值。点火丝系数为 28，其余不变。选择公式为奔特公式，通讯口为 COM1，选择打印为不打印，然后点击存盘退出，回到程序主界面。

(3) 点击实验开始菜单，实验自动进行，待温度曲线完成后，仪器自动停止。点击数据打印，得到实验数据。

(4) 用同样的方法测定萘的发热量。此时须将“设置”菜单的对话框中“实验内容”改为“发热量”，输入萘的质量，其他不变。

(5) 实验完毕后，退出程序，关机，擦净氧弹。

4. 手动测量工作

开动搅拌器开关。待温度稳定上升后，每隔 1min 记录一次温度读数（点火前期），持续 10min，在记录第十个读数的同时，迅速合上点火开关进行通电点火，若点火器上的指示灯亮后熄灭，温度迅速上升，这表示氧弹内样品已燃烧。自合上点火开关后，读数改为每隔 30s 一次（点火中期），约 1min 内温度迅速上升，当温度升到最高点后，读数仍可改为 1min 一次（点火后期），继续记录温度 10min。

实验停止后，取出氧弹，打开氧弹出气口，放出余气。最后旋开氧弹盖，检查样品燃烧的情况。取出燃烧后剩余的点火丝称重，从点火丝质量中减去。

5. 测量萘的燃烧热

称取约 0.6～0.8g 萘，其余操作步骤同前。

（五）数据记录及处理

(1) 按样表（表 3-1-1）格式分别记录苯甲酸及萘进行燃烧实验的实验数据。

表 3-1-1　苯甲酸的实验数据记录样表

室温：　℃；苯甲酸质量：　g；燃烧丝质量：　g；剩余燃烧丝质量：　g							
点火前期的温度测量		点火中期的温度测量				点火后期的温度测量	
t/min	温度/℃	t/min	温度/℃	t/min	温度/℃	t/min	温度/℃

(2) 用雷诺图解法求出苯甲酸和萘燃烧前后的温度差。

(3) 计算热量计的水当量 $C_{计}$。已知苯甲酸的燃烧热为$-26460J/g$。

(4) 求出萘的燃烧热 Q_V 和 Q_p。

(5) 计算机控制实验则直接通过电脑将热量计的水当量、萘的燃烧热 Q_V 得出，Q_p 则通过计算得到。

(六) 注意事项

(1) 使用氧气钢瓶，一定要按照要求操作，注意安全。往氧弹内充入氧气时，一定不能超过指定的压力，以免发生危险。氧气瓶在开总阀前要检查减压阀是否关好；实验结束后要关上钢瓶总阀，注意排净余气，使指针回零。

(2) 氧弹位置一定要与水桶内位置吻合。如实验失败需要重新再做的话，应把氧弹从水桶中提出，用放气器缓缓放气，使其内部的氧气彻底排清，才能重新再做，否则会发生爆炸。往水桶内添水时，应注意避免水溅湿氧弹的电极，使其短路。

(3) 实验结果及故障分析：本实验误差可能由多方面引起，如水的体积不够精确，图做得不够准确等。实验过程中较常出现的故障见表 3-1-2。

表 3-1-2　燃烧热实验故障分析

实验故障	故障的可能原因
不能点火	检查两电极是否通路，点火丝是否被压断；压片太紧，应重压；检查钢瓶颜色，是否充错气体
燃烧不完全	压片太松，部分样品被冲散在氧弹里；燃烧丝浮在压片表面，引起样品熔化而脱落；氧气充量不足，氧压表失灵
测量值系统偏高	氧气不够纯，含有部分可被氧化的气体；搅拌器功率太大
测量值系统偏低	样品不够干燥，造成称量系统偏低；量热计的热漏严重

(七) 思考题

(1) 说明恒压热 Q_p 与恒容热 Q_V 的区别与联系。

(2) 实验测得的温度差值为何要雷诺作图法校正？还有哪些来源会影响测量的结果？

(3) 如何用萘的燃烧热数据来计算萘的标准生成热？[已知 $CO_2(g)$ 的 $\Delta_f H_m^{\ominus}(298K)=-393.5kJ \cdot mol^{-1}$，$H_2O(l)$的 $\Delta_f H_m^{\ominus}(298K)=-285.84kJ \cdot mol^{-1}$]

(4) 开始加入内筒的水温为什么要选择比环境低 1℃左右？否则有何影响？

(5) 用氧弹量热计测定有机化合物的燃烧热实验，一般要求在量热测定时，在氧弹中加 10mL 纯水然后再充氧气、点火，请说明水的作用是什么？

(八) 文献参考值

萘在 298K 时标准摩尔燃烧热：$\Delta_c H_m^{\ominus}(298K)=-5157kJ \cdot mol^{-1}$。

实验 2　溶解热的测定

(一) 实验目的

(1) 掌握量热技术及电热补偿法测定热效应的基本原理。

(2) 用电热补偿法测定 KNO_3 在不同浓度水溶液中的积分溶解热。

(3) 用作图法求 KNO_3 在水中的微分稀释热、积分稀释热和微分溶解热。

（二）实验原理

（1）在热化学中，关于溶解过程的热效应，引进了下列几个基本概念。

溶解热　在恒温恒压下，n_2 mol 溶质溶于 n_1 mol 溶剂（或溶于某浓度的溶液）中产生的热效应，用 Q 表示，溶解热可分为积分（或称变浓）溶解热和微分（或称定浓）溶解热。

积分溶解热　在恒温恒压下，1mol 溶质溶于 n_0 mol 溶剂中产生的热效应，用 Q_s 表示。

微分溶解热　在恒温恒压下，1mol 溶质溶于某一确定浓度的无限量的溶液中产生的热效应，以 $\left(\frac{\partial Q}{\partial n_2}\right)_{T,p,n_1}$ 表示，简写为 $\left(\frac{\partial Q}{\partial n_2}\right)_{n_1}$。

稀释热　在恒温恒压下，1mol 溶剂加到某浓度的溶液中使之稀释所产生的热效应。稀释热也可分为积分（或变浓）稀释热和微分（或定浓）稀释热两种。

积分稀释热　在恒温恒压下，把原含 1mol 溶质及 n_{01} mol 溶剂的溶液稀释到含溶剂为 n_{02} mol 时的热效应，亦即为某两浓度溶液的积分溶解热之差，以 Q_d 表示。

微分稀释热　在恒温恒压下，1mol 溶剂加入某一确定浓度的无限量的溶液中产生的热效应，以 $\left(\frac{\partial Q}{\partial n_1}\right)_{T,p,n_2}$ 表示，简写为 $\left(\frac{\partial Q}{\partial n_1}\right)_{n_2}$。

（2）积分溶解热（Q_s）可由实验直接测定，其他三种热效应则通过 Q_s-n_0 曲线求得。

设纯溶剂和纯溶质的摩尔焓分别为 $H_m(1)$ 和 $H_m(2)$，当溶质溶解于溶剂变成溶液后，在溶液中溶剂和溶质的偏摩尔焓分别为 $H_{1,m}$ 和 $H_{2,m}$，对于由 n_1 mol 溶剂和 n_2 mol 溶质组成的体系，在溶解前体系总焓为 H。

$$H=n_1H_m(1)+n_2H_m(2)$$

设溶液的焓为 H'，则：

$$H'=n_1H_{1,m}+n_2H_{2,m}$$

因此溶解过程热效应 Q 为

$$\begin{aligned}Q&=\Delta_{mix}H=H'-H=n_1[H_{1,m}-H_m(1)]+n_2[H_{2,m}-H_m(2)]\\&=n_1\Delta_{mix}H_m(1)+n_2\Delta_{mix}H_m(2)\end{aligned} \tag{3-2-1}$$

式中，$\Delta_{mix}H_m(1)$ 为微分稀释热；$\Delta_{mix}H_m(2)$ 为微分溶解热。根据上述定义，积分溶解热 Q_s 为

$$\begin{aligned}Q_s&=\frac{Q}{n_2}=\frac{\Delta_{mix}H}{n_2}=\Delta_{mix}H_m(2)+\frac{n_1}{n_2}\Delta_{mix}H_m(1)\\&=\Delta_{mix}H_m(2)+n_0\Delta_{mix}H_m(1)\end{aligned}$$

在恒压条件下对式(3-2-1) 进行全微分得：

$$dQ=\left(\frac{\partial Q}{\partial n_1}\right)_{n_2}dn_1+\left(\frac{\partial Q}{\partial n_2}\right)_{n_1}dn_2 \tag{3-2-2}$$

上式在比值 n_1/n_2 恒定下积分，得：

$$Q=\left(\frac{\partial Q}{\partial n_1}\right)_{n_2}n_1+\left(\frac{\partial Q}{\partial n_2}\right)_{n_1}n_2$$

全式以 n_2 除之，得

$$\frac{Q}{n_2}=\left(\frac{\partial Q}{\partial n_1}\right)_{n_2}\frac{n_1}{n_2}+\left(\frac{\partial Q}{\partial n_2}\right)_{n_1} \tag{3-2-3}$$

因为：

$$Q/n_2=Q_s,\ n_1/n_2=n_0,\ Q=n_2Q_s,\ n_1=n_2n_0 \tag{3-2-4}$$

则：

$$\left(\frac{\partial Q}{\partial n_1}\right)_{n_2}=\left(\frac{\partial (n_2Q_s)}{\partial (n_2n_0)}\right)_{n_2}=\left(\frac{\partial Q_s}{\partial n_0}\right)_{n_2} \tag{3-2-5}$$

将式(3-2-4)、式(3-2-5) 代入式(3-2-3) 并变形得：

$$Q_s=\left(\frac{\partial Q}{\partial n_2}\right)_{n_1}+\left(\frac{\partial Q}{\partial n_0}\right)_{n_2}$$

以 Q_s 对 n_0 作图，可得图 3-2-1 的曲线关系。

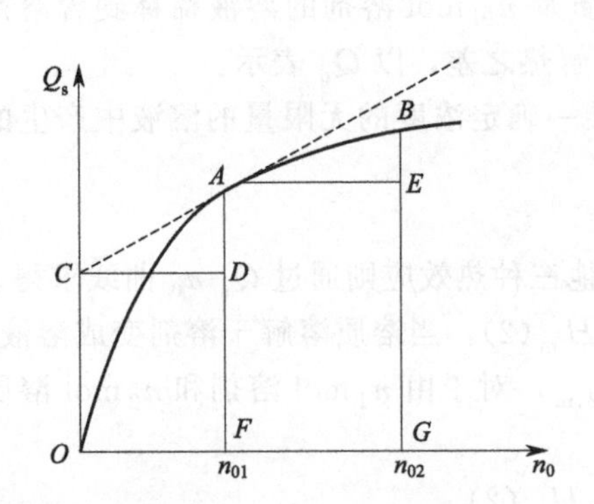

图 3-2-1 Q_s-n_0 关系图

对 A 点处的溶液：其积分溶解热 $Q_s=AF$；

微分稀释热 $=AD/CD$；微分溶解热 $=OC$；

从 n_{01} 到 n_{02} 的积分稀释热 $Q_d=BG-AF=BE$

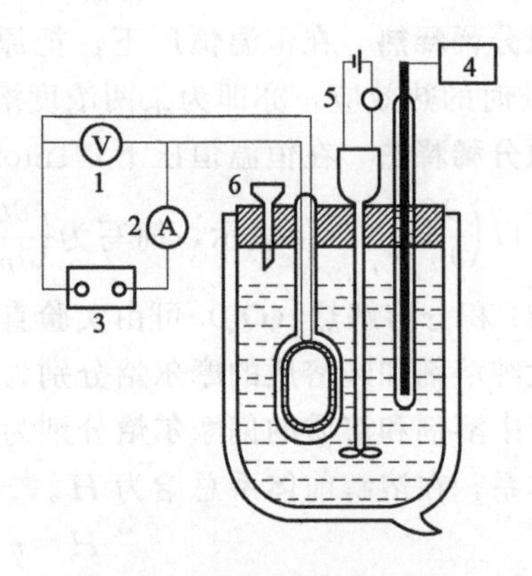

图 3-2-2 量热器及其电路图

1—直流伏特计；2—直流毫安表；

3—直流稳压电源；4—测温部件；

5—搅拌器；6—加样漏斗

在图 3-2-1 中，AF 与 BG 分别为将 1mol 溶质溶于 n_{01} mol 和 n_{02} mol 溶剂时的积分溶解热 Q_s，BE 表示在含有 1mol 溶质的溶液中加入溶剂，使溶剂量由 n_{01} mol 增加到 n_{02} mol 过程的积分稀释热 Q_d。

$$Q_d=(Q_s)n_{0,2}-(Q_s)n_{0,1}=BG-EG$$

图 3-2-1 中曲线 A 点的切线斜率等于该浓度溶液的微分稀释热。

$$\Delta_{mix}H_m(1)=\left(\frac{\partial Q_s}{\partial n_0}\right)_{n_2}=\frac{AD}{CD}$$

切线在纵轴上的截距等于该浓度的微分溶解热。

$$\Delta_{mix}H_m(2)=Q_s-n_0\left(\frac{\partial Q_s}{\partial n_0}\right)_{n_2}$$

由图 3-2-1 可见，欲求溶解过程的各种热效应，首先要测定各种浓度下的积分溶解热，然后作图计算。

(3) 本实验是采用绝热式测温量热计进行积分溶解热的测定，绝热式测温量热计是一个包括量热器、搅拌器、电加热器和温度计等的量热系统，装置及电路图如图 3-2-2 所示。因本实验测定 KNO_3 在水中的溶解热是一个吸热过程，可用电热补偿法，即先测定体系的起

始温度 T，溶解过程中体系温度随吸热反应进行而降低，再用电加热法使体系升温至起始温度，根据所消耗电能求出热效应 Q。

$$Q=I^2Rt=IUt$$

式中，I 为通过电阻为 R 的电热器的电流强度，A；U 为电热器两端所加电压，V；t 为通电时间，s。这种方法称为电热补偿法。

本实验采用电热补偿法，测定 KNO_3 在水溶液中的积分溶解热，并通过图解法求出其他三种热效应。

(三) 实验仪器与试剂

1. 实验仪器

实验装置 1 套（包括杜瓦瓶、搅拌器、加热器、测温部件、加样漏斗），直流稳压电源 1 台，电子分析天平 1 台，直流毫安表 1 只，直流伏特计 1 只，秒表 1 只，称量瓶 8 个，干燥器 1 只，研钵 1 个。

2. 实验试剂

KNO_3（化学纯）（研细，在 110℃烘干，保存于干燥器中）。

(四) 实验步骤

（1）将 8 个称量瓶编号，在台秤上称量，依次加入研细的 KNO_3，其质量分别为 2.5g、1.5g、2.5g、2.5g、3.5g、4g、4g 和 4.5g，再用电子分析天平称出准确数据，称量后将称量瓶放入干燥器中待用。

（2）在台秤上用杜瓦瓶直接称取 200.0g 蒸馏水，调好贝克曼温度计，按图 3-2-2 装好量热器（杜瓦瓶用前需干燥）。

（3）经教师检查无误后接通电源，调节稳压电源，使加热器功率约为 2.5W，保持电流稳定，开动搅拌器进行搅拌；当水温慢慢上升到比室温水高出 1.5℃时读取准确温度（T_0），按下秒表开始计时，同时从加样漏斗处加入第一份样品，并将残留在漏斗上的少量 KNO_3 全部掸入杜瓦瓶中，然后用塞子堵住加样口。记录电压和电流值，在实验过程中要一直搅拌液体，加入 KNO_3 后，温度会很快下降，然后再慢慢上升，待上升至起始温度点时（T_0），记下时间（读准至秒），并立即加入第二份样品，按上述步骤继续测定，直至八份样品全部加完为止。

（4）测定完毕后，切断电源，打开量热计，检查 KNO_3 是否溶完，如未全溶，则必须重作；溶解完全，可将溶液倒入回收瓶中，把量热器等器皿洗净放回原处。

（5）用分析天平称量已倒出 KNO_3 样品的空称量瓶，求出各次加入 KNO_3 的准确重量。

(五) 数据记录及处理

（1）按表 3-2-1 记录每次所加样品的质量及过程中补偿电流及电压值。

（2）根据溶剂和加入溶质的重量，由下式求算溶液的浓度，以 n_0 表示，并记入表 3-2-1。

$$n_0=\frac{n_{H_2O}}{n_{KNO_3}}=\frac{200.0}{18.02}\bigg/\frac{\sum W_i}{101.1}=\frac{1122}{\sum W_i}$$

（3）按 $Q=IUt$ 计算各次溶解过程的热效应（Q），并求算累积的热量（Q_s），记入表 3-2-1。

（4）作 Q_s-n_0 图，并从图中求出 n_0=80，100，200，300 和 400 处的积分溶解热和微分稀释热，以及 n_0 从 80→100，100→200，200→300，300→400 的积分稀释热。

表 3-2-1 实验数据记录及处理结果表

i	$I=$ (A);$U=$ (V)					
	W_i/g	ΣW_i/g	t/s	Q/J	Q_s/J·mol^{-1}	n_0
1						
2						
3						
4						
5						
6						
7						

(六) 注意事项

(1) 实验过程中要求 I、U 值恒定，故应随时注意调节。

(2) 磁子的搅拌速度对实验有很大的影响，磁子的转速不可过快。

(3) 实验过程中切勿把秒表按停读数，直到最后方可停表。

(4) 固体 KNO_3 易吸水，故称量和加样动作应迅速。固体 KNO_3 在实验前务必研磨成粉状，并在110℃烘干。

(5) 量热器绝热性能与盖上各孔隙密封程度有关，实验过程中要注意盖好，减少热损失。

(七) 思考题

(1) 试设计溶解热测定的其他方法。

(2) 影响本实验结果的因素有哪些?

(八) 文献参考值

硝酸钾溶解热的文献值为 35.00kJ·mol^{-1}，庞承新，唐文芳，陈今浩，广西师范学院学报（自然科学版），2005，22 (2)：39-42。

实验 3 液体饱和蒸气压的测定

(一) 实验目的

(1) 明确液体饱和蒸气压的定义，了解纯液体饱和蒸气压与温度的关系、克拉贝龙-克劳修斯（Clausius-Clapeyron）方程式的意义。

(2) 了解静态法测定液体饱和蒸气压的原理。学会用图解法求被测液体在实验温度范围内的平均摩尔汽化热。

(3) 掌握真空泵、恒温槽及气压计的使用方法。

(二) 实验原理

在一定温度下，纯液体与其气相达平衡时蒸气的压力称为该温度下液体的饱和蒸气压。当蒸气压与外界压力相等时液体便沸腾，因此在各沸腾温度下的外界压力就是相应温度下液体的饱和蒸气压。外压为 101.325kPa 时的沸腾温度定义为液体的正常沸点。

纯液体的蒸气压是随温度的变化而改变的，当温度升高时，分子运动加剧，更多的高动能分子由液相进入气相，因而蒸气压增大；反之，温度降低，则蒸气压减小。液体的饱和蒸气压与温度的关系可用克拉贝龙-克劳修斯方程式来表示

$$\frac{\mathrm{d}\ln p}{\mathrm{d}T}=\frac{\Delta_{\mathrm{vap}}H_{\mathrm{m}}}{RT^2}$$

式中，p 为液体在温度 T 时的饱和蒸气压，Pa；T 为热力学温度，K；$\Delta_{\mathrm{vap}}H_{\mathrm{m}}$ 为液体摩尔蒸发热，$\mathrm{J\cdot mol^{-1}}$；R 为气体常数。如果温度变化的范围不大，$\Delta_{\mathrm{vap}}H_{\mathrm{m}}$ 可视为常数，将上式积分可得：

$$\ln\frac{p}{p^{\ominus}}=-\frac{\Delta_{\mathrm{vap}}H_{\mathrm{m}}}{RT}+C$$

式中，C 为积分常数，其数值与压力 p 的单位有关。由上式可见，若在一定温度范围内，测定不同温度下的饱和蒸气压，以 $\ln(p/p^{\ominus})$ 对 $1/T$ 作图，可得一直线，直线的斜率为 $-\Delta H_{\mathrm{m}}/R$，而由斜率可求出实验温度范围内液体的平均摩尔蒸发热 $\Delta_{\mathrm{vap}}H_{\mathrm{m}}$。

本实验采用静态法测定液体饱和蒸气压，即将待测物质放在一个密闭的体系中，在不同温度下直接测量其饱和蒸气的压力。

(三) 实验仪器与试剂

1. 实验仪器

恒温槽 1 套，温度计（分度值 0.1℃）1 支，平衡管（带冷凝管）1 支，冷阱 1 套，真空泵及附件 1 套，缓冲储气罐 1 个，DP-A 精密数字压力表 1 台。

2. 实验试剂

环己烷或乙醇（AR）。

(四) 实验步骤

(1) 按图 3-3-1 装置仪器。打开恒温水浴开关，接通冷凝水，在冷阱中加入水和冰块。

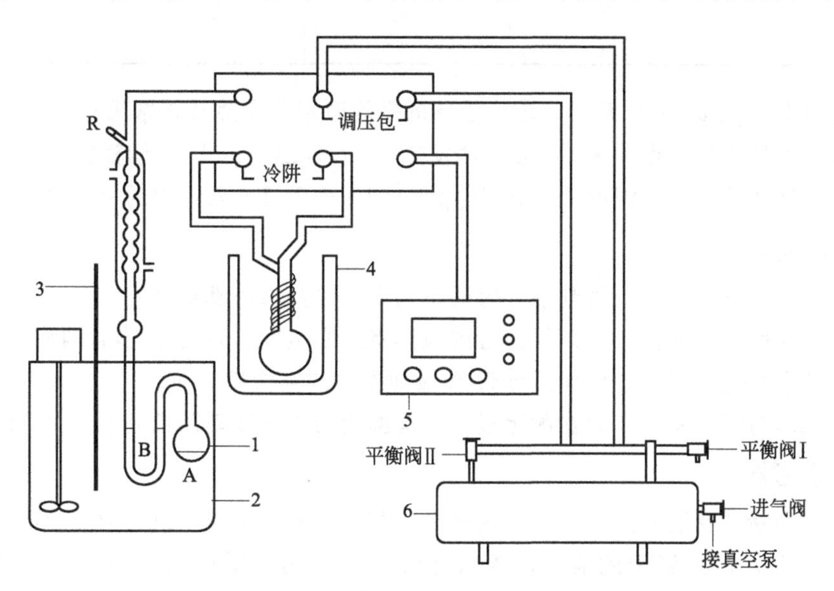

图 3-3-1 液体饱和蒸气压测定装置图

1—连冷凝管的等位计；2—恒温槽；3—温度计；4—冷阱；5—精密数字压力表；6—缓冲储气罐

(2) 将进气阀、平衡阀Ⅱ打开，平衡阀Ⅰ关闭。启动真空泵抽气，至数字压力表读数约高于实验所需压力。然后关闭进气阀，停止抽气，观察数字压力表无明显变化，即表明无漏气。

(3) 从平衡管R处注入环己烷液体，使球管A中装有约2/3的液体，U形管B的双臂大部分有液体。

(4) 测定不同温度下环己烷的蒸气压

① 测试前使数字压力计与大气相通，按下“采零”键，使仪器自动扣除传感器零压力值（零点漂移），此时显示器显示为“0000”，以保证所测压力值的准确度。

② 调节恒温槽的温度至某一值后，将进气阀、平衡阀Ⅱ打开，开动真空泵抽气，使球管A中液体内溶解的空气和球管A液面上方的空气呈气泡状一个一个地通过B管中液体排出。抽气若干分钟后，关闭进气阀、平衡阀Ⅱ。微微调节平衡阀Ⅰ，使空气缓慢进入测量体系，此时要谨防空气倒灌入球管A中而使实验失败，直至U形管中双臂液面等高为止。记录温度及压力数据。用上述方法，沿温度由低到高的方向，温度每间隔5℃测定一次，连续测六个不同温度下的环己烷的蒸气压。

③ 实验结束后，打开平衡阀Ⅰ、Ⅱ及进气阀，使体系和真空泵与大气相通，然后再关闭真空泵。最后关闭恒温槽电源和冷凝水。

(五) 数据记录及处理

(1) 将实验数据按表3-3-1记录：

表3-3-1 实验数据记录样表

恒温槽温度 t/℃	被测液体：　；室温：　℃；大气压　kPa			
	$(1/T)\times10^3$ /K^{-1}	压力计读数 /kPa	液体的蒸气压 /kPa	$\ln(p/p^{\ominus})$

(2) 绘制 $\ln(p/p^{\ominus})$-$1/T$ 图，求出液体的平均摩尔蒸发热及正常沸点。

(3) 环己烷的正常沸点为80.75℃，蒸发热为32.76kJ·mol^{-1}，计算实验的相对误差。

(4) 求出液体蒸气压与温度关系式（$\ln[p/p^{\ominus}]=-B/T+A$）中的$A$、$B$值。

(六) 注意事项

(1) 减压系统不能漏气，否则抽气时达不到本实验要求的真空度。

(2) 抽气速度不能太快，否则平衡管内液体将急剧蒸发，致使U形管内液体被抽尽。

(3) 在整个实验过程中，应保持球管A液面上空的空气被抽净。

(4) 蒸气压与温度有关，故在测定过程中恒温槽的温度波动需控制在±0.1K。

(七) 思考题

(1) 怎样判断球管液面上空的空气被排净？若未被驱除干净，对实验结果有何影响？

(2) 如何防止U形管中的液体倒灌入球管A中？若倒灌时带入空气，实验结果有何变化？

(3) 本实验方法能否用于测定溶液的蒸气压，为什么？

(4) 为什么实验完毕后必须使体系和真空泵与大气相通才能关闭真空泵？

实验 4 凝固点降低法测定摩尔质量

(一) 实验目的

(1) 掌握溶液凝固点的测定技术。

(2) 用凝固点降低法测定萘的摩尔质量。

(3) 通过实验加深对稀溶液依数性的理解。

(二) 实验原理

含非挥发性溶质的二组分稀溶液的凝固点低于纯溶剂的凝固点。这是稀溶液的依数性之一。当指定了溶剂的种类和数量后，凝固点降低值取决于所含溶质分子的数目，即溶剂的凝固点降低值与溶液的质量摩尔浓度成正比。即：

$$\Delta T_f = T_f^* - T_f = K_f m_B$$

式中，T_f^* 为纯溶剂的凝固点；T_f 为溶液的凝固点；m_B 为溶液中溶质 B 的质量摩尔浓度；K_f 为溶剂的质量摩尔凝固点降低常数，它的数值仅与溶剂的性质有关。

若已知某溶剂的凝固点降低常数 K_f 值，并通过实验测定此溶液的凝固点降低值 ΔT_f，以及溶剂和溶质的质量 m_A、m_B，则溶质的摩尔质量由下式计算。

$$M_B = K_f \frac{m_B}{\Delta T_f m_A}$$

纯溶剂的凝固点是它的液相和固相共存时的平衡温度。若将纯溶剂逐渐冷却，理论上其冷却曲线应如图 3-4-1 曲线 (1) 所示。但实际过程中往往发生过冷现象，即在过冷而开始析出晶体时，放出的凝固热才使体系的温度回升到平衡温度，待液体全部凝固后，温度再逐渐下降，其冷却曲线呈图 3-4-1 曲线 (2) 的形状。

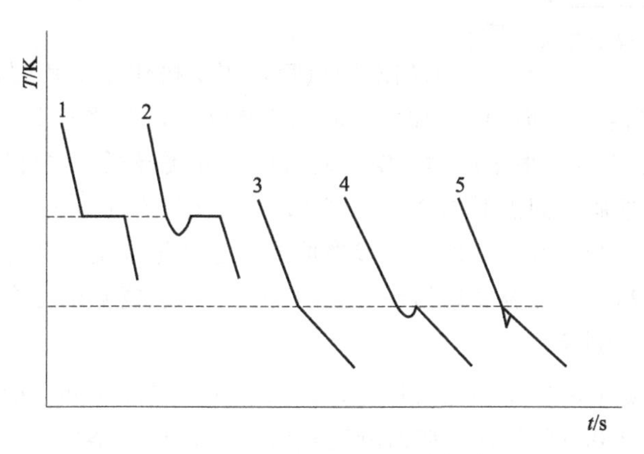

图 3-4-1 纯溶剂和溶液的冷却曲线

溶液凝固点测量的冷却曲线与纯溶剂不同，见图 3-4-1 曲线 3、4、5。由于溶液冷却时有部分溶剂凝固而析出，而剩余溶液浓度逐渐增大，因而剩余溶液与溶剂固相的平衡温度也在逐渐下降，出现如曲线 3 的形状。通常发生稍过冷现象，则出现如曲线 4 的形状，此时可将回升的最高温度近似地作为溶液的凝固点。若过冷太甚，凝固的溶剂太多，溶液的浓度变化过大，则出现如曲线5的形状，测得的凝固点将偏低。因此在测量过程中应该设法控制适当的过冷程度，一般可控制寒剂的温度、搅拌速度等方法来达到。

（三）实验仪器与试剂

1. 实验仪器

凝固点测定仪1套；数字式贝克曼温度计1台；电子分析天平1台；压片机1台；普通温度计1支；移液管（25mL）1支；烧杯（1000mL）1只。

2. 实验试剂

环己烷（分析纯）、萘（分析纯）、碎冰块。

（四）实验步骤

1. 凝固点测定仪的安装

按图3-4-2将凝固点测定仪安装好，凝固点管、数字式贝克曼温度计探头及搅棒均须清洁和干燥，防止搅拌时搅棒与管壁或温度计相摩擦。

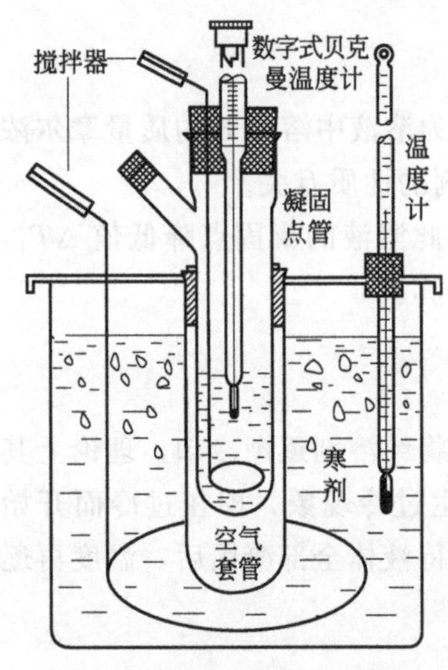

图3-4-2 凝固点测定仪示意图

2. 调节寒剂的温度

取适量冰与水混合，使寒剂温度控制在3.5℃左右，在实验过程中不断搅拌并间断补充碎冰，使寒剂保持此温度。

3. 溶剂凝固点的测定

用移液管向清洁、干燥的凝固点管内加入25mL环己烷，并记下环己烷的温度。

先将盛环己烷的凝固点管直接插入寒剂中，平稳搅拌使之冷却，当开始有晶体析出时，从寒剂中取出凝固点管，将管外冰水擦干，迅速移到作为空气浴的外套管中，再放入冰水浴中，缓慢而均匀地搅拌之（约每秒一次），观察贝克曼温度计的读数，直至温度稳定，此温度即为环己烷的近似凝固点。

取出凝固点管，用手捂住管壁片刻，使管中固体全部熔化，将凝固点管直接插入寒剂中，同时不断地缓慢搅拌，使之冷却至比近似凝固点略高0.5℃时迅速取出凝固点管，擦干后插入空气套管中，并缓慢搅拌（每秒一次），使温度均匀降低，当温度降至比近似凝固点低0.2～0.3℃时，快速搅拌（防止过冷超过0.5℃）。当固体开始析出时，温度开始回升，立即改为缓慢搅拌。连续记录温度回升后贝克曼温度计的读数，直到温度达到最高点。此温度即为环己烷的凝固点。重复测定三次。

4. 溶液凝固点的测定

取出凝固点管，如前将管中环己烷熔化，加入事先压成片状并已精确称量的萘（所加量约使溶液的凝固点降低0.5℃左右）加入凝固点管中，待全部溶解后，测定溶液的凝固点。测定方法与环己烷的相同，先测近似的凝固点，再精确测定，重复三次，取平均值。

（五）数据记录及处理

（1）用$\rho_t/\mathrm{g\cdot cm^{-3}}=0.7971-0.8879\times10^{-3}t/℃$计算室温$t$时环己烷密度，然后算出所取环己烷的质量$m_A$。

（2）将实验数据填入表3-4-1，并计算萘的摩尔质量。

表 3-4-1　实验数据记录样表

物质	质量/g	室温：　℃；大气压　　kPa			
		凝固点 T_f/℃		凝固点降低值	萘的摩尔质量
		测量值	平均值		
环己烷		1			
		2			
		3			
萘		1			
		2			
		3			

(3) 与萘的摩尔质量标准值比较，并计算相对误差。

(六) 注意事项

(1) 搅拌速度的控制是做好本实验的关键，每次测定应按要求的速度搅拌，并且测溶剂与溶液凝固点时搅拌条件要完全一致。准确读取温度也是实验的关键所在，应读准至小数点后第三位。

(2) 寒剂温度对实验结果也有很大影响，过高会导致冷却太慢，过低则测不出正确的凝固点。

(3) 在测量过程中，析出的固体越少越好，以减少溶液浓度的变化，才能准确测定溶液的凝固点。若过冷太甚，溶剂凝固越多，溶液的浓度变化太大，使测量值偏低。在过程中可通过加速搅拌、控制过冷温度、加入晶种等控制过冷。

(七) 思考题

(1) 本实验误差的主要影响因素是什么？

(2) 在冷却过程中，凝固点管管内液体存在哪些热交换？它们对凝固点的测定有何影响？

(3) 加入溶剂中溶质的量如何确定？加入量过多或太少将会有何影响？

(4) 当溶质在溶液中有解离、缔合、溶剂化和形成配合物时，测定的结果有何意义？

(5) 如果在测定溶液凝固点时过冷严重，将会怎样影响分子量的测定结果？

实验 5　偏摩尔体积的测定

(一) 实验目的

(1) 掌握测定二组分溶液偏摩尔体积的方法。

(2) 加深对偏摩尔量概念的认识。

(二) 实验原理

多组分体系，特别是溶液体系中一个最重要的概念是偏摩尔量。A、B 二组分溶液的任一容量性质 Y 的偏摩尔量记为 Y_A、Y_B，其定义为：

$$Y_A \equiv \left(\frac{\partial Y}{\partial n_A}\right)_{T,p,n_B} \qquad Y_B \equiv \left(\frac{\partial Y}{\partial n_B}\right)_{T,p,n_A}$$

其物理意义是在等温等压下，维持体系的浓度实际不变的条件下，体系某容量性质随某组分的物质的量的变化率。如 A、B 二组分溶液的偏摩尔体积：

$$V_{\mathrm{A}}=\left(\frac{\partial V}{\partial n_{\mathrm{A}}}\right)_{T,p,n_{\mathrm{B}}} \qquad V_{\mathrm{B}}=\left(\frac{\partial V}{\partial n_{\mathrm{B}}}\right)_{T,p,n_{\mathrm{A}}}$$

可从两个角度理解，一是在温度、压力及溶液浓度一定的情况下，在一定量的溶液中加入极少量的A时，系统体积的改变量与所加入A的物质的量之比。二是一定温度、压力及溶液浓度的情况下，将1mol的A加入到大量的溶液中引起的溶液体积改变。

关于偏摩尔量有两个重要的公式：加和公式(集合公式）及吉布斯-杜亥母公式，以两组分体系的体积为例，这两个公式分别表示如下：

$$V=n_{\mathrm{A}}V_{\mathrm{A}}+n_{\mathrm{B}}V_{\mathrm{B}} \tag{3-5-1}$$

$$n_{\mathrm{A}}\mathrm{d}V_{\mathrm{A}}+n_{\mathrm{B}}\mathrm{d}V_{\mathrm{B}}=0 \tag{3-5-2}$$

式(3-5-1）表明体系的总体积等于各组分偏摩尔体积与其物质的量的乘积的加和；而式(3-5-2）表明体系中各组分的偏摩尔体积 V_{A} 与 V_{B} 彼此不是独立的，它们之间存在着联系，表现为互为盈亏的关系。V_{A} 的变化将引起 V_{B} 的变化，若 V_{A} 不变，V_{B} 也保持不变。

溶液中组分A的偏摩尔体积 V_{A} 与其单独存在时的摩尔体积 $V_{\mathrm{A,m}}^{*}$ 是不同的。$V_{\mathrm{A,m}}^{*}$ 只涉及A分子本身之间的作用力，而 V_{A} 则不仅涉及A分子本身之间的作用力，还有B分子之间以及A与B分子之间的作用力。而且这三种作用力对溶液总体积的影响将随溶液中A、B分子的比例而变，亦即随溶液浓度而变。定量描述这些分子间的相互作用力是十分困难的，在大多数情况下，可简单地用 $V_{\mathrm{A,m}}^{*}$ 和 V_{A} 进行比较，以作定性的说明。

定义溶液中B的表观摩尔体积 Q 为：

$$Q=\frac{V-n_{\mathrm{A}}V_{\mathrm{m,A}}^{*}}{n_{\mathrm{B}}} \tag{3-5-3}$$

溶液的密度以 ρ 表示，则溶液的体积 $V=\dfrac{n_{\mathrm{A}}M_{\mathrm{A}}+n_{\mathrm{B}}M_{\mathrm{B}}}{\rho}$

将此式代入式(3-5-3)，得：

$$Q=\frac{1}{n_{\mathrm{B}}}\left(\frac{n_{\mathrm{A}}M_{\mathrm{A}}+n_{\mathrm{B}}M_{\mathrm{B}}}{\rho}-n_{\mathrm{A}}V_{\mathrm{m,A}}^{*}\right) \tag{3-5-4}$$

若B物质的浓度采用质量摩尔浓度 m，则 $n_{\mathrm{A}}=1000/M_{\mathrm{A}}$，$n_{\mathrm{B}}=m$，故式(3-5-4）变为：

$$Q=\frac{1}{m}\left(\frac{1000+mM_{\mathrm{B}}}{\rho}-\frac{1000}{M_{\mathrm{A}}/V_{\mathrm{m,A}}^{*}}\right)$$

因为溶剂水的 $M_{\mathrm{A}}/V_{\mathrm{A,m}}^{*}=\rho_{\mathrm{A}}$，所以：

$$Q=\frac{1000}{m\rho\rho_{\mathrm{A}}}(\rho_{\mathrm{A}}-\rho)+\frac{M_{\mathrm{B}}}{\rho}$$

可见通过实验测得 m、ρ_{A}、ρ 等值便可计算 Q，进而找到 V_{A}、V_{B} 与 Q 的关系，求得偏摩尔体积。

将式(3-5-3）改写为：

$$V=n_{\mathrm{B}}Q+n_{\mathrm{A}}V_{\mathrm{m,A}}^{*} \tag{3-5-5}$$

该式对 n_{B} 求偏微商得：

$$V_{\mathrm{B}}=\left(\frac{\partial V}{\partial n_{\mathrm{B}}}\right)_{T,p,n_{\mathrm{A}}}=Q+n_{\mathrm{B}}\left(\frac{\partial Q}{\partial n_{\mathrm{B}}}\right)_{T,p,n_{\mathrm{A}}} \tag{3-5-6}$$

而由式(3-5-1）可知：

$$V_A=\frac{V-n_BV_B}{n_A} \tag{3-5-7}$$

结合式(3-5-5)～式(3-5-7) 可得：

$$V_A=\frac{1}{n_A}\left[n_AV_{m,A}^*-n_B^2\left(\frac{\partial Q}{\partial n_B}\right)_{T,p,n_A}\right] \tag{3-5-8}$$

由式(3-5-6) 和式(3-5-8) 可见，由 n_A、n_B、Q、$\partial Q/\partial n_B$，便可同时求算 V_A 及 V_B。上述计算方法，对于二组分溶液未加任何限制，所以原则上适用于所有的二组分溶液系统。

利用式(3-5-6)、式(3-5-8) 求 V_A 及 V_B 时，其中$\partial Q/\partial n_B$ 要通过作 Q-n_B 图求微商而得，但 Q-n_B 并非线性关系。当溶液组成用质量摩尔浓度表示时，德拜-休克尔证明了强电解质的稀溶液，Q 与$\sqrt{m}$呈线性关系，故可作出如下变换：

$$\left(\frac{\partial Q}{\partial n_B}\right)_{T,p,n_A}=\left(\frac{\partial Q}{\partial m}\right)_{T,p,n_A}=\left(\frac{\partial Q}{\partial\sqrt{m}}\cdot\frac{\partial\sqrt{m}}{\partial m}\right)_{T,p,n_A}=\frac{1}{2\sqrt{m}}\left(\frac{\partial Q}{\partial\sqrt{m}}\right)_{T,p,n_A} \tag{3-5-9}$$

因此，作 Q-$\sqrt{m}$图，可得一直线，其斜率为$\partial Q/\partial\sqrt{m}$。由式(3-5-9) 即可求得$\partial Q/\partial n_B$，代入式(3-5-6)、式(3-5-8) 即可求算 V_A 及 V_B。

考虑到 $n_A=1000/M_A=1000/18.016=55.51\text{mol}$，$n_B=m$，故式(3-5-6) 及式(3-5-8) 还可分别简化为：

$$V_B=Q+\frac{\sqrt{m}}{2}\left(\frac{\partial Q}{\partial\sqrt{m}}\right)_{T,p,n_A} \tag{3-5-10}$$

$$V_A=V_{m,A}^*-\frac{m^2}{55.51}\left(\frac{1}{2\sqrt{m}}\cdot\frac{\partial Q}{\partial\sqrt{m}}\right) \tag{3-5-11}$$

(三) 实验仪器与试剂

1. 实验仪器

电子分析天平 1 台，比重瓶 2 个，100mL 磨口锥形瓶 5 个，50mL 烧杯 1 个，50mL 称量瓶 1 个。

2. 实验试剂

NaCl（分析纯），蒸馏水，丙酮。

(四) 实验步骤

(1) 打开电子天平，预热 15min 以上。

(2) 用 100mL 磨口锥形瓶，准确配制 18%、13%、8.5%、4%和 2%的 NaCl 溶液约 50mL。

先称锥形瓶的质量，小心加入适量的 NaCl，再称重，记录 NaCl 的质量。用量筒加入所需的蒸馏水后再称重，用差减法求出水的质量，然后求出 NaCl 和水的质量分数。

(3) 用比重瓶测定溶液的密度。洗净比重瓶，用少量丙酮荡洗，再用电吹风吹干。称量空比重瓶的质量，装满蒸馏水，于 25℃恒温（一般比室温至少高 5℃），然后称量装水的比重瓶的质量，根据 25℃水的密度计算比重瓶的体积。如此重复测量 3 次，取平均值。

采用相同的方法测量另外 5 组溶液的质量，均应重复 3 次。

（五）数据记录及处理

（1）按样表 3-5-1 及表 3-5-2 记录测量数据。

表 3-5-1　比重瓶体积测量数据记录样表

	空比重瓶质量/kg	装水比重瓶质量/kg	比重瓶体积/m^3
平均值			

表 3-5-2　溶液的密度测量数据记录样表

溶液质量分数/%	测量次数	空比重瓶质量/kg	装溶液后比重瓶质量/kg	溶液质量/kg	ρ /$kg \cdot m^{-3}$	m /$mol \cdot kg^{-1}$	$\sqrt{m}$	Q
	1							
	2							
	3							
	平均							

（2）计算出每一溶液的 m、$\sqrt{m}$、ρ 和 Q 值并记入表 3-5-2。

（3）作 Q-$\sqrt{m}$ 图，由图求$\dfrac{\partial Q}{\partial \sqrt{m}}$。

（4）根据式(3-5-10）及式(3-5-11）计算 25℃及实验压力下，各质量摩尔浓度的水和 NaCl 的偏摩尔体积。

（六）注意事项

（1）拿比重瓶时应用手指捏在比重瓶的瓶颈处，不要拿瓶子的其他部位，因为当手的温度高时，会使瓶中的水溶液膨胀溢出。

（2）配制溶液时先将 100mL 的空烧杯去皮，然后称量一定质量的 NaCl 固体，再将水加到烧杯的 100mL 的刻度线上称重，然后计算出质量摩尔浓度。

$$b_B = \frac{W_{NaCl}}{M_{NaCl} W_{水}}$$

（3）按下式计算溶液 NaCl 溶液在温度 t 时的密度。

$$\rho_{(t)} = \frac{m_3 - m_1}{m_2 - m_1} \rho_{(H_2O, t)}$$

（4）恒温过程中毛细管里始终充满液体。

（5）在一种溶液恒温的过程中同时进行其他溶液配制工作，以节约实验时间。

（七）思考题

（1）保证本实验结果准确的关键实验步骤是什么？

（2）在本实验中哪些步骤可以进行改进，为什么？

实验 6　完全互溶两组分液态混合物的气-液平衡相图

（一）实验目的

（1）用沸点仪测定常压下水-正丙醇液态混合物的沸点和气液两相平衡组成。

(2) 了解测定沸点的方法。

(3) 掌握阿贝折射仪的测量原理及使用方法。

(4) 绘制常压下水-正丙醇的 T-x 图，并找出恒沸点混合物的组成和最低恒沸点。

(二) 实验原理

相图是描述相平衡系统温度、压力、组成之间关系的图形，可以通过实验测定相平衡系统的组成来绘制。

若两液体能以任意比例互溶，称其为完全互溶两组分液态混合物；若两液体只能部分互溶，称其为部分互溶两组分液态混合物。

纯液体或液态混合物的蒸气压与外压相等时就会沸腾，此时气液两相平衡，所对应的温度为沸点。双液系的沸点不仅取决于压力，还与液体的组成有关。表示定压下双液系气液两相平衡时温度与组成关系的图称为 T-x 图或沸点-组成图。

理想的两组分体系在全部浓度范围内符合拉乌尔定律。结构相似、性质相近的组分之间（如苯与甲苯体系）可以形成近似的理想体系。大多数情况下的溶液为非理想体系，这时在反映体系沸点与组成关系的 T-x 图上将出现或正或负的偏差。根据偏差的大小可以分为三类：

(1) 体系的各组分对拉乌尔定律发生较小偏差，T-x 图与理想双液系基本一样，溶液的沸点仍介于两纯物质沸点之间。属于这类的体系有：甲醇-水、苯-四氯化碳等。其 T-x 图如图 3-6-1(a) 所示。

(2) 当对拉乌尔定律产生负偏差足够大时，T-x 图上将出现最高点。出现最高点的体系常见的有：乙酸异戊酯-四氯乙烷；丙酮-氯仿；水-盐酸；水-硝酸等。其 T-x 图如图 3-6-1 (b) 所示。

(3) 当对拉乌尔定律产生正偏差足够大时，T-x 图上将出现最低点。出现最低点的体系常见的有：四氯化碳-乙酸乙酯；甲醇-苯；正丙醇-水；异丙醇-环己烷；乙醇-水等。其 T-x 图如图 3-6-1(c) 所示。

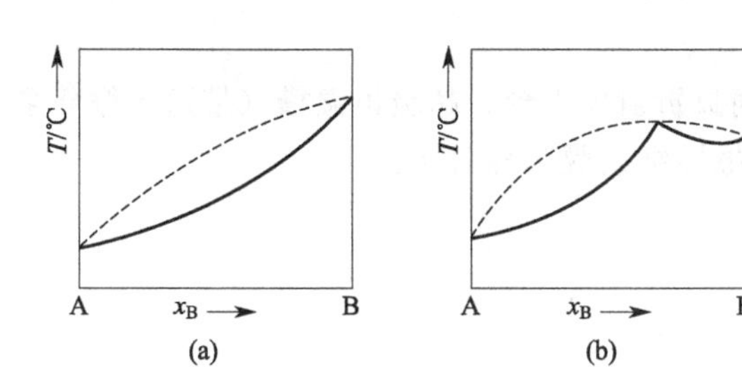

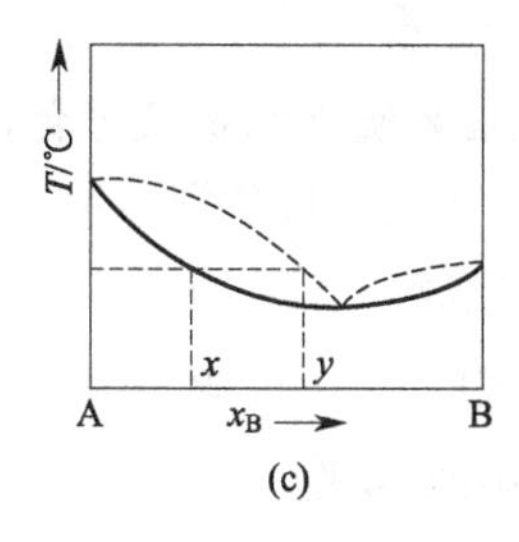

图 3-6-1 完全互溶两组分液态混合物的 T-x 相图的三种基本类型

这种最高和最低沸点称为恒沸点，所对应的溶液称为恒沸混合物。恒沸混合物不是一种化合物，而是一种具有特定组成的混合物。其特点是在恒沸点时，气液两相的组成一致，对体系持续加热，结果只是使气相量增加，液相量减少，体系的温度和两相组成保持不变。压力不同，同一完全互溶两组分液态混合物的相图不同，恒沸点及恒沸组成也不同。

为了绘制双液系的定压 T-x 图，需测定一系列不同组成的溶液的沸点以及在此沸点时气液相达平衡时气相组成 x_{g1}、$x_{g2}\cdots x_{gn}$ 和液相组成 x_{l1}、$x_{l2}\cdots x_{ln}$。

实验测定整个浓度范围内所选定的几个不同组成溶液的沸点和平衡时的气液相组成之后，将气相组成点连接成气相线，液相组成点连接成液相线，定压下的 T-x 相图即可绘制出来。

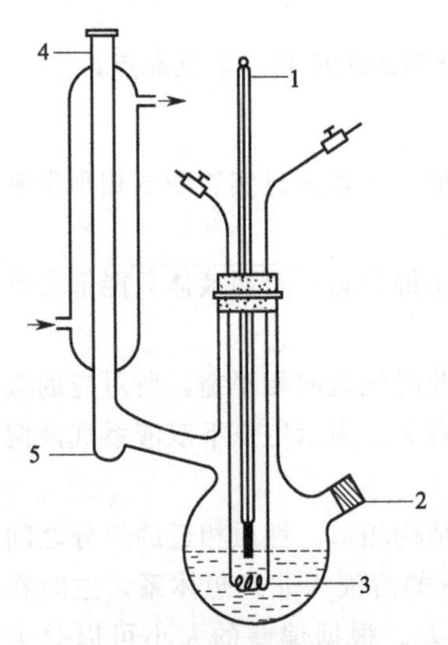

图 3-6-2 沸点仪示意图
1—温度计；2—加液口；3—电热丝；
4—分馏取样口；5—分馏液

为了获得上述的测定数据，本实验利用沸点仪（见图 3-6-2）建立气液平衡，采用回流冷凝法，当气液两相的相对量一定时，体系的温度也将保持恒定，即可由温度计读取沸腾温度。分别由蒸气冷凝的凹形储槽中取样分析平衡气相组成；从加液口取样分析平衡液相组成。

气液两相的组成可以根据相对密度或其他方法确定，本实验中采用折射率的测定来表征样品的组成，具有快速、简单、样品量少等优点。组成测定使用的仪器是阿贝折射仪。

采用折射率来表征样品的组成（浓度）必须首先绘制工作曲线（或标准曲线），即样品折射率与组成的关系曲线。

可以通过准确配制系列不同体积含量的正丙醇-水溶液，测定其相应的折射率，然后绘制浓度-折射率标准曲线。由标准曲线即可得到一定折射率的样品浓度。

根据测定的沸点及该沸点所对应的气液两相的浓度，在 T-x 图上可绘制出两点，即气相点及液相点；通过测量多个不同总组成的体系即可得到多个气相点和液相点，将所有气相点及液相点分别连接并与纯物质（本实验为正丙醇和水混合溶液）的沸点相连接，即得到封闭的正丙醇和水体系的 T-x 曲线。

设计和安装沸点测量装置时应尽量防止过热和暴沸，因为它会导致沸点测量不准确。通常采取加入沸石（或碎素瓷片）的办法来消除过热和暴沸。如果采用电阻丝直接加热，不加入沸石也不会暴沸。此外还要防止馏出液产生再分馏作用，它会导致气相组成测量的不准确。

（三）实验仪器与试剂

1. 实验仪器

FDY 双液系沸点测定仪 1 套，阿贝折射仪 1 台，超级恒温槽（带送水循环泵）1 台，滴管（长、短）2 支，玻璃漏斗一个，擦镜纸或脱脂棉若干。

2. 实验试剂

系列组成的水-正丙醇溶液。

（四）实验步骤

(1) 在定温（25℃）下测量水-正丙醇标准溶液（$x_{正丙醇}$ 为 0～1）的折射率（或实验室事先已测定好），作折射率对组成的工作曲线。阿贝折射仪的使用方法见实验技术部分。

(2) 分别测量正丙醇的体积分数近似等于 0%、15%、30%、45%、60%、75%、85%、95%、100%的水-正丙醇溶液试样的沸点，以及相应的气-液平衡时的馏出液和剩余液的折射率。

测量方法如下：

① 测量纯组分的沸点时，事先要把沸点仪洗涤干净，如果测量纯正丙醇的沸点，还要用电吹风把沸点仪吹干。用玻璃漏斗从加料口加入试样，加入量为：从蒸馏瓶底部到加料口颈部的约 2/3 处。温度计的水银球或热电偶的探头约一半在液相。

开冷凝水，接通电源加热至沸腾，注意维持沸腾不要过于剧烈，待 SWJ-$\mathrm{I_A}$（或 SWJ-$\mathrm{I_C}$）数字温度计上的读数稳定后，记录该温度值。

② 测量混合液的沸点的操作与①大体相同。不同的是，沸点仪的小泡（袋状部）的冷凝液满了之后，要把冷凝液返回到蒸馏瓶中，然后再蒸馏，如此重复 3 次。待数字温度计上的读数稳定后，记录该温度值。

混合液的气相组成和液相组成的测量方法是：记录下混合液的沸点后，停止加热，用吸管吸取气相冷凝液，测量其折射率，每个样一般平行测量 3 次，取平均值。每次测量折射率后，要将折射仪的棱镜打开晾干或用擦镜纸擦干，以备下次测量用。用同样的方法测量液相（蒸馏瓶中的剩余液）的折射率。将实验结果记录在如表 3-6-1 所示的实验记录表中。

第一个试样测量完毕后，将试样倒回原来的试样瓶。按同样的操作测量其他试样。

③ 记录实验时的大气压和室温。

(五) 数据记录及处理

(1) 将水-正丙醇标准混合液组成与对应折射率列成表格，并作出组成-折射率工作曲线。

(2) 按样表 3-6-1 记录实验数据。

表 3-6-1　实验数据记录样表

系统组成	室温：　　℃				气压：　　kPa	
	沸点		液相组成		气相组成	
	读数温度/℃	校正温度/℃	折射率	$x_{正丙醇}$	折射率	$x_{正丙醇}$

液态混合物的沸点与大气压有关，应用特鲁顿规则及克-克方程；可得到液态混合物的沸点与大气压的关系的近似校正公式：

$$\Delta T=\frac{RT'}{88}\cdot\frac{\Delta p}{p}\approx\frac{T}{10}\cdot\frac{100000-p}{100000}$$

$$T_{校}=T'+\Delta T$$

式中，$T_{校}$ 为 100kPa 下的正常沸点；T' 为测量时得到的沸点；p 为实验时的大气压力（外压）。当 p 偏离 1atm（101325Pa）不大时，可以不作校正。

如果使用的是全浸式温度计，则对沸点读数值尚需进行露茎校正，但通常可不作此项校正。

(3) 根据各个试样的气相、液相折射率从工作曲线上查得相应的组成并记入表 3-6-1 中。

(4) 作水-正丙醇系统的沸点-组成图，并求出最低恒沸点及相应的恒沸组成。

(六) 注意事项

(1) 要注意用电安全。

(2) 要避免因吸管不干净引起测量误差。

(3) 一定要使气液达到平衡（即温度稳定）后才能读取沸点的数值和取样测量。

(4) 取样后吸管不能倒置。

(5) 使用阿贝折射仪时，棱镜上不能触及硬物（特别是吸管）。

(6) 棱镜上加入试样后要立即关闭镜头。

(7) 实验过程中必须在沸点仪冷却管中通冷却水，使气相全部冷凝。

(七) 思考题

(1) 使用阿贝折射仪要注意哪些问题？

(2) 收集气相冷凝液的小泡的容积如果太大，对测量结果有什么影响？

(3) 如果在蒸馏瓶中放入的试样太少，对测量结果有什么影响？

(4) 平衡时，气液两相的温度应不应该一样？实际是否一样？怎样才能防止两相之间温度的差异？

(5) 测量混合液的沸点时，为什么要将小泡中的冷凝液返回到蒸馏瓶中3次？

(八) 文献参考值

在常压下，水-正丙醇体系的最低恒沸点为87.7℃，最低恒沸混合物中水的含量为28.8%。

实验7 两组分金属相图的绘制

(一) 实验目的

(1) 用热分析法测绘二元金属相图。

(2) 了解热分析法的测量技术，掌握热电偶的校正及使用方法。

(二) 实验原理

相图是多相体系处于相平衡状态时，体系的某些物理性质（如温度）对体系的某一自变量（如组成）作图所得的图形；由于图中能反映出相平衡的情况（相的数目及性质等），故称为相图。二元或多元体系的相图，常以组成为自变量，其被测物理量大多是温度。由于相图能反映出多相平衡体系在不同自变量条件下的相平衡情况，因此，研究多相体系的性质，以及多相体系平衡情况的演变（例如冶炼钢铁、石油工业、分离产品的过程等），都要用到相图。

热分析法是测绘金属体系相图最常用的方法之一。该方法一般是先将体系加热熔融成一均匀液相，然后让体系缓慢冷却，并每隔一定时间（如30s或1min）读取体系温度一次，并以所得温度值对时间作图，得一曲线，常称步冷曲线，如图3-7-1所示。

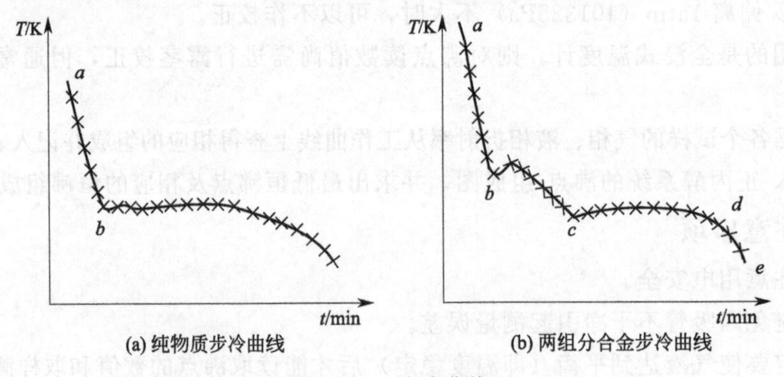

图3-7-1 步冷曲线

当体系冷却时，如果体系不发生相变，则体系的温度随时间的变化将是均匀的，冷却也较快［如图3-7-1(a) 中的 ab 线段］。若在冷却过程中发生了相变，由于相变过程中总要伴有热效应，所以体系的温度随时间的变化速度也将发生改变，从而使步冷曲线出现转折

[图 3-7-1 中的 b 点所示的拐点，实验中可能会有过冷现象，从而出现如图 3-7-1(b) 中 b 点所示的转折]。当溶液继续冷却到某点时 [图 3-7-1(b) 中 c 点]，由于此时熔液的组成已达到低共熔混合物组成，所以开始有最低共熔混合物析出，在最低共熔混合物完全凝固以前，体系温度保持不变，因而步冷曲线出现平台 [图 3-7-1(b) 中 cd 线段]。当溶液完全凝固后，温度才又迅速下降 [图 3-7-1(b) 中 de 线段]。

由此可知，对组成一定的两组分低共熔混合物来说，可根据它的步冷曲线，判断出相变温度和低共熔点温度。如果作出一系列组成不同的体系的步冷曲线，从中找出各转折点，即能画出两组分体系的简单相图（组成-温度图），不同组成熔液的步冷曲线与对应相图的关系可由图 3-7-2 中看出。

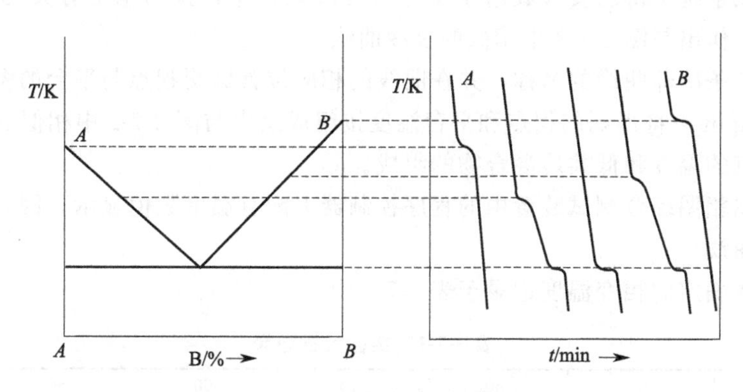

图 3-7-2 步冷曲线与相图的关系

（三）实验仪器与试剂

1. 实验仪器

金属相图综合测试装置：包括加热电炉 1 台，程序控制器（带热电偶传感器）1 台，微机（带打印机）1 台。

2. 实验试剂

锡和铋样品管（分别为纯 Sn、含 Bi 20%、40%、60%、80%和纯 Bi 的样品，样品上面覆盖一层石墨粉）。

（四）实验步骤

（1）有关热电偶温度计的常识请参阅实验技术部分第四篇的有关内容。

（2）将金属相图综合测试装置连接好。直接称重配制纯 Sn，含 Bi 20%、40%、60%、80%和纯 Bi 的样品置于样品管中，直接加热，待样品熔化后在上面覆盖一层石墨粉，然后插入样品管盖密封（实验室准备）。

（3）将样品管放入加热电炉的加热管中，温度传感器插入样品管中。注意 1～4 号传感器与 1～4 号样品对应，传感器不要与加热孔直接接触。

（4）按仪器设备的要求设置相关实验参数。在程序控制器上按设置键，进入“SET 1”界面，设置最高加热温度 350℃；按翻页键，进入“SET 2”界面，设置升温速率 40℃/min；再按翻页键进入“SET 3”界面，设置恒温时间 5min；“SET 4”设置降温速率 5℃/min，以便得到清楚的拐点和平台。参数设置完成以后按返回键结束设置。

（5）设置完成以后，按运行键。控制器界面显示“Up”，表示炉体开始加热。此时可以使用翻页键查看各样品管的温度情况。如：1_63.0℃表示样品管1的温度，2_63.1℃表示样品管2的温度等。当炉体温度到达设定最高温度时，控制器界面显示“Down”，表示炉体不再升温，样品管进入降温状态。

(6) 炉体降温开始时，在软件窗口中按下开始绘图，软件窗口显示4个样品和炉体与时间的5条颜色各异的步冷曲线。各步冷曲线对应的颜色不要雷同，方便实验者随机观察样品的温度变化。最高样品温度在100℃左右时可停止绘图。保存实验文件（文件名不能重复），换样品重复操作。

(五) 数据记录及处理

(1) 将测试系统所得的实验数据导入到Origin软件中，按绪论中有关Origin软件使用方法中的提示，作出与图3-7-2中相似的步冷曲线。

(2) 标明各条冷却曲线的名称，并在曲线的相应位置标明拐点与平台的温度。

(3) 在Origin中将得到的拐点和平台温度按组成绘出与图3-7-2中相似的相图，从相图中找出低共熔点的温度和低共熔混合物的组成。

(4) 在金属相图综合测试装置中的程序控制器上配有温度数值显示，因此也可手工记录数据画出步冷曲线。

将步冷曲线确定的相变温度记录于表3-7-1中。

表3-7-1 实验数据记录

样品组成 w_{Bi}/%	0	20	40	60	80	100
拐点温度/K						
平台温度/K						

以温度为纵坐标，组成为横坐标，绘制相图。

(六) 注意事项

(1) 用电炉加热样品时，温度要适当，温度过高样品易氧化变质；温度过低或加热时间不够则样品没有完全熔化，步冷曲线转折点测不出。

(2) 实验过程中要小心烫伤，同时要防止热的样品管对热电偶导线的烫伤。

(3) 从相图的定义可知，用热分析法测绘相图时，应注意以下几点。

① 被测体系必须时时处于或非常接近于相平衡状态。因此，体系在冷却时，冷却速度必须足够慢，以保证上述条件近于实现。若体系中的几个相都是固相，该条件通常是较难实现的（因固相与固相间转化时热效应较小），此时测绘相图常用其他方法（如差热分析）。

② 被测体系的组成必须真实可靠，且样品各处应均匀，更不能氧化变质。

③ 测得的温度值必须真实反映出体系在所测时刻的温度。样品在降温至“平台”温度时，会出现十分明显的过冷现象，应该待温度回升出现“平阶”后，温度再下降时，才能结束记录。另外，为了使热电偶指示温度能真实地反映被测样品的温度，本实验所设计的热电偶套管的底部正好处于样品的中部，保证了体系温度的代表性；同时实验所用热电偶的热容量小，具有较好的导热性，这些都保证了实验测量的可靠性。

(七) 思考题

(1) 对于不同成分的混合物的步冷曲线，其水平段有什么不同？为什么？

(2) 为什么要缓慢冷却合金做步冷曲线？

(3) 为什么样品中严防进入杂质？如果进入杂质则步冷曲线会出现什么情况？

(4) 实验中各样品的总量若不相等，对实验有无影响？

(八) 文献参考值

常压下 Sn-Bi 合金的最低共熔温度为 145℃，此时 Bi 含量为 58%。

实验 8　分光光度法测定配位化合物的稳定常数

(一) 实验目的

(1) 掌握分光光度法测定配合物组成及其稳定常数的基本原理和方法。

(2) 通过实验，掌握分光光度计的测量原理和使用方法。

(二) 实验原理

溶液中金属离子 M 与配体 L 形成配合物的反应可写成

$$M+nL \rightleftharpoons ML_n$$

当达到平衡时，配合物的稳定常数表示为

$$K=\frac{c_{ML_n}}{c_M c_L^n}$$

式中，K 为配合物的稳定常数。在维持金属离子及配位体浓度之和 (c_M+c_L) 不变的条件下，改变 c_M 和 c_L，则当 $c_L/c_M=n$ 时，配合物浓度达到最大，即

$$\frac{dc_{ML_n}}{dc_M}=0$$

如果在可见光某个波长区域，配合物 ML_n 有强烈吸收，而金属离子 M 和配位体 L 几乎没有吸收，则可用分光光度法直接测定配合物的组成及配合物稳定常数。根据朗伯-比尔 (Lambert-Beer) 定律：

$$A=\varepsilon bc$$

式中，A 称为吸光度；ε 称为吸收系数，对于一定溶质、溶剂及一定波长，ε 为常数；b 为比色皿厚度；c 为样品浓度。在维持 c_M+c_L 不变的条件下，配制一系列不同组成比例 (c_L/c_M) 的溶液。调节波长 λ，测定 $c_M=0$，$c_L=0$ 及 c_L/c_M 居中间数值的三种溶液的 A-λ 数据。找出 c_L/c_M 有最大吸收，而 M 和 L 几乎不吸收的波长 λ 值，则该值接近于配合物 ML_n 的最大吸收波长。然后固定在该波长下，测定一系列的 $c_M/(c_M+c_L)$ 组成溶液的吸光度 A，作 A-$c_M/(c_M+c_L)$ 曲线，则曲线必存在着极大值，而极大值所对应的溶液组成就是配合物的组成，如图 3-8-1 所示。

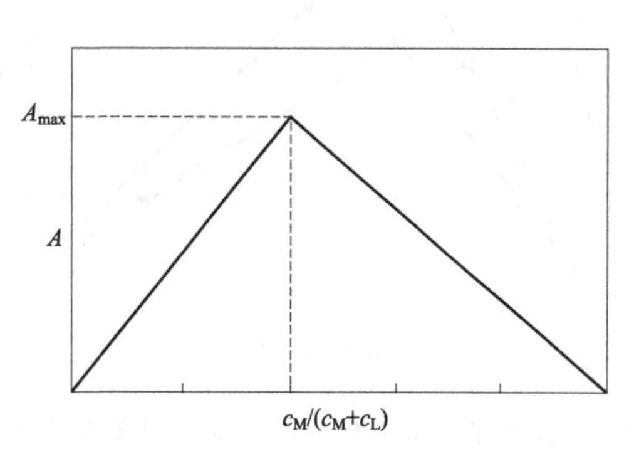

图 3-8-1　吸光度-摩尔分数曲线

但是由于金属离子 M 及配位体 L 实际上存在着一定程度的吸收，因此所观察到的吸光度 A 并不是完全由配合物 ML_n 吸收所引起，必须加以校正。

校正方法如下：在 A-$c_M/(c_M+c_L)$ 图上，过 $c_M=0$ 及 $c_L=0$ 的两点作直线 LM，则直

线上所表示的不同组成的吸光度数值，可以认为是由于M和L的吸收所引起的，因此校正后的吸光度A'应等于曲线上的吸光度数值A与相应组成下直线上的吸光度数值A_0之差，即$A'=A-A_0$，如图3-8-2所示。校正后的A'-$c_M/(c_M+c_L)$曲线如图3-8-3所示，该曲线极大值所对应的组成才是配合物的实际组成。

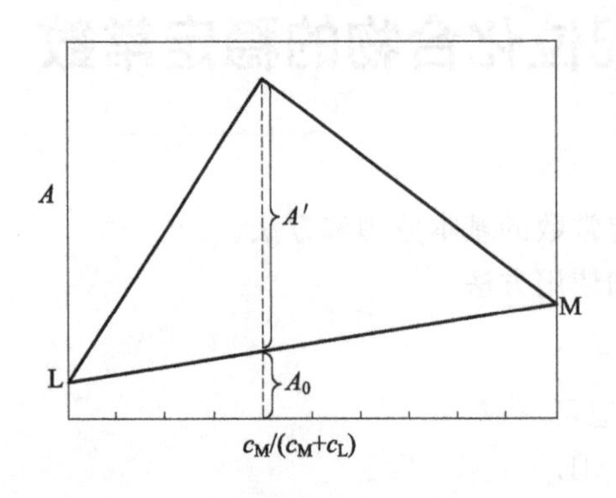

图3-8-2 吸光度-摩尔分数曲线

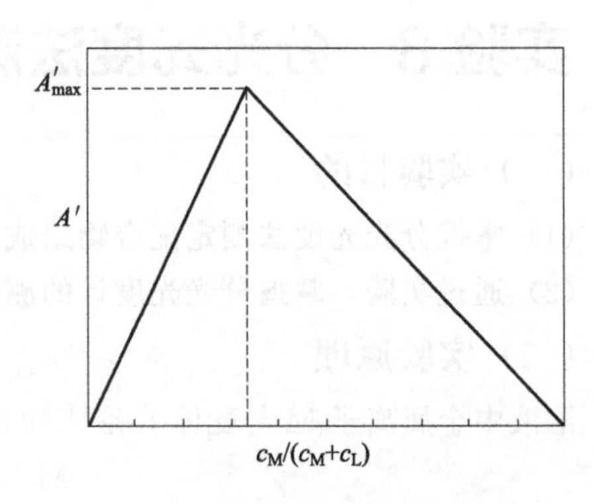

图3-8-3 吸光度A'-摩尔分数曲线

摩尔分数$x=c_M/(c_M+c_L)$，设x_{max}为曲线最大值所对应的组成，则配位数为

$$n=\frac{c_L}{c_M}=\frac{1-x_{max}}{x_{max}} \tag{3-8-1}$$

当配合物组成已经确定之后，就可以根据下述方法确定配合物稳定常数K。设金属离子M和配位体L的初始浓度分别为$c_M=a$和$c_L=b$，而达到平衡时配合物ML_n的浓度为x，则：

$$K=\frac{x}{(a-x)(b-nx)^n} \tag{3-8-2}$$

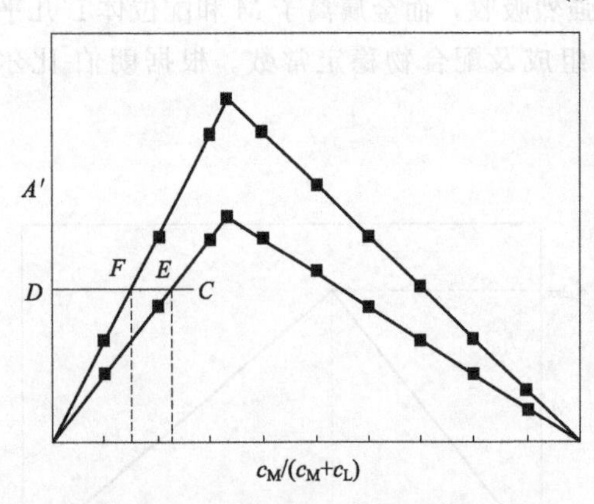

图3-8-4 两组吸光度A'-摩尔分数曲线

由于吸光度已经通过上述方法进行校正，因此可以认为校正后，溶液吸光度正比于配合物的浓度。如果在两组不同的金属离子M和配位体L总浓度的条件下，在同一图中分别作两条A'-$c_M/(c_M+c_L)$曲线（如图3-8-4所示），并在两曲线上找出吸光度相同的两点，则此两点所对应的配合物浓度应相同。设对应曲线的金属离子M和配位体L的初始浓度分别为a_1、b_1，a_2、b_2，则：

$$K=\frac{x}{(a_1-x)(b_1-nx)^n}=\frac{x}{(a_2-x)(b_2-nx)^n}$$

解上述方程，可求出x，从而可计算出配合物稳定常数K。

（三）实验仪器与试剂

1. 实验仪器

721型分光光度计1台，酸度计。

2. 实验试剂

$0.005mol\cdot L^{-1}$钛铁试剂；$0.005mol\cdot L^{-1}NH_4Fe(SO_4)_2$；缓冲溶液（pH4.6～6）：按每1L溶液中含100g NH_4Ac和100mL冰HAc配制。

(四) 实验步骤

(1) 分别将 0.005mol·L^{-1} 的 $NH_4Fe(SO_4)_2$ 及 0.005mol·L^{-1} 的钛铁试剂移取至 100mL 容量瓶中，按表 3-8-1 配制 11 种待测溶液，加水至刻度，摇匀。

表 3-8-1　溶液的配制

溶液编号	1	2	3	4	5	6	7	8	9	10	11
硫酸高铁铵溶液体积/mL	0	1	2	3	4	5	6	7	8	9	10
钛铁试剂/mL	10	9	8	7	6	5	4	3	2	1	0
缓冲溶液/mL	25	25	25	25	25	25	25	25	25	25	25

(2) 把 0.005mol·L^{-1} 的 $NH_4Fe(SO_4)_2$ 及 0.005mol·L^{-1} 的钛铁试剂分别稀释至 0.0025mol·L^{-1}，在 100mL 容量瓶中再按表 3-8-1 配制另一组 11 种待测溶液，加水至刻度，摇匀。

(3) 测定上述溶液的 pH 值（不必每组都测定，选任何一组即可）。因为 $NH_4Fe(SO_4)_2$ 与钛铁试剂生成的配合物组成随 pH 改变而变化，所测配合物溶液需要维持 pH≈4.6。

(4) ML_n 溶液吸光度曲线-λ_{max} 的选择

取 0.005mol·L^{-1} $NH_4Fe(SO_4)_2$ 3.3mL 及 0.005mol·L^{-1} 钛铁试剂 6.7mL，加入缓冲溶液 25mL，维持 pH=4.6，加水定容至 100mL。以蒸馏水为空白，用 6 号溶液测定其在不同波长下的吸光度，找出最大吸光度所对应的波长 λ_{max}，在此波长下，1 号和 11 号溶液的吸光度应接近于零，在每次改变波长时，必须重新调分光光度计的零点。

(5) 测定第一组和第二组溶液在 λ_{max} 下的吸光度。

(五) 数据记录及处理

(1) 将所测得的数据按样表 3-8-2 记录。

表 3-8-2　实验数据记录样表

编号	c_M+c_L	$c_M/(c_M+c_L)$	吸光度 A	吸光度 A'
1				
2				
⋮				
⋮				

(2) 根据表 3-8-2 两组溶液的数据作 $A-c_M/(c_M+c_L)$ 图，并对吸光度 A 进行校正，求出各校正后的吸光度 A'，将 A' 记录到上表。

(3) 作两组溶液的 $A'-c_M/(c_M+c_L)$ 图。

(4) 采用图 3-8-4 的处理方法在 $A'-c_M/(c_M+c_L)$ 图中，作平行于横轴的直线交两曲线于两点。分别求出两点所对应的溶液组成（即求出 a_1、b_1 和 a_2、b_2 的值）。

(5) 找出 $A'-c_M/(c_M+c_L)$ 曲线最高点所对应的 x_{max} 值，并将该值代入式 (3-8-1)，求出 n 值。

(6) 根据式 (3-8-2)，求出 x 值，并将 x 值代入式 (3-8-2) 或式 (3-8-3) 求出配合物稳定常数 K。

(六) 注意事项

(1) 更换溶液时，比色皿应用蒸馏水冲洗干净，并用待测液润洗 3 次。

(2) 实验过程中应经常调整分光光度计的“0”位和“100%”位置。

(3) 分光光度计的测量原理及使用，参见本书第二篇相关内容。

(七) 思考题

(1) 为什么要控制溶液的 pH 值?

(2) 为什么只有在维持金属离子 M 及配位体 L 浓度总和不变的条件下，$c_L/c_M=n$ 时配合物浓度才达到最大值?

(3) 在两种总浓度 (c_M+c_L) 下，作两条 $A'-c_M/(c_M+c_L)$ 曲线。在这两条曲线上，吸光度相同的两点所对应的配合物浓度相同，为什么?

(4) 使用分光光度计应注意什么?

实验 9 氨基甲酸铵分解反应平衡常数的测定

(一) 实验目的

(1) 用静态法测定氨基甲酸铵在不同温度下分解反应系统的平衡总压力。

(2) 求氨基甲酸铵分解反应的相关热力学函数。

(3) 学会低真空实验技术，熟悉用等压计测定平衡压力的方法。

(二) 实验原理

对于化学反应 $aA+bB \longrightarrow yY+zZ$，其标准平衡常数随温度的变化规律符合范霍夫 (van't Hoff) 方程:

$$\frac{d\ln K^{\ominus}(T)}{dT}=\frac{\Delta_r H_m^{\ominus}(T)}{RT^2}$$

当温度变化范围不大时，$\Delta_r H_m^{\ominus}(T)$ 可视为常量，积分上式得:

$$\ln K^{\ominus}(T)=-\frac{\Delta_r H_m^{\ominus}(T)}{RT}+C \tag{3-9-1}$$

式中，C 为积分常数。由式 (3-9-1) 可以看出，以 $\ln K^{\ominus}(T)$ 对 $1/T$ 作图应为直线，直线的斜率为 $m=-\Delta_r H_m^{\ominus}(T)/R$，由此可求出反应的标准摩尔焓变 $\Delta_r H_m^{\ominus}(T)$。

由标准平衡常数的定义 $K^{\ominus}(T)=\exp\left[-\frac{\Delta_r G_m^{\ominus}(T)}{RT}\right]$ 得:

$$\Delta_r G_m^{\ominus}(T)=-RT\ln K^{\ominus}(T) \tag{3-9-2}$$

将式 (3-9-2) 代入关系式: $\Delta_r G_m^{\ominus}(T)=\Delta_r H_m^{\ominus}(T)-T\Delta_r S_m^{\ominus}(T)$ 可得:

$$\Delta_r S_m^{\ominus}(T)=\frac{\Delta_r H_m^{\ominus}(T)-\Delta_r G_m^{\ominus}(T)}{T} \tag{3-9-3}$$

氨基甲酸铵是合成尿素的中间产物，很不稳定，为白色固体，其分解反应为:

$$NH_2CO_2NH_4(s) \rightleftharpoons 2NH_3(g)+CO_2(g)$$

当反应系统建立平衡时，将气体近似作为理想气体处理，标准平衡常数为:

$$K_p^{\ominus}=\left(\frac{p_{NH_3}}{p^{\ominus}}\right)^2\times\left(\frac{p_{CO_2}}{p^{\ominus}}\right) \tag{3-9-4}$$

式中，p_{NH_3} 和 p_{CO_2} 分别为 $NH_3(g)$ 和 $CO_2(g)$ 在平衡时的分压力; $p^{\ominus}$ 为标准压力,

$p^{\ominus}=100\text{kPa}$。设分解反应系统的总压力为 p，忽略固体氨基甲酸铵的蒸气压，由氨基甲酸铵的分解反应式可知：

$$p_{NH_3}=\frac{2}{3}p,\quad p_{CO_2}=\frac{1}{3}p$$

代入式（3-9-4）得：

$$K_p^{\ominus}=(\frac{2}{3}\frac{p}{p^{\ominus}})^2\times(\frac{1}{3}\frac{p}{p^{\ominus}})=\frac{4}{27}(\frac{p}{p^{\ominus}})^3 \tag{3-9-5}$$

实验时，将固体氨基甲酸铵放入一个抽成一定真空的容器里，在一定的温度下使其发生分解并达平衡，测出系统总压力 p，就可以按式（3-9-5）计算氨基甲酸铵分解反应的标准平衡常数 $K_p^{\ominus}$（T）。以 $\ln K_p^{\ominus}$（T）对 $1/T$ 作图，由直线的斜率即得标准摩尔焓变 $\Delta_r H_m^{\ominus}$（T），从而可计算其他热力学函数变化值。

（三）实验仪器与试剂

1. 实验仪器

氨基甲酸铵分解反应实验装置一套（如图 3-9-1 所示）。

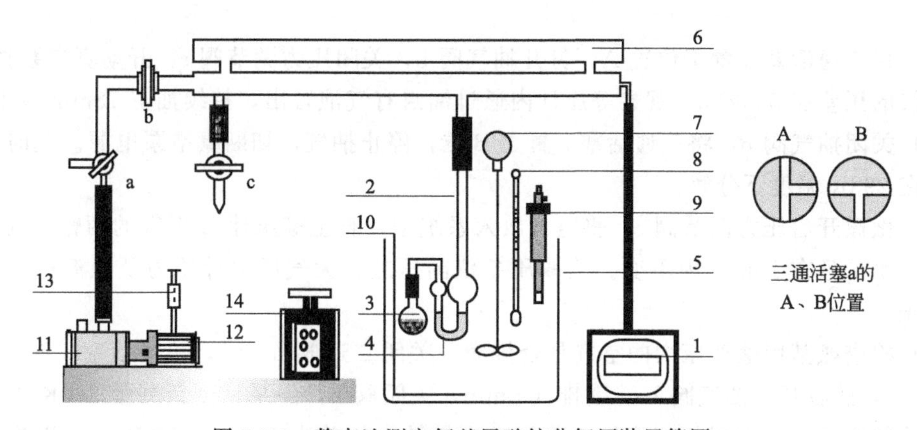

图 3-9-1　静态法测定氨基甲酸铵分解压装置简图

1—数字式低真空压差仪；2—等压计；3—氨基甲酸铵瓶；4—油封；5—恒温槽；6—稳压管；7—搅拌器；8—温度计；9—调节温度计；10—加热器；11—真空泵；12—真空泵电机；13—电机开关；14—加热用调压器

a—三通活塞；b—抽气阀；c—压力调节阀

2. 实验试剂

氨基甲酸铵（自制）。

氨基甲酸铵的制备方法：干燥的氨和干燥的二氧化碳接触后，在没有水存在的情况下，只生成氨基甲酸铵，不会生成碳酸铵或碳酸氢铵。因此原料气和反应器必须事先干燥。此外，生成的氨基甲酸铵极易在反应器的壁上形成一层黏附力很强的致密层，难以剥离，故反应容器选用聚乙烯薄膜袋，反应后只要揉搓即可得到产品。自制装置如图 3-9-2 所示。

具体操作如下：开启 CO_2 钢瓶，控制适当的流量，流量大小以使其通过浓硫酸洗气瓶，能正常鼓泡为准；然后开启 NH_3 钢瓶，使 NH_3 流量比 CO_2 大一倍，流量从液体石蜡鼓泡瓶中估计，再通过固体 KOH 干燥管，进入聚乙烯薄膜塑料袋反应器中。气体流量比例控制合适，反应完全的话，尾气的流量接近为零。通气约 1h，能得到 200～400g 白色粉末状氨基甲酸铵产品，装瓶密封备用。

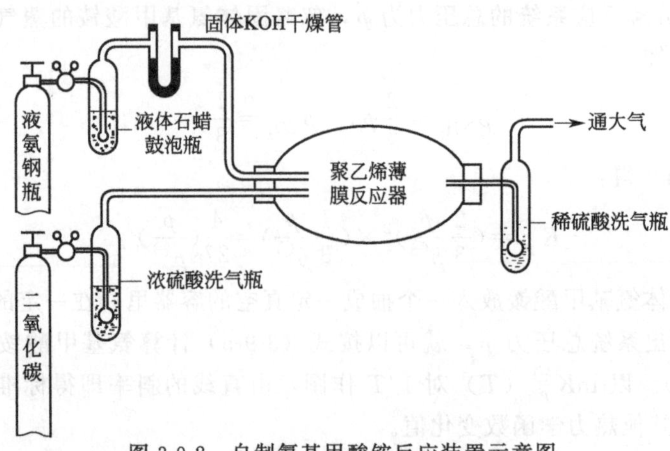

图 3-9-2 自制氨基甲酸铵反应装置示意图

(四) 实验步骤

(1) 按图 3-9-1 连接好等压计 2，并将氨基甲酸铵放入瓶 3 中，开启恒温槽使槽温恒定在 25℃。

(2) 将三通活塞 a 置于位置 A，打开抽气阀 b，关闭压力调节阀 c，开动真空泵抽真空，使压差仪的压差在 500kPa，观察等压计内通过油封有气泡冒出，持续抽空 15min 以上。

(3) 关闭抽气阀 b，将三通活塞 a 置于 B 位，停止抽气，切断真空泵电源。此时氨基甲酸铵将在 298K 温度下分解。

(4) 微微开启压力调节阀 c，将空气放入系统中，直至等压计 U 形管的两臂油封液面保持在同一水平且在 10min 内不变。读取压差仪的压差、大气压力计压力及恒温槽温度，计算分解压。

(5) 检查氨基甲酸铵瓶内的空气是否排净：关闭二通阀 b 和 c，三通活塞 a 置于 A 位，抽空 2min，然后开启抽气阀 b 继续排气 5min，关闭阀 b，停泵。重新测量 298K 下氨基甲酸铵的分解压并与 4 中测的相比较，若两次测量结果相差小于 260～270Pa，可以进行下一温度下分解压的测量。

(6) 依次将恒温槽温度升至 27℃、30℃、32℃和 35℃，测量每一温度下的分解压。在升温过程中应该注意通过压力调节阀 c 十分缓慢地向系统中放入适量空气，保持等压计的两臂油封液面水平，既不要使氨基甲酸铵瓶 3 里的气体通过油封冒出，更不要让放入的空气通过油封进入氨基甲酸铵瓶。

(7) 结束实验：关闭恒温槽搅拌电机及继电器的电源；缓慢地从压力调节阀 c 向系统中放入空气，使空气以不连续鼓泡的速度通过等压计的油封进入氨基甲酸铵瓶中。

(五) 数据记录及处理

(1) 将测得的实验数据记录到表 3-9-1：

表 3-9-1 实验数据记录及数据处理

温度			测压仪读数/kPa	分解压/kPa	$K_p^\ominus/T$	$\ln K_p^\ominus/T$
T/℃	T/K	$(1/T)\times10^3/K^{-1}$				

(2) 计算氨基甲酸铵在不同温度下的分解压并按式 (3-9-5) 计算氨基甲酸铵分解反应

的标准平衡常数 $K_p^{\ominus}(T)$。

（3）作 $\ln K_p^{\ominus}(T)$ -1/T 图，由直线的斜率计算氨基甲酸铵分解反应的 $\Delta_r H_m^{\ominus}(T)$，分别用式（3-9-2）、式（3-9-3）计算 298K 时氨基甲酸铵分解反应的 $\Delta_r G_m^{\ominus}(T)$ 和 $\Delta_r S_m^{\ominus}(T)$。

（六）注意事项

打开放空阀时一定要缓慢进行，小心操作。若放气速度太快或放气量太多，易使空气倒流，即空气将进入到氨基甲酸铵分解的反应瓶中，此时试验需重做。

（七）思考题

（1）怎样检查系统是否漏气？

（2）为什么要抽干净氨基甲酸铵小瓶中的空气？抽不干净对测量数据有什么影响？

（3）怎样判断氨基甲酸铵分解反应是否已达到平衡？

（4）等压计中的油封液体为什么要用高沸点、低蒸气压的硅油或石蜡油？将硅油或石蜡油改为乙醇等低沸点的液体可以吗？不用油封可以吗？除了硅油、石蜡油之外你认为还可以使用什么液体作为等压计的油封液体？

（八）文献参考值

氨基甲酸铵分解压文献值：

恒温温度/℃	25.00	30.00	35.00	40.00	45.00	50.00
分解压/kPa	11.73	17.06	23.79	32.93	45.32	62.92

实验 10　一级反应——蔗糖的转化

（一）实验目的

（1）根据物质的光学性质，用测定旋光度的方法测定蔗糖水溶液在酸催化作用下的反应速率常数和半衰期。

（2）了解该反应的反应物浓度与旋光度之间的关系及一级反应的动力学特征。

（3）了解旋光仪的基本原理，掌握其使用方法及在化学反应动力学测定中的应用。

（二）实验原理

反应速率只与反应物浓度的一次方成正比的反应称为一级反应，即速率方程为：

$$r=-\frac{\mathrm{d}c}{\mathrm{d}t}=kc \tag{3-10-1}$$

式中，c 是反应物 t 时刻的浓度；k 是反应速率常数。积分上式得：

$$\ln\frac{c_0}{c}=kt$$

式中，c_0 为 $t=0$ 时刻的反应物浓度。

一级反应具有以下两个特点：

① 以 $\ln c$ 对 t 作图，得一直线，其斜率 $m=-k$。

② 反应物消耗一半所需的时间称为半衰期，以 $t_{1/2}$ 表示。一级反应的半衰期为：

$$t_{1/2}=\frac{\ln 2}{k}$$

这表明一级反应的半衰期 $t_{1/2}$ 只决定于反应速率常数 k，而与反应物起始浓度无关。

蔗糖是由葡萄糖的甘羟基与果糖的甘羟基缩合而成的二糖。在酸性水溶液中，其甘羟键断裂，可进行如下的水解反应：

$$C_{12}H_{22}O_{11}(\text{蔗糖})+H_2O\xrightarrow{H^+}C_6H_{12}O_6(\text{葡萄糖})+C_6H_{12}O_6(\text{果糖})$$

在纯水中此反应进行的速率极慢，故通常在 H^+ 催化作用下进行。此反应是动力学中最早采用物理方法研究的反应之一。早在 1850 年，Wilhelmy 就对此反应进行了研究，发现此反应对蔗糖的反应级数为 1。影响蔗糖转化反应速率的因素有反应温度、反应物蔗糖和水的浓度、酸催化剂的种类和浓度等。由于该反应的反应速率与蔗糖、水和氢离子三者的浓度均有关。在氢离子浓度不变的条件下，反应速率只与蔗糖浓度和水的浓度有关，但由于水是大量的，在反应过程中水的浓度可视为不变。在这种情况下，反应速率只与蔗糖浓度的一次方成正比，其动力学方程式符合式 (3-10-1)，所以此反应为准一级反应。

蔗糖及其水解产物都是旋光性物质，且旋光能力不同。本实验就是利用反应体系在水解过程中旋光性质的变化来跟踪反应进程。在其他条件不变的情况下，旋光度 α 与物质的浓度成正比，即：

$$\alpha=Kc$$

式中，K 与物质的旋光能力、溶剂的性质、样品管长度、温度等均有关系。

物质的旋光能力用比旋光度 $[\alpha]_D^{20}$ 来表示，比旋光度用下式定义：

$$[\alpha]_D^{20}=\frac{100\alpha}{lc_A}$$

式中，$[\alpha]_D^{20}$ 右上角“20”表示测量温度为 20℃，D 表示钠灯光源 D 线的波长（即 589nm）；α 为该条件下测得的旋光度，(°)；l 为样品管长度，dm，c_A 为旋光物质的浓度，g/100mL。

蔗糖、葡萄糖和果糖的比旋光度分别为：蔗糖 $[\alpha]_D^{20}=66.6°$，葡萄糖 $[\alpha]_D^{20}=52.5°$，果糖 $[\alpha]_D^{20}=-91.9°$。正值表示右旋，负值表示左旋。由于果糖的左旋性大于葡萄糖的右旋性，因此随着水解反应的进行，产物浓度的增加，反应体系的旋光度将由正值经零变为负值。

因旋光度具有加和性，所以溶液的旋光度为各组分旋光度之和。设反应时刻为 0、t 和 ∞ 时，溶液旋光度分别为 α_0、α_t 和 α_∞，蔗糖、葡萄糖和果糖的 K 分别为 K_1，K_2 和 K_3，则

$$t=0 \qquad \alpha_0=K_1c_0$$

$$t=t \qquad \alpha_t=K_1c+K_2(c_0-c)+K_3(c_0-c)$$

$$t=\infty \qquad \alpha_\infty=K_2c_0+K_3c_0$$

将前两式分别减去最后一式，得：

$$\alpha_0-\alpha_\infty=(K_1-K_2-K_3)c_0$$

$$\alpha_t-\alpha_\infty=(K_1-K_2-K_3)c$$

上两式相除，得：

$$\frac{\alpha_0-\alpha_\infty}{\alpha_t-\alpha_\infty}=\frac{c_0}{c} \tag{3-10-2}$$

将式 (3-10-2) 代入一级反应的动力学方程式 (3-10-1) 中，得

$$\ln\frac{\alpha_0-\alpha_\infty}{\alpha_t-\alpha_\infty}=kt$$

或写成：

$$\ln(\alpha_t-\alpha_\infty)=-kt+\ln(\alpha_0-\alpha_\infty)$$

由上式可以看出，以 $\ln(\alpha_t-\alpha_\infty)$ 对 t 作图可得一直线，由直线的斜率（$m=-k$）即可求得反应速率常数 k，由截距可得到 α_0。

（三）实验仪器与试剂

1. 实验仪器

WZZ-1 型自动指示旋光仪 1 台，旋光管 1 个，恒温槽 1 台，电子台秤 1 台，移液管（25mL）2 支，烧杯（100mL）1 只，锥形瓶（100mL）2 只，量筒（100mL）1 个，小玻璃棒 1 根，秒表 1 只。

2. 实验试剂（材料）

HCl 溶液（$6mol\cdot L^{-1}$），蔗糖（AR），滤纸，镜头纸。

（四）实验步骤

1. 将恒温槽调节为 20℃恒温

2. 蔗糖溶液的配制

称取 6g 蔗糖，放入 100mL 烧杯中，加入 30mL 蒸馏水，搅拌使之完全溶解（若溶液浑浊需进行过滤），用移液管取 25mL 蔗糖溶液和 25mL $6mol\cdot L^{-1}$ 的 HCl 溶液分别注入干燥的锥形瓶中，然后塞上胶塞将此两锥形瓶置于恒温槽中恒温。

3. 旋光仪零点的校正

打开旋光仪开关预热（旋光仪测定原理及使用方法参见第二篇相关内容）。洗净旋光管（图 3-10-1）的各部件，注入蒸馏水使液体在管口形成一凸面，将玻璃片从正上方盖下，再盖上盖，用螺旋帽旋紧，勿使漏水或有气泡形成（若有小气泡，将其赶到旋光管的扩大部分），注意不要过分用力，以不漏为准。用干布擦净旋光管两端玻璃片，然后放入旋光仪中，重复测定三次，取其平均值，此值为旋光仪的零点。将旋光管的蒸馏水倒掉，擦干待用。

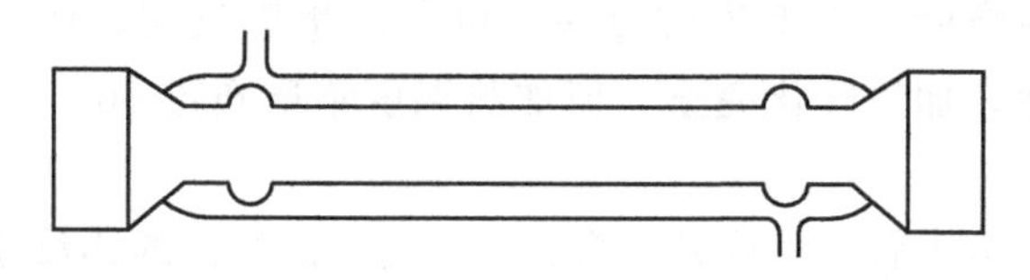

图 3-10-1　恒温旋光管

4. α_t 的测定

待两锥形瓶中溶液恒温后（不能少于 10min），将 HCl 溶液倒入蔗糖溶液锥形瓶中，并摇动锥形瓶使两种溶液充分混合，当 HCl 加入约一半时按下秒表开始计时，作为反应开始的时间；在开始反应的 2min 内，迅速用少量混合液洗旋光管两次，然后用反应液注满旋光管，盖好盖子（检查是否漏液或形成气泡），擦净旋光管两端玻璃片，立即置于旋光仪中，测定其旋光度 α_t 的同时记下时间。在反应开始的 15min 内，每分钟测量一次，此后，随反应物浓度的降低，测量的时间间隔放宽至 2min 一次，直至反应进行 1h 后为止。

5. α_∞的测定

为了得到反应结束时的旋光度α_∞，将步骤 4 中的剩余混合液保存好，置于 50～55℃的水浴恒温 30min（注意勿使温度高于 60℃，否则会产生副反应，使反应液变黄），使水解完全。然后冷却至实验温度，再按上述操作，将此反应液装入旋光管，测其旋光度，此值即可认为是α_∞，测三次。实验结束后应立即将旋光管洗净擦干，防止酸对旋光管的腐蚀和蔗糖对玻璃片、盖套的黏合。

(五) 数据记录及处理

(1) 将所测的实验数据记录于表 3-10-1 中：

表 3-10-1 实验数据记录及数据处理

<table>
<tr><td rowspan="2">t/min</td><td colspan="5">实验温度： ℃；HCl 浓度： ；α_∞平均值：</td></tr>
<tr><td>α_t</td><td>$\ln(\alpha_t-\alpha_\infty)$</td><td>$t$/min</td><td>$\alpha_t$</td><td>$\ln(\alpha_t-\alpha_\infty)$</td></tr>
<tr><td></td><td></td><td></td><td></td><td></td><td></td></tr>
</table>

(2) 根据表 3-10-1 中所记录的数据，计算 $\ln(\alpha_t-\alpha_\infty)$ 值，并记于表 3-10-1 中，根据表中的数据作 $\ln(\alpha_t-\alpha_\infty)$-$t$ 图，由所得直线的斜率求出反应速率常数 k，并由此求出反应的半衰期 $t_{1/2}$，由截距求出 α_0。

(六) 注意事项

本实验是以 $\ln(\alpha_t-\alpha_\infty)$ 对 t 作图，由所得直线的斜率求出 k，其中 k 包含了温度和催化剂（H^+）浓度的影响因素。因此实验操作应考虑这些影响因素和α_t、α_∞测定的准确性。

(1) 所用的 HCl 溶液浓度应准确配制，并且用移液管准确量取。

(2) 温度对反应速率影响较大，所以整个实验过程应保持恒温。反应液需要预先恒温，混合后的操作要迅速。

(3) 装样时，旋光管管盖旋至不漏液体即可，不要用力过猛，以免压碎玻璃片。为避免反应液装入旋光管时产生气泡，可将玻璃片从正上方盖下。另外，用反应液清洗旋光管时，不要用量太多，以免影响到α_∞的测量。如果测定α_∞时反应液不足时，可利用测定α_t的反应液，重新用水浴加热。

(4) 水浴加热反应液时，温度不宜过高，以免产生副反应，使溶液变黄。在测定α_∞时，通过加热使反应速率加快转化完全。但加热温度不要超过 60℃，加热过程要防止溶剂挥发，溶液浓度变化。

(5) 反应初始阶段速率较快，旋光度变化大，自动旋光仪的读数连续变化，因此要注意时间的准确性，必须迅速读出数据。

(6) 酸对仪器有腐蚀，操作时应特别注意，避免酸液滴漏到仪器上。实验结束后必须将旋光管洗净。

(7) 自动旋光仪的钠光灯不宜长时间开启，否则易损坏或使仪器的温度过高，致使反应液温度升高，影响测量结果的准确性。因而测量时间间隔较长时，应关闭几分钟。在下一次测量前 5min 开启，使光源稳定，以免损坏。

(七) 思考题

(1) 为什么可以用普通天平称蔗糖，而不用分析天平进行精确称量？

(2) 为什么可以用蒸馏水校正零点？就本实验而言，是否一定要进行零点校正？

(3) 一级反应的特点是什么？

(4) 当测定了 α_∞，如何利用蔗糖、葡萄糖和果糖的比旋光度计算出 α_0？

(5) 用移液管量取蔗糖溶液时是否要求体积精确？

(6) 在测量蔗糖转化速率常数时，选用长的旋光管好还是短的旋光管好？

(7) 如何判断某一旋光物质是左旋还是右旋？

(8) 在数据处理中，由 α_t-t 曲线上读取等时间间隔 t 时的 α_t 值，这称为数据的“匀整”，此法有何意义？什么情况下采用此法？

(9) 使用旋光仪时以三分视野消失且较暗的位置读数，能否以三分视野消失且较亮的位置读数？哪种方法更好？

(10) 本实验中旋光仪的光源改用其他波长的单色光而不用钠光灯可以吗？

(八) 文献参考值

蔗糖水解反应的温度及酸度对速率常数的影响见表 3-10-2，反应的活化能约为 $E_a=108\text{kJ}\cdot\text{mol}^{-1}$。

表 3-10-2　温度与盐酸浓度对蔗糖转化速率常数的影响

$c_{HCl}/\text{mol}\cdot\text{L}^{-1}$	$k/10^5\text{s}^{-1}$		
	298.2K	308.2K	318.2K
0.0502	0.6948	2.897	10.355
0.2512	3.758	15.592	59.77
0.4137	6.738	28.33	101.03
0.9000	18.60	77.93	248.0
1.214	29.092	126.62	—

实验 11　氟离子选择电极的测试和应用

(一) 实验目的

(1) 掌握直接电位法的测定原理及实验方法。

(2) 学会正确使用氟离子选择性电极和酸度计。

(3) 了解氟离子选择性电极的基本性能及其测定方法。

(二) 实验原理

离子选择性电极是一种化学传感器，它能将溶液中特定离子的活度转换成相应的电位。用 F^- 选择电极（简称氟电极，它是由 LaF_3 单晶敏感膜电极，内装 $0.1\text{mol}\cdot\text{L}^{-1}$ NaCl-AgCl 内参比溶液和 Ag-AgCl 内参比电极）测定氟离子的方法与测定 pH 的方法类似。当氟电极插入溶液中时，其敏感膜对 F^- 产生响应，在膜和溶液间产生一定的膜电位 $\varphi_{膜}$：

$$\varphi_{膜}=K-\frac{2.303RT}{F}\lg[a(F^-)]$$

在一定条件下膜电位 $\varphi_{膜}$ 与 F^- 活度的对数值成直线关系。当氟电极（作指示电极）与饱和甘汞电极（作参比电极）插入被测溶液中组成原电池时

$$\text{Ag}|\text{AgCl},\text{Cl}^-(0.1\text{mol}\cdot\text{L}^{-1}),$$
$$\text{F}^-(0.1\text{mol}\cdot\text{L}^{-1})|\text{LaF}_3|\text{F}^-\text{试液}\|\text{饱和甘汞电极}$$

电池的电动势 E 在一定条件下与 F^- 活度的对数值成直线关系：

$$E=K'-\frac{2.303RT}{F}\lg[a(F^-)]$$

式中，K'为包括内外参比电极的电位、液接电位、不对称电位等的常数。通过测量电池电动势可以测定 F^- 的活度。当溶液中的总离子强度保持不变时，离子的活度系数为一定值，则

$$E=K'-\frac{2.303RT}{F}\lg[c(F^-)]$$

此时 E 与 F^- 浓度［c（F^-）］的对数值成直线关系。因此，为了测定 F^- 的浓度，常在标准溶液与试样溶液中同时加入等量的足够多的总离子强度调节缓冲液，使它们的总离子强度相等。总离子强度调节缓冲液（TISAB）通常由惰性电解质、金属络合剂（作掩蔽剂）及 pH 缓冲溶液组成，可以起到控制一定的离子强度和酸度，以及掩蔽干扰离子等多种作用。

当 F^- 浓度在 10^{-6}～$1mol\cdot L^{-1}$ 范围内时，氟电极电位与 pF 成直线关系，可用标准加入法或标准曲线法进行测定。

该方法的最大优点是选择性好。但在酸性溶液中，H^+与部分 F^-形成 HF 或 HF^-，会降低 F^- 的浓度。在碱性溶液中，LaF_3 薄膜与 OH^- 发生交换作用而使溶液中 F^- 浓度增加。因此溶液的酸度对测定有很大影响，氟电极适宜于测定的 pH 范围为 5～7。

(三) 实验仪器和试剂

1. 实验仪器

pHS-2 型精密酸度计，7601 型氟电极，232 或 222 型甘汞电极，电磁搅拌器，移液管（5.0mL、25mL），烧杯（50mL），容量瓶（250mL）。

2. 实验试剂

$0.100mol\cdot L^{-1}$ 氟标准溶液的配制：准确称取于 120℃ 干燥 2h 并冷却的分析纯 NaF4.199g，将它溶于去离子水，转入 1L 容量瓶中，用去离子水稀释至刻度，摇匀，储于聚乙烯瓶中。

TISAB（总离子强度调节缓冲液）的配制：于 1000mL 烧杯中，加入 500mL 去离子水和 57mL 冰醋酸、58g NaCl、12g 柠檬酸钠（$Na_3C_6H_5O_7\cdot 2H_2O$），搅拌至溶解，将烧杯放在冷水浴中，缓慢加入 $6mol\cdot L^{-1}$NaOH 溶液，直至 pH 为 5.0～5.5（约需 125mL，用 pH 检查），冷至室温，转入 1000mL 容量瓶中，用去离子水稀释至刻度。

(四) 实验步骤

1. 氟电极的准备

氟电极在使用前，宜在去离子水中浸泡或洗到空白电位为 300mV 左右。测定时应按溶液从稀到浓的次序进行，每次测定完成后都应浸泡在去离子水中。

2. 标准曲线法

(1) 吸取 5mL$0.100mol\cdot L^{-1}$ 氟标准溶液于 50mL 容量瓶中，加入 5mL TISAB 溶液，再用去离子水稀释至刻度，混匀。此溶液为 $10^{-2}mol\cdot L^{-1}$ 氟标准溶液，用逐级稀释法配成浓度为 $10^{-3}mol\cdot L^{-1}$、$10^{-4}mol\cdot L^{-1}$、$10^{-5}mol\cdot L^{-1}$ 及 $10^{-6}mol\cdot L^{-1}$ 氟离子溶液，逐级稀释时只需加入 4.5mL TISAB 溶液。

(2) 将系列氟标准溶液由低浓度到高浓度依次转入干塑料烧杯中，插入氟电极和参比电

极，用电磁搅拌 4min 后，读取平衡电位。

(3) 将各氟标准溶液测定后作 E-pF 图，即得标准曲线。

(4) 吸取自来水样 25mL 于 50mL 容量瓶中，加入 5mL TISAB 溶液，再用去离子水稀释至刻度，混匀。于标准曲线法相同的条件下测定电位。从标准曲线上找到 F^- 浓度，再计算水中含氟量。

3. 标准加入法

先测定试液的 E_1，然后将一定量标准溶液加入此试液中，再测其 E_2。计算含氟量：

$$c_x=\frac{\Delta c}{10^{(E_2-E_1)/S}-1}$$

$$\Delta c=\frac{c_s V_s}{V_0}$$

式中，Δc 为增加的 F^- 浓度；S 为电极响应斜率，即标准曲线的斜率，又叫极差（浓度改变 10 倍所引起的 E 值变化）。在理论上，$S=2.303RT/nF$（25℃，$n=1$，$S=59\text{mV}\cdot\text{pF}^{-1}$），实际测量值与理论值常有出入，因此最好进行测量，以免引入误差。最简单的方法即借稀释 1 倍的方法来测得实际响应斜率。即将测出 E_2 后的溶液用水稀释 1 倍，再测定 E_3，则电极在试液中的实际响应斜率为

$$S=\frac{E_2-E_1}{\lg 2}=\frac{E_2-E_1}{0.301}$$

先测定试液的 E_1，然后将一定量标准溶液加入此试液中，再测其 E_2，计算含氟量。

测定步骤如下：

(1) 吸取自来水样 25mL 于 50mL 容量瓶中，加入 5mL TISAB 溶液，再用去离子水稀释至刻度，混匀于干塑料烧杯中，测得 E_1。

(2) 在上述溶液中准确加入 0.5mL 浓度为 $10^{-3}\text{mol}\cdot\text{L}^{-1}$ 氟标准溶液，混匀，继续测得 E_2。

(3) 在测定 E_2 的试液中，加入 5mL TISAB 溶液及 45mL 去离子水，混匀，测得 E_3。根据测定结果，计算自来水中含氟量，并与标准曲线法测得结果比较。

(五) 数据处理

1. 工作曲线图

氟离子浓度/$\text{mol}\cdot\text{L}^{-1}$	1.00×10^{-1}	1.00×10^{-2}	1.00×10^{-3}	1.00×10^{-4}	1.00×10^{-5}
$\lg[c(F^-)]$					
测得电动势/－mV					

2. 水样测定结果

水样编号	测得电动势/－mV	氟离子浓度 $c(F^-)$/$\text{mol}\cdot\text{L}^{-1}$
1		
2		

3. 标准加入法数据及结果

$E_1=$　　　　$E_2=$　　　　$E_3=$

$c_x=$

（六）思考题

（1）电极法所测的是试液中离子活度，而且其活度系数将随溶液中的离子强度的变化而变化，这和采用工作曲线法测定氟浓度是否矛盾？

（2）为什么在测试过程中要加入 TISAB？TISAB 溶液包含哪些组分？各组分作用怎样？

（七）附录

1. pHS-2 型酸度计操作方法

（1）接通电源（交流电 220V），打开电源开关，预热 20min。

（2）把 pH-mV 选择开关转到 mV 位置上。

（3）安装电极。把电极夹在电极杆上，把氟电极和甘汞电极分别夹在电极夹上，甘汞电极下端比氟电极下端略低一些，以保持单晶膜不致破损。把氟电极插头插入玻璃电极（－）插入孔内。将插孔上的固定螺丝旋紧，把甘汞电极引线接到甘汞电极（＋）接线柱上。

（4）注意使用甘汞电极时，应把橡皮塞和橡皮套拔去，电极插头应保持清洁。

2. 关于电极的使用说明

（1）氟电极使用前，需在 10^{-3} mol·L^{-1} NaF 溶液中浸泡 1～2h，再用去离子水反复清洗，直至空白电位值达 300mV 左右。

（2）氟电极晶片勿与硬物碰擦，如有油污先用乙醇棉球轻擦，再用去离子水洗净。

（3）氟电极使用完毕后应清洗到空白电位值保存。

（4）氟电极引线与插头应保持干燥。

实验 12　H_2O_2 分解反应

（一）实验目的

（1）测定 H_2O_2 分解反应的速率常数和半衰期。

（2）掌握用作图法求一级反应速率常数的方法。

（二）实验原理

H_2O_2 分解反应式如下：

$$H_2O_2 \longrightarrow H_2O+\frac{1}{2}O_2$$

在没有催化剂存在时，分解反应进行得很慢，若用 KI 溶液为催化剂，则能加速其分解。KI 催化 H_2O_2 分解反应的机理一般表示为：

第一步　$KI+H_2O_2 \longrightarrow KIO+H_2O$　（慢反应）

第二步　$KIO \longrightarrow KI+\frac{1}{2}O_2$　（快反应）

由于第一步的反应速率比第二步慢得多，所以整个分解反应的速率取决于第一步。如果反应速率用单位时间内 H_2O_2 浓度的减少表示，则它与 KI 和 H_2O_2 的浓度成正比：

$$-\frac{dc_{H_2O_2}}{dt}=kc_{KI}c_{H_2O_2}$$

式中，c 表示各物质物质的量的浓度，mol·L^{-1}；t 为反应时间，s；k 为反应速率常数，它的大小仅决定于温度。

在反应过程中作为催化剂的 KI 的浓度保持不变，上式可简化为

$$-\frac{dc_{H_2O_2}}{dt}=k_1c_{H_2O_2}$$

式中，k_1 为表观反应速率常数。此式表明，分解反应速率仅与 H_2O_2 浓度的一次方成正比，故表现为一级反应。积分上式得：

$$\lg\frac{c_t}{c_0}=-\frac{k_1}{2.303}t \tag{3-12-1}$$

式中，c_0 表示 H_2O_2 的初始浓度；c_t 表示 t 时刻 H_2O_2 的浓度。

在一定温度与催化剂浓度下，k_1 为定值，所以对一级反应而言，c_t/c_0 的值仅与 t 有关，而与反应物初始浓度无关。

在 H_2O_2 催化分解过程中，t 时刻 H_2O_2 的浓度 c_t 可通过测量在相应的时间内反应放出的 O_2 的体积求得。因为分解反应中，放出 O_2 的体积与已分解了的 H_2O_2 浓度成正比，其比例常数为定值。令 V_∞ 表示 H_2O_2 全部分解所放出的 O_2 的体积，V_t 表示 H_2O_2 在 t 时刻放出的 O_2 的体积，则：

$$c_0\propto V_\infty \qquad c_t\propto(V_\infty-V_t)$$

将上面的关系式代入式（3-12-1），得到

$$\lg\frac{c_t}{c_0}=\lg\frac{V_\infty-V_t}{V_\infty}=-\frac{k_1}{2.303}t$$

在 H_2O_2 的催化分解反应中，若以 $\lg(V_\infty-V_t)$ 对 t 作图得到一直线，即可验证该反应是一级反应。这种利用动力学方程的积分式来确定反应级数的方法称为积分法，从直线的斜率可求出表观反应速率常数 k_1。

V_∞ 可由 H_2O_2 的初始浓度及体积算出。按 H_2O_2 分解反应式可知，1molH_2O_2 能放出 $\frac{1}{2}$molO_2，在酸性溶液中每摩尔的氧气相当于 2mol 的 H_2O_2。设分解反应所用的 H_2O_2 的初始浓度为 c_0，体积为 V_0，V_∞ 就可由（3-12-2）算出：

$$V_\infty=\frac{c_0V_0}{2}\times\frac{RT}{p} \tag{3-12-2}$$

式中，p 为氧的分压，T 为实验温度，K。

H_2O_2 在 MnO_2 作用下的分解是多相催化反应，实验证明也是一级反应。

$$-\frac{dc_{H_2O_2}}{dt}=k_2c_{H_2O_2}$$

按照前述的方法处理，可求得反应速率常数 k_2。

本实验采用量气法测量分解反应在不同时刻放出的氧气的体积来表征反应进度，测量装置简图见图 3-12-1。

实验中采用含水量气管测量氧气的体积，量气管所显示的体积必然包含水蒸气的分体积，因此，实际氧气的体积应扣除水的分体积，即 V_t 应按下式计算：

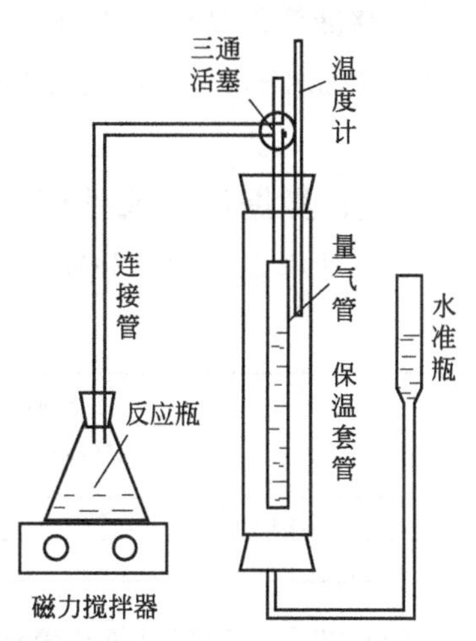

图 3-12-1　H_2O_2 分解反应测定装置

$$V_t = V_{t,测量}\left(1-\frac{p^*_{H_2O}}{p_{大气}}\right)$$

同样式（3-12-2）中氧的分压也应是大气压减去水的饱和蒸气压。

（三）实验仪器与试剂

1. 实验仪器

H_2O_2 分解测定装置 1 套，10mL 移液管 2 支，20mL 移液管 1 支，5mL 移液管 1 支，秒表 1 个，250mL 锥形瓶 1 个。

2. 实验试剂

H_2O_2 溶液（$1mol \cdot L^{-1}$），KI 溶液（$0.1mol \cdot L^{-1}$），$KMnO_4$ 溶液（$0.1mol \cdot L^{-1}$），H_2SO_4 溶液（$3mol \cdot L^{-1}$），MnO_2 粉。

（四）实验步骤

（1）移取 10mL $0.1mol \cdot L^{-1}$ KI 溶液注入反应瓶中一侧，10mL H_2O_2 加入另一侧。

（2）旋转三通活塞，使体系与外界相通，举高水准瓶，使量气管的刻度在最高读数处，然后旋转三通活塞，使体系与外界隔绝，并把水准瓶放回桌面，如果量气管中的液面在 2min 保持不变，即表示体系不漏气，否则应排除。

（3）转动反应瓶使两种反应液混合，同时开动电磁搅拌器并开始计时，将三通活塞转至反应瓶与量气管相通位置，举起水准瓶，并始终保持液面高度与量气管内液面高度一致。

（4）量气管内液面降低至 5mL 时读取时间，以后每降低 5mL 读取一次时间，直到量气管内液面降低至 50mL 时为止。

（5）使用 10mL $0.1mol \cdot L^{-1}$ $KMnO_4$ 溶液代替 KI 溶液，用 20mL 蒸馏水加 10mL H_2O_2 代替 KI 体系中的 H_2O_2 溶液，并加入少量 MnO_2 重复上述实验。

（6）测定 H_2O_2 的初始浓度：H_2O_2 的初始浓度可用 $KMnO_4$ 标准溶液滴定测得。滴定反应如下：

$$2MnO_4^- + 5H_2O_2 + 6H^+ \longrightarrow 2Mn^{2+} + 5O_2\uparrow + 8H_2O$$

用移液管移取 5mL H_2O_2 于 250mL 锥形瓶中，加 10mL 浓度为 $3mol \cdot L^{-1}$ 的 H_2SO_4 溶液，用 $0.1mol \cdot L^{-1}$ 的 $KMnO_4$ 标准溶液滴至显淡红色为止，记录所用标准溶液的体积 c_{KMnO_4}。

（五）数据记录及处理

（1）按样表 3-12-1 分别记录两种催化剂下分解反应的相关数据。

表 3-12-1 实验数据记录样表

催化剂：　;实验温度：　℃;水的饱和蒸气压：　kPa 大气压：　kPa;　V_0：　mL;　c_{KMnO_4}：　$mol \cdot L^{-1}$								
t/s	$V_{t,测量}$/mL	V_t/mL	t/s	$V_{t,测量}$/mL	V_t/mL	V_{KMnO_4}/mL	c_0/$mol \cdot L^{-1}$	V_∞/mL

（2）按下式计算过氧化氢初始浓度并填入表 3-12-1。

$$c_0 = \frac{c_{KMnO_4} V_{KMnO_4}}{5} \times \frac{5}{2}$$

(3) 按下式计算 V_∞ 值并填入表 3-12-1。

$$V_\infty=\frac{c_0V_0}{2}\times\frac{RT}{p-p^*}$$

(4) 以 lg ($V_\infty-V_t$) 对 t 作图，从所得直线的斜率求表观反应速率常数 k_1 和半衰期。

(六) 思考题

(1) 反应中 KI 起催化作用，它的浓度与实验测得的表观反应速率常数 k_1 的关系如何？

(2) 实验中放出氧气的体积与已分解了的 H_2O_2 溶液浓度成正比，其比例常数是什么？

(3) 若实验在开始测定 V_0 时，已经先放掉了一部分氧气，这样做对实验结果有没有影响？为什么？

实验 13 二级反应——乙酸乙酯的皂化

(一) 实验目的

(1) 用电导法测定乙酸乙酯皂化反应的速率常数和表观活化能。

(2) 了解二级反应的特点，掌握用图解法求二级反应速率常数。

(3) 掌握测定溶液电导率的方法。

(4) 熟悉电导率仪的使用方法。

(二) 实验原理

乙酸乙酯皂化反应是作为二级反应速率常数及活化能测定的典型物理化学实验教学内容之一。最常用于测定乙酸乙酯皂化反应速率常数的方法有化学法、紫外分光光度法和电导法。本实验主要讨论电导法测定乙酸乙酯皂化反应速率常数。

1. 测反应速率常数 k

乙酸乙酯皂化反应是二级反应，反应式为

$$CH_3COOC_2H_5+OH^-\longrightarrow CH_3COO^-+C_2H_5OH$$

设在时间 t 时生成物的浓度为 x，则该反应的动力学方程式为

$$\frac{dx}{dt}=k(a-x)(b-x)$$

式中，a、b 分别为乙酸乙酯及碱 (NaOH) 的起始浓度；k 为反应速率常数。若 $a=b$，则上式变为：

$$\frac{dx}{dt}=k(a-x)^2$$

积分后得：

$$kt=\frac{1}{a-x}-\frac{1}{a} \tag{3-13-1}$$

由实验测得不同 t 时的 x 值，则可依式 (3-13-1) 计算出不同的 k 值。如果 k 是常数，就可证明反应是二级反应。通常用反应物浓度对时间作图 [即作 1/ ($a-x$) -t 图]，若得到的是直线，也就证明是二级反应，并可从直线的斜率求出 k 值。

本实验中利用溶液电导率来表征反应进行的程度和反应物的浓度。由反应式可见，反应体系中，反应物 $CH_3COOC_2H_5$ 及产物乙醇 C_2H_5OH 均为有机物，可看作对溶液的电导率

没有贡献，而反应物 NaOH 及产物 CH_3COONa 均为强电解质，在溶液中能全部解离，因此在反应过程中，对溶液电导率影响的就只有 OH^- 和 CH_3COO^- 两种离子。由于 OH^- 的导电能力远大于 CH_3COO^-，因此随着反应的不断进行，溶液的电导率将不断减小，因此可用溶液的电导率表示反应物的浓度。系统电导率的减小量与 OH^- 浓度的减小量（即 CH_3COO^- 浓度的增加量）成正比，即：

$$t=t,\quad x=A(\kappa_0-\kappa_t) \tag{3-13-2}$$

$$t\to\infty,\quad x=a=A(\kappa_0-\kappa_\infty) \tag{3-13-3}$$

其中，κ_0、κ_t、κ_∞ 分别表示为反应时间为 0、t、∞ 时溶液的电导率；A 为比例常数。可用示意图 3-13-1 表示产物浓度与电导率的关系。

将式（3-13-2）和式（3-13-3）代入式（3-13-1）有：

$$kt=\frac{\kappa_0-\kappa_t}{a(\kappa_0-\kappa_\infty)}$$

或：

$$\kappa_t=\frac{\kappa_0-\kappa_t}{akt}+\kappa_\infty$$

故以 κ_t-$(\kappa_0-\kappa_t)/t$ 作图为一直线，其斜率 m 与反应速率常数的关系为：$k=1/(am)$。

2. 测反应活化能 E_a

反应的表观活化能可由阿仑尼乌斯公式（3-13-4）求出，即测定两个不同温度下的反应速率常数来求出反应的表观活化能 E_a。该方法简单，可省时间。但在精密研究中需测定一组不同温度时的反应速率常数值，作 $\ln k-1/T$ 图，得一直线，其斜率为 E_a/R，从而求得 E_a。

$$E_a=R\,\frac{T_2T_1}{T_2-T_1}\ln\frac{k_2}{k_1} \tag{3-13-4}$$

本实验可以利用电导率仪直接手动记录数据进行处理；也可利用电导率仪与微机联用，采用计算机采集数据并进行数据处理；实验数据还可利用计算机数据处理软件（如 Origin 等）进行处理得出结果。同时本实验可以直接采用一支试管作为反应器，也可以采用专用皂化管（见图 3-13-2）作为反应器（详见实验操作部分）。

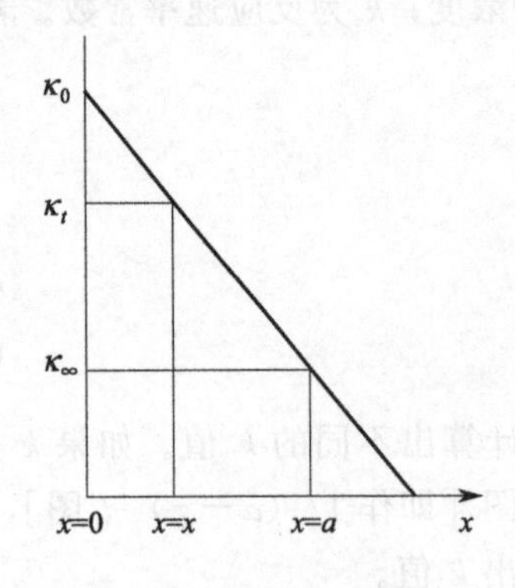

图 3-13-1 产物浓度与电导率关系图

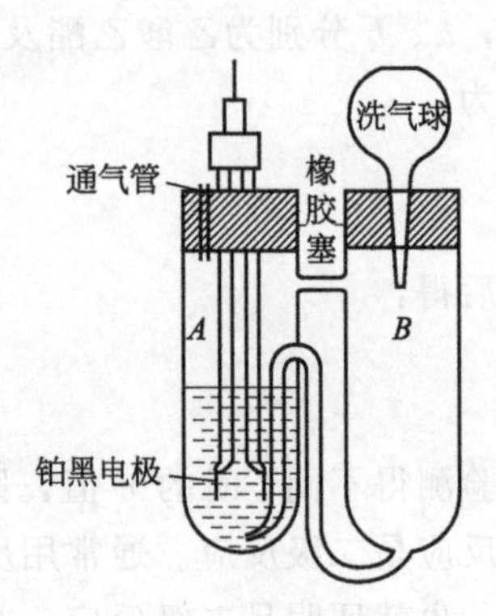

图 3-13-2 皂化管示意图

(三) 实验仪器与试剂

1. 实验仪器

电导率仪 1 台，带电导率测定软件的计算机一台，恒温槽 1 套，移液管 (50mL) 1 支，微量注射器 (100μL) 1 支，大试管 (100mL) 1 支，铂黑电导电极 (260) 1 支。

2. 实验试剂

乙酸乙酯 (AR)，标准 NaOH 溶液 ($\approx 0.01 mol \cdot L^{-1}$，无 $NaCO_3$、NaCl 等杂质)。

(四) 实验步骤

(1) 开启计算机和电导率仪。调节恒温槽温度于 (25±0.05)℃，用移液管转移 50mL 标准 NaOH 溶液于 100mL 反应器中，放入恒温槽内恒温 10min；电导率仪上按 “校准/测量” 键，使仪器处于校准状态 (校准指示灯亮)。将 “温度补偿” 标志线置于被测液的实际温度相应位置，当 “温度补偿” 置于 25℃时，无补偿作用。调节电极常数旋钮，使仪器显示值为所用电极的常数标准值 (忽略小数点)。电导率仪上按 “校准/测量” 键，使仪器处于测量工作状态 (工作指示灯亮)。

(2) 打开软件界面，设置软件采集数据的时间 60min；选择体系温度为 25℃；选择测量量程为 $20mS \cdot cm^{-1}$；另外，当前窗口坐标不能满足绘图时，可以在 “设置” 中修改坐标。待硬件设备和参数准备好时，选择 “读 κ_0 值”，计算机自动显示溶液电导率值 κ_0。

(3) 用微量注射器取与 NaOH 等摩尔量的乙酸乙酯注入反应器。注意注入时针头不能靠近管壁，并迅速摇晃使体系均匀。同时马上点击 “开始实验”，软件自动定时测量溶液的电导率值 κ_t，绘制 “电导率与时间曲线图”。运行 1h 后停止实验，数据存盘。

(4) 手动测量电导率值：用滴管在反应器中吸取少量混合溶液冲洗电导电极，随即将电导电极放入反应管，电导率仪显示溶液电导率值 κ_0。用微量注射器取与 NaOH 等摩尔量的乙酸乙酯注入反应器。同时按下 “计时” 键计时开始，并迅速摇晃使体系均匀。当反应进行 6min 后，把洗净的电极插入反应管中测电导率一次，随着反应进行到 4min、5min、6min…10min、12min、14min…20min、25min、30min、40min、50min、60min 时，分别测定溶液的电导率，记录电导率 κ_t 及相应的时间 t。实验结束时按下 “计时”，计时停止。

(5) 调节恒温槽温度于 (35±0.05)℃，重复以上步骤。

(6) 实验结束后，关闭电源，取出电导电极，用蒸馏水冲洗干净，放入蒸馏水中。反应器中废液倒入废液桶，清洗后烘干待用。

(五) 数据记录及处理

1. 利用实验软件直接处理数据

(1) 求反应速率常数 k：数据采集结束后，打开保存的实验数据，选择 “体系温度”，软件主界面显示对应温度下的数据和图形。在主界面输入计算参数：反应物浓度 ($mol \cdot L^{-1}$)、电导率 κ_0 ($mS \cdot cm^{-1}$)，执行 “数据处理” → “绘制 κ_t-($\kappa_0-\kappa_t$)/t 图” 命令，软件计算出反应常数 k，绘出 κ_t-($\kappa_0-\kappa_t$)/t 曲线图。点击主窗口中的 “电导率与时间曲线图” 或 “κ_t-($\kappa_0-\kappa_t$)/t 曲线图” 单选框，可以在电导率与时间曲线图和 κ_t-($\kappa_0-\kappa_t$)/t 曲线图之间切换。

(2) 计算活化能 E：首先确保两种体系温度对应的反应速率常数的文本框内有数据。如果没有可手工输入 25℃和 35℃时的反应速率常数 k 值。然后点击 “数据处理” → “计算活

化能 E”，软件计算出活化能 E_a 并显示在主窗口。

2. 手动处理数据

（1）将实验数据按样表 3-13-1 格式记录。

表 3-13-1 实验数据记录及数据处理样表

t/min	实验温度： ℃ 乙酸乙酯体积： mL 乙酸乙酯浓度：			
	κ_0	κ_t	$\kappa_0-\kappa_t$	$(\kappa_0-\kappa_t)/t$

（2）以 κ_t 为纵坐标，$(\kappa_0-\kappa_t)/t$ 为横坐标作图，由直线斜率计算速率常数 k。

（3）利用两个温度下的 k 值，根据阿仑尼乌斯公式求出反应的表观活化能。

（4）实验数据可转入计算机中用 Origin 软件进行数据处理（参见绪论部分）。

（六）注意事项

（1）本实验原理成立的前提条件是在假设两种反应物浓度相等的条件下推导出来的，因此必须保证 NaOH 和 $CH_3COOC_2H_5$ 的初始浓度相等，配好的 NaOH 溶液要防止空气中的 CO_2 气体进入。

（2）温度的变化对反应速率及电导率值本身均有较大影响，因此一定要保证恒温。

（3）待恒温后，两种反应液迅速混合均匀。因反应初期电导率值变化较大，要确保计时的准确性。

（4）实验操作过程中不要触及电导电极的铂黑，以免使铂黑脱落而改变电导池常数。实验结束后，用蒸馏水冲洗电极，之后浸泡在蒸馏水中。不能用滤纸擦拭电导电极的铂黑。

（5）在测量电导率时，应从仪器的大量程开始，以选择一个合适的挡位进行测量，这样既能测量准确又能保护仪器不被损坏。

（6）在反应过程中，不得触动电极。反应时间不得少于 30min。

（7）乙酸乙酯皂化反应是吸热反应，混合后体系温度降低，所以在混合后的几分钟内所测溶液的电导率偏低，因此最好在反应 4～6min 后开始记录电导率，否则由 κ_t-$(\kappa_0-\kappa_t)/t$ 作图所得是一抛物线，而非直线。

（七）思考题

（1）如何计算与酯等量浓度的 NaOH 的体积？

（2）当酯和 NaOH 的量的浓度不等时，如何计算速率常数 k？

（3）导出不含 κ_0 和 κ_∞ 的速率常数表达式，并通过计算机编程处理采集的实验数据来计算乙酸乙酯皂化反应的速率常数。

（4）当在乙酸乙酯皂化反应的反应混合溶液中分别加入乙醇、DMSO、氯化钠时，溶液的电导率会有什么变化，这些加入的溶剂或盐对乙酸乙酯皂化反应的速率常数有无影响，请给合理解释。

（5）为什么氢氧化钠溶液的浓度必须足够稀？

（6）为什么 $0.01\text{mol}\cdot\text{L}^{-1}$ 的氢氧化钠溶液和 $0.01\text{mol}\cdot\text{L}^{-1}$ 的乙酸钠溶液的电导率可以分别作为 κ_0 和 κ_∞？

（八）文献参考值

乙酸乙酯皂化反应在 25℃下，反应速率常数 $k=6.4\ (\text{mol}\cdot\text{L}^{-1})^{-1}\cdot\text{min}^{-1}$；活化能

$E_a=27.3kJ \cdot mol^{-1}$

其中反应速率常数与温度的关系式为：$\lg k=-1780/T+0.00754T+4.54$。

附：使用皂化管进行实验的相关内容

1. 实验仪器与试剂

（1）实验仪器

双管电导池1只（参见图3-13-2），电导率仪1台，停表1块，恒温槽1套，移液管（10mL）2支，铂黑电导电极（260）1支。

（2）实验试剂

$0.020mol \cdot L^{-1}$乙酸乙酯，$0.020mol \cdot L^{-1}NaOH$，$0.010mol \cdot L^{-1}$乙酸钠，$0.010mol \cdot L^{-1}NaOH$。

2. 实验步骤

（1）开启恒温水浴电源，调节温度至（25±0.05）℃，开启电导率仪的电源，预热10min（电导率仪的使用方法同上）。

（2）κ_0的测定：在洗净并已烘干的双管电导池中加入适量$0.010mol \cdot L^{-1}NaOH$溶液（能浸没铂黑电极并超出1cm）。用电导水洗涤铂黑电极，再用$0.010mol \cdot L^{-1}NaOH$溶液淋洗，然后插入电导池中。将整个系统置于恒温水浴中恒温10min。测定电导率值，每隔2min读一次数据，读取三次。

（3）κ_∞的测定：取$0.010mol \cdot L^{-1}$乙酸钠溶液，用同样的方法测定电导率值。但必须注意，每次更换溶液时，须用电导水淋洗电极和电导池，然后再用被测溶液淋洗三次。

（4）κ_t的测定：用移液管量取10mL $0.020mol \cdot L^{-1}NaOH$放入A管中；用另一支移液管量取10mL $0.020mol \cdot L^{-1}$乙酸乙酯放入B管中，电导池塞上橡胶塞，恒温10min。用洗耳球通过B管上口将乙酸乙酯溶液压入A管中，当溶液压入一半时，开始记录反应时间。然后反复压几次，使溶液混合均匀，并立即测量其电导率值。每隔2min读一次数据，直至电导率值基本不变。该反应约需45min～1h。

（5）调节恒温槽至（35±0.05）℃，重复以上步骤。

实验14　丙酮碘化反应动力学

（一）实验目的

（1）掌握微分法确定反应级数的方法。

（2）加深对复杂反应特征的理解。

（3）了解分光光度法在化学动力学研究中的应用，掌握分光光度计的使用方法。

（二）实验原理

化学反应速率方程的建立是化学动力学研究的一个重要内容。通过实验测定不同时刻的反应物浓度，获得一系列数据，应用作图法、尝试法、半衰期法和微分法等方法就可以确定反应级数和速率常数。对于较复杂的反应，反应级数和速率常数的确定，常采用孤立浓度的微分法和改变物质数量比例的微分法。

丙酮碘化是一个复杂反应，其反应式为：

$$H_3C-\overset{O}{\overset{\|}{C}}-CH_3+I_2 \xrightarrow{H^+} H_3C-\overset{O}{\overset{\|}{C}}-CH_2I+H^++I^-$$

一般认为其基元反应为：

$$H_3C-\overset{O}{\overset{\|}{C}}-CH_3 \overset{H^+}{\rightleftharpoons} H_3C-\overset{OH}{\overset{|}{C}}=CH_2$$

$$H_3C-\overset{OH}{\overset{|}{C}}=CH_2+I_2 \longrightarrow H_3C-\overset{O}{\overset{\|}{C}}-CH_2I+H^++I^-$$

第一步是丙酮的烯醇化反应，它是一个很慢的可逆反应，第二步是烯醇的碘化反应，它是一个快速且趋于完全的反应。因此，丙酮碘化反应的总速率由丙酮烯醇化反应的速率决定，而丙酮的烯醇化反应的速率取决于丙酮及氢离子的浓度。

设丙酮碘化反应的动力学方程式为：

$$r=-\frac{\mathrm{d}c_{\mathrm{I}}}{\mathrm{d}t}=kc_{\mathrm{A}}^{\alpha}c_{\mathrm{H}}^{\beta}c_{\mathrm{I}}^{\gamma} \tag{3-14-1}$$

式中，r 为丙酮碘化的反应速率；k 为反应速率常数；A 代表反应物丙酮，H 代表酸，I 代表碘；指数 α、β 和 γ 分别为丙酮、酸和碘的分级数。

在一定条件下，丙酮碘化并不停留在一元碘化丙酮上，可能会形成多元取代，碘浓度较大时尤其如此。为了避免副产物的干扰，所以本实验采用初始速率法，即测定反应开始一段时间的反应速率。此外，实验可设计碘的浓度远小于丙酮和酸的浓度，这样不仅可避免多元取代的生成，而且在反应过程中，丙酮和酸的浓度可视为常数。由于反应速率与碘的浓度无关（除非在很高的酸度下），因此在碘反应完之前，反应速率可视为常数，即有：

$$r=-\frac{\mathrm{d}c_{\mathrm{I}}}{\mathrm{d}t}=kc_{\mathrm{A}}^{\alpha}c_{\mathrm{H}}^{\beta}=\text{常数}$$

解此微分方程可得：

$$c_{\mathrm{I}}=-rt+B(B\ \text{为常数})$$

由此可见，如果在实验中测定碘的浓度，并以其浓度对时间作图，得到一直线，则可证明反应速率与碘的浓度无关（即 $\gamma=0$），同时由直线的斜率即可得反应速率 r。

为确定反应对酸的分级数 β 及对丙酮的分级数 α，本实验采用改变物质比例的方法，设计若干组实验，一组实验保持碘和酸的浓度不变，将丙酮的浓度改变 m 倍测其反应速率，以确定丙酮的分级数 α。另一组实验保持丙酮和碘的浓度不变，将酸的浓度加大 m 倍，可确定出酸的分级数 β。所依据的计算公式为

$$n_{\mathrm{B}}=\frac{\lg\frac{r_i}{r_j}}{\lg m} \tag{3-14-2}$$

式中，n_{B} 为所求组分的分级数；r_i 和 r_j 为有关两组实验的反应速率；m 为浓度改变的倍数。由此可见，通过改变某一组分的浓度，同时测量反应过程中碘浓度，以碘的浓度对时间作图可以得到相应的反应速率，然后再由上式即可得到该组分的分级数。

碘在可见光区有一个很宽的吸收带，可以很方便地通过分光光度测定碘浓度随时间的变化来量度反应进程。

根据朗伯-比耳定律，碘溶液对单色光的吸收遵守下列关系式：

$$A=-\lg T=-\lg \frac{I}{I_0}=\varepsilon bc \qquad (3\text{-}14\text{-}3)$$

式中，A 为吸光度；T 为透光率；I 和 I_0 分别为某一定波长的光线通过待测溶液和空白溶液后的光强；ε 为摩尔吸光系数；b 为比色皿光径长度。

在一定条件下，ε 和 b 为常数，以 A 对 t 作图，其斜率为 εb $\left(-\frac{dc_I}{dt}\right)$，已知 εb，则可以算出反应速率。再根据 $k=r/(c_A^{\alpha}c_H^{\beta})$ 即可计算速率常数。

由两个或两个以上温度的速率常数，就可以根据阿累尼乌斯（Arrhenius）关系式计算反应的活化能。

$$E_a=2.303R\frac{T_1T_2}{T_2-T_1}\lg\frac{k_2}{k_1} \text{或} \quad E_a=\frac{RT_1T_2}{T_2-T_1}\ln\frac{k_2}{k_1}$$

（三）实验仪器与试剂

1. 实验仪器

756 分光光度计 1 台，容量瓶（50mL）6 个，超级恒温槽 1 套，移液管（10mL、20mL）各 3 支，带塞锥形瓶（100mL）4 个，秒表 1 块。

2. 实验试剂

丙酮标准液（2.00mol·L^{-1}），HCl 标准液（1.00mol·L^{-1}），I_2 标准液（0.01mol·L^{-1}，其中含有相当于 4%碘质量的 KI），$Na_2S_2O_3$ 溶液（0.02mol·L^{-1}）。

（四）实验步骤

1. 仪器准备

（1）调节超级恒温槽的温度至 25.00℃。

（2）调整分光光度计，将波长调至 500nm，在光路断开（即样品室盖打开时）校正仪器的“0”点。把比色皿的恒温夹套放入暗箱内，接通恒温水。将装有蒸馏水的比色皿（光径长度为 1cm）放到恒温套内置于光路中，调整光亮调节器，使微电计光点处于透光率“100%”的位置上。

2. 摩尔吸光系数的测定

用移液管取 10mL 碘的标准液，注入 50mL 容量瓶中，用蒸馏水定容至 50mL，混合均匀后，置于恒温槽恒温 10min，取烧杯中溶液荡洗比色皿 3 次后注满，测其透光率。重复测定 3 次，取其平均值（注意：每次测定前都必须用校正零点和用蒸馏水进行 100%透光率的调节）。

3. 丙酮碘化过程中透光率测定

取 3 个洁净、干燥的 100mL 锥形瓶，一个装约 20mL 蒸馏水，一个加入碘溶液及 HCl 溶液（按表 3-14-1 中 1 号配比，用移液管定量加入），将其充分混合，第三个锥形瓶加入相应量的丙酮溶液。三个锥形瓶均置于恒温槽恒温 10min。

将上述恒温好的溶液加入至 50mL 容量瓶中：加入时应先加入碘及 HCl 混合溶液（加完后应用适量水荡洗锥形瓶，一并加入容量瓶）；再往容量瓶中加入少量水，接着加入丙酮溶液（注意荡洗锥形瓶），最后用水定容，混合均匀（该过程要求快速准确操作，以免造成浓度不准确以及透光率数据记录过少）。用定容后的混合溶液荡洗比色皿 2～3 次后注满比色皿，放入比色皿架，置于光路中，每隔 0.5min 或 1.0min 记录一次透光率数据及时间，直到取得8～10个数据为止。

用同样方法测定2号、3号溶液在不同反应时间的吸光度。注意每种溶液测定之前，需进行零点及满度校正。

表 3-14-1 待测速率的溶液配比

序号	碘溶液体积/mL	HCl溶液体积/mL	丙酮溶液体积/mL
1	10	10	10
2	10	5	15
3	10	10	10

(五) 数据记录及处理

(1) 将实验数据按样表3-14-2进行记录。

(2) 根据实验步骤3的结果，由式(3-14-3)计算吸光系数ε。

(3) 用表3-14-2中数据以A对时间作图，得到三条直线，由各直线斜率分别其计算反应速率。

表 3-14-2 实验数据记录样表

T：K ε： c_I：					
1号 k_1：		2号 k_2：		3号 k_3：	
c_A：	;c_H：	c_A：	;c_H：	c_A：	;c_H：
时间	吸光度	时间	吸光度	时间	吸光度

(4) 由式(3-14-2)计算丙酮、酸和碘的分级数。

(5) 由式(3-14-1)计算各样品进行反应的速率常数，求平均值作为丙酮碘化反应的速率常数，建立速率方程。

(6) 根据不同温度下的速率常数计算反应活化能E_a的值。

(六) 注意事项

(1) 温度影响反应速率常数，实验时体系始终要恒温。

(2) 混合反应溶液时操作必须迅速准确。

(3) 比色皿的位置不得变化。

(七) 思考题

(1) 本实验中，是将丙酮溶液加到盐酸和碘的混合液中，但没有立即计时，而是当混合物稀释，摇匀倒入恒温比色皿测透光率时才开始计时，这样做是否影响实验结果？为什么？

(2) 影响本实验结果的主要因素是什么？

(3) 丙酮碘化反应每人记录的反应起始时间各不相同，这对所测反应速率常数有何影响？为什么？

(4) 对丙酮碘化反应实验，为什么要固定入射光的波长？

(八) 文献参考值

(1) $\alpha=1$，$\beta=1$，$\gamma=0$。

(2) 反应速率常数

k(25℃)$=2.86\times10^{-5}\,dm^3\cdot mol^{-1}\cdot s^{-1}$；$k$(27℃)$=3.60\times10^{-5}\,dm^3\cdot mol^{-1}\cdot s^{-1}$；$k$(35℃)$=8.80\times10^{-5}\,dm^3\cdot mol^{-1}\cdot s^{-1}$。

(3) 活化能 $E_a=86.2\text{kJ}\cdot\text{mol}^{-1}$。

摘自：F. Daniels，R. A. Alberty，J. W. Williams，et al. Experimental Physical Chem-iStry，7th ed. p. 152 MC Graw-Hill，Inc.，New York，1975

实验 15 乙醇脱水复相反应

(一) 实验目的

(1) 采用稳定流动法测定乙醇脱水反应级数、反应速率常数和活化能。

(2) 了解稳定流动法的测量技术，熟悉气相色谱仪的使用方法。

(3) 学习气体在线分析的方法和定性、定量分析，学习如何手动进样分析液体成分。了解气相色谱的原理和构造，掌握色谱的正常使用和分析条件选择。

(二) 实验原理

在化学工业生产及研究多相催化反应中，经常采用稳定流动法。稳定流动体系反应的动力学公式与静止体系的动力学公式有所不同。当稳定流动体系反应达到稳定状态之后，反应物的浓度就不随时间变化，根据反应区域体积的大小以及流入和流出反应器的流体的流速和化学组成就可以算出反应速率。改变流体的流速或组分的浓度，就可以测定反应的级数和速率常数。

下面简要地推导稳定流动体系的一级反应动力学公式。

如果反应是在圆柱形反应管内进行。催化剂层的总长度是 l，反应管的横截面积是 S，只有在催化剂层中才能进行反应。假设反应 A ⟶B 是一级反应，反应的速率常数为 k_1。在反应物接触催化剂之前反应物 A 的浓度为 c_{A_0}，反应物接触到催化剂之后就发生反应，随着反应物在催化剂层中通过，反应物 A 的浓度就逐渐变小。设在某一小薄层催化剂 $\mathrm{d}l$ 前反应物 A 的浓度为 c_A，当反应物通过 $\mathrm{d}l$ 之后，浓度变为 $c_A-\mathrm{d}c_A$，反应模型如图 3-15-1 所示。

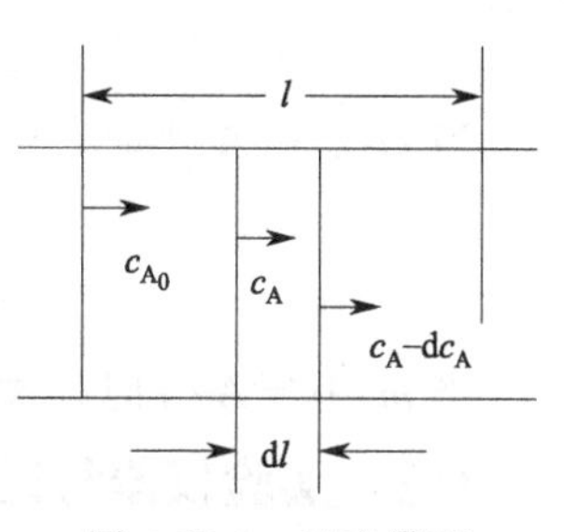

图 3-15-1 反应模型

如果是在静止体系中，则一级反应的动力学公式如下：

$$v_A=\frac{-\mathrm{d}c_A}{\mathrm{d}t}=k_1c_A \tag{3-15-1}$$

但是在流动体系中应该如何来考虑时间的因素呢？反应物是按稳定的流速流过催化剂层的，流速（单位时间内流过的体积数）为 u，在一小层催化剂内，反应物与催化剂接触的时间为 $\mathrm{d}t$，则

$$\mathrm{d}t=\frac{\mathrm{d}V}{u} \tag{3-15-2}$$

式中，$\mathrm{d}V$ 为一小薄层催化剂的体积，而

$$\mathrm{d}V=S\mathrm{d}l \tag{3-15-3}$$

将式（3-15-2)、式（3-15-3）代入式（3-15-1)，则得

$$\frac{-\mathrm{d}c_A}{\mathrm{d}t}=k_1\ \frac{S}{u}\mathrm{d}l \tag{3-15-4}$$

将式（3-15-4）积分，c_A 的积分区间由 c_0 到 c，l 的积分区间由 0 到 l。将结果整理，得

$$k_1=\frac{u}{Sl}\ln\frac{c_0}{c} \tag{3-15-5}$$

这就是稳定流动体系中一级反应的速率公式。

在 350～400℃区间，乙醇在 Al_2O_3 催化剂上脱水反应主要生成的产物是乙烯，这个反应是一级反应。由于反应产物之一是气体，所以可用量气法或色谱法来测得反应的速率并由式（3-15-5）计算反应速率常数。本实验采用色谱法，为了计算方便起见，可以将式（3-15-5）稍加变换。设 A 为每分钟加入乙醇的物质的量（mol），m 为每分钟生成乙烯的物质的量（mol），V_0 为催化剂的体积（L）。这样

$$u=\frac{ART}{p} \tag{3-15-6}$$

在每一具体反应中 T，p 均为常数

$$\frac{c_0}{c}=\frac{A}{A-m} \tag{3-15-7}$$

$$Sl=V_0 \tag{3-15-8}$$

将式（3-15-6）～式（3-15-8）代入式（3-15-5），合并常数，则得：

$$k_1=\left(\frac{RT}{p}\right)\frac{A}{V_0}\ln\frac{A}{A-m} \tag{3-15-9}$$

当 m 远比 A 小时，可以利用近似式 $\ln\frac{a}{b}\approx\frac{2\ (a-b)}{(a+b)}$ 化简式（3-15-9），得：

$$k_1=\frac{1}{V_0}\times\frac{Am}{A-m/2} \tag{3-15-10}$$

当 m 小于 $A/3$ 时，式（3-15-10）的误差不超过 1%。

（三）实验仪器与试剂

1. 实验仪器

乙醇脱水反应装置 1 套（包括反应管、加热炉、热电偶等，见图 3-15-2），精密温度控制器，电位差计，停表，皂泡流速计，200 型色谱仪，氢气钢瓶。

2. 实验试剂

无水乙醇，Al_2O_3。

（四）实验步骤

1. 仪器装置

仪器装置如图 3-15-2 所示。恒速进样器 3 以恒定的速度（由同步马达带动）推动注射器 2，由三通活塞 1 进样。反应管 5 的中部装填催化剂。热电偶 4 插于催化剂床层中部，用电位差计测温。管式炉 6 用精密温度控制器进行自动控温。液体凝聚器 7 用来凝聚没有反应的乙醇及液态产物。反应后的尾气流速由皂泡流速计 8 测定，其成分用气相色谱进行分析。

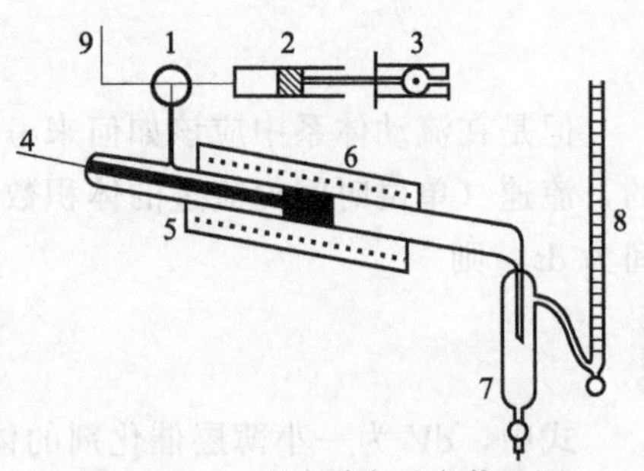

图 3-15-2　乙醇脱水反应装置图

1—三通活塞；2—注射器；3—恒速进样器；4—热电偶；5—反应管；6—管式炉；7—液体凝聚器；8—皂泡流速计；9—空气净化部分

2. 反应速率常数的测定

称取 0.3g 粒度为 30～40 目的 Al_2O_3 催化剂，置于反应管的中部。催化剂前、后填以玻璃毛，外部填充碎玻璃。系统经检查无漏气后，将三通活塞旋向 9，使经净化后的空气进入反应管（即空气分别通过 10%NaOH 和含 $KMnO_4$ 的硫酸溶液，再经碱石灰、变色硅胶吸湿等处理，使空气净化)。在尾气出口处用水泵抽气。将管式炉加热至 400℃，活化 30min。

调节恒速进样器，使加料速度为每分钟 0.15～0.2mL。开始反应时，将炉温调至 350℃，拆去水泵，把三通活塞旋至进样位置。经数分钟反应达到稳定状态后，用皂泡流速计测尾气流速。测定几次，取平均值。

色谱法测定乙烯含量是采用已知样校正法。由于尾气中乙烯含量在 98%以上，可用纯乙烯进样进行比较、测定，即在同样的色谱条件下，用注射器或六通阀分别进样 2mL 的尾气和乙烯。它们的峰高比值即为尾气所含乙烯的质量分数。色谱条件是：载体为 GDX-502，柱长 3m，柱温 100℃，载气 H_2 的流速为 60～100mL·min^{-1}，桥电流为 150mA。

为求反应的活化能，使乙醇的加入速度约为 0.2mL·min^{-1}，并分别在 350～380℃选取 3～4 个温度，依上法进行实验。

V_0 已事先测定。

(五) 数据记录及处理

(1) 将乙醇加料体积对时间作图。如果加料稳定，应该得出一条直线，由直线斜率求出每分钟加入的乙醇体积。

(2) 将乙醇加料速度换算为 mol·min^{-1}，即求出 A。

(3) 求出尾气的平均流速（mol·min^{-1}）。

(4) 由色谱测量尾气的峰高，计算尾气中含乙烯的质量分数，再由流速计算出乙烯生成速率 m（以 mol·min^{-1} 计）。

(5) 根据式 (3-15-10) 计算不同温度下的反应速率常数 k。

(6) 作 $\ln k_1-1/T$ 图，并求出反应活化能。

(六) 思考题

稳定流动体系中，其动力学公式有什么特点？

实验 16　电导法测定弱电解质的解离常数

(一) 实验目的

(1) 用电导法测定弱电解质醋酸在水溶液中的解离平衡常数 K_c。

(2) 巩固溶液电导的基本概念及其熟悉 DDS-307 型电导率仪的使用。

(二) 实验原理

乙酸在水溶液中呈下列平衡：

$$\begin{matrix} HAc & \rightleftharpoons & H^+ & + & Ac^- \\ c(1-\alpha) & & c\alpha & & c\alpha \end{matrix}$$

式中，c 为乙酸浓度；α 为解离度，则解离平衡常数 K_c 为：

$$K_c^{\ominus}=\frac{\alpha^2}{1-\alpha}\left(\frac{c}{c^{\ominus}}\right) \tag{3-16-1}$$

定温下，$K_c^{\ominus}$ 为常数，通过测定不同浓度下的解离度就可求得平衡常数 $K_c^{\ominus}$ 值。

乙酸溶液的解离度可用电导法测定。溶液的电导用电导率仪测定。测定溶液的电导，要将被测溶液注入电导池中，如图 3-16-1 所示。

若两电极间距离为 l，电极的面积为 A，则溶液电导 G 为：

$$G=\kappa\frac{A}{l} \tag{3-16-2}$$

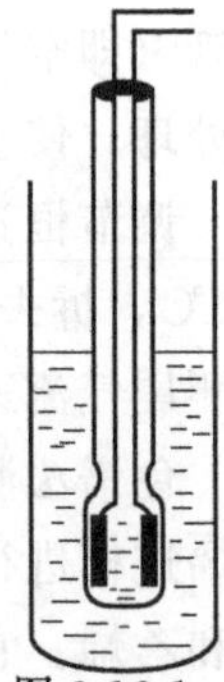

图 3-16-1 浸入式电导池

式中，κ 为电导率。

电解质溶液的电导率不仅与温度有关，还与溶液的浓度有关。溶液的电导率 κ 按式（3-16-3）计算。

$$\kappa=\frac{1}{\rho}=G\left(\frac{l}{A}\right) \tag{3-16-3}$$

对电导池而言，$\left(\frac{l}{A}\right)$称为电导池常数，可将一精确已知电导率值的标准溶液（通常用 KCl 溶液）充入待用电导池中，在指定温度下测定其电导率，然后按照式（3-16-3）算出电导池常数$\left(\frac{l}{A}\right)$值。

在研究电解质溶液的导电能力时，经常使用摩尔电导率 Λ_m，其定义为：

$$\Lambda_m=\frac{\kappa}{c} \tag{3-16-4}$$

式中，c 为电解质溶液的浓度；Λ_m 的单位为 $S \cdot m^2 \cdot mol^{-1}$。摩尔电导率 Λ_m 的物理意义是将 1mol 电解质的溶液，置入电极相距为 1m 时溶液所具有的电导。

对于弱电解质（例如乙酸）来说，由于其电导率很小，所测得的溶液的电导率应包括水的电导率，即

$$\kappa_{溶液}=\kappa_{HAc}+\kappa_{H_2O} \tag{3-16-5}$$

电解质溶液是由正、负离子的迁移来传递电流的，在弱电解质溶液中，只有解离部分的离子才对电导有贡献，而在无限稀释的溶液中，电解质全部解离，其摩尔电导率 Λ_m^{∞} 是正、负离子的极限摩尔电导率 Λ_m^{∞} 之和。即

$$\Lambda_m^{\infty}=\nu_+\Lambda_{m,+}^{\infty}+\nu_-\Lambda_{m,-}^{\infty} \tag{3-16-6}$$

式中，ν_+，ν_- 分别为正、负离子的化学计量数；$\Lambda_{m,+}^{\infty}$ 和 $\Lambda_{m,-}^{\infty}$ 可查表得到。

Λ_m 与 Λ_m^{∞} 的差别来自两个因素，一是电解质的不完全解离，二是离子间的相互作用。若溶液中离子浓度很低，彼此相隔较远，相互作用力可以忽略，则 Λ_m 与 Λ_m^{∞} 之间的关系可表示为：

$$\alpha=\frac{\Lambda_m}{\Lambda_m^{\infty}} \tag{3-16-7}$$

若电解质为 MA 型，电解质的浓度为 c，将式（3-16-7）代入式（3-16-1）整理可得

$$K_c^{\ominus}=\frac{c\Lambda_m^2}{\Lambda_m^{\infty}(\Lambda_m^{\infty}-\Lambda_m)}\left(\frac{c}{c^{\ominus}}\right) \tag{3-16-8}$$

此式称为奥斯特瓦尔德（Ostwald）稀释定律。改写线性方程为

$$\frac{c}{c^{\ominus}}\Lambda_{\mathrm{m}}=K_c^{\ominus}(\Lambda_{\mathrm{m}}^{\infty})^2\frac{1}{\Lambda_{\mathrm{m}}}-K_c^{\ominus}\Lambda_{\mathrm{m}}^{\infty} \tag{3-16-9}$$

从式（3-16-9）可见，以 $\frac{c}{c^{\ominus}}\Lambda_{\mathrm{m}}$ 对 $\frac{1}{\Lambda_{\mathrm{m}}}$ 作图得一直线，斜率为 $K_c^{\ominus}$ $(\Lambda_{\mathrm{m}}^{\infty})^2$，截距为 $-K_c^{\ominus}\Lambda_{\mathrm{m}}^{\infty}$，由此可得 $K_c^{\ominus}$ 和 $\Lambda_{\mathrm{m}}^{\infty}$，即

$$K_c^{\ominus}=(\text{截距})^2/\text{斜率} \tag{3-16-10}$$

$$\Lambda_{\mathrm{m}}^{\infty}=-\text{斜率}/\text{截距} \tag{3-16-11}$$

整理式（3-16-10）和式（3-16-11），可得

$$K_c^{\ominus}=\text{斜率}/\Lambda_{\mathrm{m}}^{\infty} \tag{3-16-12}$$

即可求 $K_c^{\ominus}$。式（3-16-12）中 $\Lambda_{\mathrm{m}}^{\infty}$ 也可按式（3-16-6）计算得到。

（三）仪器与试剂

1. 实验仪器

恒温水浴槽，烧杯，大试管，DDS-307 型电导率仪及电导电极，电子台秤，分析天平，容量瓶（2L，1L）。

2. 实验试剂

去离子水，不同浓度的乙酸溶液（$0.005\mathrm{mol\cdot L^{-1}}$、$0.002\mathrm{mol\cdot L^{-1}}$、$0.001\mathrm{mol\cdot L^{-1}}$、$0.0005\mathrm{mol\cdot L^{-1}}$、$0.0002\mathrm{mol\cdot L^{-1}}$ HAc 溶液）。

（四）实验步骤

（1）熟悉仪器的使用方法。开启电导率仪的电源，预热 10min。调节温度控温仪为 30.00℃。实验前一定要进行校正。校正方法如下：调节电导率仪的“温度”至 25℃；调“常数”至 1；调“量程”至“检查”在室温下调节“校准”令示数为“100”，再调节“常数”令示数为电导电极所标“电极常数×100”。校正完毕将调“量程”至“Ⅲ”（注意：在校正过程中，请将电导电极一直浸没在纯净的蒸馏水中）。

（2）蒸馏水充分浸泡洗涤电导池和电极，再用少量待测液荡洗数次。然后注入待测液，使液面超过电极 1～2cm，将电导池放入恒温槽中，恒温 5～8min 后进行测量。严禁用手触及电导池内壁和电极。

（3）按由稀到浓的顺序，依次测量 $0.0002\mathrm{mol\cdot L^{-1}}$、$0.0005\mathrm{mol\cdot L^{-1}}$、$0.001\mathrm{mol\cdot L^{-1}}$、$0.002\mathrm{mol\cdot L^{-1}}$、$0.005\mathrm{mol\cdot L^{-1}}$ HAc 溶液的电导率。每测定完一个浓度的数据，不必用蒸馏水冲洗电导池及电极，而应用下一个被测液荡洗电导池和电极 3 次，再注入被测液测定其电导率。

（4）实验结束后，先关闭各仪器的电源，用蒸馏水充分冲洗电导池和电极，并将电极浸入蒸馏水中备用。

（五）实验数据记录

（1）测量数据及处理结果记录于表 3-16-1 中。

表 3-16-1　实验数据记录样表

项目	实验温度　　℃；大气压力　　kPa					
$c/\mathrm{mol\cdot L^{-1}}$	去离子水	0.005	0.002	0.001	0.0005	0.0002
$\kappa/\mathrm{S\cdot m^{-1}}$						

续表

项目	实验温度 ℃;大气压力 kPa					
$\Lambda_m/S\cdot m^2\cdot mol^{-1}$						
$\frac{1}{\Lambda_m}/S^{-1}\cdot m^{-2}\cdot mol$						
$\frac{c}{c^\ominus}\Lambda_m/S\cdot m^2\cdot mol^{-1}$						
解离度 α						

注:表中的 Λ_m 根据 $\kappa_{HAc}=\kappa_{溶液}-\kappa_{H_2O}$ 和 $\Lambda_m=\frac{\kappa}{c}$ 两式计算;解离度 α 按式(3-16-7)计算。已知 25℃时 $\Lambda_{m,H^+}^\infty=349.65\times10^{-4}S\cdot m^2\cdot mol^{-1}$,$\Lambda_{m,Ac^-}^\infty=40.9\times10^{-4}S\cdot m^2\cdot mol^{-1}$。

(2) 再以 $\frac{c}{c^\ominus}\Lambda_m$ 对 $\frac{1}{\Lambda_m}$ 作图,求出直线的斜率和截距,按式(3-16-10)计算 $K_c^\ominus$。

(3) 按式(3-16-11)式计算 Λ_m^∞(HAc),将其代入式(3-16-12)计算 $K_c^\ominus$。并与作图法得到的 $K_c^\ominus$ 比较。

(六) 思考题

(1) 电导池常数是否可用测量几何尺寸的方法确定?

(2) 实际过程中,若电导池常数发生改变,对平衡常数测定有何影响?

(3) 如何求电解质溶液的极限摩尔电导率?

(4) 强弱电解质溶液的摩尔电导率与浓度的关系有何不同?

(5) 25℃时乙酸解离平衡常数的文献值为 $K_c^\ominus=1.754\times10^{-5}$,将计算结果与此比较,分析产生误差的原因。

实验 17 电导法测难溶盐的溶度积

(一) 实验目的

(1) 掌握电导测定的原理和电导仪的使用方法。

(2) 通过实验验证电解质溶液电导与浓度的关系。

(3) 掌握电导法测定 $BaSO_4$ 的溶度积的原理和方法。

(二) 实验原理

导体导电能力的大小常以电阻的倒数去表示,即有

$$G=\frac{1}{R} \tag{3-17-1}$$

式中,G 称为电导,单位是西门子(S)。

导体的电阻与其长度成正比,与其截面积成反比即:

$$R=\rho\frac{l}{A}$$

式中,ρ 是比例常数,称为电阻率或比电阻。根据电导与电阻的关系则有:

$$G=\kappa\left(\frac{A}{l}\right)$$

式中，κ 称为电导率或比电导。

$$\kappa=\frac{1}{\rho}$$

对于电解质溶液，浓度不同则其电导亦不同。如取1mol电解质溶液来量度，即可在给定条件下就不同电解质溶液来进行比较。1mol电解质溶液全部置于相距为1m的两个平行电极之间溶液的电导称为摩尔电导率，以 Λ_m 表示之。如溶液的摩尔浓度以 c 表示，则摩尔电导率可表示为

$$\Lambda_m=\frac{\kappa}{1000c}$$

式中，Λ_m 的单位是 $S \cdot m^2 \cdot mol^{-1}$；$c$ 的单位是 $mol \cdot L^{-1}$。Λ_m 的数值常通过溶液的电导率 κ 计算得到。

$$\kappa=\frac{l}{A}G \quad 或 \quad \kappa=\frac{l}{A}\times\frac{1}{R}$$

对于确定的电导池来说，l/A 是常数，称为电导池常数。电导池常数可通过测定已知电导率的电解质溶液的电导（或电阻）来确定。

在测定电导率时，一般使用电导率仪。使用电导电极置于被测体系中，体系的电导值经电子线路处理后通过表头或数字显示。每支电极的电导池常数一般出厂时已经标出，如果时间太长，对于精密的测量，也需进行电导池常数校正。仪器输出的值为电导率，有的电导仪有信号输出，一般为0～10mV的电压信号。

在测定难溶盐 $BaSO_4$ 的溶度积时，其解离过程为

$$BaSO_4 \longrightarrow Ba^{2+}+SO_4^{2-}$$

根据摩尔电导率 Λ_m 与电导率 κ 的关系：$\Lambda_m(BaSO_4)=\frac{\kappa(BaSO_4)}{c(BaSO_4)}$

解离程度极小，认为溶液是无限稀释，则 Λ_m 可用 Λ_m^∞ 代替。

$$\Lambda_m \approx \Lambda_m^\infty=\Lambda_m^\infty(Ba^{2+})+\Lambda_m^\infty(SO_4^{2-}) \tag{3-17-2}$$

$\Lambda_m^\infty(Ba^{2+})$、$\Lambda_m^\infty(SO_4^{2-})$ 可通过查表获得。

$$\Lambda_m(BaSO_4)=\frac{\kappa(BaSO_4)}{c}=\frac{\kappa(溶液)-\kappa(H_2O)}{c} \tag{3-17-3}$$

而 $c(BaSO_4)=c(SO_4^{2-})=c(Ba^{2+})$，所以

$$K_{sp}=c(Ba^{2+})c(SO_4^{2-})=c^2 \tag{3-17-4}$$

这样，难溶盐的溶度积和溶解度是通过测定难溶盐的饱和溶液的电导率来确定的。很显然，测定的电导率是由难溶盐溶解的离子和水中的 H^+ 和 OH^- 所决定的，故还必须要测定重蒸馏水的电导率。

（三）实验仪器和试剂

1. 实验仪器

DDS-11C型电导仪1台，铂黑电导电极（260）1支，电热套1个，250mL锥形瓶1个；100mL烧杯1个。

2. 实验试剂

$BaSO_4$（AR）；重蒸馏水（电导率≤$1\times10^{-4}S \cdot m^{-1}$）。

(四) 实验步骤

1. 蒸馏水的电导率测定

取约 100mL 蒸馏水煮沸、冷却，倒入一干燥烧杯内，插入电极，读三次，取平均值。

2. 测定 $BaSO_4$ 的溶度积

(1) 称取 1g $BaSO_4$ 放入 250mL 锥形瓶内，加入 100mL 蒸馏水，摇动并加热至沸腾，倒掉上层清液，以除去可溶性杂质，重复 2 次。

(2) 再加入 100mL 蒸馏水，加热至沸腾，使之充分溶解。冷却至室温，将上层清液倒入一干燥烧杯中，插入电极，测其电导率值，读 3 次，取平均值。

(五) 数据处理

(1) 按样表 3-17-1 记录测量数据。

表 3-17-1 $BaSO_4$ 饱和溶液及重蒸馏水的电导率测量数据记录样表

次数	$BaSO_4$ 测定值 $\kappa_{测}$	重蒸馏水测定值 κ
1		
2		
3		
平均值		

(2) 通过查表获得 Λ_m^{∞} (Ba^{2+})、Λ_m^{∞} (SO_4^{2-})，根据式 (3-17-2) 计算摩尔电导率 Λ_m。

(3) 根据式 (3-17-3) 计算饱和 $BaSO_4$ 溶液的浓度 c。

(4) 根据式 (3-17-4) 计算饱和 $BaSO_4$ 溶液的溶度积 K_{sp}，并与文献值进行比较。

(六) 实验注意事项

(1) 实验用水必须是重蒸馏水，其电导率应$\leqslant 1\times10^{-4}$S·m^{-1}。

(2) 实验过程中温度必须恒定，稀释的电导水也需要在同一温度下恒温后使用。

(3) 测量 $BaSO_4$ 溶液时，一定要沸水洗涤多次，以除去可溶性离子，减小实验误差。

(七) 思考题

(1) 本实验为何需要测量水的电导率？

(2) 实验中为何用镀铂黑的电极？使用时注意事项有哪些？

(八) 附录

重蒸馏水：蒸馏水是电的不良导体。但由于溶有杂质如二氧化碳和可溶性固体杂质，它的电导显得很大，影响电导测量的结果，因而需对蒸馏水进行处理。处理方法：向蒸馏水中加入少量高锰酸钾，用硬质玻璃烧瓶进行蒸馏。本实验要求水的电导率应$\leqslant 1\times10^{-4}$S·m^{-1}。

实验 18 弛豫法测定铬酸根-重铬酸根离子反应的速率常数

(一) 实验目的

(1) 了解弛豫法测定反应速率的原理和方法。

(2) 用体系浓度突变的扰动方法测定铬酸根离子和重铬酸根离子平衡反应的速率常数。

（二）实验原理

弛豫法是测定快速反应动力学参数的一种常用实验方法，适用于半衰期小于 10^{-3}s 的反应。这种方法是将处于平衡状态下的反应体系，应用某种手段快速给其一个微小的扰动，即在极短的时间内，使体系的某一条件（如温度、压力、浓度、pH 值和电场强度等）发生急剧的改变。于是平衡受到破坏，迅速向新的平衡位置移动，再通过快速物理分析方法（如电泳法，分光光度法等）追踪反应体系的变化，直到建立新的平衡状态。平衡体系受到扰动后由不平衡态恢复达到新平衡态的过程叫做弛豫，通过跟踪弛豫过程的速率，来测定反应动力学参数的方法称为弛豫法。

设有一平衡体系

$$2A \underset{k_r}{\overset{k_f}{\rightleftharpoons}} B+D$$

现给其一个扰动，在扰动的瞬间（$t=0$），各组分仍处于原平衡时的浓度，用 c_i^0 表示。达到新的平衡后，体系各组分浓度不变，用 c_{ie} 表示，在达到新的平衡前的任意时刻，体系各组分距新平衡的浓度差为 Δc_i，因此任意时刻各组分的浓度可表示为：

$$c_i^0 = c_{ie} + \Delta c_i$$

根据反应方程式，各物质浓度差之间的具体关系为：

$$-\frac{1}{2}\Delta c_A = \Delta c_B = \Delta c_D \equiv \Delta c$$

上述反应体系的速率方程可表示为：

$$\frac{dc_B}{dt} = \frac{d(c_{Be}+\Delta c_B)}{dt} = \frac{d\Delta c}{dt} = k_f(c_{Ae}-2\Delta c)^2 - k_r(c_{Be}+\Delta c)(c_{De}+\Delta c)$$

体系平衡时有 $k_f c_{Ae}^2 = k_r c_{Be} c_{De}$，在有限的微扰内，$\Delta c$ 很小，可忽略二次项，上式整理得：

$$-\frac{d\Delta c}{dt} = [4k_f c_{Ae} + k_r(c_{Be}+c_{De})]\Delta c \tag{3-18-1}$$

积分上式，设 $t=0$ 时的初始浓度差为 Δc_0，则得：

$$\ln\frac{\Delta c}{\Delta c_0} = -[4k_f c_{Ae} + k_r(c_{Be}+c_{De})]t$$

或

$$\Delta c = \Delta c_0 \exp\{-[4k_f c_{Ae} + k_r(c_{Be}+c_{De})]t\} \tag{3-18-2}$$

由式（3-18-2）可以看出，受到微扰的体系，是按指数衰减规律恢复平衡态的，即弛豫过程具有一级反应的动力学特征。对于这类过程我们定义一个特征时间，即弛豫时间 τ 来衡量它衰减的速率，弛豫时间是体系与新平衡浓度之偏差 Δc 减小到初始浓度差 Δc_0 的 e^{-1} 所需要的时间。即当 $t=\tau$ 时，$\Delta c=\Delta c_0/e$，据式（3-18-2）可得：

$$\tau = \frac{1}{4k_f c_{Ae} + k_r(c_{Be}+c_{De})} \tag{3-18-3}$$

弛豫时间 τ 不仅依赖于反应机理及其某一反应的速率常数，还依赖于有关的平衡常数和反应物种的平衡浓度。显然，通过弛豫时间的测定，结合平衡常数和平衡时各物质的浓度就可利用式（3-18-3）求出 k_f 和 k_r。

弛豫法以体系建立新的平衡状态作为讨论的基础，其突出的优点在于可以简化速率方程，它能用线性关系来表示，而与反应的级数无关。

本实验选择铬酸根-重铬酸根体系，用弛豫法测定其反应速率常数，所采用的扰动方式为体系浓度的突变。

铬酸根-重铬酸根在水中的平衡反应为：

$$2H^+ + 2CrO_4^{2-} \rightleftharpoons Cr_2O_7^{2-} + H_2O$$

其反应机理为：

$$H^+ + CrO_4^{2-} \underset{k_{-1}}{\overset{k_1}{\rightleftharpoons}} HCrO_4^- \quad \text{快}$$

$$2HCrO_4^- \underset{k_{-2}}{\overset{k_2}{\rightleftharpoons}} Cr_2O_7^{2-} + H_2O \quad \text{慢}$$

反应体系达到平衡时，两反应的平衡常数可分别表示为：

$$K_1 = \frac{[HCrO_4^-]}{[H^+][CrO_4^{2-}]} \quad K_2 = \frac{[Cr_2O_7^{2-}]}{[HCrO_4^-]^2}$$

反应机理中第二步是决速步，其速率代表着整个反应体系的速率，因此铬酸根-重铬酸根在水中的平衡反应的反应速率方程可写为：

$$\frac{d[Cr_2O_7^{2-}]}{dt} = k_2[HCrO_4^-]^2 - k_{-2}[Cr_2O_7^{2-}][H_2O]$$

参照式（3-18-1）的推理方法，可得体系趋向于新平衡的速率方程为：

$$-\frac{d\Delta[Cr_2O_7^{2-}]}{dt} = \{4k_2[HCrO_4^-] + k_{-2}([Cr_2O_7^{2-}] + [H_2O])\}\Delta[Cr_2O_7^{2-}]$$

由于 $[H_2O] \gg [Cr_2O_7^{2-}]$，则上式可写为：

$$-\frac{d\Delta[Cr_2O_7^{2-}]}{dt} = \{4k_2[HCrO_4^-] + k_{-2}[H_2O]\}\Delta[Cr_2O_7^{2-}] \quad (3\text{-}18\text{-}4)$$

由此可得：

$$\tau^{-1} = 4k_2[HCr_2O_4^-] + k_{-2}[H_2O] \quad (3\text{-}18\text{-}5)$$

由式（3-18-5）可见，只要测得弛豫时间 τ，以 τ^{-1} 对 $[HCrO_4^-]$ 作图，便可求得 k_2 和 k_{-2}。

为了求弛豫时间 τ，对式（3-18-4）作不定积分，可得：

$$-\ln\Delta[Cr_2O_7^{2-}] = \frac{t}{\tau} + a(\text{常数}) \quad (3\text{-}18\text{-}6)$$

由式（3-18-6）可见：只要以 $-\ln\Delta[Cr_2O_7^{2-}]$ 对 t 作图，由直线斜率便可求得 τ，但由于浓度不易监测，需要做以下代换。

当给体系一个微扰时，根据反应机理，快步骤在任意时刻均能保持平衡，则有下列关系：

$$\Delta[HCrO_4^-] = K_1([H^+]\Delta[CrO_4^{2-}] + [CrO_4^{2-}]\Delta[H^+])$$

由反应计量式可知：

$$\Delta[H^+] = \Delta[CrO_4^{2-}]$$

故：

$$\Delta[HCrO_4^-] = K_1([H^+] + [CrO_4^{2-}])\Delta[H^+]$$

令 [Cr] 表示以各种形态存在的铬（Ⅵ）离子浓度总和。即

$$[Cr]=[HCrO_4^-]+2[Cr_2O_7^{2-}]+[CrO_4^{2-}]$$

因 Δ [Cr] =0，故有：

$$\Delta[Cr_2O_7^{2-}]=-\frac{1}{2}(\Delta[HCrO_4^-]+\Delta[H^+])$$

合并以上几式可得：

$$\Delta[Cr_2O_7^{2-}]=-\frac{1}{2}\{K_1([H^+]+[CrO_4^{2-}])+1\}\Delta[H^+]$$

由实验条件可知：$[H^+]=10^{-6}\sim10^{-7}mol\cdot L^{-1}$

所以 $K_1([H^+]+[CrO_4^{2-}])\approx K_1[CrO_4^{2-}]\gg1$，且可视为常数，故有下列关系式：

$$\Delta[Cr_2O_7^{2-}]=-\frac{1}{2}K_1[CrO_4^{2-}]\cdot\Delta[H^+]=B\cdot\Delta[H^+]$$

代入式 (3-18-6) 可得：

$$-\ln\Delta[Cr_2O_7^{2-}]=-\ln\Delta[H^+]+b(\text{常数})=\frac{t}{\tau}+c(\text{常数})$$

由此可见，实验中只要测出溶液酸度随时间的变化值，以 $-\ln\Delta[H^+]$ 对时间 t 作图，可得一直线，由直线斜率即可得到 τ^{-1}。

(三) 实验仪器与试剂

1. 实验仪器

精密数字酸度计（ΔpH=0.001）1 台，超级恒温槽 1 台；电磁搅拌器 1 台，秒表 1 块，带有恒温夹套的玻璃容器（内径 40mm，高 110mm）1 个，容量瓶（50mL、250mL）各 3 个，移液管（10mL、25mL、50mL）各 1 支，注射器（0.25mL、1.0mL、2.0mL）各 1 支，碱式滴定管 1 支。

2. 实验试剂

KNO_3 溶液（$0.060mol\cdot L^{-1}$），$K_2Cr_2O_7$ 溶液（$0.0500mol\cdot L^{-1}$，并含 $0.060mol\cdot L^{-1}$ KNO_3），KOH 溶液（$2.0mol\cdot L^{-1}$），HNO_3 溶液（$0.5mol\cdot L^{-1}$），pH=4.008 的邻苯二甲酸氢钾缓冲溶液（25℃），pH=6.865 的混合磷酸盐（25℃）。

(四) 实验步骤

1. 校正

用一点法或两点校正法校正 pH 计，恒温槽温度调至 (25.0±0.1)℃。

2. 扰动液的配制

分别移取 25mL 和 10mL $K_2Cr_2O_7$ 溶液于 50mL 容量瓶中，用 KNO_3 溶液稀释至刻度，摇匀，得到浓度分别为 $2.5\times10^{-2}mol\cdot L^{-1}$ 和 $1.0\times10^{-2}mol\cdot L^{-1}$ 的两个 $K_2Cr_2O_7$ 溶液 A_1 和 A_2。

3. 被扰动液的配制

分别移取 50mL、25mL 和 10mL $K_2Cr_2O_7$ 溶液于三个 250mL 容量瓶中，以滴定管滴入适量 KOH 溶液，再用离子强度调节剂 KNO_3 溶液稀释至刻度，摇匀，得被扰动液 B_1、B_2、B_3，其 pH 值约在 6.0～7.3 之间，所含 $K_2Cr_2O_7$ 浓度分别为 $1\times10^{-2}mol\cdot L^{-1}$、5×

10^{-3} mol·L^{-1} 和 2×10^{-3} mol·L^{-1}。

4. 测量

准确移取 50mL 被扰动液 B 于玻璃容器中，开启搅拌器，插入电极和温度传感器（或温度计）测定 pH 值（图 3-18-1），并用 KOH 溶液和 HNO_3 溶液进一步调节体系的 pH 值，使之处于 6.0～7.3 之间的某一合适的数值。待体系温度恒定在 (25.0±0.1)℃，精确记录初始值，用注射器吸取适量扰动液 A 迅速注入被扰动体系 B 中，并精确记录 pH 值随时间的变化关系，可在 pH 值每变化 0.002 单位时，读取时间 t，整个过程需时近百秒。最后等体系到达新的平衡（pH 值恒定 2min 以上不变），准确读取其 pH 值。至少测定 6 组不同配比的实验数据。

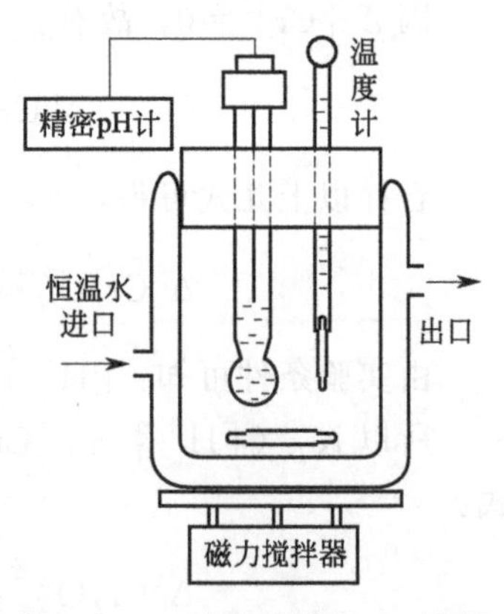

图 3-18-1 弛豫法测定 pH 装置

根据上述所配的两种浓度的扰动液，注射器规格以及三种浓度的被扰动液，可以组成 18 种不同配比的溶液。但为了满足微扰条件，必须控制扰动液 A 的加入量，使体系扰动前后 Cr（Ⅵ）离子总浓度改变量小于 5%。18 种配比中只有 7 种满足条件。

令 A_1、A_1'和 A_1''分别代表 0.25mL、1.0mL 和 2.0mL2.5×10^{-2}mol·L^{-1} 的扰动液，A_2、A_2'和 A_2''分别代表 0.25mL、1.0mL 和 2.0mL 1.0×10^{-2}mol·L^{-1} 的扰动液，B_1、B_2 和 B_3 分别代表 1.0×10^{-2}mol·L^{-1}、5.0×10^{-3}mol·L^{-1} 和 2.0×10^{-3}mol·L^{-1} 的被扰动液，满足条件的 7 种配比分别为：A_1B_1、$A_1'B_1$、A_1B_2、A_2B_2、$A_2'B_2$、$A_2''B_2$ 和 A_2B_3。

（五）数据记录及处理

（1）将实验数据填入表 3-18-1。

（2）对每一种浓度配比以 $-\ln\Delta[H^+]$ 对 t 作图，由直线斜率求出 τ^{-1}。

（3）浓度配比的 $[HCrO_4^-]$ 的求算。

$$[HCrO_4^-]=\frac{1}{4K_2}\left\{-(1+\frac{1}{k_1[H^+]})+\sqrt{(1+\frac{1}{k_1[H^+]})^2+8k_2[Cr(Ⅵ)]}\right\}$$

（4）以 τ^{-1} 对 $[HCrO_4^-]$ 作图，由式（3-18-5）求得 k_2 和 k_{-2}。

表 3-18-1 实验数据记录及数据处理

浓度配比类型	反应温度：℃；[Cr(Ⅵ)]：				
	pH	t/s	ΔpH	$\Delta[H^+]$	$\ln\Delta[H^+]$

（六）注意事项

（1）被扰动液的值直接影响着 $[HCrO_4^-]$ 的浓度，为了得到较为适宜的 pH 值，可以预先按配制方法移取 50mL 的溶液。用溶液稀释至 230mL，然后用滴定管滴定一定体积的 KOH 溶液，并测定其 pH 值，以 pH 值对 V_{KOH} 做工作曲线，为实验中调节值提供参考。

（2）式中 Cr（Ⅵ）浓度可以通过所加扰动液和被扰动液的浓度和体积计算。在精密测定中，可以在反应结束后用碘量法滴定。

(七) 思考题

(1) 计算 [$HCrO_4^-$] 浓度时，为什么用反应达到新的平衡后的 pH 值？

(2) 为什么体系的 pH 值选择在 6.0～7.3 之间？

(八) 文献参考值

(1) 平衡常数 K_1 (25℃) $=1.3\times10^6 L\cdot mol^{-1}$，$K_2$ (25℃) $=50L\cdot mol^{-1}$。

(2) 铬酸氢根-重铬酸根离子反应的速率常数：

$$k_2(23℃)=1.4\pm0.5L\cdot mol^{-1}\cdot s^{-1}$$

$$k_{-2}(23℃)=5.3\times10^{-4}L\cdot mol^{-1}\cdot s^{-1}$$

摘自：J. H. Swinehart，J. Chem. Educ. 44 (1967) 523

J. Hala，O. Havratil，V. Nechuta，J. Inorg. Nucl. Chem. 28 (1966) 553

实验 19　电动势的测定

(一) 实验目的

(1) 掌握对消法测定电池电动势的原理及电位差计的使用方法。

(2) 学会某些电极的制备和处理方法。

(3) 通过电池和电极电势的测定，加深理解可逆电池的电动势及可逆电极电势的概念。

(二) 实验原理

电动势的测量在物理化学研究中具有重要意义。通过电池电动势的测量可以获得氧化还原体系的许多热力学函数。原电池是化学能变为电能的装置，它由两个“半电池”组成，每个半电池中有一个电极和相应的电解质溶液。电池的电动势为组成该电池的两个半电池的电极电势的代数和。常用盐桥来降低液接电势。

电池电动势的测量必须在可逆条件下进行。首先要求电池反应本身是可逆的，同时要求电池必须在可逆情况下工作，即放电和充电过程都必须在准平衡状态下进行，此时只允许有无限小的电流通过电池。因此，需用对消法来测定电动势。其测量原理是在待测电池上并联一个大小相等、方向相反的外加电势差，这样待测电池中没有电流通过，外加电势差的大小即等于待测电池电动势。原理见图 3-19-1。

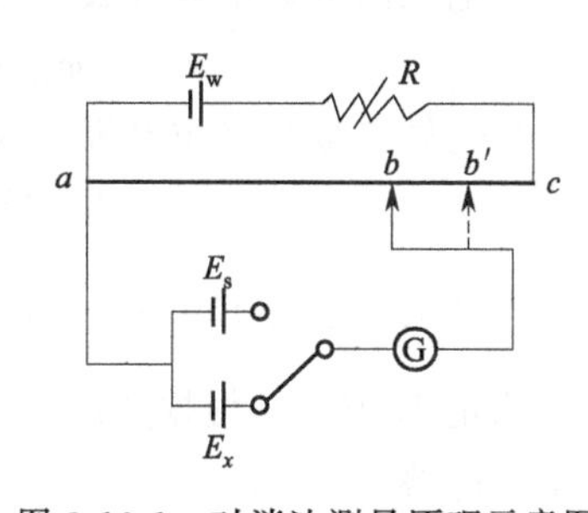

图 3-19-1　对消法测量原理示意图

E_w—工作电池；E_s—标准电池；E_x—待测电池；G—检流计。

本实验中采用 SDC-Ⅱ型电位差综合测试仪来进行对消法测定电动势的操作。SDC-Ⅱ型电位差综合测试仪包含上述图例中除 E_x (待测电池) 以外的部分，并且能自动显示待测电池的电动势的测量结果：即当测试仪工作于内标状态时，调节 b 点所示的可调电阻，使电路中无电流通过 (电流计 G 指示为零)，测试仪会自动记忆 ab 段的电阻值及所对应的电压。当接上待测电池，使仪器工作于外标状态，再调节电流计 G 指示为零 (电阻值改变至 ab')，此时，仪器自动根据 ab、ab'所对应的电阻值及 E_s 的大小将待测电池的电动势显示出来。

应用对消法测量电动势具有以下优点：①完全对消时无电流通过电池；②不需要测定线路中的电流强度；③E_x 的测量精度完全依赖于 E_s 和滑线电阻。

另外，当两种电极与不同电解质溶液接触时，在溶液的界面上总有液接电势存在；在电动势测量时，常用盐桥使原来产生显著液接电势的两种溶液彼此不直接接触，从而降低液接电势。常用 KCl、NH_4NO_3 等溶液作盐桥。

第一类可逆电极是指金属导体与含该金属阳离子的电解质溶液组成的电极，如本实验中 Zn 棒插于 $ZnSO_4$ 溶液及 Cu 棒插于 $CuSO_4$ 溶液形成的电极。这类电极上发生的电极反应通常表示为：

$$M(s) \longrightarrow M^{n+}(aq) + ne \text{(作阳极,发生氧化反应)}$$

$$M^{n+}(aq) + ne \longrightarrow M(s) \text{(作阴极,发生还原反应)}$$

要保证电极为可逆电极，要求无电流通过电极。实际操作时总有电流，为了减小电极的极化程度，在给定电流下，电极的表面状态是关键，因此在制作电极时必须对金属表面进行处理。

两个电极即组成一个电池，但是即使两个电极是可逆的，组成电池时如果存在电解质相接触，则由于电解质接触界面处必然存在不同离子的扩散，电池必然不可逆，因此必须采用相应手段克服扩散现象。通常的方法是采用盐桥来代替原来的不同电解质的界面（即以两个新界面代替一个老界面）。组成盐桥的电解质最基本的要求是盐桥中电解质的阴阳离子的导电能力（离子迁移数）应尽量接近，本实验中就采用饱和 KCl 溶液作为盐桥来减小电池的不可逆程度。

电动势与电极电势的关系可表示为：

$$E = \varphi_{右} - \varphi_{左} = \varphi_{正} - \varphi_{负}$$

本实验中，测定 Zn、Cu 两电极的电极电势，是通过测定两电极分别与饱和甘汞电极组成电池的电动势，然后利用电动势与电极电势的关系计算得到。

甘汞电极是一种通常使用的二级参考电极，其电极电势可通过标准氢电极来测定。饱和甘汞电极的电极电势可表示为：

$$\varphi_{甘} = 0.2438 - 0.5 \times 10^{-4}(T - 25)/℃$$

当金属电极与甘汞电极组成电池时，电池可表示为：

$$M \mid M^{n+}(\alpha_{\pm}) \parallel KCl(饱和) \mid Hg_2Cl_2 \mid Hg$$

电池的电动势 $E = \varphi_{右} - \varphi_{左} = \varphi_{甘} - \left(\varphi^{\ominus}_{M/M^{n+}} + \dfrac{RT}{nF}\ln a_{M^{n+}}\right)$

测定 E 值后，根据金属电极电解质中金属离子的活度（浓度），即可计算金属电极的标准电极电势。

本实验以饱和甘汞电极作为参比电极，测定铜电极和锌电极的电极电势，以及 Cu-Zn 电池的电动势。

（三）实验仪器与试剂

1. 实验仪器

SDC-Ⅱ型电位差综合测试仪，饱和甘汞电极，砂纸，铜棒，锌片。

2. 实验试剂

饱和 KCl 溶液，$0.1\text{mol} \cdot \text{L}^{-1}$ 及 $0.01\text{mol} \cdot \text{L}^{-1}$ 的硫酸铜溶液，$0.1\text{mol} \cdot \text{L}^{-1}$ 及

0.01mol·L^{-1} 的硫酸锌溶液。

(四) 实验步骤

1. 半电池制备

(1) 锌电极的制备：将锌电极用砂纸磨光，除掉锌电极上的氧化层，用蒸馏水冲洗，然后浸入饱和氯化亚汞溶液中 3～5s，取出后再用蒸馏水淋洗，使锌电极表面上有一层均匀的汞齐（防止电极表面副反应的发生，保证电极可逆）。将处理好的锌电极直接插入盛有 0.1mol·L^{-1} 硫酸锌溶液的电极管中。

(2) 铜电极的制备：将铜电极用砂纸打光，再用蒸馏水淋洗，插入盛有 0.1mol·L^{-1} 硫酸铜溶液的电极管中。

2. 仪器准备

(1) 打开电源开关，预热 10min。

(2) 将"测量选择"旋钮置于"内标"。

(3) 将"10^0"位旋钮置于"1"，其他旋钮均置于"0"，此时，"电位指示"显示为"1.00000" V。若显示小于"1.00000" V，可调节补偿旋钮以达到显示"1.00000" V。

(4) 待"检零指示"显示数值稳定后，按一下"采零"键，此时，"检零指示"显示数值为"0000"。

3. 测量

(1) 将"测量选择"置于"测量"。

(2) 分别用砂纸将锌电极和铜电极进行打磨，将它们的氧化膜磨掉。分别用小烧杯取小半杯 0.1mol·L^{-1} $ZnSO_4$ 溶液和 0.1mol·L^{-1} $CuSO_4$ 溶液约 20mL。将锌电极插入 $ZnSO_4$ 溶液中，铜电极插入 $CuSO_4$ 溶液。两溶液之间用盐桥连接。

(3) 用导线将锌电极与测量插孔的"－"极连接，用导线将铜电极与测量插孔的"＋"极连接。

(4) 调节"10^0～10^{-4}"五个旋钮，使"检零指示"显示数值为负值且绝对值最小（注意调节时从大到小调，若前一个旋钮所调挡位使"检零指示"为正值，则应该把前面这个挡位数值调小一挡。若"检零指示"出现"OUL"情况，表明所测原电池电动势与所调的"电位显示"相差很大，需重新调节）。

(5) 调节"补偿"旋钮，使"检零指示"显示数值为"0000"。此时，"电位显示"数值即为被测原电池的电动势。

(6) 分别再测量下列三个原电池的电动势，步骤与上面相同，记录所测得的电动势数值。

$$Cu|CuSO_4(0.01mol \cdot L^{-1})|CuSO_4(0.1mol \cdot L^{-1})|Cu$$

$$Zn|CuSO_4(0.1mol \cdot L^{-1})|KCl(饱和)|Hg_2Cl_2|Hg$$

$$Hg|Hg_2Cl_2|KCl(饱和)|CuSO_4(0.1mol \cdot L^{-1})|Cu$$

4. 关机

关闭电位差计电源开关，将用过的小烧杯清洗干净，盐桥和甘汞电极要放回装有饱和 KCl 溶液的大烧杯里。实验结束。

(五) 数据记录及处理

将实验数据填入表 3-19-1。

表 3-19-1 实验数据记录表

待测原电池	Cu-Zn 电池	Cu 的浓差电池	甘汞-Zn 电池	Cu-甘汞电池
实测电动势/V				

(六) 注意事项

(1) 连接线路时，切勿正、负极接反。

(2) 接通时间要短，不超过 5s，以防止过多电量通过标准电池和待测电池，造成严重极化现象，破坏电池的电化学可逆状态。

(3) 整个调节测量时间要快，以免电解质电解时间过长，溶液变稀，以致测不准。而且室温的上升对实验结果也有影响。

(4) 根据金属电极电解质中金属离子的活度（浓度）、测定的电池电动势以及甘汞电极的电极电势即可计算金属电极的标准电极电势。本实验中各电解质溶液的平均活度系数 $\gamma_{\pm}$ 如下：

溶液浓度	$0.1\text{mol}\cdot\text{L}^{-1}$	$0.01\text{mol}\cdot\text{L}^{-1}$
$CuSO_4$	0.16	0.40
$ZnSO_4$	0.15	0.387

(七) 思考题

(1) 为何测电动势要用对消法？对消法的原理是什么？

(2) 怎样计算标准电极电势？“标准”是指什么条件？

(3) 测电动势为何采用盐桥？如何选用盐桥以适合不同的体系？

(八) 文献参考值

待测原电池	实测电动势/V	电动势理论值/V
Cu-Zn 电池	1.085335	1.1037
Cu 的浓差电池	0.016235	0.0178
甘汞-Zn 电池	0.999235	1.0579
Cu-甘汞电池	0.076111	0.0458

实验 20 电势-pH 曲线的测定

(一) 实验目的

(1) 测定 Fe^{3+}/Fe^{2+} - EDTA 溶液在不同 pH 条件下的电极电势，绘制电势-pH 曲线。

(2) 了解电势-pH 图的意义及应用。

(3) 掌握电极电势、电池电动势及 pH 的测定原理和方法。

(二) 实验原理

标准电极电势的概念被广泛应用于解释氧化还原体系之间的反应。但很多氧化还原反应不仅与温度、溶液中离子的浓度和离子强度有关，而且与溶液的 pH 值有关。对于这样的体系，有必要考查其电极电势随 pH 的变化关系，从而对电极反应得到一个比较完整、清晰的认识。在一定温度和一定浓度的溶液中，改变其酸碱度，同时测定电极电势和溶液的 pH 值，然后以电极电势对 pH 作图，称为电势-pH 图。本实验所讨论的 Fe^{3+}/Fe^{2+}-EDTA 配合物体系在不同的 pH 值范围内，其配合物不同。以 Y^{4-} 代表 EDTA（ethylenediamine tetraacetic acid）酸根离子 $(CH_2)_2N_2(CH_2COO)_4^{4-}$。$Fe^{3+}$ 和 Fe^{2+} 除能与 EDTA 在一定 pH 范围内生成 FeY^- 和 FeY^{2-} 外，在低 pH 范围时，Fe^{2+} 还能与 EDTA 生成 $FeHY^-$ 型含氢配合物；在高 pH 范围时，Fe^{3+} 则能与 EDTA 生成 $FeOHY^{2-}$ 型配合物。根据配合物的不同形式，分别在三个不同 pH 值的区间来讨论其电极电势的变化。

(1) 在一定 pH 范围内，Fe^{3+} 和 Fe^{2+} 分别与 EDTA 生成稳定的配合物 FeY^- 和 FeY^{2-}，电极反应为

$$FeY^- + e \rightleftharpoons FeY^{2-}$$

根据能斯特（Nernst）方程，其电极电势为

$$\varphi = \varphi^\ominus - \frac{RT}{F}\ln\frac{a_{FeY^{2-}}}{a_{FeY^-}}$$

式中，$\varphi^\ominus$ 为标准电极电势；a 为活度，$a=\gamma m$（γ 为活度系数，m 为质量摩尔浓度），则上式可改写成

$$\varphi = \varphi^\ominus - \frac{RT}{F}\ln\frac{\gamma_{FeY^{2-}}}{\gamma_{FeY^-}} - \frac{RT}{F}\ln\frac{m_{FeY^{2-}}}{m_{FeY^-}} = (\varphi^\ominus + b_1) - \frac{RT}{F}\ln\frac{m_{FeY^{2-}}}{m_{FeY^-}}$$

式中，$b_1 = -\frac{RT}{F}\ln\frac{\gamma_{FeY^{2-}}}{\gamma_{FeY^-}}$，当溶液离子强度和温度一定时，$b_1$ 为常数，在此 pH 范围内，该体系的电极电势只与 $m_{FeY^{2-}}/m_{FeY^-}$ 的值有关。由于 FeY^{2-} 和 FeY^- 这两种配合物非常稳定，其 $\lg K_{稳}$ 分别为 14.32 和 25.1，因此当 EDTA 过量时，生成的配合物的浓度可近似看作为配制溶液时铁离子的浓度。即 $m_{FeY^{2-}} \approx m_{Fe^{2+}}$，$m_{FeY^-} \approx m_{Fe^{3+}}$。当 $m_{Fe^{2+}}$ 与 $m_{Fe^{3+}}$ 的比值一定时，则 φ 为一定值，此时 φ-pH 曲线中出现平台区。

(2) 低 pH 范围时，Fe^{2+} 与 EDTA 形成 $FeHY^-$ 配合物，Fe^{3+} 与 EDTA 形成 FeY^-，电极反应为：

$$FeY^- + H^+ + e \rightleftharpoons FeHY^-$$

电极电势为

$$\varphi = \varphi^\ominus - \frac{RT}{F}\ln\frac{\gamma_{FeHY^-}m_{FeHY^-}}{\gamma_{FeY^-}m_{FeY^-}a_{H^+}} = \varphi^\ominus - \frac{RT}{F}\ln\frac{\gamma_{FeHY^-}}{\gamma_{FeY^-}} - \frac{RT}{F}\ln\frac{m_{FeHY^-}}{m_{FeY^-}} - \left(-\frac{2.303RT}{F}\lg a_{H^+}\right)$$

$$= \varphi^\ominus + b_2 - \frac{RT}{F}\ln\frac{m_{FeHY^-}}{m_{FeY^-}} - \frac{2.303RT}{F}\text{pH}$$

式中，$b_2 = -\frac{RT}{F}\ln\frac{\gamma_{FeHY^-}}{\gamma_{FeY^-}}$，当溶液离子强度和温度一定时，$b_2$ 为常数；当 $m_{Fe^{2+}}/m_{Fe^{3+}}$ 不变时，φ 与 pH 呈线性关系。

(3) 高 pH 范围时，Fe^{3+} 与 EDTA 形成 $FeOHY^{2-}$ 配合物，Fe^{2+} 与 EDTA 形成 FeY^{2-}，电极反应为

$$Fe(OH)Y^{2-} + e \rightleftharpoons FeY^{2-} + OH^-$$

电极电势为

$$\varphi=\varphi^{\ominus}-\frac{RT}{F}\ln\frac{a_{FeY^{2-}}a_{OH^-}}{a_{Fe(OH)Y^{2-}}}=\varphi^{\ominus}-\frac{RT}{F}\ln\frac{\gamma_{FeY^{2-}}m_{FeY^{2-}}K_w}{\gamma_{Fe(OH)Y^{2-}}m_{Fe(OH)Y^{2-}}a_{H^+}}$$

$$=\varphi^{\ominus}-\frac{RT}{F}\ln\frac{\gamma_{FeY^{2-}}K_W}{\gamma_{Fe(OH)Y^{2-}}}-\frac{RT}{F}\ln\frac{m_{FeY^{2-}}}{m_{Fe(OH)Y^{2-}}}-(-\frac{2.303RT}{F}\lg a_{H^+})$$

$$=\varphi^{\ominus}+b_3-\frac{RT}{F}\ln\frac{m_{FeY^{2-}}}{m_{Fe(OH)Y^{2-}}}-\frac{2.303RT}{F}\text{pH}$$

式中，K_w 为水的离子积，$b_3=-\dfrac{RT}{F}\ln\dfrac{\gamma_{FeY^{2-}}K_w}{\gamma_{FeOHY^{2-}}}$，当溶液离子强度和温度一定时，$b_3$ 为常数；当 $m_{Fe^{2+}}/m_{Fe^{3+}}$ 不变时，φ 与 pH 呈线性关系。

图 3-20-1 是 Pt/Fe^{3+}，Fe^{2+}-EDTA 配合物体系的电势 - pH 图，从图中可以看出，曲线分为三段：中段是水平线，称为电势平台区；在低 pH 和高 pH 范围时都是斜线。

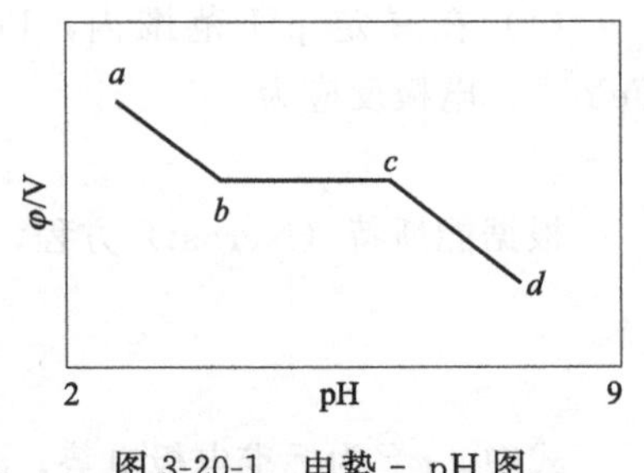

图 3-20-1 电势 - pH 图

（三）实验仪器与试剂

1. 实验仪器

电位差计（或数字电压表）1 台，数字式 pH 计 1 台，电磁搅拌器 1 台，饱和甘汞电极 1 支，复合电极 1 支，铂电极 1 支，200mL 夹套瓶 1 只，滴管 2 支。

2. 实验试剂

$FeCl_3\cdot 6H_2O$（AR），$FeCl_2\cdot 4H_2O$（AR），EDTA 二钠盐二水化合物（AR），HCl（AR），NaOH（AR），N_2（g）。

（四）实验步骤

1. pH 计校正

按照 pH 计的使用说明书，用标准缓冲溶液对 pH 计进行校正。

2. 配制溶液

称取 7.0gEDTA 加入反应瓶中，然后加入约 60mL 蒸馏水，启动电磁搅拌器并往反应瓶中滴加 $1.0\text{mol}\cdot L^{-1}$NaOH 直到 EDTA 完全溶解，通入氮气将空气排尽。迅速称取 1.72g $FeCl_3\cdot 6H_2O$、1.18g $FeCl_2\cdot 4H_2O$ 倒入反应瓶中，在迅速搅拌的情况下缓慢滴加 $1.0\text{mol}\cdot L^{-1}$NaOH 溶液直至瓶中溶液 pH 达到 8 左右 [注意避免局部生成 Fe $(OH)_3$ 沉淀]。

3. 连接测试装置

将复合电极、甘汞电极、铂电极分别插入反应瓶的三个孔中并浸于液面下。小心放置，以避免磁搅拌子与电极相接触，避免搅拌导致电极的破损。

4. pH 和电动势的测量

将复合电极的导线接到 pH 计上，测定溶液的 pH 值；将铂电极、甘汞电极接在数字电压表的“+”“−”两端，测定两极间的电动势，此电动势是相对于饱和甘汞电极的电极电势。用胶头滴管从反应容器的第四个孔（即氮气出气口）滴入少量 $2\text{mol}\cdot L^{-1}$ HCl，改变溶液 pH 值，每次约改变 0.3，同时记录电势和 pH 值，直至溶液出现浑浊，停止实验。

（五）数据记录及处理

（1）将所测得的电动势 E 和 pH 值记录到表 3-20-1，并将测得的相对于饱和甘汞电极的电动势换算成相对于氢标准电极的电极电势 φ。

（2）绘制 Fe^{3+}/Fe^{2+}-EDTA 配合物体系的 φ-pH 图，由图确定 FeY^- 和 FeY^{2-} 稳定存在的 pH 范围。

表 3-20-1　实验数据记录表

$m_{Fe^{3+}}/m_{Fe^{2+}}$	pH	E/mV	φ/mV

（六）注意事项

（1）$FeCl_2 \cdot 4H_2O$ 易被空气中的氧氧化，可改用摩尔盐（硫酸亚铁铵）。

（2）搅拌速度必须加以控制，防止由于搅拌不均匀造成加入 NaOH 时，溶液上部出现少量的 $Fe(OH)_3$ 沉淀。

（3）通常，参比电极在测量时作正极，指示电极作负极，但也有例外。

（4）甘汞电极、玻璃电极和 pH 计的构造及使用参考第二篇的相关内容。

（七）思考题

（1）写出 Fe^{3+}/Fe^{2+}-EDTA 配合体系在电极电势平台区的基本电极反应及对应的 Nernst 公式的具体形式。

（2）用酸度计和电位差计测电动势的原理，各有什么不同？

实验 21　铁的极化和钝化曲线的测定

（一）实验目的

（1）掌握稳态恒电位法测定金属极化曲线的基本原理和测试方法。

（2）测定铁在 NH_4HCO_3 溶液中的极化曲线和钝化曲线。

（3）掌握恒电位仪的使用方法。

（二）实验原理

1. 电极的极化和钝化曲线

在研究可逆电池的电动势和电池反应时，电极上几乎没有电流通过，每个电极反应都是在接近于平衡状态下进行的，因此电极反应是可逆的。但当有电流通过电极时，电极的平衡状态被破坏，电极电势偏离平衡值，电极反应处于不可逆状态，而且随着电极上电流密度的增加，电极反应的不可逆程度也随之增大。这种由于电流通过电极而导致电极电势偏离平衡值的现象称为电极的极化，描述电流密度与电极电势之间关系的曲线就称为极化曲线。

图 3-21-1 是 Fe 在 NH_4HCO_3 溶液中的阳极极化和阴极极化曲线图。当对电极进行阳极极化（即比平衡电位更正的电势）时，通过测定对应的极化电势和极化电流，就可得到体系的阳极极化曲线 rba，符合塔菲尔（Tafel）半对数关系，即：

$$\eta_{Fe}=a_{Fe}+b_{Fe}\lg[I_{Fe}/(A\cdot cm^{-2})]$$

直线的斜率为 b_{Fe}。

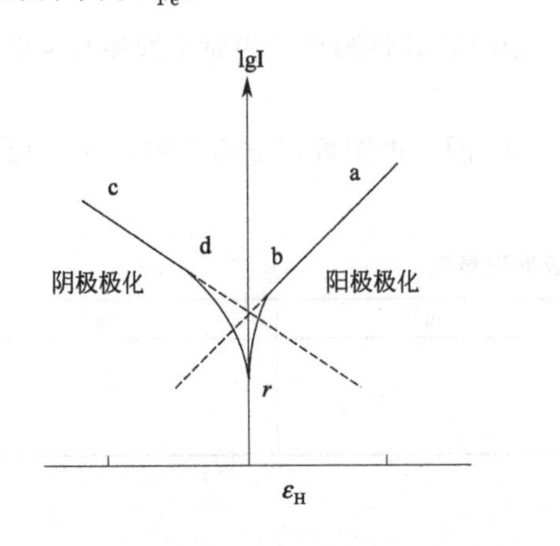

图 3-21-1　Fe的极化曲线

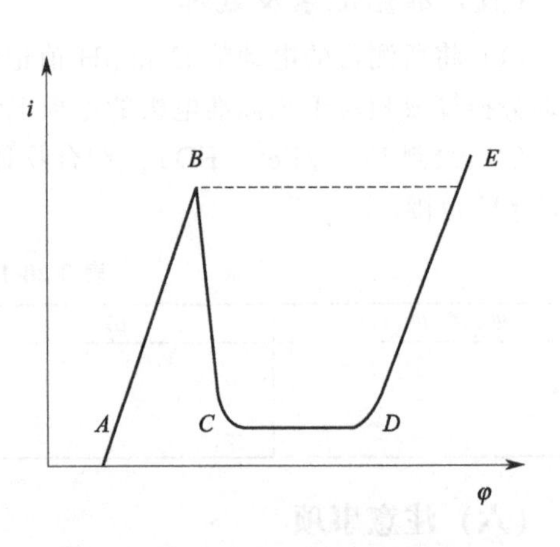

图 3-21-2　Fe的钝化曲线

当对电极进行阴极极化（即比平衡电位更负的电势）时，同理可获得阴极极化曲线 rdc。如果把阳极极化曲线的直线部分 ab 和阴极极化曲线的直线部分 cd 外延，理论上应交于一点，该点的纵坐标就是 $\lg[I_{cor}/(A\cdot cm^{-2})]$，即腐蚀电流 I_{cor} 的对数，而该点的横坐标数值则表示自腐蚀电势 φ_{cor} 的大小。

金属 Fe 的阳极过程是指金属作为阳极时在一定的外电势下发生的阳极溶解过程，如下式所示：

$$Fe \longrightarrow Fe^{2+}+2e$$

此过程只有在电极电势比其可逆电势更正时才能发生。阳极的溶解速度随电位变正而逐渐增大，但当阳极电势正到某一数值时，其溶解速度达到最大值，此后阳极溶解速度随电势变正反而大幅度降低，这种现象称为金属的钝化现象。图 3-21-2 中曲线表明，从 A 点开始，随着电位的增加，电流密度也随之增加；电势超过 B 点后，电流密度随电势的增加迅速减至最小，B 点对应的电势称为临界钝化电势，对应的电流称为临界钝化电流。这是因为在金属表面生产了一层电阻高而耐腐蚀的钝化膜。电势到达 C 点以后，随着电势的继续增加，电流却保持在一个基本不变的很小的数值上，该电流称为维钝电流，直到电势升到 D 点，电流才又随着电势的上升而增大，表明阳极又发生氧化过程，可能是高价金属离子产生也可能是水分子放电析出氧气，DE 段称为过钝化区。

2. 极化曲线的测定方法

（1）恒电位法：恒电位法就是在研究电极上施加不同的恒定电势，然后测量对应于各电位下的电流。极化曲线的测量应尽可能接近体系稳态。稳态体系指被研究体系的极化电流、电极电势、电极表面状态等基本上不随时间而改变。在实际测量中，常用的控制电位测量方法有以下两种。

静态法：将电极电势恒定在某一数值，测定相应的稳态电流值，如此逐点地测量一系列各个电极电势下的稳态电流值，以获得完整的极化曲线。对某些体系，达到稳态可能需要很长时间，为节省时间，提高测量重现性，往往人们自行规定每次电势恒定的时间（例如间隔1min）。

动态法：控制电极电势以较慢的速度连续地改变（扫描），并测量对应电位下的瞬时电流值，以瞬时电流与对应的电极电势作图，获得整个的极化曲线。一般来说，电极表面建立稳态的速度愈慢，则电位扫描速度也应愈慢。因此对不同的电极体系，扫描速度也不相同。为测得稳态极化曲线，人们通常依次减小扫描速度测定若干条极化曲线，当测至极化曲线不再明显变化时，可确定此扫描速度下测得的极化曲线即为稳态极化曲线。同样，为节省时间，对于那些只是为了比较不同因素对电极过程影响的极化曲线，则选取适当的扫描速度绘制准稳态极化曲线就可以了。

上述两种方法都已经获得了广泛应用，尤其是动态法，由于可以自动测绘，扫描速度可控制一定，因而测量结果重现性好，特别适用于对比实验。

(2) 恒电流法：恒电流法就是控制研究电极上的电流密度依次恒定在不同的数值下，同时测定相应的稳定电极电势值。采用恒电流法测定极化曲线时，由于种种原因，给定电流后，电极电势往往不能立即达到稳态，不同的体系，电势趋于稳态所需要的时间也不相同，因此在实际测量时一般电势接近稳定（如 1～3min 内无大的变化）即可读数，或人为自行规定每次电流恒定的时间。

(三) 实验仪器与试剂

1. 实验仪器

HDV-7C 晶体管恒电位仪 1 台，铂电极 1 只，碳钢电极（$1.0cm^2$）1 只，饱和甘汞电极 1 只，100mL 烧杯 1 个，电解池 1 个。

2. 试剂

饱和 KCl 溶液，NH_4HCO_3 溶液（$2.0mol \cdot L^{-1}$），H_2SO_4 溶液（$0.5mol \cdot L^{-1}$）。

(四) 实验步骤

(1) 电极处理：先用零号砂纸将碳钢电极粗磨，再用金相砂纸磨光，用丙酮清洗表面油污，然后置于 $0.5mol \cdot L^{-1}$ 的 H_2SO_4 溶液中，以铂电极为阳极，接恒电位仪“研究”接线端，碳钢电极为阴极，接“辅助”接线端，“工作选择”置“恒电流”，调节恒电流粗调和细调旋钮，使电流密度控制在 $5mA \cdot cm^{-2}$ 以下，电解 10min 去除氧化膜，最后用蒸馏水冲洗干净即可使用，不用时用滤纸擦干。

(2) 电解槽中倒入约 50mL NH_4HCO_3 溶液，电极插入 NH_4HCO_3 溶液中。饱和甘汞电极置于鲁金毛细管口，碳钢电极表面靠近鲁金毛细管尖嘴，以减小测量电位时欧姆电位降的影响。

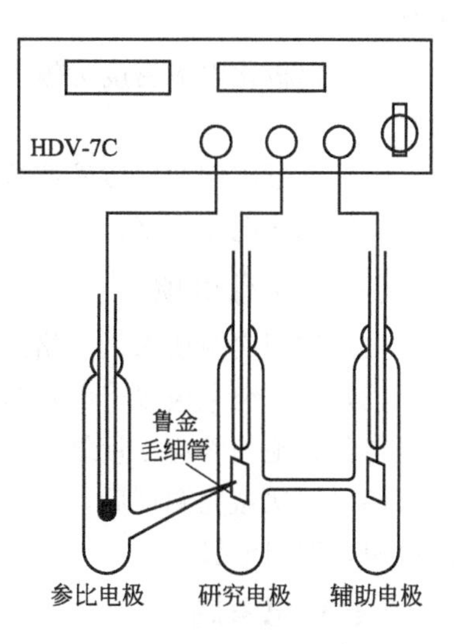

图 3-21-3　实验装置接线示意图

(3) 本实验以碳钢电极为阳极研究电极，饱和甘汞电极为“参比电极”，铂电极为“辅助电极”，组成三电极电解池。将电解池各电极与 HDV-7C 晶体管恒电位仪连接（如图 3-21-3 所示），其中碳钢电极接“研究电极”并和“地线”连接，铂电极与“辅助电极”连接，饱和甘汞电极与“参比电极”连接。

(4) 开机前，将电流量程选择置最大挡（在测量时再选适当的量程），电势量程置 20V 挡，补偿衰减置“0”位，补偿增益置“2”位，工作选择置恒电位。碳钢电极引出粗细两根电线，粗线接地，细线接“研究”处。接好线后，电势测量选择置“外控”，开电源置“自然”挡，预热 15min。

（5）将“电位测量选择”置于“参比”，这时电位显示为参比电极相对于研究电极的稳定电势-自腐电势。测阴极极化曲线，可将“电位测量选择”置“给定”，转动恒电势“粗调”和“细调”旋钮使“给定电势”等于“自腐电势”，电流显示为“0”。再调节仪器，使研究电极从自腐电势为起点开始极化来进行测量。把电源开关置“极化”，如果此时电流显示不为零，再适当地转动恒电势“粗调”和“细调”，使电势为零，然后向电势的负方向变化，记下相应的电势和电流值。为了读准数据，可选择合适的电势和电流量程。由于电极在极化时达到稳态需要较长的时间，因此实验时可以人为规定每次改变电势后 1min 就记录数据（电位改变方法为：先逐次降低 2mV 改变 5 次，再逐次降低 5mV 改变 5 次，最后逐次降低 10mV 改变至电极电势偏离自腐电位 100mV 左右）。

（6）阴极极化曲线测试完毕后，再重复测定研究电极的自腐电势，若与前自腐电势相差较大，可重复电极抛光处理。为了要测出完整的阳极极化曲线和钝化曲线，可将“电位测量选择”置“给定”，转动恒电势“粗调”和“细调”旋钮使“给定电势”等于“自腐电势”，即调节仪器，使研究电极从自腐蚀电势为起点开始极化来进行测量。把电源开关置“极化”，再适当地转动恒电势“粗调”和“细调”，使电势向正方向变化，记下相应的电势和电流值。在极化曲线 *AB* 和 *BC* 段时间间隔小些，约 10mV，在 *CD* 段间隔可大些，约 100mV，记下相应的电势和电流值。为了读准数据，可选择合适的电势、电流量程。

（7）实验完成“电源开关”置于“自然”，再改换“工作选择”做其他实验。若实验结束，“电源开关”置于“关”。

（五）数据记录及处理

（1）将实验数据填入表 3-21-1 中。

表 3-21-1　实验数据记录表

电位/V	电流/mA	电位/V	电流/mA	电位/V	电流/mA

（2）以 $\lg|I|$ 为纵坐标，给定电压为横坐标，绘出碳钢在碳酸氢铵溶液中的阴极和阳极极化曲线。

（3）以极化电流密度为纵坐标，给定电压为横坐标，绘出碳钢在碳酸氢铵溶液中的钝化曲线。

（4）通过碳钢在碳酸铵溶液中的阳极极化曲线，找出其致钝电流密度、维持钝化电势范围和维持钝化电流密度。

（六）注意事项

（1）按照实验要求，严格进行电极处理。

（2）将研究电极置于电解槽时，要注意与鲁金毛细管之间的距离每次应保持一致。研究电极与鲁金毛细管应尽量靠近，但管口离电极表面的距离不能小于毛细管本身的直径。

（3）每次做完测试后，应在确认恒电位仪或电化学综合测试系统在非工作的状态下，关闭电源，取出电极。

（七）思考题

（1）比较恒电流法和恒电位法测定极化曲线有何异同，并说明原因。

(2) 测定阳极钝化曲线为何要用恒电位法？

(3) 做好本实验的关键有哪些？

(八) 文献参考值

碳钢在 2.0mol·L^{-1} $(NH_4)_2CO_3$ 溶液中的致钝电流密度为：10mA·cm^{-2}，维持钝化电流密度为：0.12mA·cm^{-2}，钝化区间和致钝电位分别是－0.25～＋1.22V 和－0.36V (相对于标准氢电极)。蔡军，曾玲，罗忠鉴，计算机控制的碳钢极化曲线测定，四川师范大学学报（自然科学版)，2005，V28 (6)：747-750。

实验 22　氢超电势的测定

(一) 实验目的

(1) 测定氢在铂电极上的活化超电势。

(2) 了解超电势的规律和测定方法。

(二) 实验原理

某氢电极，当没有外电流通过时，氢分子与氢离子处于平衡态，此时的电极电势是平衡电极电势，用 E_R 表示。当有电流通过电极时，电极电势偏离平衡电极电势，成为不可逆电极电势，用 E_{IR} 表示；电极的电极电势偏离平衡电极电势的现象称为电极的极化。通常把某一电流密度下的电势 E_R 与 E_{IR} 之间的差值的绝对值称为超电势，即：

$$\eta = | E_{IR} - E_R |$$

影响超电势的因素很多，如电极材料，电极的表面状态，电流密度，温度，电解质的性质、浓度及溶液中的杂质等。

从阴极上析出氢的反应实验数据及理论探讨中总结出的电化学动力学的许多规律，带有普遍性，可以应用到其他电化学反应。研究方法也适用于其他电极过程。所以氢超电势规律的总结及研究在电化学中占有重要的地位。

在氢超电势中，主要部分是活化超电势，而其他部分超电势可以在测量中设法减小到可以忽略的程度。氢活化超电势（以下简称氢超电势）的经验公式表明超电势 (η) 与电流密度 (i) 的对数在离开平衡电极电势较远的情况下成线性关系，即符合塔非尔 (Tafel) 公式：

$$\eta = a + b \ln i$$

式中，a 和 b 为常数。a 为电流密度等于 1A·cm^{-2} 时的超电势，它依赖于金属电极的性质、表面状态、溶液的组成和温度，代表了电极反应的不可逆程度。常数 b 通常不依赖于金属电极的性质和溶液的组成，对于多数表面洁净、未被氧化的金属，其值接近于 $2RT/F$，常温下为 0.050V。如果以 10 为底的对数，温度为 298 K 时，b 接近于 0.118V。

测量氢超电势需要注意两个问题，即如何避免浓差超电势和溶液欧姆电压降对测试的影响，以及如何控制测量条件使数据有较好的重复性。

浓差超电势可用搅拌或使用电解液快速流动来减少，在不太大的电流密度下，氢的浓差超电势不大，可以忽略不计。避免溶液的欧姆电位降可用鲁金毛细管来连接被测电极和参比电极，使毛细管尖端尽量靠近被测电极；此外用缩小电极表面积也可减少电阻影响（因为对同一电流密度，电极表面积小就有较大的电流，而欧姆电位降是与电流成正比的)。准确可靠的办法是改变鲁金毛细管尖端与电极间的距离，分别测出不同距离的电位值，然后将电位和距离作图，用外推法求出距离为零时的超电势。间接法是使被测电极在一极短时间之内没有电流通过，此时迅速测定超电势，因为欧姆降在停电后立即消失，而活化超电势的消失和时间的对数值成正比例。因此只要尽量加快测量速度，即可测出活化超电势。

(三) 实验仪器与试剂

1. 实验仪器

HDV-7C 晶体管恒电位仪 1 台，铂电极 2 只，甘汞电极 1 只，电解池 1 个。

2. 实验试剂

H_2SO_4 ($0.5mol \cdot L^{-1}$)，饱和 KCl 溶液。

(四) 实验步骤

1. 安装实验装置

将研究电极（即光亮铂电极）、辅助电极、饱和甘汞电极均用 $0.5mol \cdot L^{-1}$ H_2SO_4 溶液冲洗，并放入电解池内。电解池内装入一定量的 $0.5mol \cdot L^{-1}$ H_2SO_4 电解液。

参照图 3-21-3 将电解池与 HDV-7C 晶体管恒电位仪连接，用 10mA 的电流使铂电极预极化，使电极钝化。

2. 氢超电势的测定

将恒电位仪（仪器操作见实验 21）标定好后，调节电流，使电解电流为 0～10mA 范围内，测定电流分别为 9.0mA、7.0mA、5.0mA、4.0mA、3.0mA、2.5mA、2.0mA、1.5mA、1.0mA、0.8mA、0.6mA、0.4mA、0.3mA、0.2mA、0.1mA 时的氢超电势值。

待测电极与甘汞电极构成电池，即：

$$Pt|H_2(g)|\ H^+(1mol \cdot L^{-1})|\text{甘汞电极}$$

25℃时，该电池的标准电动势为 $E_{标}=0.2412V$。

在测量过程中，一套数据必须连续测定，不得中断电流（较短的时间关系不大）。否则由于电极表面的变化将引起极化程度的改变。在 1min 内被测电动势读数如改变 1～2mV，就可以认为已达到稳定值。

测量完毕，将待测电极及辅助电极放入蒸馏水中，将饱和甘汞电极放入饱和 KCl 溶液中。

将所用仪器、导线等全部复原，以便下次实验使用。

(五) 数据记录及处理

(1) 根据实验用的电解液中 H^+ 的活度，计算氢电极的平衡电极电势，并查出在实验所处的温度下甘汞电极的电极电势，将实验数据记录至表 3-22-1 中。

表 3-22-1 实验数据记录样表

I/mA	$\varphi_{氢}$: V; $\varphi_{甘汞}$: V			
	i/A·cm^{-2}	lg i	E/V	η/V

(2) 按照不同电流密度下所测得的电极电势的数据，计算氢的超电势。

(3) 作 η-lg$i$ 图。

(4) 从图上求塔菲尔（Tafel）公式中的 a 及 b，写出超电势 η 和电流密度 i 的经验公式。

(六) 注意事项

(1) 在测定氢超电势前，为避免受电极表面吸附的 O_2 或溶液中溶解的 O_2 及杂质的干扰，必须将待测电极预极化。

(2) 通过较长时间的极化，使电极获得稳定表面状态后从大电流密度向小电流密度逐点往下测量其电极电势。

(七) 思考题

(1) 在测定超电势时，为什么要用三个电极？各有什么作用？

(2) 为什么在测定氢超电势前，一定要使待测电极预极化？

(八) 文献参考值

a=1.010V，b = 0.189。王苏文，徐达圣，戴志晖．南京师大学报（自然科学版），1998，21（1）：63-65。

实验 23 溶胶的制备、纯化及聚沉值的测定

(一) 实验目的

(1) 学习溶胶制备的基本原理，掌握溶胶的制备及纯化方法。

(2) 了解影响溶胶稳定性的主要因素。

(3) 制备 $Fe(OH)_3$ 溶胶并将其纯化，测定几种电解质的聚沉值。

(二) 实验原理

溶胶系指极细的固体颗粒分散在液体介质中的分散体系，其颗拉大小约在 1 nm 至 1 μm 之间，若颗粒再大则称为悬浮液。要制备出比较稳定的溶胶或悬浮液一般须满足两个条件：①固体分散相的质点大小必须在胶体分散度的范围内；②固体分散质点在液体介质中要保持分散不聚结；为此，一般需加稳定剂。

制备溶胶或悬浮液原则上有两种方法：①将大块固体分割到胶体分散度的大小，此法称分散法；②使小分子或离子聚集成胶体大小，此法称为凝聚法。

1. 分散法

分散法主要有 3 种方式，即机械研磨法、超声分散法和胶溶分散法。

(1) 研磨法：常用的设备主要有胶体磨和球磨机等。胶体磨有两片靠得很近的磨盘或磨刀，均由坚硬耐磨的合金或碳化硅制成。当上下两磨盘以高速反向转动时（转速约 5000～10000r/min），粗粒子就被磨细。在机械研磨中胶体磨的效率较高，但一般也只能将质点磨细到 1μm 左右。

(2) 超声分散法：频率高于 16000 Hz 的声波称为超声波。高频率的超声波传入介质，在介质中产生相同频率的疏密交替，对分散相产生很大撕碎力，从而达到分散效果。此法操作简单，效率高，经常用作胶体分散及乳状液的制备。

(3) 胶溶分散法：胶溶分散法是把暂时聚集在一起的胶体粒子重新分散而成溶胶。例

如，氢氧化铁、氢氧化铝等的沉淀实际上是胶体质点的聚集体，由于制备时缺少稳定剂，故胶体质点聚在一起而沉淀。此时若加入少量电解质，胶体质点因吸附离子而带电，沉淀便会在适当地搅拌下更新分散成溶胶。

有时质点聚集成沉淀是因为电解质过多，设法洗去过量的电解质也会使沉淀转化成溶胶。利用这些方法使沉淀转化成溶胶的过程称为胶溶作用。

2. 凝聚法

凝聚法主要有化学反应法及更换介质法。此法的基本原则是形成分子分散的过饱和溶液，控制条件，使不溶物在成胶体质点的大小时析出。此法与分散法相比不仅在能量上有利，而且可以制成高分散度的胶体。

(1) 化学反应法：凡能生成不溶物的复分解反应、水解反应以及氧化还原反应等皆可用来制备溶胶。由于离子的浓度对溶胶的稳定性有直接影响，在制备溶胶时要注意控制电解质的浓度。

(2) 更换介质法：此法利用同一种物质在不同溶剂中溶解度相差悬殊的特性，使溶解于良溶剂中的溶质，在加入不良溶剂后，因其溶解度下降而以胶体粒子的大小析出，形成溶胶。此法制作溶胶方法简便，但得到的胶体粒子较大。

在溶胶中，分散相质点很小，这就使得溶胶具有许多与小分子溶液和粗分散体系不同的性质。这种性质主要有动力性质（包括布朗运动、扩散与沉降等）、光学性质（包括光散射现象等）、流变性质、电性质、表面性质以及由许多性质所决定的稳定性。

根据胶体体系的动力性质可知，强烈的布朗运动使得溶胶分散相质点不易沉降，而具有一定的动力稳定性。但是由于分散相有大的相界面，故又有强烈的聚结趋势，因而这种体系又是热力学不稳定体系。此外，由于多种原因胶体质点表面常带有电荷，带有相同符号电荷的质点不易聚结，从而提高了体系的稳定性。带电质点对电解质十分敏感，在电解质作用下胶体质点因聚结而下沉的现象称为聚沉。在指定条件下使某溶胶聚沉时，电解质的最低浓度称为聚沉值，聚沉值常用 $mol \cdot L^{-1}$ 表示。

影响聚沉的主要因素有反离子的价数、离子的大小及同号离子的作用等。一般来说，反离子价数越高，聚沉效率越高，聚沉值越小，聚沉值大致与反离子价数的 6 次方成反比，满足 Schulze-Hardy 规则，即：

$$(\text{聚沉值})\text{三价离子}:\text{二价离子}:\text{一价离子}=(1)^6:(1/2)^6:(1/3)^6=100:1.6:0.14$$

(三) 实验仪器与试剂

1. 实验仪器

滴定管，烧杯，试管，量筒，锥形瓶，移液管。

2. 实验试剂

三氯化铁溶液（20%），氨水（10%），乙醇（95%），乙醚，硝化纤维，NaCl 溶液（$0.2mol \cdot L^{-1}$），Na_2SO_4 溶液（$0.2mol \cdot L^{-1}$）及 $K_3[Fe(CN)_6]$ 溶液（$0.001mol \cdot L^{-1}$）。

(四) 实验步骤

1. 胶溶法制备 $Fe(OH)_3$ 溶胶

取 1mL 20% 的 $FeCl_3$ 溶液放入 100mL 小烧杯中，加水稀释至 10mL，用滴管滴加 10%

的氨水至稍微过量为止；过滤，用 10mL 水洗涤数次。将沉淀转入另一个 100mL 小烧杯中，加水 20mL，再加入约 1mL 20% 的 $FeCl_3$ 溶液，加热搅拌至沉淀消失，制得棕红色透明的 $Fe(OH)_3$ 溶胶。

2. 火棉胶系半透膜的制备

火棉胶系半透膜可用硝化纤维的乙醇-乙醚溶液制成，极易燃；操作时必须远离火源，保持通风良好。半透膜孔径由溶液成分决定，硝化纤维和乙醚含量高，则孔小；反之，乙醇含量高，则孔粗。火棉胶制造半透膜配方见表 3-23-1 所示。

本实验采用细孔隔膜对 $Fe(OH)_3$ 溶胶透析进行纯化，半透膜制备的具体操作如下：

将一个 500mL 的锥形瓶洗净烘干，将火棉胶溶液倒入锥形瓶中，倾斜锥形瓶并慢慢地转动，使锥形瓶均匀地沾上一层胶液，然后倒出过剩的火棉胶溶液。待溶剂挥发干净，再用电吹风冷风挡吹至无乙醚气味。当火棉胶干后（指不沾手），将瓶口的胶膜剥离开一小部分，从该剥离口慢慢地加入蒸馏水，胶袋逐渐与瓶壁剥离。取出胶袋，胶袋灌水悬空，检验半透膜是否存在漏孔及渗水速度（若有漏孔，只需擦干孔周围的水，用玻璃棒蘸火棉胶溶液少许，轻轻接触漏孔，即可补好），将合格的半透膜在蒸馏水中浸泡待用。

表 3-23-1 火棉胶制造半透膜配方

火棉胶成分	硝化纤维	乙醇	乙醚
细孔隔膜	6g	质量分数 95%，25mL	75mL
中孔隔膜	4g	25mL	50mL
粗孔隔膜	2g	质量分数 90%，50mL	50mL

3. $Fe(OH)_3$ 溶胶的纯化

将上面制备的 $Fe(OH)_3$ 溶胶倒入火棉胶袋，并悬挂在盛有蒸馏水的大烧杯中，每小时换一次蒸馏水，直到分别用 1%的 KSCN 及 $AgNO_3$ 溶液检验水中无 Fe^{3+} 和 Cl^- 时渗析便可结束（也可用测溶胶的电导率来判断溶胶的纯度）。

4. $Fe(OH)_3$ 溶胶聚沉值的测定

用移液管向 3 个干净并烘干的 100mL 锥形瓶中各移入 10mL 经过渗析的 $Fe(OH)_3$ 溶胶，然后分别用滴定管一滴一滴地加入 NaCl 溶液（$0.2mol \cdot L^{-1}$）、Na_2SO_4 溶液（$0.2mol \cdot L^{-1}$）及 $K_3[Fe(CN)_6]$ 溶液（$0.001mol \cdot L^{-1}$）至各个锥形瓶中。每滴 1 滴电解质溶液，都必须充分搅动，至少 1min 内不出现浑浊才可以滴加第二滴；直到溶胶刚刚产生浑浊并不消失为止。记下此时所需各电解质溶液的体积用于计算聚沉值。

（五）数据记录及处理

（1）将测得的实验数据记录到表 3-23-2。

表 3-23-2 实验数据记录

电解质	电解质浓度 $c/mol \cdot L^{-1}$	滴入体积 V_1/mL	溶胶的体积 V_2/mL	聚沉值$/mol \cdot L^{-1}$
NaCl				
Na_2SO_4				
$K_3[Fe(CN)_6]$				

（2）根据电解质的浓度及聚沉时滴入的体积数据按下式计算电解质的聚沉值：

$$聚沉值=cV_1/(V_1+V_2)$$

（3）根据电解质的类型及聚沉值判断溶胶的带电情况及是否符合 Schulze-Hardy 规则。

(六) 注意事项

(1) 胶溶作用只能用于新鲜的沉淀。若沉淀放置过久，小粒经过老化，出现粒子间的连接或变成了大的粒子，就不能利用胶溶作用来达到重新分散的目的。

(2) $Fe(OH)_3$ 沉淀胶溶前，应尽量洗去沉淀吸附的电解质，最好洗至水为中性。

(七) 思考题

(1) 什么是溶胶？溶胶具有的基本特性是什么？溶胶的动力性质、电性质、光学性质有哪些？

(2) 什么是溶胶的稳定性？影响因素有哪些？

实验24 电泳 电渗

(一) 实验目的

(1) 掌握电泳法和电渗法测定 ζ 电势的原理与技术。

(2) 加深理解电泳、电渗是胶体中液相和固相在外电场作用下的电性现象。

(二) 实验原理

胶体溶液是一个多相体系，包括分散相胶粒和分散介质。分散在介质中的微粒由于自身的解离或表面吸附其他粒子而形成带一定电荷的胶粒，同时在胶粒附近的介质中必然分布有与胶粒表面电性相反而电荷数量相同的反离子，形成一个扩散双电层。

在外电场作用下，荷电的胶粒携带周围一定厚度的吸附层向带相反电荷的电极运动，在荷电胶粒吸附层的外界面与介质之间相对运动的边界处，相对于均匀介质内部产生的电位差，称为 ζ 电势。它随吸附层内离子浓度，电荷性质的变化而变化。它与胶体的稳定性有关，ζ 绝对值越大，表明胶粒电荷越多，胶粒间斥力越大，胶体越稳定。反之，则不稳定。当 ζ 电势等于零时，胶体的稳定性最差，发生聚沉现象。因此，无论制备胶体还是破坏胶体，都需要了解所研究胶体的 ζ 电势。

在外加电场的作用下，如果分散相胶粒对分散相介质产生相对移动，称为电泳；如果分散介质相对于胶粒发生相对移动，则称为电渗。可以通过电泳或电渗实验来测定 ζ 电势。

1. 电泳公式的推导

当带电胶粒在外电场作用下迁移时，胶粒电荷为 q，两极间的电位梯度为 H，则胶粒受到静电力为：

$$f_1 = qH$$

胶粒在介质中受到的阻力按 Stokes 定律为：

$$f_2 = k\pi\eta r u$$

式中，r 为胶粒的半径；k 为与胶粒形状有关的常数（球状 $k=6$，棒状 $k=4$）；u 为胶粒运动速率，η 为溶液的黏度。如果忽略胶粒本身重力的影响，当胶粒运动速率 u 恒定时，则 $f_1 = f_2$，即

$$qH = k\pi\eta r u$$

而根据静电学原理有：

$$\zeta = \frac{q}{\varepsilon r}$$

其中，ε 为介电常数，故有：

$$\zeta=\frac{k\pi\eta u}{\varepsilon H}(\text{静电单位})$$

或

$$\zeta=\frac{k\pi\eta u}{\varepsilon H}\times 300(\mathrm{V})$$

式中，300 为将静电单位表示的电势改成伏特表示的电势的转换系数。本实验所研究的 $Fe(OH)_3$ 胶体为棒状颗粒，因此 $k=4$。若两极间距离为 L(cm)，电压为 E，胶体时间 t(s) 内移动的距离为 l(cm)，则

$$\zeta=\frac{4\pi\eta lL}{\varepsilon Et}(\text{静电单位}) \tag{3-24-1}$$

或

$$\zeta=\frac{4\pi\eta lL}{\varepsilon Et}\times 300(\mathrm{V}) \tag{3-24-2}$$

如果已知 ε、η、l、t、L、E，就可以求出 ζ 电势。

2. 电渗公式的推导

在外电场作用下，液体通过多孔固体隔膜，可贯穿隔膜的许多毛细管。可以根据液体在外加电场下通过毛细管的例子，推导出电渗公式。设电渗发生在一半径为 r 的毛细管中，又设固体与液体接触界面处的吸附厚度为 δ。若表面的电荷密度为 ρ，电位梯度为 H，则界面上单位面积所受静电荷力为 $f_1=\rho H$，而液体在毛细管中作层流运动时，单位面积所受阻力为

$$f_2=\frac{\mathrm{d}u}{\mathrm{d}x}=\eta\frac{u}{\delta}$$

式中，u 为电渗速率；η 为液体的黏度。电渗速率恒定时，则 $f_1=f_2$，所以

$$u=\frac{\rho H\delta}{\eta}$$

假设界面处的电荷分布情况类似于平板电容器，由平板电容器的电容

$$C=\frac{\rho}{\zeta}=\frac{\varepsilon}{4\pi\delta}$$

若毛细管截面积为 A，液体在时间 t(s) 内流过毛细管的体积为 V (mL)，则

$$V=Aut=\frac{A\zeta\varepsilon Ht}{4\pi\eta}$$

而

$$H=\frac{IR}{l}=I\frac{l/(A\kappa)}{l}=\frac{I}{A\kappa}$$

式中，I 为通过两电极间的电流；R 为两电极间的电阻；κ 为液体介质的电导率；l 为两电极间的距离。因此有：

$$\zeta=\frac{4\pi\eta\kappa V}{\varepsilon It}(\text{静电单位}) \tag{3-24-3}$$

或

$$\zeta=\frac{4\pi\eta\kappa V}{\varepsilon It}\times 300(\mathrm{V}) \tag{3-24-4}$$

如果已知液体介质的黏度η、介电常数ε、电导率κ，只要测定在电场作用下通过液体介质的电流强度I，以及时间t（s）内液体由于受电场作用流经毛细管的体积V，就可以计算出ζ电势。

(三) 实验仪器与试剂

1. 实验仪器

电泳仪，电渗仪，恒温水浴槽，DYY-Ⅲ 1C直流稳压电源，秒表，米尺，滴管。

2. 实验试剂

$FeCl_3$ 10%溶液，HCl溶液，胶棉液，SiO_2粉末(80～100目)。

(四) 实验步骤

1. 电泳法测定$Fe(OH)_3$溶胶的ζ电势

(1) 渗析半透膜的制备：参照实验23制备。

(2) 氢氧化铁溶胶的制备：在400mL烧杯中加入200mL蒸馏水，加热至沸腾，再在不断搅拌下缓慢滴加4～6滴饱和$FeCl_3$溶液，加完后继续搅拌煮沸4～5min，得到棕红色的$Fe(OH)_3$溶胶。然后将$Fe(OH)_3$溶胶倒至预先制备好的渗析半透膜中，浸泡在蒸馏水中渗析，直到无氯离子存在(可用硝酸银溶液来检验是否存在氯离子)。

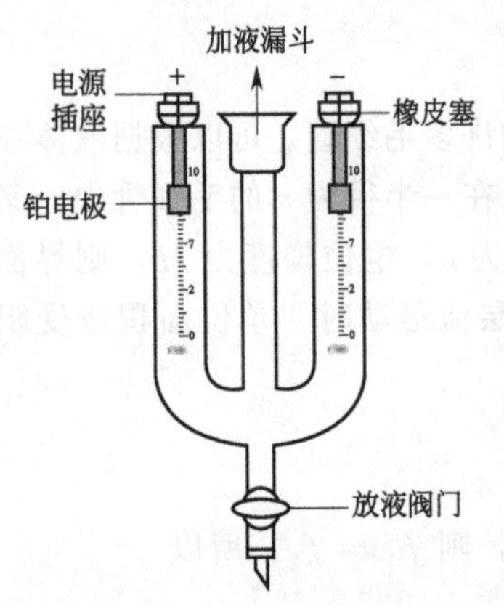

图 3-24-1 电泳仪示意图

(3) 测定$Fe(OH)_3$溶胶电泳速度u和电位梯度H：实验前应将如图3-24-1所示的电泳仪预先清洗干净并烘干，活塞上涂上一层薄凡士林，塞好活塞。用铁架台固定好电泳管。将待测的$Fe(OH)_3$溶胶通过小漏斗注入电泳仪的U形管底部至适当位置。再用两支滴管将电导率与胶体溶液相同的稀盐酸溶液，沿U形管两臂的管壁，等量地缓慢加入至10cm高度，并保持两液相间的界面清晰。轻轻地将铂电极插入HCl液层中。切勿扰动液面，以免破坏液相间的界面，铂电极应保持垂直，并使两电极浸入液面下的深度相等，记下胶体液面的高度位置。将两电极分别与直流电源的正负极相连，按下电源开关，调节电压范围为50～100V，同时用秒表开始计时至30～45min，记下胶体液面上升的距离和电压的读数。沿U形管中线量出两电极间的距离，为了减少测量误差，此数值须多次测量并取平均值。实验结束后，清洗U形管和铂电极，并在U形管中放满蒸馏水浸泡铂电极。

2. 电渗法测定SiO_2对水的ζ电势

(1) 电渗仪的安装：电渗仪结构如图3-24-2所示。刻度毛细管两端通过连通管分别与铂丝电极相连，A管的两端均装有多孔薄瓷管，A管内装有二氧化硅粉。在刻度毛细管的一端连接另一根尖嘴形的毛细管G管，通过它可以将一个测量流速用的气泡压入刻度毛细管。洗净电渗仪，打开磨口瓶塞，将80～100目的SiO_2粉与蒸馏水混

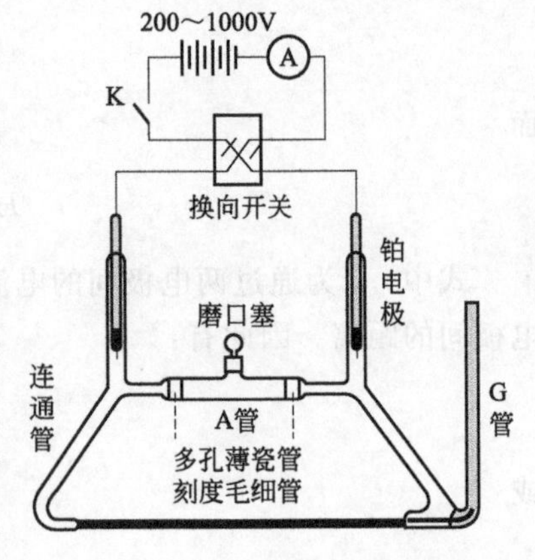

图 3-24-2 电渗仪结构示意图

合搅拌成糊状物，并将其注入 A 管中，盖上瓶塞。分别从电极管口注入蒸馏水，直至浸没电极为止，插入铂丝电极。用洗耳球从G管压入一小气泡至刻度毛细管的一端。将整个电渗仪浸入恒温水浴槽中，恒温 10min 以待测定。

（2）测定电渗时液体的流动体积 V 和电流强度 I：在电渗仪的两铂丝电极间接上直流电源，测量回路中串联一个毫安表、耐高压的电源开关和换向开关。调节电源电压，使电渗时毛细管中气泡从一端刻度至另一端刻度行程时间约为 20s。然后准确地测定此时间。利用换向开关，可使两电极的极性变换，而使电渗方向改变。由于电源电压较高，换向操作时应先切断电源开关，换向开关转换后，再接通耐高压的电源开关。反复测量正、反向电渗时的流动体积 V 值各 5 次，同时读下电流强度值 I。

改变电源电压，使毛细管中气泡的行程时间分别改为 10s、30s，按上述方法分别测量相应的 V 和 I 值。然后移去电渗仪电源，用电导仪测定电渗仪中蒸馏水的电导率。

（五）数据记录及处理

（1）将实验所测得的数据填到表 3-24-1 及表 3-24-2 中。

表 3-24-1 电泳实验数据记录表

温度 /℃	电压 E/V	两电极间距离 L/cm	界面移动距离 l/cm	界面移动时间 t/s

表 3-24-2 电渗实验数据记录表

温度 /℃	电流 I/A	电导率 κ/S·cm^{-1}	液体流动体积 V/mL	V 体积流动的时间 t/s

（2）由表 3-24-1 中实验数据计算 $Fe(OH)_3$ 溶胶的 ζ 电势。

（3）根据 $Fe(OH)_3$ 胶体向正极或负极移动的情况，判断胶体荷电情况。

（4）由表 3-24-2 中实验数据计算 SiO_2 对水的 ζ 电势。

注意：采用式(3-24-1) ～ 式(3-24-4) 计算时，各物理量均须采用 c. g. s(厘米·克·秒)单位制。η、ε 均用纯水的相应值代替。水的 ε 按下式进行校正

$$\varepsilon = 80 - 0.4(T - 293)$$

式中，T 为实验时的热力学温度，K。如果改用SI制进行计算，物理量相应的数值和单位也应进行改变。

（六）注意事项

（1）往电泳管加入稀盐酸时一定要保持盐酸与 $Fe(OH)_3$ 溶胶之间的界面清晰。

（2）量取两电极的距离时，要沿电泳管的中心线量取。

（3）电渗实验的过程中要注意电极的极性换向操作。由于电源电压较高，换向操作时应先切断电源开关，换向开关转换后，再接通耐高压的电源开关。

（4）数据处理时，要注意各物理量相应的数值及单位。

（七）思考题

（1）本实验中所用的稀盐酸溶液的电导为什么必须和所测溶胶的电导率相等或尽量接近？

(2) 电泳的速度与哪些因素有关?

(3) 在电泳测定中如不用辅助液体，把两电极直接插入溶胶中会发生什么现象?

(4) 为什么说刻度毛细管中气泡在单位时间内移动的体积就是单位时间内流过试样室 A 管的液体流量?

(5) 固体粉末样品粒度太大，电渗测定结果重现性差，是什么原因?

实验 25 溶液表面张力的测定——最大泡压法

(一) 实验目的

(1) 掌握最大泡压法测定表面张力的原理和技术，了解影响表面张力测定的因素。

(2) 测定不同浓度正丁醇溶液的表面张力，计算吸附量，由表面张力的实验数据求分子的截面积及吸附层的厚度。

(二) 实验原理

1. 溶液中的表面吸附

从热力学观点来看，液体表面缩小是一个自发过程，这是使体系总自由能减小的过程，欲使液体产生新的表面 ΔA，就需对其做功，其大小应与 ΔA 成正比：

$$-W'=\sigma\Delta A$$

如果 ΔA 为 $1m^2$，则 $-W'=\sigma$ 是在恒温恒压下形成 $1m^2$ 新表面所需的可逆功，所以 σ 称为比表面吉布斯自由能，其单位为 $J\cdot m^{-2}$。也可将 σ 看作为作用在界面上每单位长度边缘上的力，称为表面张力，其单位是 $N\cdot m^{-1}$。在定温下纯液体的表面张力为定值，当加入溶质形成溶液时，表面张力发生变化，其变化的大小决定于溶质的性质和加入量的多少。根据能量最低原理，溶质能降低溶剂的表面张力时，表面层中溶质的浓度比溶液内部大；反之，溶质使溶剂的表面张力升高时，它在表面层中的浓度比在内部的浓度低，这种表面浓度与内部浓度不同的现象叫做溶液的表面吸附。在指定的温度和压力下，溶质的吸附量与溶液的表面张力及溶液的浓度之间的关系遵守吉布斯(Gibbs)吸附方程：

$$\Gamma=-\frac{c}{RT}\left(\frac{d\sigma}{dc}\right)_T$$

式中，Γ 为溶质在表层的吸附量，$mol\cdot m^{-2}$；σ 为表面张力，$J\cdot m^{-1}$；c 为吸附达到平衡时溶质在介质中的浓度，$mol\cdot m^{-3}$；T 为热力学温度，K；R 为气体常数，$8.314J\cdot mol^{-1}\cdot K^{-1}$。

当 $\left(\frac{d\sigma}{dc}\right)_T<0$ 时，$\Gamma>0$ 称为正吸附；当 $\left(\frac{d\sigma}{dc}\right)_T>0$ 时，$\Gamma<0$ 称为负吸附。

从分子结构的观点来看，正丁醇的分子中含有亲水性的极性基团和疏水性的非极性基团。在水溶液表面，极性部分指向溶液内部，非极性部分则指向空气。其在溶液表面的排列状况，随其浓度不同各异。当浓度极小时，溶质分子溶解在溶剂中，如图 3-25-1(a) 所示；当浓度较大时，分子排列如图 3-25-1(b) 所示；当浓度增大到一定程度时，溶液表面形成单分子饱和吸附层，如图 3-25-1(c) 所示。这样的吸附层随着表面活性物质的分子在界面上愈加紧密排列，则此界面的表面张力也就逐渐减小。如果在恒温下绘成曲线 $\sigma=f(c)$(表面张力等温线)，当 c 增加时，σ 在开始时显著下降，而后下降逐渐缓慢下来，以致 σ 的变化很小，这时 σ 的数值恒定为某一常数(见图 3-25-2)。

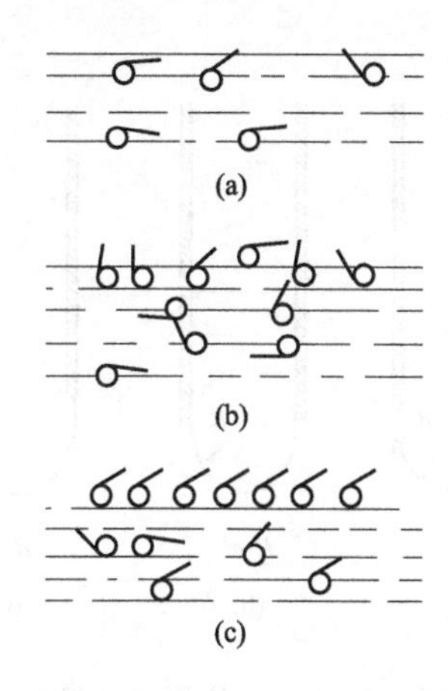

图 3-25-1　不同浓度时溶质分子在溶液表面的排列情况

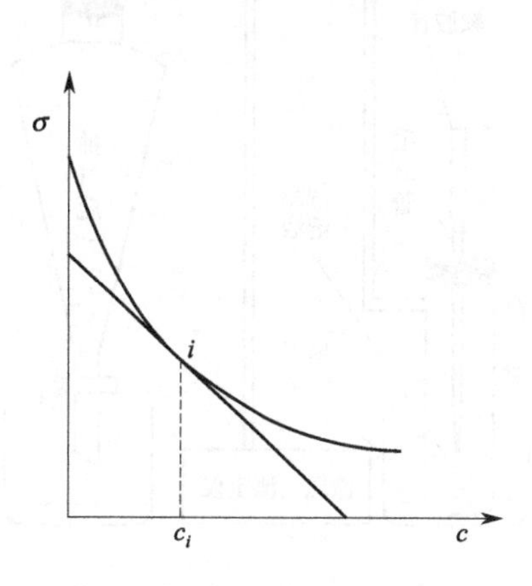

图 3-25-2　表面张力和浓度关系图

2. 饱和吸附与溶质分子的横截面积

吸附量 Γ 与浓度 c 之间的关系，可用朗谬尔(Langmuir) 吸附等温式表示：

$$\Gamma=\Gamma_{\infty}\frac{Kc}{1+Kc}$$

式中，Γ_{∞} 为饱和吸附量；K 为常数。将上式取倒数可得：

$$\frac{c}{\Gamma}=\frac{c}{\Gamma_{\infty}}+\frac{1}{K\Gamma_{\infty}}$$

如作 c/Γ-c 图，则图中直线斜率的倒数即为 Γ_{∞}。

如果以 N 代表 $1m^2$ 表面上溶质的分子数，则有：

$$N=\Gamma_{\infty}L$$

式中，L 为阿伏加德罗常数，由此可得每个溶质分子在表面上所占据的横截面积为：

$$S_A=\frac{1}{\Gamma_{\infty}L}$$

因此，若测得不同浓度溶液的表面张力，从 σ-c 曲线上求出不同的吸附 Γ，再从 c/Γ-c 直线上求出 Γ_{∞} 便可以计算出溶质分子的横截面积 S_A。

3. 最大气泡压力法测表面张力

测定液体表面张力的方法很多，如毛细管升高法、滴重法、环法、滴外形法等。本实验采用最大气泡压力法，实验装置如图 3-25-3 所示。

将毛细管垂直放置，使毛细管下端端面与液面相切，液体即沿毛细管上升；打开抽气瓶的活栓，让水缓缓滴下，使测定管中液面上的压力($p_{系统}$)渐小于毛细管内液体上的压力($p_{大气}$)，毛细管内外液面形成一压差，故毛细管内的液面逐渐下降，并从毛细管管端缓慢地逸出气泡。在气泡形成过程中，由于表面张力的作用，凹液面产生了一个指向液面外的附加压力 Δp，因此有下述关系：

$$p_{大气}=p_{系统}+\Delta p \quad 或 \quad \Delta p=p_{大气}-p_{系统}$$

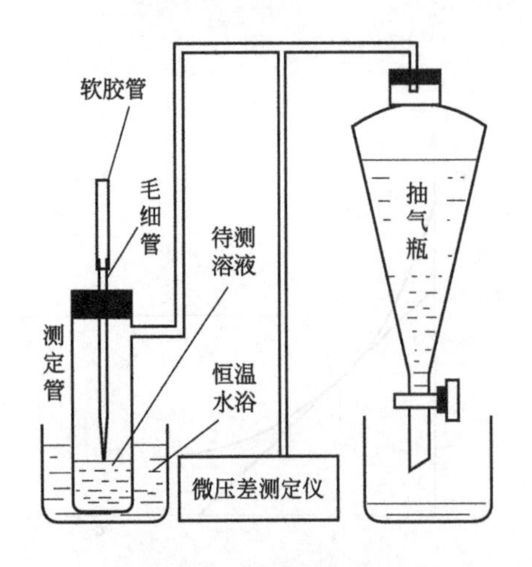

图 3-25-3 最大泡压法测液体表面张力仪器装置图

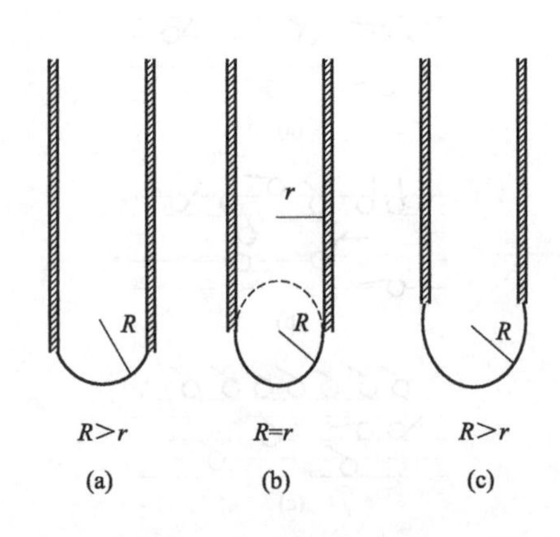

图 3-25-4 气泡形成过程中半径的变化情况示意图

根据拉普拉斯(Laplace)公式，附加压力 Δp 和溶液的表面张力 σ 成正比，与气泡的曲率半径 R 成反比，其关系式为：

$$\Delta p = 2\sigma / R$$

若毛细管管径较小，则形成的气泡可视为是球形的。气泡刚形成时，由于表面几乎是平的，所以曲率半径 R 极大；当气泡形成半球形时，曲率半径 R 等于毛细管管径 r，此时 R 值为最小；随着气泡的进一步增大，R 又趋增大[如图 3-25-4 中(a)、(b)、(c)所示，图中 R 为气泡的曲率半径，r 为毛细管半径]，直至逸出液面。

根据上式可知，当 $R=r$ 时，附加压力最大，为 $\Delta p_m = 2\sigma/r$，因此由压力计上读出最大附加压力值，即可根据 $\sigma = r\Delta p_m/2$ 计算溶液的表面张力。

用同一支毛细管和压力计测定具有不同表面张力(σ_1 和 σ_2)的溶液时，则有如下关系：

$$\sigma_1 = \frac{r\Delta p_1}{2};\ \sigma_2 = \frac{r\Delta p_2}{2};\ \frac{\sigma_1}{\sigma_2} = \frac{\Delta p_1}{\Delta p_2}$$

即

$$\sigma_1 = \frac{\sigma_2 \Delta p_1}{\Delta p_2} = K\Delta p_1$$

对同一支毛细管来说，K 值为一常数，其值可用表面张力已知的液体标定。本实验用纯水作为基准物质，20.0℃ 时纯水的表面张力为 $7.275 \times 10^{-2}\ N \cdot m^{-1}$(或 $J \cdot m^{-2}$)。

(三) 实验仪器与试剂

1. 实验仪器

容量瓶 1000mL 1 个，500mL 8 个，1mL 刻度移液管 1 支，洗耳球 1 个，表面张力测定装置(包括恒温槽)1 套。

2. 实验试剂

正丁醇(分析纯)。

(四) 实验步骤

1. 溶液配制

按表 3-25-1 配制 9 份溶液。

表 3-25-1　正丁醇表面张力测定溶液配制方法

样品编号	0	1	2	3	4	5	6	7	8
溶液浓度 /mol·L^{-1}	0	0.02	0.05	0.1	0.15	0.2	0.25	0.3	0.5

2. 仪器准备与检漏

将表面张力仪容器和毛细管先用洗液洗净，再顺次用自来水和蒸馏水漂洗，烘干后按图 3-25-3 装好。

将水注入抽气瓶中。在测定管中用移液管注入蒸馏水，使测定管内液面刚好与毛细管尖端相切。然后夹紧毛细管上端软胶管，使体系密闭，再打开抽气瓶活塞，这时水从抽气瓶流出，使体系内的压力降低，当压力计指示出若干压差时，停止放水抽气。若 2 ～ 3min 内，压力计显示的数值不变，则说明体系不漏气，可以进行实验。

3. 测定毛细管常数

测定管内置蒸馏水，毛细管垂直放置，毛细管口与液面相切。开抽气瓶活塞对体系抽气，调节抽气速度，使气泡由毛细管尖端成单泡逸出，且每个气泡形成的时间约为 3s。若形成时间太短，则吸附平衡就来不及在气泡表面建立起来，测得的表面张力也不能反映该浓度之真正的表面张力值。当气泡刚脱离管端的一瞬间，压力计中液面差达到最大值，记录压力计上的压差最大值，连续读取三次，取其平均值。再由手册中查出实验温度时，水的表面张力 σ，则毛细管常数 K 值

$$K=\frac{\sigma_{水}}{\Delta p_{\mathrm{m}}}$$

4. 表面张力随溶液浓度变化的测定

在上述体系中，依次移入不同浓度的正丁醇溶液，然后调节液面与毛细管端相切，用测定仪器常数的方法测定压力计的压力差，测量顺序由稀到浓，每次测量前用样品冲洗样品管和毛细管数次。

(五) 数据记录及处理

(1) 将实验数据按样表 3-25-2 进行记录。

(2) 计算毛细管常数 K，溶液表面张力 σ，并绘制 σ-c 等温线。

(3) 在 σ-c 等温线上作某一浓度的切线，由切线的斜率，根据吉布斯(Gibbs) 吸附方程计算该浓度下的吸附量 Γ 及 c/Γ 值列入表 3-25-2 中。

(4) 绘制 Γ-c、c/Γ-c 等温线，求 Γ_{∞} 并计算 A 值。

表 3-25-2　实验数据记录样表

样品	T:　　K；$\sigma_{水}$:　　；$\Delta p_{水}$:　　；K:									
	c	Δp_1	Δp_2	Δp_3	Δp	σ_i	Γ	c/Γ	Γ_{∞}	A

(六) 注意事项

(1) 溶液的表面张力受活性杂质(一些有机物) 影响很大，为此必须保证所用样品的纯度和仪器的清洁，滴定管和表面张力仪的活塞最好不要涂凡士林。

(2) 配制完的溶液需摇晃使之与水混合均匀。每次测定前，用待测液认真清洗样品管和

毛细管(毛细管的清洗需借助于洗耳球)，安装毛细管时要垂直并与液面刚好相切，气泡逸出速率尽可能缓慢，以每分钟不超过20个为宜。读取压力计的压差时，应取气泡连续单个逸出时的最大压力差。

(3) 测定过程中有时会出现毛细管不冒泡的情况，首先检查装置是否漏气和减压管中的水是否足量，其次再用洗耳球检查毛细管是否被固体堵塞，否则多半是被油脂等污染，需用丙酮或其他有机溶剂清洗干净。

(4) 测定时要注意保持恒温，各样品均要在恒温槽中恒温后才能测定。

(七) 思考题

(1) 用最大泡压法测定表面张力时为什么要读取最大压力差？

(2) 为什么玻璃毛细管一定要与液面刚好相切，如果毛细管插入一定深度，对测定结果有何影响？

(3) 测量过程中如果气泡逸出速率较快，对实验有无影响？为什么？

(4) 为何毛细管的尖端要平整？选择毛细管直径大小时应注意什么？

实验26 黏度法测高聚物的分子量

(一) 实验目的

(1) 掌握黏度法测定线性高聚物分子量的原理和方法。

(2) 掌握用乌氏黏度计测定黏度的方法。

(二) 实验原理

高聚物由于分子量不均一，所以其分子量是指统计的平均分子量，线性高聚物分子量的测定方法有端基分析法、沸点升高法、渗透压法、光散射法、超离心沉降法及扩散法等。除端基分析法外其他都需要复杂的仪器设备和操作技术。而黏度法测定高聚物分子量，设备简单操作方便，也有相当好的实验精度。

黏度法设备简单，测定技术易掌握，实验结果有较高的准确度(准确度最高为±5%，一般为±20%)，因此，用溶液黏度法测高聚物分子量，是目前应用较广泛的方法。但黏度法不是测分子量的绝对方法．因为此法中所用的特性黏度与分子量的经验方程是要用其他方法来确定的。高聚物不同、溶剂不同、分子量范围不同，就要用不同的经验方程式。

测定黏度的方法主要有：毛细管法、转筒法和落球法。在测定高分子溶液的特性黏度时，以毛细管法最方便。

黏度法除了主要用来测定黏均分子量外，还可用于测定溶液中的大分子尺寸及聚合物的溶度参数等。

1. 黏度及其表示方法

黏度是液体流动时内摩擦力大小的反映。纯溶剂黏度反映了溶剂分子间的内摩擦力效应。聚合物溶液的黏度是体系中溶剂分子间、溶质分子间以及它们相互间内摩擦效应之总和。因此通常聚合物溶液的黏度大于纯溶剂黏度，即 $\eta > \eta_0$，这些黏度增加的分数称为增比黏度，记做 η_{sp}，即

$$\eta_{sp}=\frac{\eta-\eta_0}{\eta_0}=\frac{\eta}{\eta_0}-1=\eta_r-1$$

式中，η_r 称为相对黏度。

溶液的黏度是随着浓度增加而增加的，为了便于比较，引入比浓黏度(η_{sp}/c)，即单位浓度下溶液所显示的黏度，其中 c 是浓度，常采用 g/L 为单位，比浓黏度的极限值为特性黏度[η]：

$$\lim_{c\to 0}\frac{\eta_{sp}}{c}=[\eta]$$

它反映了无限稀溶液中高聚物分子与溶剂分子之间的内摩擦。如果高聚物分子量愈大，则它在溶剂间的接触表面也愈大，因此摩擦力也就大，表现出的特性黏度也大。

2. 特性黏度

Huggins 找出了 η_{sp}/c 以及 $\ln\eta_r/c$ 与溶液浓度的关系：

$$\frac{\eta_{sp}}{c}=[\eta]+K'[\eta]^2c$$

$$\frac{\ln\eta_r}{c}=[\eta]-\beta[\eta]^2c$$

在无限稀的条件下：

$$\lim_{c\to 0}\frac{\eta_{sp}}{c}=\lim_{c\to 0}\frac{\ln\eta_r}{c}=[\eta] \tag{3-26-1}$$

因此，可作 η_{sp}/c-c 图或 $\ln\eta_r/c$-c 图(如图 3-26-1)，得到两条直线，它们在纵坐标上交于同一点，即外推到 $c=0$ 的截距其值即为[η]。一般来说，$\eta_r=1.1\sim2.0$ 时，线性关系较好。

[η] 的单位是浓度单位的倒数，随浓度的表示方法而异，文献中常采用 100mL 溶液内所含高聚物的质量(g) 作为浓度的单位。

[η] 与高聚物平均分子量$\overline{M}_\eta$ 之间的关系，可用下面的经验方程表示：

$$[\eta]=K\overline{M}_\eta^\alpha \tag{3-26-2}$$

由此式所得的平均分子量简称黏均分子量。而 K 和 α 是经验方程的两个参数。对一定的高聚物分子，在一定的溶剂和温度下，K 和 α 是常数，其中指数 α 是溶液中高分子形态的函数，一般在 $0.5\sim1.7$ 之间。K 和 α 的数值要由其他实验方法(如渗透压法、光散射法等)定出。若已知 K 和 α 的数值，只要测得[η] 就可求出 $\overline{M}_\eta$。

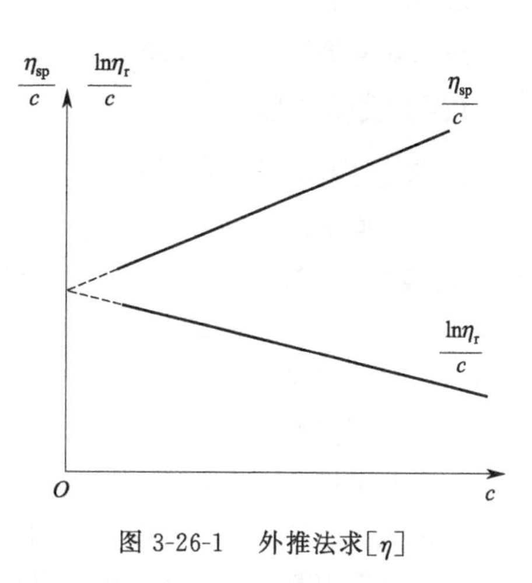

图 3-26-1　外推法求[η]

3. 液体黏度的测定方法

液体黏度的测定方法主要有三类：① 用旋转式黏度计测定液体与同心轴圆柱体相对转动的情况来确定黏度；② 用落球式黏度计测定圆球在液体里的下落速度来确定黏度；③ 用毛细管黏度计测定液体在毛细管里的流出时间来确定黏度。前两种方法适于高、中黏度的溶液，毛细管黏度计适用于较低黏度的溶液，本实验采用该黏度计，即采用乌氏黏度计测定液体的黏度，当液体在毛细管黏度计内因重力作用而流动时，遵循泊萧叶(Poiseuille) 公式：

$$\frac{\eta}{\rho}=\frac{\pi hgr^4t}{8lV}-m\frac{V}{8\pi lt}$$

式中，η 为液体黏度；ρ 为液体密度；l 为毛细管的长度；r 为毛细管半径；g 为重力加速度；t 为流出时间；h 为流经毛细管的液体平均液柱高度；V 为流经毛细管的液体体积；m 为动能校正系数，当 $r/l \ll 1$ 时，可取 $m=1$。

对于同一支黏度计可以写成：

$$\frac{\eta}{\rho}=At-\frac{B}{t}$$

式中，t 为液体流出时间。但 $B<1$，流出时间 $t>100\text{s}$ 时，可以忽略，对于稀溶液，其密度与溶剂的密度近似相等，在这近似条件下，可以将 η_r 写成：

$$\eta_r=\frac{\eta}{\eta_0}=\frac{t}{t_0} \tag{3-26-3}$$

式中，t 为溶液的流出时间；t_0 为纯溶剂的流出时间。所以只需分别测定溶液和溶剂在毛细管中的流出时间就可得到 η_r。

(三) 实验仪器与试剂

1. 实验仪器

恒温水浴槽 1 套；乌氏黏度计 1 支；移液管(5mL)1 支；移液管(10mL)2 支；锥形瓶(100mL)2 只；秒表；洗耳球；电吹风；砂芯漏斗。

2. 实验试剂

聚乙烯醇溶液(0.5g/100mL)；正丁醇(AR)；丙酮(AR)。

(四) 实验步骤

1. 聚乙烯醇溶液的配制

准确称取聚乙烯醇 0.500g 于烧杯中，加 60mL 蒸馏水，加热至 85℃ 使其溶解，冷至室温后，将溶液移至 100mL 容量瓶中，滴加 10 滴正丁醇(消泡剂)，在 25℃ 恒温下，加蒸馏水稀释至刻度，并摇匀。然后，用预先洗净并烘干的 3 号砂芯漏斗过滤溶液。

2. 洗涤黏度计

本实验采用乌氏黏度计，如图 3-26-2 所示。先将经砂芯漏斗过滤的洗液倒入黏度计内进行洗涤，再用自来水、蒸馏水冲洗。对经常使用的黏度计需用蒸馏水浸泡，除去黏度计中残余的聚合物。黏度计的毛细管要反复用水冲洗。最后，加少量丙酮萃取管内水滴，将丙酮倒入指定试剂瓶中，用电吹风的热风吹黏度计 F、D 球，造成热气流，烘干黏度计。

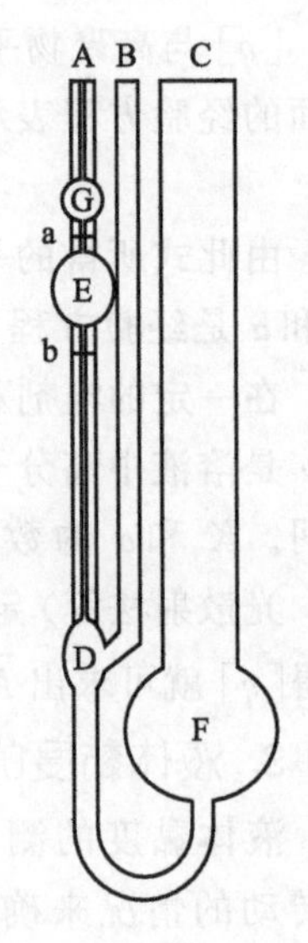

图 3-26-2 乌氏黏度计

3. 恒温槽温度

恒定温度在(25.0 ± 0.05)℃，将黏度计垂直置于恒温槽中，使水浴浸在 G 球以上。

4. 测定溶剂的流出时间 t_0

A、B 管接橡胶管。移 20mL 已恒温的蒸馏水(含正丁醇 2 滴)，由 C 管注入黏度计内，再恒温 5min 后，封闭 B 管，用洗耳球由 A 管吸溶剂上升至 G 球，同时松开 A、B 管。G 球内液体在重力作用下流经毛细管，当液面恰好到达刻度线 a 时，立即按下秒表，开始计时，待液面下降到刻度线 b 时再按下秒表，记录溶液流经毛细管的时间。重复测定三次，每次测得的时间不得相差 0.2s，取其平均值，即为溶剂的流出时间 t_0。

5. 测定溶液的流出时间 t

用移液管吸 10mL 聚乙烯醇，从 C 管注入黏度计，恒温 10min 后进行测量(测量方法同纯水)；重复测定三次，每次测得的时间不得相差 0.4s，取其平均值，即为溶液的流出时间 t。以后依次加入 5mL、5mL、5mL、10mL 水注入黏度计以改变溶液浓度(如有大量气泡可增添数滴正丁醇溶剂消泡)，溶液稀释后的浓度分别为原溶液浓度的 2/3、1/2、1/3、1/4。按上述方法分别测量其流出时间 t_i。

测量时，也可将黏度计沿一侧放倒，溶液也由 F 球全部进入 D 球，再顺时针抬起黏度计 45°，使 E 球顺利流入定体积 G 球，并注满。多余溶液及溶液表面气泡由 B 管流入 F 球。

6. 黏度计最后清洗处理

所有溶液测完后，倾净黏度计内废液，先用纯溶剂冲洗几遍，然后注入纯溶剂浸泡，以免残存的高聚物在毛细管壁凝聚，影响其孔径甚至堵塞。

(五) 数据记录及处理

(1) 将测得的实验数据和处理后的数据记录到表 3-26-1。

表 3-26-1 实验数据记录样表

$V_{溶剂}$ /mL	T：　℃；t_{01}：　s；t_{02}：　s；t_{03}：　s；$\bar{t}_0$：　s									
	c	t_1 /s	t_2 /s	t_3 /s	$\bar{t}$/s	η_r	$\ln\eta_r$	$\ln\eta_r/c'$	η_{sp}	η_{sp}/c'

(2) 作 η_{sp}/c-c 图或 $\ln\eta_r/c$-c 图，按图 3-26-1 的方法外推到 $c=0$，求出[η]。

(3) 由式(3-26-2) 及其所在溶剂和温度条件下的 K 和 α 值，计算聚乙烯醇的平均分子量。

(六) 注意事项

(1) 黏度计必须洁净，如毛细管壁上挂有水珠，需用洗液浸泡(所用洗液需用 2 号砂芯漏斗过滤，以除去其中的微粒杂质)，实验结束后需注入纯溶剂浸泡，以免残存的高聚物在毛细管壁凝聚，影响其孔径甚至堵塞。

(2) 高聚物在溶剂中的溶解很缓慢，在配制溶液时必须注意其是否完全溶解，否则会影响其起始浓度，而导致结果偏低。

(3) 本实验中溶液的稀释是直接在黏度计中进行的，要求溶液与用于稀释的溶剂需在同一恒温槽中进行恒温，用量需用移液管准确量取，稀释后一定要混合均匀。

(4) 测定时，黏度计要垂直放置。否则每次测定液柱高度不等，影响结果的正确性。

(七) 思考题

(1) 乌氏黏度计中的支管有什么作用，除去支管 C，是不是仍可以测定黏度？

(2) 乌氏黏度计的毛细管太粗或太细，对实验有什么影响？

(3) 用黏度法测定高聚物分子量有何局限性？

(4) 如何保证测定过程中浓度的准确性？

(5) 测量液体黏度时为何需要恒温？

(6) 为什么要用$[\eta]$求大分子化合物的分子量？它与溶剂黏度 η_0 有何区别？

(八) 文献参考值

聚乙烯醇水溶液在不同温度时的 K 和 α 值(溶液浓度以 g/mL 为单位) 为：

温度 /℃	K	α
25	2×10^{-2}	0.76
30	6.66×10^{-2}	0.64

实验 27　固体在溶液中的吸附

(一) 实验目的

(1) 以活性炭在醋酸溶液中的吸附为例，验证费劳因特立希(Freundlich) 固-液界面吸附等温式。

(2) 求测活性炭-醋酸吸附等温式中的经验常数。

(3) 了解活性炭是用途广泛的吸附剂，除了用于吸附气体外，也用于溶液中的吸附。

(二) 实验原理

某些固体物质可以从溶液中将溶质吸附在它的表面上，吸附量的大小与吸附剂及吸附质的种类、温度、吸附剂的比表面、吸附质的平衡浓度有关。在指定温度下，对于一定的吸附剂和吸附质来说，吸附量可以用弗劳因特立希(Freundlich) 经验方程式表示：

$$\Gamma=\frac{x}{m}=kc^{n}$$

式中，Γ 为吸附量；m 为吸附剂的质量；x 为吸附质被吸附的量，mol；c 为吸附平衡时溶液的浓度，$mol\cdot L^{-1}$；k 与n 为经验常数(与温度、溶剂、吸附剂与吸附质的性质有关，一般 $1/n<1$)。

上式的对数形式是：

$$\ln\Gamma=n\ln c+\ln k \tag{3-27-1}$$

如以 $\ln\Gamma$ 对 $\ln c$ 作图得一直线，直线的斜率是 n，截距是 $\ln k$，从而求得 n，k。

费劳因特立希经验方程式，只适用于溶质浓度不太大和不太小的溶液。从公式上看，k 为 $c=1mol\cdot L^{-1}$ 时的吸附量，但实际上此时费劳因特立希经验方程式可能已不适用。

根据单分子层吸附理论，当固体在溶液吸附达到饱和($\Gamma=\Gamma_\infty$) 时，可以认为吸附质分子铺满整个吸附剂的表面而不留空。此时 1g 吸附剂吸附的吸附质分子所占的表面积即为比表面积 S，它等于饱和吸附时，1g 吸附剂吸附的吸附质的质量(g) 或物质的量(mol，即

Γ_∞），与每克吸附质在表面层所占的面积 A 的乘积，即：

$$S=\Gamma_\infty A \quad (\mathrm{m^2/g})$$

1. 饱和吸附量 Γ_∞

若将 m g 吸附剂与 V L 吸附质浓度为 c_0 的溶液恒温振摇到吸附平衡，根据朗缪尔(Langmuir) 单分子层吸附理论，平衡浓度 c 与吸附剂的吸附量 Γ 之间存在以下关系：

$$\Gamma=\Gamma_\infty \frac{cK}{1+cK}$$

式中，Γ_∞ 为饱和吸附量，即每克吸附剂表面上被吸附质铺满单分子层时的吸附量，$\mathrm{mol \cdot g^{-1}}$，$K$ 是与吸附和脱附平衡常数有关的常数，与费劳因特立希经验方程式中的 k 意义不同。上式变形、整理得

$$c/\Gamma=1/(\Gamma_\infty K)+(1/\Gamma_\infty)c$$

或：

$$\frac{1}{\Gamma}=\frac{1}{\Gamma_\infty}+\frac{1}{\Gamma_\infty K}\times\frac{1}{c} \qquad (3\text{-}27\text{-}2)$$

将 c/Γ 对 c 作图得一直线，可求得 Γ_∞ 和 K。或以 $1/\Gamma$ 对 $1/c$ 作图得一直线，由此直线的斜率和截距可求得 Γ_∞ 和 K。

2. A 的意义

A 与吸附分子在表面的几何方位有关，且随体系而异。一般用已知比表面的样品，通过吸附实验反求 A 值。根据饱和吸附量 Γ_∞ 的数据，按照朗缪尔单分子层吸附模型，假定吸附质分子在吸附剂表面上是直立的，则活性炭上的比表面积 S_0($\mathrm{m^2 \cdot g^{-1}}$) 可按下式计算：

$$S_0=\Gamma_\infty N A_\mathrm{m} \qquad (3\text{-}27\text{-}3)$$

式中，N 为阿伏加德罗常数，$6.02\times10^{23}\ \mathrm{mol^{-1}}$；$A_\mathrm{m}$ 为醋酸分子截面积（$\mathrm{m^2}$，根据水-空气界面上对于直链正脂肪酸测定的结果，此值为 24.3 $\mathrm{\AA^2}$）。

(三) 实验仪器与试剂

1. 实验仪器

水浴恒温振荡器 1 台。

2. 实验试剂

0.1$\mathrm{mol \cdot L^{-1}}$ NaOH 标准溶液，酚酞指示剂，活性炭（20～40 目，比表面积 300～400$\mathrm{m^2 \cdot g^{-1}}$，色层分析，干燥处理后用），滤纸，0.4$\mathrm{mol \cdot L^{-1}}$、0.3$\mathrm{mol \cdot L^{-1}}$、0.2$\mathrm{mol \cdot L^{-1}}$、0.1$\mathrm{mol \cdot L^{-1}}$、0.08$\mathrm{mol \cdot L^{-1}}$、0.04$\mathrm{mol \cdot L^{-1}}$ 乙酸溶液。

(四) 实验步骤

(1) 在 6 个干燥的锥形瓶上分别标以号码，并在各瓶中加入 0.5000g 左右（准确到 0.001g）活性炭，然后按表 3-27-1 分别加入乙酸溶液 50mL。

表 3-27-1 乙酸溶液浓度

编号	1	2	3	4	5	6
乙酸浓度/$mol \cdot L^{-1}$	0.4	0.3	0.2	0.1	0.08	0.04

(2) 溶液加好以后，塞好锥形瓶，置于恒温下振荡，使吸附平衡。由于稀溶液较易达成平衡，浓溶液次之，故振荡 30min 后先取稀溶液进行滴定。

(3) 为求得吸附量应准确标定乙酸的原始浓度 c_0 和平衡浓度 c（用 $0.1mol \cdot L^{-1}$ NaOH 标准溶液标定），由于吸附后乙酸的浓度不同，所取体积也应不同。1、2 号锥形瓶取 10mL，3、4 号锥形瓶取 20mL，5、6 号锥形瓶取 40mL。

(五) 数据记录及处理

(1) 将测得的实验数据记录到表 3-27-2。

(2) 由平衡浓度及初始浓度数据按下式计算吸附量，并计算出表 3-27-2 中相应数据。

$$\Gamma = (c_0 - c)V/m$$

式中，V 为溶液的总体积，L；m 为加入溶液中的吸附剂的质量，g。

(3) 根据表 3-27-2 中数据，作 Γ-c、$\ln\Gamma$-$\ln c$、c/Γ-c 图，由图求算出 n、k 及 Γ_∞。

(4) 由 Γ_∞，根据式(3-27-3) 求活性炭的比表面。

表 3-27-2 实验数据记录样表

编号	c_0/$mol \cdot L^{-1}$	c/$mol \cdot L^{-1}$	m/g	Γ/$mol \cdot g^{-1}$	c/Γ	$\ln c$	$\ln\Gamma$

(六) 注意事项

(1) 本实验要求熟练掌握过滤、滴定、移液等基本操作。编好号的干的锥形瓶，绝对不能加错样品。

(2) 加好样品后，随时盖好瓶塞，以防乙酸挥发，以免引起结果偏差较大。

(3) 本实验所用溶液均需用不含 CO_2 的蒸馏水配制。溶液配好摇匀后再放入活性炭。

(4) 将 120℃下烘干的活性炭约 0.5g（准确称量至 0.001g），放入锥形瓶中在恒温条件下振荡适当的时间（视温度而定，一般 0.5～2h，以吸附达到平衡为准）。振荡速度以活性炭可翻动为宜。

(5) 本实验的关键是吸附一定要达到平衡，6 个瓶的吸附温度要相同。

(6) 活性炭吸附乙酸是可逆吸附，因此使用过的活性炭可回收利用（用蒸馏水浸泡数次，烘干、抽气后即可)。

(七) 思考题

(1) 影响固体对溶液中溶质的吸附有哪些因素？固体吸附气体与吸附溶液中的溶质有何不同？

(2) 如何加快吸附达到平衡？如何确定平衡已经达到？

(3) 降低吸附温度对吸附有什么影响？

(4) 费劳因特立希吸附公式和朗缪尔吸附公式的应用要求有什么条件？

(5) 根据朗缪尔理论假定，结合本实验数据，算出各平衡浓度的覆盖度，估算饱和吸附的平衡浓度范围。

(八) 文献参考值

实验所得的比表面积，往往比实际数据要小一些，原因：忽略了界面上被溶剂占据的部分；吸附剂表面上的小孔，脂肪酸不能钻进去，故使得所测值比实际数据小。但是该方法测定手续简便，不需要特殊仪器，仍是了解固液吸附性的一种简便方法。298 K 时用木炭吸附水溶液中的乙酸，体系符合费劳因特立希吸附等温式，$k=0.5$，$n=3.0$。

实验 28　多晶粉末 X 射线衍射

(一) 实验目的

(1) 掌握 X 射线粉末衍射方法的基本原理和技术，初步了解 X 射线衍射仪的构造和使用方法。

(2) 根据 X 射线粉末衍射谱图，分析鉴定多晶样品的物相。

(二) 实验原理

X 射线仪是以特征 X 射线照射多晶体或粉末样品，用射线探测器和测角仪来探测衍射线的强度和位置，并将它们转化为电信号，然后借助于计算机技术对数据进行自动记录、处理和分析的仪器。现代 X 射线衍射仪主要由 X 射线发生器、X 射线测角仪、辐射探测器和辐射探测电路 4 个基本部分组成。

X 射线是一种波长在 0.001～10nm 之间的电磁波。晶体衍射用的 X 射线波长范围在 0.05～0.25nm 之间。当 X 射线通过晶体时，可以产生衍射效应。衍射方向与所用波长 λ、晶体结构及晶体取向有关。若以 (hkl) 代表晶体的一族平面点阵（或晶面）的指标，其中 hkl 为互质的整数，d_{hkl} 是这族平面点阵中相邻两平面之间的距离。当波长与晶面间距相近的 X 射线照射到晶体上，有的光子与电子发生非弹性碰撞，形成较长波长的不相干散射；而当光子与原子束缚较紧的电子相互作用时，其能量不损失，散射波的波长不变，并可以在一定角度产生衍射。图 3-28-1 表示一组晶面间距为 d_{hkl} 面网对波长为 λ 的 X 射线产生衍射的情况。它们之间的关系可以用 Bragg 方程表示：

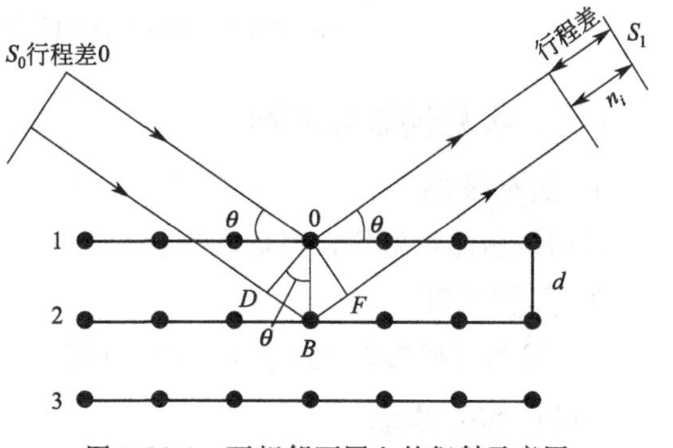

图 3-28-1　两相邻面网上的衍射示意图

$$2d_{hkl}\sin\theta=n\lambda$$

只有当入射角 θ 恰好使光程差 ($DB+BF$) 等于波长的整数倍时，才能产生相互叠加而增强的衍射线。式中 n 为衍射级次。在晶体结构分析中，常把 Bragg 方程写成：

$$2d\sin\theta=\lambda$$

该式将 n 隐含于晶面间距 d 中，而将所有的衍射都看成一级衍射，这样可使计算简化而统一。

收集记录粉末样品的衍射线，常用的方法有德拜-谢乐照相法和衍射仪法。本实验采用衍射仪法来测量样品。

图 3-28-2 为衍射仪的原理示意图。实验时，将已研磨细的粉末样品装入样品槽压实，并使样品表面平整，然后放置在 X 射线衍射仪的测角中心样品台上。在测量时，样品绕测角仪中心轴转动，不断改变入射线与样品表面的夹角 θ。计数管始终对准中心，沿着测角仪圆移动，样品每转 θ，计数管转 2θ 并接收各衍射线的强度。计算机同步地把各衍射线的强度记录下来并将所得数据作图，其中横坐标为衍射角 2θ，纵坐标为衍射强度的相对大小。然后利用衍射仪附带的物相分析软件及 PDF 数据库，根据衍射峰位置、相对强度大小以及样品可能含有的元素来自动判断样品对应的物相或者通过手工检索 PDF 卡片来判断样品的物相，进而确定样品的物相构成。

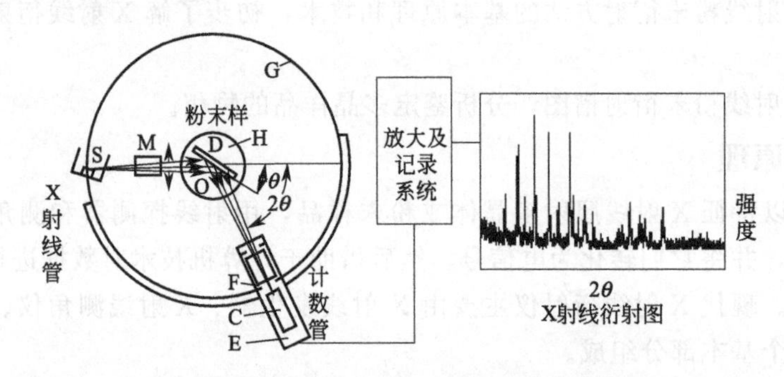

图 3-28-2 X 射线衍射仪原理示意图

C—计数管；D—样品；E—支架；F—接收（狭缝）光栏；G—大转盘（测角仪圆）；H—样品台；M—入射光栏；O—测角仪中心；S—管靶焦斑

（三）实验仪器与试剂

1. 实验仪器

X 射线多晶衍射仪，玛瑙研钵。

2. 实验试剂

α-石英粉（研磨至 325 目），镍粉（研磨至 325 目）。

（四）实验步骤

1. 样品的准备

在玛瑙研钵中将镍粉研磨至 325 目，然后将研细的镍粉样品均匀地洒在样品槽中，使其略高于样品槽的边缘，用玻璃片压样品的表面，使样品足够紧密且表面光滑平整，附着在槽内不至于脱落。

2. 仪器准备

（1）打开水冷机。

（2）打开控制计算机。

（3）待计算机进入 Windows 系统后，将发生器的钥匙转到“开”的位置，打开发生器的“预热开关”，此时准备灯亮，风扇转，蜂鸣器停。

(4) 打开测角仪控制开关，准备灯亮。

(5) 按发生器“开”按钮，高压指示灯亮；准备灯灭，管电压、电流分别为 40 kV 和 20mA。

(6) 初始化系统。

3. 样品测试

不同厂家、不同型号的衍射仪具体测试步骤略有差别，在操作不同型号的 X 射线仪之前，必须熟悉仪器的操作步骤。一般来说，样品测试主要包括以下几个步骤：

(1) 点击控制 X 射线仪的软件，进入 XRD 程序界面，打开参数设置按钮。

(2) 设置管电压、管电流、扫描角度（2θ）范围、扫描步长、扫描次数等参数。

(3) 将样品槽放在测角仪的样品台上，并固定好，关上 X 射线防护罩，按“start”按键，仪器开始扫描，同时收集衍射数据和绘制衍射图谱。在测试结束时，按“Stop”键，然后取出样品。

(4) 以文件的形式保存样品的测试结果。

上述实验结束后，再按照上述操作步骤测定镍粉和石英粉（质量比约为 1∶3）的混合物。

4. 关机

严格执照“X 射线衍射仪操作规程”关机。

(五) 数据记录及处理

样品物相分析方法主要有人工手动分析和全自动分析两种分析方法。

1. 人工手动分析

在图谱上标出每条衍射线的 2θ 的度数，计算各衍射峰的 $\sin^2\theta$ 之比，并根据所得的一系列数值确定 Ni 的点阵。

根据 Bragg 方程计算衍射线的晶面间距 d 值，其中 Cu-K_α 射线的波长 $\lambda=0.154$nm。

各衍射线的衍射强度（I）可由衍射峰的面积求出，或近似地用峰的相对高度计算即可获得 d-I 数据。

根据不同晶系的 $h\ k\ l$ 标出 Ni 各衍射线的指标 $h\ k\ l$，选择较高角度的衍射线，将 $\sin\theta$、衍射指标以及所用 X 射线的波长代入相应的计算公式计算晶胞参数。不同晶系晶胞参数的计算公式不同。本实验所测的 Ni 为立方晶系，晶胞参数 a 与 θ 有以下的关系：

$$\sin^2\theta=\frac{\lambda^2}{4a}(h^2+k^2+l^2)$$

物相分析：首先将纯镍粉的各衍射线依其衍射强度的强弱顺序排列，得 d_1、d_2、d_3…，将这些 d 值及相应的衍射强度与 PDF 卡片对照比较，如果 d 值和衍射强度在实验误差允许范围内与卡片上的数值相吻合（一般要求强度排在前 5 的衍射线相吻合就可以了），就可以确定该物相与卡片上的物相相同。

在确定镍粉的物相后，可对镍-石英混合样品所得衍射线中扣除镍的衍射线，然后再根据上述方法确定剩余物相。

2. 全自动分析

全自动分析比人工手动分析准确，省时省力。全自动分析采用 XRD 分析软件来进行分析，不同的分析软件具体操作步骤略有不同。此处简单介绍 Jade 5.0 分析软件的简单操作。

(1) 数据导入

打开 Jade 5.0 软件，将所测样品结果的文件导入。

(2) 选择元素

在软件界面点开“element”按钮，选择样品中可能含有的元素。

(3) 搜索匹配物相

点击软件的“search”按钮，程序自动搜索与所测样品最匹配的物相。

(4) 确定相关参数

选定最匹配的物相，点击相应的晶胞参数计算按钮、半峰宽计算按钮、晶面指标计算按钮等，程序运行后，就可以得到相应参数的结果。

(六) 注意事项

(1) X 射线衍射仪的操作必须严格按照“X 射线衍射仪操作规程”进行操作。

(2) X 射线被人体组织吸收后，对健康有害。实验时应注意安全，根据 X 射线的有关防护方法作好相应的保护措施。

(七) 思考题

(1) Bragg 方程并未对衍射级数 n 和晶面间距 d 作任何限制，但实际应用中为何只用数量有限的一些衍射线？

(2) 计算晶胞参数时，为何要用较高角度的衍射线？

第四篇 综合性物理化学实验

实验 29 旋转圆盘电极及电极过程动力学参数测定

(一) 实验背景

液相传质步骤是整个电极过程中的一个重要环节。在许多情况下，由于液相传质步骤进行得比较缓慢，常成为控制整个电极反应速率的限制性步骤。例如，当一个电极体系所通过的电流密度很大，电化学反应速率很快时，电极过程往往由液相传质步骤所控制，或者这个电极过程由液相传质和电化学反应步骤共同控制，但其中液相传质步骤控制占主要地位。液相中的传质过程常常成为提高实际生产过程产率的决定步骤。由此对液相传质步骤动力学规律的研究，有助于提高传质过程的速度，提高反应的产率。液相传质过程包括三种不同的形式：对流、扩散、电迁移。

采用通常的方法进行稳态极化曲线测量来研究电极过程时，由于扩散作用所致，常伴随浓差极化现象产生。由于扩散层的厚度较大，又受对流等因素的影响，使得测量结果的重现性较差，特别是对于电化学反应速率较快的体系，测量难度更大，如果利用旋转圆盘电极便可得到较好的解决。

(二) 实验原理

旋转圆盘电极中的电极被加工成圆盘状（一般都是做成圆锥形盘），另外，再用一绝缘物套住，其间压紧以免溶液渗入。整个电极总长约为 10cm，浸在溶液中的圆盘电极，在变速器的联动下，垂直于轴线旋转。电极在旋转时，电极下面的溶液在圆盘的中心处上升，与圆盘接近后被抛向周边。圆盘的中心相当于搅拌的起点，从而使溶液按图 4-29-1 所示的情况在电极附近流动，使旋转圆盘电极表面给出均匀的轴向速度，所以在整个电极表面上扩散层的厚度是均匀的。由流体动力学理论可导出扩散层的厚度为

$$\delta = 1.61 D^{1/3} \nu^{1/6} \omega^{-1/2} \tag{4-29-1}$$

式中，D 为扩散系数，$cm^2 \cdot s^{-1}$；ν 为动力黏度，$cm^2 \cdot s^{-1}$；ω 为旋转角速度，$rad \cdot s^{-1}$。

由公式可知，外推 $\omega \to \infty$ 时扩散层厚度 $\delta \to 0$，即可控制浓差极化对电极极化的影响，使电极反应动力学参数的测量成为可能。

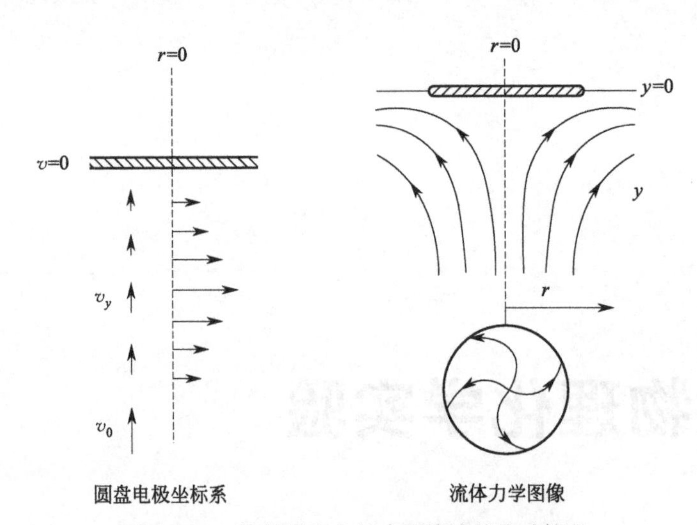

图 4-29-1　旋转圆盘电极表面溶液的流动情况

把 $i_{扩}=nFD\dfrac{c^0-c}{\delta}$代入式(4-29-1) 可得相应的扩散电流密度：

$$i_{扩}=0.62nFD^{2/3}\nu^{-1/6}\omega^{1/2}(c^0-c^S) \quad (4\text{-}29\text{-}2)$$

式中，c^0 和 c^S 分别表示溶液的本体浓度和电极的表面浓度。当极化电流密度增大，使电极表面浓度 $c^S\to0$，从而可以得到其相应的极限扩散电流密度为：

$$i_d=0.62nFD^{2/3}\nu^{-1/6}\omega^{1/2}c^0 \quad (4\text{-}29\text{-}3)$$

该式表明 i_d 与电位无关，而与角速度 ω 的平方根成正比例增加。在体系 c^0、ν 和 D 不变的条件下，测量一组不同转速下的反应电流 i 和电势 φ 的关系曲线如图 4-29-2 所示。

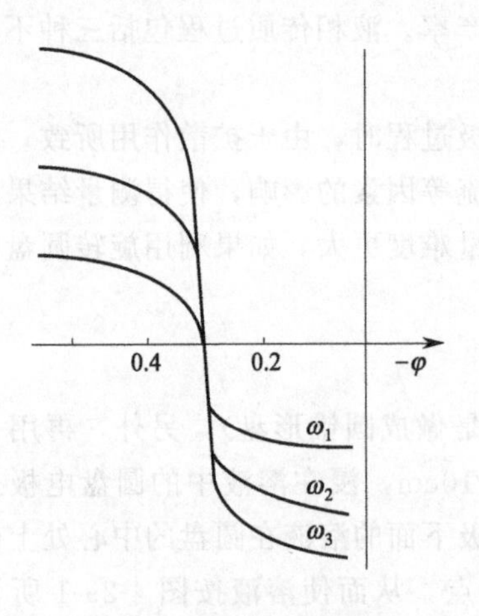

图 4-29-2　i-φ 关系图

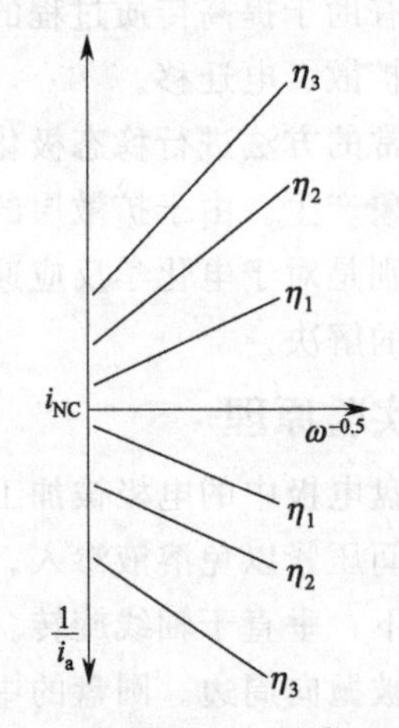

图 4-29-3　$1/i$-$\omega^{-0.5}$ 关系

旋转圆盘电极应用很广。由式(4-29-3) 可知，若 n、D、c^0 中任意两个参数已知，就可用旋转圆盘电极法求得其余一个参数。通常都是采用线性慢扫描的方法测定不同转速下的极化曲线，得到不同转速下的 i_d，然后利用 i_d-$\omega^{1/2}$ 作图，由直线的斜率，便可求得所需参数。对于某些体系，由于浓差极化的影响，在自然对流的情况下，无法用稳态法测定动力学参数，但是如果利用旋转圆盘电极，随着转速的提高，可使本来为扩散的电极过程变为电化学控制，使得利用稳态法亦能测量动力学参数。

对电极反应 $Ox+ne \underset{k_b}{\overset{k_f}{\rightleftharpoons}} Red$ 在混合控制下的动力学方程可表达为：

$$i=i_0\left(\frac{c_{Ox}(0,t)}{c_{Ox}^0}\right)e^{\frac{\alpha nF}{RT}\eta}-\frac{c_{Red}(0,t)}{c_{Red}^0}e^{\frac{\beta nF}{RT}\eta} \tag{4-29-4}$$

为了讨论问题的方便，把其改写一下。在两边乘以 $1/(i_0 i)$，整理后可得：

$$\frac{1}{i_0}=\frac{1}{i}(e^{\alpha nF/RT}-e^{-\beta nF\eta/RT})-\left(\frac{1}{i_{d_o}}e^{\frac{\alpha nF}{RT}\eta}+\frac{1}{i_{d_R}}e^{-\frac{\beta nF}{RT}\eta}\right)$$

再把 $i_d=0.62nFD^{2/3}\upsilon^{-1/6}\omega^{1/2}c_i^0$ 代入上式，整理得

$$\frac{1}{i}=\frac{1}{i_0(e^{\frac{\alpha nF\eta}{RT}}-e^{-\frac{\beta nF\eta}{RT}})}+\lambda\omega^{-1/2} \tag{4-29-5}$$

$$\lambda\equiv\frac{1.612\upsilon^{1/6}}{nF}(D_{Ox}^{-2/3}c_{Ox}^{0-1}e^{\frac{\alpha nF}{RT}\eta}+D_{Red}^{-2/3}c_{Red}^{0-1}e^{\frac{-\beta nF}{RT}\eta})$$

λ 是与 η、D_{Ox}、D_{Red}、c_{Ox}^0、c_{Red}^0 等有关数据群组；另在式(4-29-5) 中右边第一项的分母，实质是通过旋转电极消除了浓差极化后的电化学电流值，故可用 i_{NC} 表示之，考虑到 $\alpha+\beta=1$ 则有：

$$i_{NC}\equiv i_o(e^{\frac{\alpha nF}{RT}\eta}-e^{\frac{-\beta nF}{RT}\eta})=i_o e^{\frac{\alpha nF}{RT}\eta}(1-e^{\frac{-nF}{RT}\eta}) \tag{4-29-6}$$

故式(4-29-5) 又可以写成：

$$\frac{1}{i}=\frac{1}{i_{NC}}+\lambda\omega^{-1/2} \tag{4-29-7}$$

i_{NC} 表示通过旋转圆盘电极电化学控制的电流，式中 λ 是与 η、D 等有关的数群组合，它与讨论问题无关。

从式(4-29-7) 可以看出，在指定的某一电位下，改变不同的转速，得到一系列对应不同 ω 值的 i 值，以 $1/i$ 为纵坐标，以 $\omega^{-1/2}$ 为横坐标作图得一直线（见图 4-29-3），其截距的倒数便是 i_{NC}。若做不同电位下的 $1/i$ - $\omega^{-1/2}$ 曲线，外推 $\omega^{-1/2}\to 0$，由纵坐标的截距就可以得到相对于不同 η 下的 i_{NC} 值。

由图 4-29-3 可得 η 与 i_{NC} 对应的关系，即可求得 i_o 与 α 值，方法是：

将式(4-29-6) 变形，得：

$$\frac{i_{NC}}{1-e^{-nF\eta/RT}}=i_0 e^{\alpha nF\eta/RT}$$

两边同时取对数整理得：

$$\ln\left[\frac{i_{NC}}{1-e^{-nF\eta/RT}}\right]=\ln i_0+\frac{\alpha nF}{RT}\eta \tag{4-29-8}$$

由此可见，以 $\ln\left[\frac{i_{NC}}{1-e^{-nF\eta/RT}}\right]$ 对 η 作图为一直线（见图 4-29-4），由直线的斜率可求得 α，由直线的截距可求得 i_0。

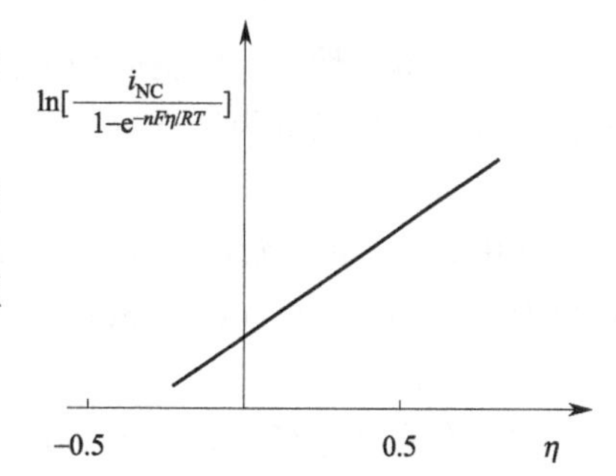

图 4-29-4 $\ln\left[\frac{i_{NC}}{1-e^{-nF\eta/RT}}\right]-\eta$ 关系图

(三) 实验要求

(1) 了解旋转圆盘电极的工作原理。

(2) 学会应用旋转圆盘电极建立电化学分析方法。

(3) 使用圆盘电极测定 $K_4Fe(CN)_6/K_3Fe(CN)_6$ 体系的电极过程动力学参数。

(四) 实验仪器与药品

1. 实验仪器

旋转圆盘铂电极及其配件，光亮铂片电极，铂丝电极，LK2006 电化学工作站。

2. 实验试剂

KCl(AR)，$K_4Fe(CN)_6$ (AR)，$K_3Fe(CN)_6$(AR)。

(五) 实验提示

(1) 圆盘铂电极使用前应进行抛光处理。

(2) 电极与电化学工作站的连接参照第二篇的相关内容。

(3) 建议选择电位扫描速度设定为 10mV/s，电极相对参比电极的初始电位 0.5V，终止电位为−0.1V。以此测量在不同转速下的 I-V 曲线。

(4) 以 $1/i$ 为纵坐标，以 $\omega^{1/2}$ 为横坐标作图，其截距的倒数为 i_{NC}；以 $\ln\left[\frac{i_{NC}}{1-e^{-nF\eta/RT}}\right]$ 对 η 作图，由直线斜率求 α 值，取 $\eta=0$ 时纵坐标的截距，求 i。

实验 30 偶极矩的测定

(一) 实验背景

偶极矩是分子极性大小的量度。通过偶极矩的测定，可以了解分子结构中有关电子云的分布和分子的对称性等信息，还可以用于判断几何异构体和分子的主体结构等。

偶极矩通常可采用微波波谱法、分子束法、介电常数法和其他一些间接方法来进行测量。由于前两种方法在仪器和样品两方面所受到的局限性较大，因而文献上发表的偶极数据，绝大多数是用介电常数法测得的。测量物质的介电常数在电子学线路上常用电桥法、共振法与拍频法。由实验测量的介电常数计算分子的偶极矩，至今已有多种不同的独立方程式，其中最重要的是 Debye 方程与 Onsager 方程。前者适用于气态或蒸气态样品的测量，以及固态或液态样品的非极性溶剂稀溶液的测量；而后者仅用于液体的测量。

溶液法测定极性分子的偶极矩是一种简单易行的方法。

(二) 实验原理

1. 偶极矩与极化度的关系

分子呈电中性，但因空间构型的不同，正负电荷中心可能重合，也可能不重合，前者为非极性分子，后者称为极性分子，分子极性大小用偶极矩 $\boldsymbol{\mu}$ 来度量，其定义为：

$$\boldsymbol{\mu}=qd$$

式中，q 为正、负电荷中心所带的电荷量；d 是正、负电荷中心间的距离。偶极矩的 SI 单位是库［仑］米 (C·m)。而过去习惯使用的单位是德拜 (D)，$1D=3.338\times10^{-30}$ C·m。

在不存在外电场时，非极性分子虽因振动，正负电荷中心可能发生相对位移而产生瞬时偶极矩，但宏观统计平均的结果，实验测得的偶极矩为零。具有永久偶极矩的极性分子，由于分子热运动的影响，偶极矩在空间各个方向的取向概率相等，偶极矩的统计平均值仍为零，宏观上测不出其偶极矩。

当将极性分子置于均匀的外电场中，分子将沿电场方向转动，同时还会发生电子云对分子骨架的相对移动，分子骨架也会变形，这叫分子极化。极化的程度用摩尔极化度（$\boldsymbol{P}$）来度量。$\boldsymbol{P}$ 是转向极化度（$\boldsymbol{P}_{转向}$）、变形（诱导）极化度（$\boldsymbol{P}_{变形}$）之和，而变形极化度（$\boldsymbol{P}_{变形}$）又是电子极化度（$\boldsymbol{P}_{电子}$）和原子极化度（$\boldsymbol{P}_{原子}$）之和，因此有：

$$\boldsymbol{P}=\boldsymbol{P}_{转向}+\boldsymbol{P}_{变形}=\boldsymbol{P}_{转向}+(\boldsymbol{P}_{电子}+\boldsymbol{P}_{原子}) \tag{4-30-1}$$

其中：

$$\boldsymbol{P}_{转向}=\frac{4}{9}\pi L\ \frac{\mu^2}{kT} \tag{4-30-2}$$

式中，L 为阿伏加德罗（Avogadro）常数；k 为玻耳兹曼（Boltzmann）常数；T 为热力学温度。

外电场若是交变电场，则极性分子的极化与交变电场的频率有关。

当电场的频率小于 $10^{10}\,\mathrm{s}^{-1}$ 的低频电场下，极性分子产生的摩尔极化度为转向极化度与变形极化度之和。

当电场的频率在 $10^{12}\,\mathrm{s}^{-1} \sim 10^{14}\,\mathrm{s}^{-1}$ 的中频电场下（红外光区），因为电场交变周期小于偶极矩的松弛时间，极性分子的转向运动跟不上电场的变化，即极性分子无法沿电场方向定向，即 $\boldsymbol{P}_{转向}=0$，此时的摩尔极化度为：

$$\boldsymbol{P}=\boldsymbol{P}_{变形}=\boldsymbol{P}_{电子}+\boldsymbol{P}_{原子}$$

当电场的频率大于 $10^{15}\,\mathrm{s}^{-1}$（即可见光和紫外光区）的交变电场下，极性分子的转向运动和分子骨架变形都跟不上电场的变化，此时，$\boldsymbol{P}=\boldsymbol{P}_{电子}$。

所以，如果分别在低频和中频电场下测定出某待测分子的摩尔极化度，并把两者相减，就可得到极性分子的摩尔转向极化度 $\boldsymbol{P}_{转向}$，然后代入式(4-30-2)，算出其偶极矩 $\boldsymbol{\mu}$。

因为 $\boldsymbol{P}_{原子}$ 只占 $\boldsymbol{P}_{变形}$ 中的 5%～15%，由于实验条件限制，一般总是用高频电场代替中频电场。通常近似地把高频电场下测得的摩尔极化度当作摩尔变形极化度。

$$\boldsymbol{P}=\boldsymbol{P}_{变形}=\boldsymbol{P}_{电子}$$

2. 溶液法测定摩尔极化度

对于分子间相互作用力很小的体系，Clausius-Mosotti-Debye 根据电磁理论推得摩尔极化度 $\boldsymbol{P}$ 与介电常数 ε 之间的关系为

$$\boldsymbol{P}=\frac{\varepsilon-1}{\varepsilon+2}\times\frac{M}{\rho} \tag{4-30-3}$$

式中，M 为摩尔质量；ρ 为密度。因式(4-30-3) 是假定分子之间没有相互作用力为前提推导出的，所以它只适用于温度不太低的气相体系。然而，测定气相介电常数和密度在实验上难度太大，对于某些物质，气态根本无法获得，于是就提出了溶液法。即把待测偶极矩的物质溶于非极性溶剂中进行测量。但在溶液中，溶质分子之间、溶剂分子与溶质分子之间总存在相互作用。但是，如果测定一系列不同浓度的、溶质的摩尔极化度，并外推到无限稀释的溶液，这时溶质所处的状态就和气态时相近，可以消除溶质分子间的作用。于是，在无限稀释时，溶质的摩尔极化度 $\boldsymbol{P}_2^{\infty}$ 就可看成式(4-30-4) 中的 $\boldsymbol{P}$。

$$\boldsymbol{P}=\boldsymbol{P}_2^{\infty}=\lim_{x_2\to 0}\boldsymbol{P}_2=\frac{3\alpha\varepsilon_1}{(\varepsilon_1+2)^2}\times\frac{M_1}{\rho_1}+\frac{\varepsilon_1-1}{\varepsilon_1+2}\times\frac{M_2-\beta M_1}{\rho_1} \tag{4-30-4}$$

式中，ε_1、M_1、ρ_1 分别为溶剂的介电常数、摩尔质量和密度；M_2 为溶质的摩尔质量；

α、β 为两常数，可以由下面两个稀溶液的近似公式求出。

$$\varepsilon_{溶液}=\varepsilon_1(1+\alpha x_2) \tag{4-30-5}$$

$$\rho_{溶液}=\rho_1(1+\beta x_2) \tag{4-30-6}$$

式中，$\varepsilon_{溶液}$、$\rho_{溶液}$、x_2 分别为溶液的介电常数、密度和溶质的摩尔分数。因此，通过测定纯溶剂的 ε_1、ρ_1 和不同浓度（x_2）溶液的 $\varepsilon_{溶液}$、$\rho_{溶液}$，由式(4-30-4)，就可求出溶质分子的总摩尔极化度。

根据光的电磁理论，在同一频率的高频电场作用下，透明物质的介电常数 ε 与折射率 n 的关系为：

$$\varepsilon=n^2 \tag{4-30-7}$$

常用摩尔折射度 $\boldsymbol{R}_2$ 表示高频区测得的极化度，此时，$P_{转向}=0$，$P_{原子}=0$，则：

$$\boldsymbol{R}_2=\boldsymbol{P}_{变形}=\boldsymbol{P}_{电子}=\frac{n^2-1}{n^2+2}\times\frac{M}{\rho} \tag{4-30-8}$$

测得不同浓度溶液的摩尔折射度 $\boldsymbol{R}$，外推至无限稀释，就可求出该溶质的摩尔折射度。

$$\boldsymbol{R}_2^{\infty}=\lim_{x_2\to 0}\boldsymbol{R}_2=\frac{n_1^2-1}{n_1^2+2}\times\frac{M_2-\beta M_1}{\rho_1}+\frac{6n_1^2M_1\gamma}{(n_1^2+2)^2\rho_1} \tag{4-30-9}$$

式中，n_1 为溶剂的摩尔折射率，γ 为常数，可以由下式求出：

$$n_{溶液}=n_1(1+\gamma x_2) \tag{4-30-10}$$

式中，$n_{溶液}$ 为溶液的摩尔折射率。

综上所述，可得：

$$\boldsymbol{P}_{转向}=\boldsymbol{P}_2^{\infty}-\boldsymbol{R}_2^{\infty}=\frac{4}{9}\pi L\frac{\mu^2}{kT} \tag{4-30-11}$$

$\mu=0.0128\sqrt{(\boldsymbol{P}_2^{\infty}-\boldsymbol{R}_2^{\infty})T}$ (D)，或：$\mu=0.0426\times10^{-30}\sqrt{(\boldsymbol{P}_2^{\infty}-\boldsymbol{R}_2^{\infty})T}$ (C·m)。

3. 介电常数 ε 的测定

按照定义：

$$\varepsilon = C/C_0 \tag{4-30-12}$$

式中，C_0 为电容器两极板之间处于真空的电容量；C 为充满待测液时的电容量。因此，介电常数可以通过测定电容来求算。由于空气的电容非常接近 C_0，故式(4-30-12) 改写成：

$$\varepsilon = C/C_{空} \tag{4-30-13}$$

由于用小电容测量仪测定电容时，除电容池两级间的电容 C_0 外，整个测试系统中还存在分布电容 C_d，所以，实际测得的电容 C' 是试样的电容 $C_{溶}$ 与 C_d 之和，即：

$$C'=C_{溶}+C_d \tag{4-30-14}$$

显然，为了求 $C_{溶}$，必须要确定 C_d，其方法是先测定电容池中无样品时空气的电容 $C'_{空}$，则有：

$$C'_{空}=C_{空}+C_d \tag{4-30-15}$$

再测定一个介电常数（$\varepsilon_{标}$）已知的标准物质的电容 $C'_{标}$，则有：

$$C'_{标}=C_{标}+C_d=\varepsilon_{标}C_{空}+C_d \tag{4-30-16}$$

由式(4-30-15) 和式(4-30-16) 可得：

$$C_d=\frac{\varepsilon_{标}C'_{空}-C'_{标}}{\varepsilon_{标}-1} \tag{4-30-17}$$

可以用环己烷做标准物质，其介电常数与温度的关系为：

$$\varepsilon_{环己烷}=2.052-1.55\times10^{-3}T$$

式中，T 为测试温度，℃。

将 $\varepsilon_{环己烷}$ 和测得的 $C'_{空}$、$C'_{标}$ 代入式(4-30-17)，就可求出 C_d。把 C_d 代入式(4-30-14)、式(4-30-15)，可计算出 $C_{溶}$、$C_{空}$。再根据式(4-30-13) 计算出试样的 ε。

（三）实验要求

掌握用小电容仪测定偶极矩的原理、方法和计算，熟悉小电容仪、折光仪和比重瓶的使用（可参看第二篇的相关内容）。并测定某一种极性有机物（如正丁醇或乙酸乙酯等）在非极性有机溶剂（如环己烷或四氯化碳等）中的介电常数、折射率、密度，用这些数据计算出极性有机物的偶极矩。了解偶极矩与分子电性能的关系。

（四）实验仪器与药品

1. 实验仪器

小电容测量仪；阿贝折射仪；超级恒温槽；比重瓶（25mL）；带磨口塞的三角瓶；滴管。

2. 实验试剂

非极性有机溶剂（如环己烷，AR）；待测极性有机物（如正丁醇，AR）。

（五）实验提示

有机物一般容易挥发，配制溶液时动作应迅速，以免影响浓度。本实验应防止水分进入测量体系，因为水会严重影响测量结果，配溶液用的所有器具，都应干燥，所配的溶液要透明、不浑浊。

电容池各部件要绝缘。每测一个样品前，都要进行校正零点，用冷风将电容池吹干，并重测 $C'_{空}$，与原来的 $C'_{空}$ 值相差应小于 0.01pF。严禁用热风吹样品室。

测 $C_{溶}$ 时，操作应迅速，池盖要盖紧，防止样品挥发和吸收空气中极性较大的水汽。装样品的滴瓶也要随时盖严。

每次装入量严格相同，样品过多会腐蚀密封材料渗入恒温腔，实验无法正常进行。

注意不要用力扭曲电容仪连接电容池的电缆线，以免损坏。

实验 31 BZ 化学振荡反应

（一）实验背景

化学振荡现象直观地展现了自然科学领域普遍存在的非平衡非线性问题，仅 20 多年来，其实验和理论的研究更加广泛与深入，在各个领域的应用也日益增多，成为现代化学的前沿课题之一。特别是由生命体内必需物质，如糖类、氨基酸参与的溶液均相化学反应的研究，对于建立化学振荡反应和“生物钟”之间的联系，研究“生物钟”现象，探索生命奥秘等方面为我们展示了一个广阔的研究领域。它吸引着化学家、数学家、生物化学家等从事这一领域的探索。

通过对各种有趣的化学振荡现象的初步研究，可以了解化学振荡反应的特点及其产生化学振荡现象的条件。初步认识化学反应体系在远离平衡态下，由于本身的非线性动力学机制而产生的宏观时空有序结构。

（二）实验原理

1. 化学振荡反应

含有 $KBrO_3$、$CH_2(COOH)_2$ 或溴代丙二酸和溶于 H_2SO_4 的硫酸铈的反应混合物，在30℃恒温条件下搅拌时，则有持续的振荡反应发生，丙二酸在催化剂 Ce^{4+}/Ce^{3+} 存在下被溴酸根氧化，即：

$$3H^+ + 3BrO_3^- + 5CH_2(COOH)_2 \xrightarrow{Ce^{4+}/Ce^{3+}} 3BrCH(COOH)_2 + 2HCOOH + 4CO_2 + 5H_2O$$

2. FKN 机理

对于以 BZ 反应为代表的化学振荡现象，目前被普遍认同的是 Field、Körös 和 Noyes 提出的 FKN 机理。根据 Field、Körös、Noyes 对该机理所做实验的研究，经过仔细分析得知其中间过程不少于十一步，但可简化为六个反应，其中包括三个关键性物质：

① $HBrO_2$——“开关”中间化合物。

② Br^-——“控制”中间化合物。

③ Ce^{4+}——“再生”中间化合物。

具体地说，在此反应体系中，由于 $[BrO_3^-/Br^-]$ 比值的不同可分为两个反应过程，过程 A 及过程 B。

过程 A：当 $[Br^-]$ 足够大时，体系按这个过程进行：

(1) $Br^- + BrO_3^- + 2H^+ \xrightarrow{k_1} HBrO_2 + HBrO$（慢）

(2) $Br^- + HBrO_2 + H^+ \xrightarrow{k_2} 2HBrO$（快）

（注：HBrO 一旦出现，立即被丙二酸消耗掉）

过程 B：当只剩少量 $[Br^-]$ 时，Ce^{3+} 按下式被氧化：

(3) $HBrO_2 + BrO_3^- + H^+ \xrightarrow{k_3} 2BrO_2\cdot + H_2O$（慢）

(4) $BrO_2\cdot + Ce^{3+} + H^+ \xrightarrow{k_4} HBrO_2 + Ce^{4+}$（快）

（注：$BrO_2\cdot$ 是自由基，反应（4）是瞬间完成的）

(5) $2HBrO_2 \xrightarrow{k_5} BrO_3^- + H^+ + HBrO$

过程 C：

(6) $4Ce^{4+} + BrCH(COOH)_2 + H_2O + HBrO \xrightarrow{k_6} 2Br^- + 4Ce^{3+} + 3CO_2 + 6H^+$

过程 A 是消耗 Br^-，产生能进一步反应的 $HBrO_2$，HBrO 为中间产物。

过程 B 是一个自催化过程，在 Br^- 消耗到一定程度后，$HBrO_2$ 才按式（3）、式（4）进行反应，并使反应不断加速，与此同时，Ce^{3+} 被氧化为 Ce^{4+}。$HBrO_2$ 的累积还受到式(5）的制约。

过程 C 为 $BrCH(COOH)_2$ 与 Ce^{4+} 反应生成 Br^- 使 Ce^{4+} 还原为 Ce^{3+}。

过程 C 对化学振荡非常重要，如果只有 A 和 B，就是一般的自催化反应，进行一次就完成了，正是 C 的存在，以丙二酸的消耗为代价，重新得到 Br^- 和 Ce^{3+}，反应得以再启动，形成周期性的振荡。

由此可见，产生化学振荡需满足三个条件：

（1）反应必须远离平衡态。化学振荡只有在远离平衡态，具有很大的不可逆程度时才能发生。在封闭体系中振荡是衰减的，在敞开体系中，可以长期持续振荡。

（2）反应历程中应包含有自催化的步骤。产物之所以能加速反应，因为是自催化反应，如过程 A 中的产物 $HBrO_2$ 同时又是反应物。

（3）体系必须有两个稳态存在，即具有双稳定性。

化学振荡体系的振荡现象可以通过多种方法观察到，如观察溶液颜色的变化，测定吸光度随时间的变化，测定电势随时间的变化等。本实验通过测定离子选择性电极上的电势（U）随时间（t）变化的 U-t 曲线来观察 B-Z 反应的振荡现象（见图 4-31-1），同时测定不同温度对振荡反应的影响。根据 U-t 曲线，得到诱导期（$t_{诱}$）和振荡周期（$t_{1振}$，$t_{2振}$…）。

按照文献的方法，依据 $\ln\frac{(1/t_{诱})_2}{(1/t_{诱})_1}=\frac{E_a}{R}\times\frac{T_2-T_1}{T_2T_1}$ 及 $\ln\frac{(1/t_{振})_2}{(1/t_{振})_1}=\frac{E_a}{R}\times\frac{T_2-T_1}{T_2T_1}$ 公式，计算出表观活化能 $E_{诱}$、$E_{振}$。

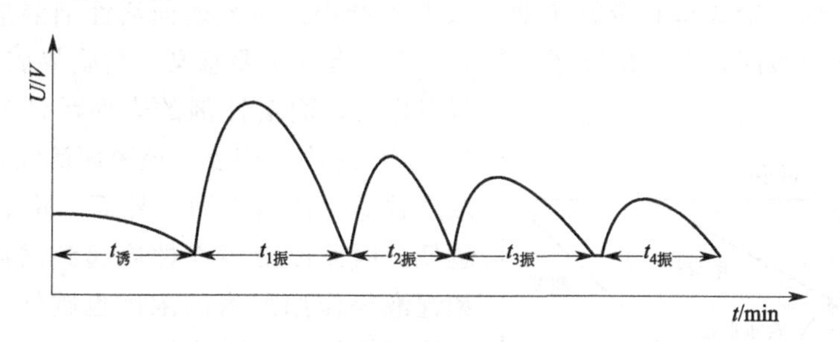

图 4-31-1　振荡反应的 U-t 图

本实验采用电动势法测量反应过程中离子浓度的变化。以甘汞电极作为参比电极，用铂电极测定不同价位铈离子浓度的变化，用离子选择性溴电极测定溴离子浓度的变化。

BZ 反应的催化剂除了用 Ce^{3+}/Ce^{4+} 外，还常用 $Fe[Phen]_3^{2+}/Fe[Phen]_3^{3+}$（Phen 代表邻菲罗啉）。BZ 反应除有上图示的典型的振荡曲线外，还有许多有趣的现象。如在培养皿中加入一定量的溴酸钾、溴化钾、硫酸、丙二酸，待有 Br_2 产生并消失后，加入一定量的 $Fe[phen]_3^{2+}$（俗称亚铁灵试剂），30min 后红色溶液会呈现蓝色靶环的图样。

本实验采用计算机进行数据的采取和处理，实验结果由计算机直接打印出来。

（三）实验要求

（1）参看有关 BZ 化学振荡反应的文献资料，进行 BZ 反应的“时间振荡”实验。

（2）设计丙二酸-$KBrO_3$-$Ce(NO_3)_4$-H_2SO_4 化学振荡体系的实验方案，并对其诱导期及振荡特征进行研究。

（四）实验仪器与药品

1. 实验仪器

夹套反应器，电磁搅拌器，铂电极，饱和甘汞电极，超级恒温槽，计算机（带软件）。

2. 实验试剂

0.45mol·L^{-1} $CH_2(COOH)_2$（丙二酸），3mol·L^{-1} H_2SO_4（硫酸），0.25mol·L^{-1} $KBrO_3$（溴酸钾），0.004mol·L^{-1} $Ce(NH_4)_2(NO_3)_6$（硝酸铈铵或硫酸铈铵，以 3mol·L^{-1} 硫酸为溶剂）。

（五）实验提示

（1）第一个实验温度为从30℃左右（以后每次升高5℃左右，至少要做三个温度）。

（2）反应开始前要恒温，时间不少于10min。

（3）溶液倒入反应器时应注意顺序：硫酸、丙二酸、溴酸钾，最后是硝酸铈铵。同时采样开始，计时。

实验32 电导法测定水溶性表面活性剂的临界胶束浓度

（一）实验背景

表面活性剂的渗透、润湿、乳化、去污、分散、增溶和起泡等作用被广泛应用于石油、煤炭、机械、化学、冶金材料及轻工业、农业生产中。研究表面活性剂溶液的物理化学性质——表面性质（吸附）和内部性质（胶束形成）有着重要意义。而临界胶束浓度（CMC）可以作为表面活性剂的表面活性的一种量度。因为CMC越小，则表示该表面活性剂形成胶束所需浓度越低，达到表面（界面）饱和吸附的浓度也越低。因而改变表面性质起到润湿、乳化、增溶和起泡等作用所需的浓度也越低。此外，临界胶束浓度又是表面活性剂溶液性质发生显著变化的一个“分水岭”。因此表面活性剂的大量研究工作都与各种体系中的CMC测定有关。

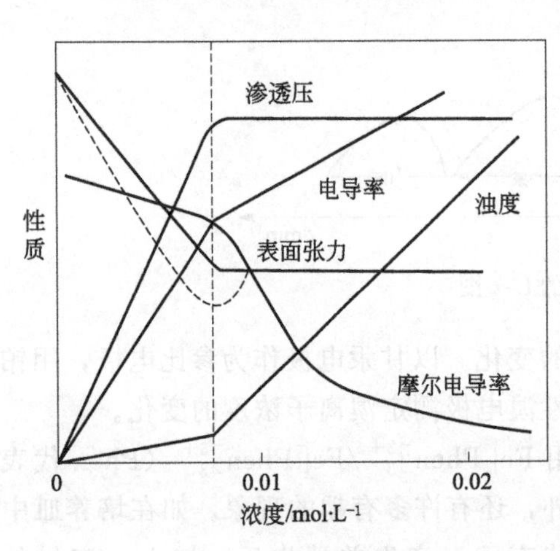

图4-32-1 25℃时十二烷基硫酸钠水溶液的物理性质和浓度关系图

测定CMC的方法很多，常用的有表面张力法、电导法、染料法、增溶作用法和光散射法等。这些方法，原则上都是从溶液的物理化学性质随浓度变化关系出发求得。其中表面张力法和电导法比较简便准确。表面张力法除了可求得CMC之外，还可以求出表面吸附等温线。此法还有一优点，就是无论对于高表面活性还是低表面活性的表面活性剂，其CMC的测定都具有相似的灵敏度，此法不受无机盐的干扰，也适合于非离子型表面活性剂的测定。电导法是个经典方法，简便可靠。但只限于离子型表面活性剂，此法对于有较高活性的表面活性剂准确性较高，但过量无机盐存在会降低测定灵敏度。因此配制溶液应该用电导水。

（二）实验原理

具有明显的“两亲”性质的分子，既含有亲油的（足够长的10个碳原子以上）烃基，又含有亲水的极性基团（通常是离子化的）。由这一类分子组成的物质称为表面活性物质，或称为表面活性剂。如肥皂和各种合成洗涤剂等。表面活性剂分子都是由极性部分和非极性部分组成的。若按离子的类型分类，则可分为三类：

（1）阴离子型表面活性剂，如羧酸盐（肥皂，$C_{17}H_{35}COONa$），烷基硫酸盐［十二烷基硫酸钠，$CH_3(CH_2)_{11}SO_4Na$］，烷基磺酸盐［十二烷基磺酸钠，$CH_3(CH_2)_{11}C_6H_5SO_3Na$］等。

（2）阳离子型表面活性剂，主要是铵盐，如十二烷基二甲基叔胺［$RN(CH_3)_2HCl$］和十二烷基二甲基氯化铵 [$RN(CH_3)_2Cl$]。

(3) 非离子型表面活性剂：如聚氧化乙烯 [$R—O—(CH_2CH_2O)_nH$]。

表面活性剂溶入水中后，在低浓度时呈分子状态并且三三两两地把亲油基团靠拢而分散在水中。当溶液浓度加大到一定程度时，许多表面活性物质的分子立刻结合成很大的基团，形成“胶束”。以胶束形式存在于水中的表面活性剂是比较稳定的。表面活性剂在水中形成胶束所需的最低浓度称为临界胶束浓度，以 CMC 表示（critical micelle concentration)。在 CMC 点上，由于溶液的结构改变导致其物理化学性质（如表面张力、电导、渗透压、浊度、光学性质等）同浓度的关系曲线出现明显的转折（如图 4-32-1 所示)。这个现象是测定 CMC 的实验依据，也是表面活性剂的一个重要特征。

墨本（McBain）认为这种特征行为可用生成分子聚集体或胶束来说明，如图 4-32-2 所示。当表面活性剂溶于水中后，不但定向地吸附在水溶液表面，而且达到一定浓度时还会在溶液中发生定向排列而形成胶束。表面活性剂为了使自己成为溶液中的稳定分子，有可能采取两种途径：一是把亲水基留在水中，亲油基伸向油相或空气；二是让表面活性剂的亲油基团相互靠在一起，以减少亲油基与水的接触面积。前者就是表面活性剂分子吸附在界面上，其结果是降低界面张力，形成定向排列的单分子膜，后者就形成了胶束。由于胶束的亲水基方向朝外，与水分子相互吸引，使表面活性剂能稳定地溶于水中。

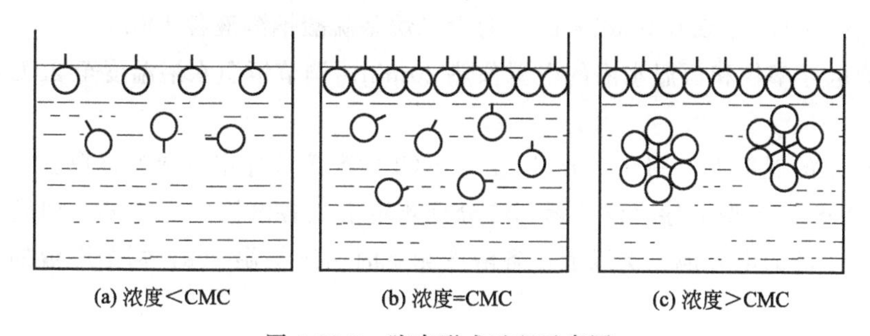

图 4-32-2 胶束形成过程示意图

随着表面活性剂在溶液中浓度的增长，球形胶束还可能转变成棒形胶束，以至层状胶束。如图 4-32-3 所示。

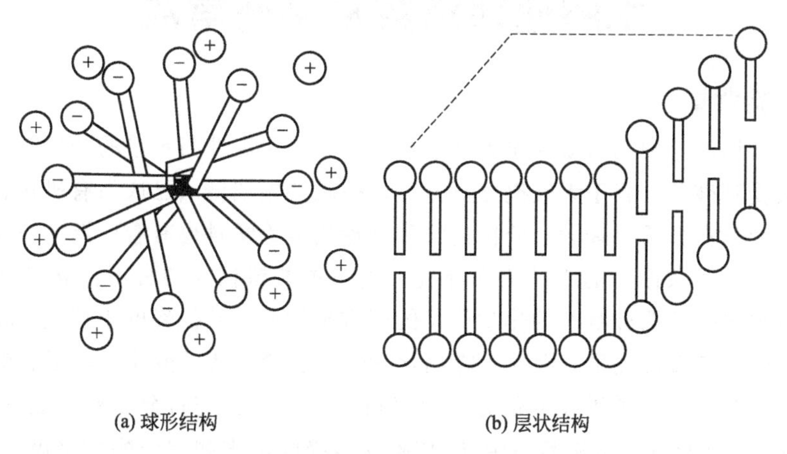

图 4-32-3 胶束的球形结构和层状结构示意图

本实验利用 DDS-12A 型电导率仪测定不同浓度的十二烷基硫酸钠水溶液的电导率（或

摩尔电导率)，并作电导率（或摩尔电导率）与浓度的关系图，从图中的转折点即可求得临界胶束浓度（CMC）值。

（三）实验要求

（1）了解表面活性剂的特性及胶束形成原理。

（2）用电导法测定十二烷基硫酸钠的临界胶束浓度。

（3）掌握 DDS-12A 型电导率仪的使用方法。

（四）实验仪器与药品

1. 实验仪器

DDS-12A 电导率仪，容量瓶（100mL)，260 型电导电极，恒温槽，容量瓶（1000mL)。

2. 实验试剂

氯化钾（分析纯），十二烷基硫酸钠（分析纯），电导水。

（五）实验提示

（1）用电导水或重蒸馏水准确配制 0.002mol・L^{-1}、0.006mol・L^{-1}、0.007mol・L^{-1}、0.008mol・L^{-1}、0.009mol・L^{-1}、0.010mol・L^{-1}、0.012mol・L^{-1}、0.014mol・L^{-1}、0.018mol・L^{-1}、0.020mol・L^{-1} 的十二烷基硫酸钠溶液各 100mL。

（2）开通电导率仪和恒温水浴的电源预热 20min。调节恒温水浴温度至 25℃或其他合适温度。

（3）在恒定的温度下，用 0.01mol・L^{-1} KCl 标准溶液标定电导池常数。

（4）用 DDS-12A 型电导率仪从稀到浓分别测定上述各溶液的电导率。用后一个溶液荡洗存放前一个溶液的电导池三次以上，各溶液测定时必须恒温 10s，每个溶液的电导读数三次，取平均值。

（5）利用电导率或摩尔电导率与浓度的关系图求临界胶束浓度。

实验 33 核磁共振测定丙酮酸水解速率常数及平衡常数

（一）实验背景

核磁共振波谱法是利用核磁共振光谱进行结构测定，定性与定量的分析方法。分析测定时，样品不会受到破坏，属于无破损分析方法，核磁共振波谱法已成为有机化合物结构分析的有力工具，而且在分子物理学、分析化学和物理化学等学科也有着广泛的应用。核磁共振的化学位移 δ 反映了共振核的不同化学环境。当一种共振核在两种不同状态之间进行交换时，共振峰的位置是这两种状态的化学位移的权重平均值。共振峰的半峰宽 $\Delta\omega$ 与核在该状态下的平均寿命 τ 有直接关系。因此，峰的化学位移、峰位置的变化、峰形状的改变等均为物质的化学反应过程提供了重要的信息。对有机化合物结构进行分析时，通常研究的是 ^{1}H 和 ^{13}C 的核磁共振吸收谱。本实验采用 ^{1}H 核磁共振吸收谱来测定丙酮酸水解反应体系中 ^{1}H 核的化学位移 δ、半峰宽和相应的积分面积，来研究丙酮酸水解反应的化学动力学，测定反应的速率常数及平衡常数。

(二) 实验原理

丙酮酸水解反应是许多含有羰基化合物在水溶液中常见的酸碱催化反应。在酸性水溶液中，丙酮酸（酮式酸）发生水解反应生成2，2－二羟基丙酸（醇式酸）：

$$CH_3\overset{\overset{O}{\|}}{C}COOH + H_2O \underset{k_r}{\overset{k_f}{\rightleftharpoons}} H_3C-\underset{\underset{OH}{|}}{\overset{\overset{OH}{|}}{C}}-COOH$$

实验证明该反应为酸催化的可逆反应，正、逆两方向的反应速率可分别表示为

$$r_f = k_f c_{酮} c_{H^+};\ r_r = k_r c_{醇} c_{H^+}$$

式中，k 为反应速率常数；$c_{酮}$、$c_{醇}$ 分别表示丙酮酸和二羟基丙酸的浓度；c_{H^+} 为氢离子浓度，$k_f c_{H^+}$ 和 $k_r c_{H^+}$ 都具有时间倒数的量纲，可分别用 $1/\tau_f$ 和 $1/\tau_r$ 表示。

该反应的平衡常数为：

$$K = \frac{c_{醇}}{c_{酮}} = \frac{k_f}{k_r}$$

纯丙酮酸的核磁共振谱中有 $\delta=2.60$ 的—CH_3 质子峰和 $\delta=8.55$ 的—OH 质子峰。发生水解反应后，则有 $\delta=2.60$ 的丙酮酸—CH_3 质子峰，$\delta=1.75$ 的2,2-二羟基丙酸—CH_3 质子峰以及 $\delta=5.48$ 的羟基、羧基和水构成的混合质子峰，如图4-33-1所示。

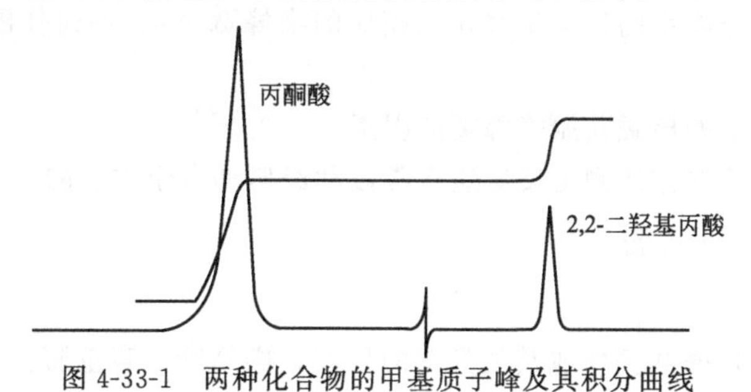

图4-33-1 两种化合物的甲基质子峰及其积分曲线

氢离子浓度不同的溶液，上述两种—CH_3 质子峰的峰宽会随着溶液中氢离子的浓度增大而加宽，但峰面积却不断减小。这是因为快速反应时核磁共振能级是一个不确定值，可用海森堡测不准原理写出下列关系式：

$$\Delta(\Delta E)\cdot\Delta t = \Delta(\Delta E)\cdot\tau \approx h/(2\pi) \tag{4-33-1}$$

式中，h 为普朗克常数，测不准量 $\Delta(\Delta E)$ 随着 τ 的减小而增大，因此在较宽的外磁场强度范围内都可能发生能级跃迁从而使吸收峰加宽。另一方面，反应越快则能级跃迁概率可能越小，峰面积随之减小。由 $\Delta E=h\nu$ 可推出：

$$\Delta(\Delta E) = h\Delta\nu = h\Delta\omega/(2\pi) \tag{4-33-2}$$

式中，ν 为发生共振吸收的外磁强度 B_0 折算的频率，$\Delta\omega$ 为半峰宽，由式(4-33-2)可知 $\Delta\omega=2\pi\Delta\nu$。比较式(4-33-1)和式(4-33-2)，可知 $\Delta\omega$ 与 τ 成反比。由于核磁共振存在着弛豫现象，即使不存在任何化学反应，吸收峰也有其固有的峰宽 $1/T$，经过修正，则有：

$$\frac{\Delta\omega}{2} = \frac{1}{T} + \frac{1}{\tau}$$

该体系的正、逆方向反应对应的半宽峰分别为：

$$\frac{\Delta\omega_f}{2} = \frac{1}{T_f} + \frac{1}{\tau_f} = \frac{1}{T_f} + \frac{c_{酮}}{v_f} = \frac{1}{T_f} + k_f c_{H^+} \tag{4-33-3}$$

$$\frac{\Delta\omega_r}{2}=\frac{1}{T_r}+\frac{1}{\tau_r}=\frac{1}{T_r}+\frac{c_{酮}}{v_r}=\frac{1}{T_r}+k_r c_{H^+} \tag{4-33-4}$$

由于 $\Delta\omega_f/2=\pi\Delta\nu_f$，$\Delta\omega_r/2=\pi\Delta\nu_r$，而 $\Delta\nu_f$ 和 $\Delta\nu_r$ 可由图谱上两化合物的—CH_3 质子峰的半峰宽直接读出。根据不同氢离子浓度对应的核磁共振谱的半峰宽，分别作 $\Delta\omega_f/2$-c_{H^+} 图和 $\Delta\omega_r/2$-c_{H^+} 图，从图中可以求出 $1/T_f$、$1/T_r$、k_f、k_r，进而求出 τ_f 和 τ_r。另一方面将谱图中二羟基丙酸及丙酮酸所对应的—CH_3 质子峰加以积分，所得积分面积分别为 $S_{酮}$ 和 $S_{醇}$，因此平衡常数为：

$$K=\frac{c_{醇}}{c_{酮}}=\frac{S_{醇}}{S_{酮}} \tag{4-33-5}$$

(三) 实验要求

(1) 了解核磁共振仪的基本原理、构造及其使用方法，严格按照核磁共振仪的操作说明书进行仪器操作。

(2) 了解核磁共振仪测定丙酮酸水解反应的速率常数及平衡常数的基本原理。

(3) 配制不同浓度的 HCl 溶液，将不同浓度的 HCl 溶液与固定浓度的丙酮酸溶液组成不同的反应体系。

(4) 测定不同反应体系的化学位移 δ 和相应的半峰宽 $\Delta\omega$，通过作图法求出反应的速率常数和平衡常数。

(5) 了解影响质子的核磁共振峰峰宽的因素。

(6) 比较用本实验的方法测定反应速率常数和经典动力学方法的差异。

(四) 实验仪器与试剂

1. 实验仪器

R-1500A 傅里叶核磁共振仪或其他类似的仪器，样品管，容量瓶。

2. 实验试剂

HCl(AR)，丙酮酸（AR)，TMS（内标物，四甲基硅烷）。

(五) 实验提示

(1) 丙酮酸不稳定，在使用前须经减压蒸馏提纯。否则谱图中杂峰过大，影响测量结果。

(2) 配制丙酮酸浓度均为 $4\text{mol}\cdot\text{L}^{-1}$，而 HCl 浓度分别为 $0.25\text{mol}\cdot\text{L}^{-1}$、$0.50\text{mol}\cdot\text{L}^{-1}$、$1.00\text{mol}\cdot\text{L}^{-1}$、$1.50\text{mol}\cdot\text{L}^{-1}$、$2.00\text{mol}\cdot\text{L}^{-1}$、$3.00\text{mol}\cdot\text{L}^{-1}$ 和 $5.00\text{mol}\cdot\text{L}^{-1}$ 的 7 个样品。溶液保存于 5℃冷藏箱中备用。

(3) 调节核磁共振仪工作状态，调好零点和分辨率，有关操作见仪器操作说明书。

(4) 以 TMS 为内标，在相同条件下测定各样品的 NMR 谱，并对两峰面积进行积分扫描。

建议设定测量条件为

谱宽：	10	数据点：	8k	脉冲间隔：	6s
90°脉宽：	20μs	采样次数：	4 次		

(5) 将丙酮酸与不同浓度的 HCl 溶液组成不同的反应体系，并测定反应体系的 NMR 谱。

(6) 在打印出来的不同反应体系的 NMR 谱图上，用游标卡尺测量 $\delta=2.60$ 和 $\delta=1.75$ 的—CH_3 质子峰半峰宽，以 $\Delta\nu$(Hz) 表示。用卡尺量出的半宽峰为长度单位 (cm)，同时测出 δ 改变 1 单位相应的长度 (cm)，两者之比再乘以核磁共振谱仪的频率 $\nu_0 \times 10^{-6}$ 即为半峰宽的 $\Delta\nu$(Hz)，并根据 $\Delta\nu$ 与半峰宽 $\Delta\omega$ 的关系，求出 $\Delta\omega$。

(7) 将不同 HCl 溶液浓度反应体系相应的化学位移 δ、半峰宽的 $\Delta\nu$(Hz) 和半峰宽 $\Delta\omega$ 记录于相应的表格中。

(8) 根据测试结果，以两种—CH_3 质子峰的 $\Delta\omega/2$ 分别对溶液的氢离子浓度作图。根据式(4-33-3) 和式(4-33-4)，由直线斜率及截距分别求出 T_f、T_r、k_f 和 k_r。

(9) 计算不同浓度下的 τ_f、τ_r、k_f 和 k_r。

(10) 通过计算谱图上两个—CH_3 质子峰的积分面积，按式(4-33-5) 求出平衡常数 K，并与根据 k_f/k_r 对应的数值进行比较。

实验 34 主成分分析

(一) 实验背景

将多个变量通过线性变换以选出较少个数重要变量的一种多元统计分析方法称为主成分分析，又称主分量分析。在实际课题中，为了全面分析问题，往往提出很多与此有关的变量(或因素)，因为每个变量都在不同程度上反映这个课题的某些信息。但是，在用统计分析方法研究这个多变量的课题时，变量个数太多就会增加课题的复杂性。人们自然希望变量个数较少而得到的信息较多。在很多情形下，变量之间是有一定的相关关系的，当两个变量之间有一定相关关系时，可以解释为这两个变量反映此课题的信息有一定的重叠。主成分分析是对于原先提出的所有变量，建立尽可能少的新变量，使得这些新变量是两两不相关的，而且这些新变量在反映课题的信息方面尽可能保持原有的信息。

(二) 实验原理

主成分分析 (principal component analysis，PCA) 也称为离散的 Karhunen-Loeve 变换，它是将样本集通过一正交线性变换后使特征变量成为两两正交的新变量。

$$\boldsymbol{T}=\boldsymbol{XP}$$

式中，$\boldsymbol{T}$ 为主成分 (也称得分矢) 变量矩阵；$\boldsymbol{X}$ 为样本特征变量矩阵；$\boldsymbol{P}$ 为正交变换矩阵，由相互正交的矢量 $\boldsymbol{p}_i$ 构成。主成分 t_i 可由下式得到

$$t_i=\boldsymbol{X}\boldsymbol{p}_i$$

由 T 的性质它满足下列关系

$$E\{t_i^T, t_j\}=\lambda_i, \qquad i=j$$

$$E\{t_i^T, t_j\}=0, \qquad i\neq j$$

$\boldsymbol{p}_i$ 的求法如下：首先求出全体样本的协方差矩阵 $\boldsymbol{S}$

$$\boldsymbol{S}=\begin{vmatrix} S_{11} & S_{12} & \cdots & S_{1n} \\ S_{21} & S_{22} & \cdots & S_{2n} \\ \vdots & \vdots & \vdots & \vdots \\ S_{n1} & S_{n2} & \cdots & S_{nn} \end{vmatrix}$$

S_{ij} 为变量 X_i 与 X_j 的协方差

$$S_{ij}=\mathrm{cov}(X_i,X_j)=\frac{1}{n}\sum_{k=1}^{n}(X_{ik}-X'_i)(X_{jk}-X'_j)$$

X'为平均值。然后用Jacobi方法等求出 $\boldsymbol{S}$ 矩阵的 n 个特征值 λ_1，λ_2，…，λ_n，进而由下式求出 $\boldsymbol{P}$

$$\boldsymbol{SP}=\boldsymbol{\Lambda P}$$

$\boldsymbol{\Lambda}$ 由 λ_i 构成。将求得的 S 矩阵的本征值按大小依次排列，即

$$\lambda_1>\lambda_2>\cdots>\lambda_n$$

其中 λ_1 对应本征向量 $\boldsymbol{p}_1$，称为第一主成分，λ_2 对应本征向量 $\boldsymbol{p}_2$，称为第二主成分，以此类推，主成分向量在样本空间中构成一正交坐标集。

然后以2个主成分在平面内作图。

因此在已知样本数目足够多的情况下，用化学键参数筑构多维特征空间，对实测相图的特征进行模式识别分析，将多维空间变量经过重新组合并降低空间维数，得到尽可能反映原来空间统计特征的两个主成分，依此构成二维图形，这样可以总结并归纳熔盐系相图的特征。

（三）实验要求

自编程序，选择同阴离子系 Me_AX_B-$Me'_CX'_B$ 系中 X_B 为 CrO_4^{2-}，WO_4^{2-}，MoO_4^{2-}。以 Me_2CrO_4-K_2CrO_4（Me＝Li, Na）、Me_2MoO_4-K_2MoO_4（Me＝Li, Na）、Me_2WO_4-K_2WO_4（Me＝Li, Na），$PbWO_4$-K_2WO_4、Li_2X-Na_2X（X＝CrO_4，WO_4，MoO_4）、Ag_2MoO_4-Na_2MoO_4、$Bi_2(MoO_4)_3$-$PbMoO_4$、$Bi_2(WO_4)_3$-$PbWO_4$、$CaCrO_4$-Na_2CrO_4、$Ce_2(WO_4)_3$-$PbWO_4$、$Me_2(MoO_4)_3$-$PbMoO_4$（Me＝Ce，Dy，La，Nd，Pr，Y）、$PbWO_4$-Me_2WO_4（Me＝Li, Na）、$PbMoO_4$-Na_2MoO_4 为训练集，以 r_-，r_{Me}，$r_{Me'}$，χ_{Me}，$\chi_{Me'}$ 为特征变量，进行主成分分析。得到主成分表达式及分类图。

（四）计算软件与仪器

实验使用奔腾Ⅳ以上计算机，Windows 98以上操作系统。

（五）实验提示

在输入文件ex1.txt中，第一列为序号，第二列为类别，第三列～第七列分别表示5个特征变量，第八列表示目标变量。第1类，表示形成中间化合物；第2类，表示不形成中间化合物。ex1.txt文件如下。

```
1    1    2.40    0.60    1.33    1.0    0.8    1
2    1    2.40    0.95    1.33    0.9    0.8    1
3    1    2.54    0.60    1.33    1.0    0.8    1
4    1    2.54    0.95    1.33    0.9    0.8    1
5    1    2.57    0.60    1.33    1.0    0.8    1
6    1    2.57    0.95    1.33    0.9    0.8    1
7    1    2.57    1.19    1.33    1.6    0.8    1
8    1    2.40    0.60    0.95    1.0    0.9    1
9    1    2.54    0.60    0.95    1.0    0.8    1
10   1    2.57    0.60    0.95    1.0    0.9    1
11   2    2.54    1.00    0.95    1.9    0.9    2
12   2    2.54    0.96    1.19    1.8    1.6    2
```

13	2	2.57	0.96	1.19	1.8	1.6	2
14	2	2.40	0.99	0.95	1.0	0.9	2
15	2	2.54	1.02	1.19	1.2	1.6	2
16	2	2.57	1.02	1.19	1.2	1.6	2
17	2	2.54	0.99	1.19	1.3	1.6	2
18	2	2.54	1.15	1.19	1.2	1.6	2
19	2	2.57	1.19	0.60	1.6	1.0	2
20	2	2.57	1.19	0.95	1.6	0.9	2
21	2	2.54	1.19	0.95	1.6	0.9	2
22	2	2.54	0.99	1.19	1.3	1.6	2
23	2	2.54	1.00	1.19	1.2	1.6	2
24	2	2.54	0.93	1.19	1.2	1.6	2

实验 35　环戊二烯铁的量子化学计算

（一）实验背景

量子化学计算的核心内容和任务是求解含 N 个粒子体系的薛定谔方程，以得到各种能够表征和确定体系性质的结果。除了氢原子和类氢分子离子之外，其他的含 N 个粒子体系，如单核多电子和多核多电子的分子、离子等，其薛定谔方程不能严格求解，只能采取近似方法求解，于是就产生了各种不同量子化学计算方法，如从头算计算方法、半经验计算方法和基于电子密度泛函理论的离散变分方法等。以上各种方法都有专门的应用量子化学计算程序和软件。随着计算机技术的进步，应用量子化学计算得到了长足的发展，计算程序和软件也提高到了一个新的水平，界面友好，方便人机对话，计算速度也快，耗机时少，更加方便于非量子化学专门人员使用等。研究工作者最重要的是要根据自己的研究课题要求，先构建和确定需要进行理论研究的物质结构模型（如分子模型），再选择能满足计算要求的应用量子化学计算程序和软件，然后进行量子化学计算并分析计算结果，获得所关心或感兴趣的能表征物质性质的信息并加以应用。

（二）实验原理

采用相对论近似，Born-Oppenheier 近似，体系 Hamilton 算符 $\hat{H}$ 为：

$$\hat{H}=\sum_{i=1}^{n}-\frac{\hbar^2}{2m}\nabla_i^2-\sum_{i}^{n}\sum_{P=1}^{A}\frac{Z_P e^2}{r_{pi}}+\sum_{i}^{n}\sum_{j>i}^{n}\frac{e^2}{r_{ij}}\qquad \hbar=\frac{h}{2\pi}$$

忽略第 3 项，$\hat{H}$ 记为 $\hat{H}^0$，$\hat{H}^0$ 可分离为 n 个单电子的 Hamilton 算符 $\hat{H}_i^0$ 之和。

$$\hat{H}^0=\sum\hat{H}_i^0$$

$$\hat{H}_i^0=-\frac{\hbar^2}{2m}\nabla_i^2-\sum_{P}\frac{Z_P e^2}{r_{iP}}$$

若 $\hat{H}_i^0\psi_i^0=E_i^0\psi_i^0$

则整个体系 $\hat{H}^0\Psi^0=E^0\Psi^0$ 的解为：

$$\Psi^0=\psi_1^0\psi_2^0\cdots\psi_n^0$$

$$E^0=E_1^0+E_2^0+\cdots+E_n^0$$

Hartree 提出了考虑电子相互作用以后的单电子 Hamilton 算符 $\hat{H}_i$（Hartree 近似）。

$$\hat{H}_i=-\frac{\hbar^2}{2m}\nabla_i^2-\sum_P\frac{Z_P e^2}{r_{iP}}+\sum_j\int\frac{\psi_j^2 e^2}{r_{ij}}d\tau_j$$

Hartree 方程为（单电子方程）：

$$\hat{H}_i\psi_i=E_i\psi_i$$

体系总能量为：

$$\begin{aligned}E&=E_1+E_2+\cdots+E_n-\sum_i\sum_{j<i}\iint\frac{\psi_j^2\psi_i^2 e^2}{r_{ij}}\cdot d\tau_i d\tau_j\\&=\sum E_i-\sum_i\sum_{j<i}J_{ij}\end{aligned}$$

其中 $J_{ij}=\int\int\frac{\psi_j^2\psi_i^2 e^2}{r_{ij}}\cdot d\tau_i d\tau_j$ 称库仑积分。

Hartree 方程用自恰场 SCF（Self-Consistent Field）方法求解。

体系波函数为：

$$\Psi=\psi_1\psi_2\cdots\psi_n$$

此式称单电子近似或轨道近似。

$\Psi=\psi_1\psi_2\cdots\psi_n$ 不满足 Pauli 原理，必须用 Slater 行列式进行变分计算。

$$\Psi(1,2,\cdots,2n)=|\psi_1(1)\bar{\psi}_1(2)\psi_2(3)\bar{\psi}_2(4)\cdots\cdots\psi_n(2n-1)\bar{\psi}_n(2n)|$$

$$E=\int\Psi^*\hat{H}\Psi d\tau$$

得到 Harterr-Fock 方程（HF 方程）：

$$[\hat{h}_i+\sum_j^n(2\hat{J}_j-\hat{K}_j)]\psi_i(1)=\varepsilon_i\psi_i(1)$$

式中，$\hat{h}_i$ 为单电子算符；$\hat{J}_j$ 为库仑算符；$\hat{K}_j$ 为交换算符；ε_i 为单电子轨道能级；ψ_i 为单电子波函数。

$$\hat{h}_i=-\frac{\hbar^2}{2m}\nabla_i^2-\sum_P\frac{Z_P e^2}{r_{iP}}$$

$$\hat{J}_j=\int\frac{\psi_j^*(2)\psi_j(2)}{r_{12}}\cdot d\tau_2$$

$$\hat{K}_j=\int\frac{\psi_j^*(2)\psi_i(2)}{r_{12}}\cdot d\tau_2$$

令

$$\hat{F}=\hat{h}_i+\sum_j^n(2\hat{J}_j-\hat{K}_j)$$

HF 方程为：

$$\hat{F}\psi_i(1)=\varepsilon_i\psi_i(1)$$

体系总能量 E 为：

$$E=2\sum_{i=1}^{n/2}\varepsilon_i-\sum(2J_{ij}-K_{ij})$$

解 HF 方程（微分积分方程）常用 Roothaan 方法。取 MO 用 AO 线性组合（LCAO）时，HF 方程变为一组代数方程，常用 LCAO-MO-SCF 表达。

$$\psi_i = \sum_{\mu} c_{\mu i} \phi_{\mu}$$

式中，ϕ_μ 为 AO，ψ_i 为 MO，$c_{\mu i}$ 为组合系数，代入 $E=\int \Psi^* \hat{H} \Psi \mathrm{d}\tau$ 中进行计算，得到：

$$E = \sum_{\mu\nu} \boldsymbol{P}_{\mu\nu} H_{\mu\nu} + \frac{1}{2} \cdot \sum_{\mu\nu\lambda\sigma} \boldsymbol{P}_{\mu\nu} \boldsymbol{P}_{\lambda\sigma} [(\mu\nu \mid \lambda\sigma) - \frac{1}{2} \cdot (\mu\lambda \mid \nu\sigma)]$$

$\boldsymbol{P}$ 为密度矩阵，$\boldsymbol{P}_{\mu\nu}$ 为密度矩阵元。

$$\boldsymbol{P}_{\mu\nu} = 2\sum_{i=1}^{n} c_{\mu i}^{*} c_{\nu i}$$

$$(\mu\nu|\lambda\sigma) = \iint \phi_\mu(1)\phi_\nu(1) \cdot \frac{1}{r_{12}} \cdot \phi_\lambda(2)\phi_\sigma(2)\mathrm{d}\tau_1 \mathrm{d}\tau_2$$

$$H_{\mu\nu} = \int \phi_\mu(1)[-\frac{1}{2}\nabla_i^2 - \sum_P \frac{Z_P}{r_{iP}}]\phi_\nu(1)\mathrm{d}\tau_1 \quad \text{(a. u. 单位)}$$

变动 ψ_i 中的 AO 系数 $c_{\mu i}$，使 E 取极小值，并保持 MO 正交，得到一组代数方程（Roothaan 方程）：

$$\sum_{\nu} c_{\nu i}(F_{\mu\nu} - \varepsilon_i S_{\mu\nu}) = 0$$

或

$$FC = SCE$$

式中

$$S_{\mu\nu} = \int \phi_\mu \phi_\nu \mathrm{d}\tau$$

$$F_{\mu\nu} = H_{\mu\nu} + \sum_{\lambda\sigma} \boldsymbol{P}_{\lambda\sigma}[(\mu\nu \mid \lambda\sigma) - \frac{1}{2} \cdot (\mu\lambda \mid \nu\sigma)]$$

$$H_{\mu\nu} = \int \phi_\mu \cdot \hat{h}_i \cdot \phi_\nu \mathrm{d}\tau$$

欲使 Roothaan 方程有非零解，得到下列久期行列式：

$$\det|F_{\mu\nu} - \varepsilon_i S_{\mu\nu}| = 0$$

由久期行列式求出 ε_i，再将每一个 ε_i 分别代入 Roothaan 方程，得到一组系数 $c_{\mu i}$，即为与 ε_i 对应的一个分子轨道 ψ_i 的组合系数。

（三）实验要求

通过计算机操作，了解如何运行量子化学应用程序及编制数据输入文件。进一步了解量子化学从头算（ab initio）的基本原理、步骤，理解分子轨道的能级、组成以及净电荷等概念。通过计算，列出环戊二烯铁分子总能量，前线分子轨道 HOMO、LUMO 的组成及能级，各个原子的净电荷；画出环戊二烯铁前线分子轨道的图形；并将环戊二烯铁几何构型的优化结果与实验数据进行比较。

（四）计算软件与仪器

本实验使用 Gaussian03 程序。

实验使用奔腾Ⅳ以上计算机，Windows 98 以上操作系统。

（五）实验提示

1. 环戊二烯铁的计算模型及原子编号建议

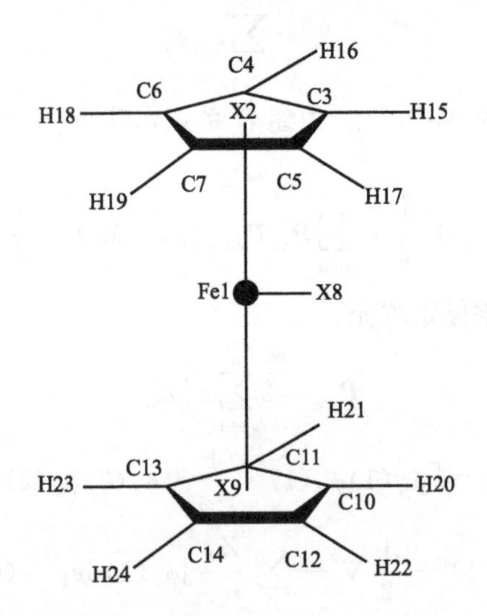

2. 建立输入文件 ex. gif

第一行：关键词（控制打印结果及选择计算方法）

第二行：空行

第三行：作业标题

第四行：电荷，多重度（2S+1）

第五行至结束：分子构型，一个原子一行。

```
# HF/STO-3G   OPT   POP=REG

0,    1
1     Fe
2     X,    1      1.695
3     C,    2,     1.207,  1,     90.
4     C,    2,     1.207,  3,     72.,    1,    90.
5     C,    2,     1.207,  3,     72.,    1,    -90.
6     C,    2,     1.207,  4,     72.,    1,    90
7     C,    2,     1.207,  5,     72.,    1,    -90.
8     X,    1,     1.000,  2,     90.,    3,    0.
9     X,    1,     1.695,  8,     90.,    2,    180.
10    C,    9,     1.207,  1,     90.,    8,    0.
11    C,    9,     1.207,  10,    72.,    1,    90.
12    C,    9,     1.207,  10,    72.,    1,    -90.
13    C,    9,     1.207,  11,    72.,    1,    90.
14    C,    9,     1.207,  13,    72.,    1,    -90.
15    H,    3,     1.076,  2,     177.2,  1,    180.
16    H,    4,     1.076,  2,     177.2,  1,    180.
17    H,    5,     1.076,  2,     177.2,  1,    180.
18    H,    6,     1.076,  2,     177.2,  1,    180.
19    H,    7,     1.076,  2,     177.2,  1,    180.
20    H,    10,    1.076,  9,     177.2,  1,    180.
21    H,    11,    1.076,  9,     177.2,  1,    180.
22    H,    12,    1.076,  9,     177.2,  1,    180.
23    H,    13,    1.076,  9,     177.2,  1,    180.
24    H,    14,    1.076,  9,     177.2,  1,    180.
```

3. 运行

实验 36　交流阻抗测聚合物膜的电导率

(一) 实验背景

因为电极反应是一种伴随有电流产生的多相反应，电极过程动力学实验也是电化学范畴研究的内容。电极过程动力学对于各种生产实际问题，如电解、电冶金、电镀、电源、金属腐蚀防护等都具有重要的意义，因此得到人们的极大重视。电极过程动力学实验方法笼统地讲可以分为稳态研究法和暂态研究法两种。对于实际研究的电化学体系，当电极电位和电流稳定不变（实际上变化速度不超过一定值）时，就可以认为体系已达到稳态，可以按稳态方法来处理。暂态是相对于稳态而言的，电极过程从暂态进入稳态是需要一定时间逐步达到的。在暂态阶段，电极电位、电极界面状态、扩散层的浓度分布都可能发生变化，所以暂态系统比稳态复杂得多。我们经常利用电流阶跃、电位阶跃和电位扫描技术使电极处于远离平衡的状态，并且通常是观察暂态信号的响应。另一类方法是用小幅度交流信号扰动电解池，并观察体系在稳态时对扰动响应的情况。这种技术中最常见的是交流阻抗法。

(二) 实验原理

交流阻抗法是一种以小振幅的正弦波电位（或电流）为扰动信号，叠加在外加直流电压上，并作用于电解池。通过测量系统在较宽频率范围的阻抗谱，获得研究体系相关动力学信息及电极界面结构信息的电化学测量方法。例如，可从阻抗谱中含有时间常数个数及其大小推测影响电极过程的状态变化情况，可以从阻抗谱观察电极过程中有无传质过程的影响等。

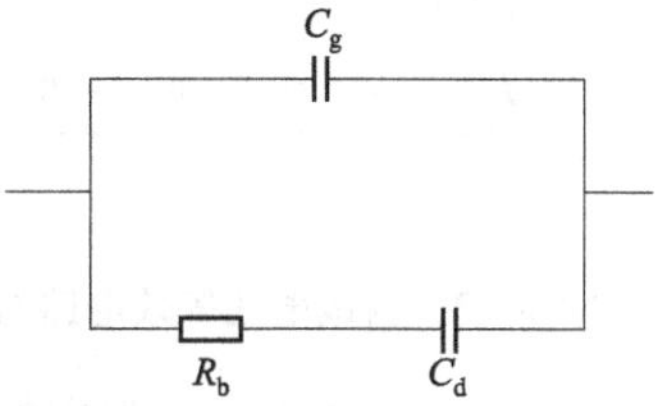

本实验采用交流阻抗技术测量聚合物电解质离子电导率。基本测试电池回路的等效电路示于图 4-36-1。其中 C_d 是双电层电容，由电极/电解质界面的相反电荷形成，C_g 是两个平行电极构成的几何电容，它的数值较双电层电容 C_d 小。R_b 为电解质的本体电阻。由图 4-36-1 等效电路计算得相应的阻抗值：

图 4-36-1　测试电池的等效电路

$$Z=\frac{C_d^2R_b}{(C_g+C_d)^2+\omega C_d^2C_g^2R_b^2}-j\frac{C_g+C_d+\omega^2C_d^2C_g^2R_b^2}{\omega(C_g+C_d)^2+\omega^3C_d^2C_g^2R_b^2}$$

其中，实部：

$$Z'=\frac{C_d^2R_b}{(C_g+C_d)^2+\omega C_d^2C_g^2R_b^2} \tag{4-36-1}$$

虚部：

$$-Z''=\frac{C_g+C_d+\omega^2C_d^2C_g^2R_b^2}{\omega(C_g+C_d)^2+\omega^3C_d^2C_g^2R_b^2} \tag{4-36-2}$$

在低频区 $\omega\to 0$，式(4-36-1) 简化为：

$$Z'=\frac{C_d^2R_b}{(C_g+C_d)^2}$$

当 $C_d\gg C_g$ 时，则 $C_d/C_g\to 0$，得到：

$$Z'=R_b \tag{4-36-3}$$

此时图 4-36-1 简化成纯电阻 R_b，在复平面图上是一条垂直于实轴并与实轴交于 R_b 的直线。

在高频区 $\omega \to \infty$，当 $C_d \gg C_g$ 时式(4-36-1) 简化为

$$Z' = \frac{R_b}{1+\omega C_g^2 R_b^2} \tag{4-36-4}$$

而式(4-36-2) 简化为

$$-Z'' = \frac{\omega C_g R_b^2}{1+\omega^2 C_g^2 R_b^2} \tag{4-36-5}$$

将式(4-36-4) 与式(4-36-5) 中的 ω 消去可得

$$(Z'-R_b/2)^2+(-Z'')^2=R_b^2/4 \tag{4-36-6}$$

式(4-36-6) 表示的是一个以 $(R_b/2,\ 0)$ 为圆心，$R_b/2$ 为半径的圆方程，在复平面图上表现为一个半圆。

综合式(4-36-3) 和式(4-36-6)，得出与图 4-36-1 对应的阻抗图谱（图 4-36-2）。该阻抗图是一个标准的半圆（高频部分），外加一条垂直于实轴 Z' 的直线（低频部分）。

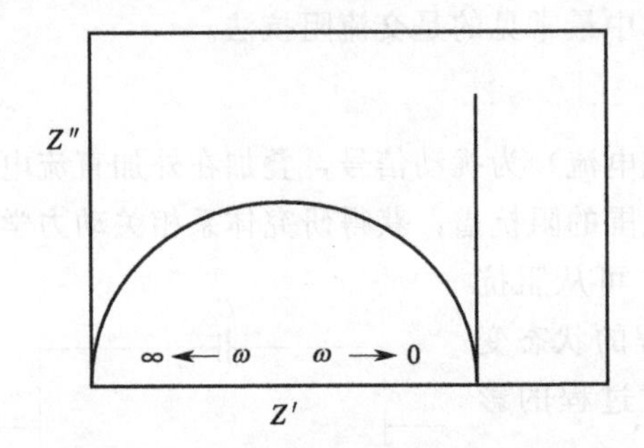

图 4-36-2　测试电池等效电路对应的阻抗谱图

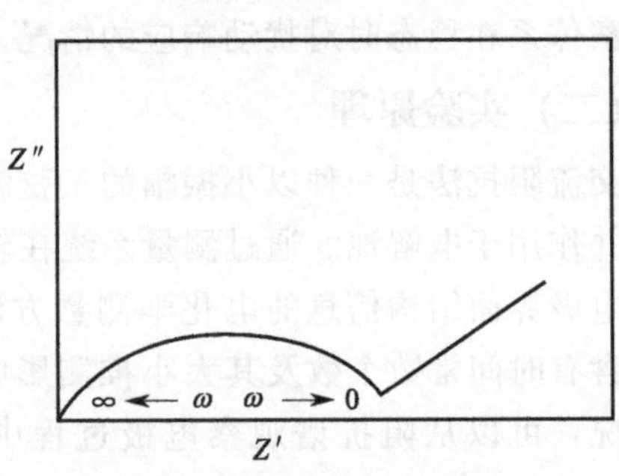

图 4-36-3　聚合物电解质的阻抗图

由图 4-36-2 中直线与实轴的交点，可求出本体电解质的电阻值 R_b。通过测定测试电池的电极面积 A 与聚合物电解质膜的厚度 d，即可求得该导电聚合物的电导率 δ $(\mathrm{S \cdot cm^{-1}})$：

$$\delta = \frac{d}{R_b A}$$

在实际聚合物电解质电导率测量中，通常得到的是由压扁的半圆和倾斜的尾线组成，如图 4-36-3 所示。因此仅用电阻和电容组成的等效电路，不能很好地解释电极/电解质电面双电层。近年来，人们采用固定相元 CPE 作为等效元件来解释阻抗数据。

所谓固定相元 CPE，可想像为一个漏电容，其性质介于电阻与电容之间，其阻抗表达式为：

$$Z_{\mathrm{cpe}} = k(\mathrm{j}\omega)^{-p} = k\omega^{-p}\left[\cos\left(\frac{p\pi}{2}\right) - \mathrm{j}\cdot\sin\left(\frac{p\pi}{2}\right)\right]$$

其中，$0 \leqslant p \leqslant 1$，$k$ 为常数。

将固定相元 CPE 引入聚合物电解质测定的等效电路中能较好地解释图 4-36-2 与图 4-36-3 阻抗图谱的不同（具体推导过程略）。在低频区阻抗图上，是一条与实轴相交于 $(R_b,\ 0)$ 点并与实轴呈 $p\pi/2$ 角度的一条直线，在高频区为一旋转放大的半圆。

(三) 实验要求

(1) 了解交流阻抗技术原理及应用。

(2) 了解聚合物电解质的制备。

(3) 应用交流阻抗技术测定聚合物电解质离子电导率。

(四) 实验仪器与试剂

1. 实验仪器

LK98C 电化学工作站，模拟电池（自制）。

2. 实验试剂

碳酸乙烯酯（分析纯），碳酸丙烯酯（分析纯），无水高氯酸锂（红色，分析纯），聚甲基丙烯酸甲酯（分析纯）。

(五) 实验提示

(1) 制备 PMMA 聚合物电解质膜。

(2) 将一定尺寸聚合物电解质膜夹在两片金属电极间，连接好测量线路。

(3) 在 LK98C 电化学工作站上测定样品的交流阻抗谱。

(4) 由交流阻抗图谱中尾线与实轴的交点，读取聚合物电解质的本体电阻，计算该聚合物电解质的电导率。

附录
物理化学实验常用数据表

表 1 国际原子量表

原子序数	名称	符号	原子量	原子序数	名称	符号	原子量	原子序数	名称	符号	原子量
1	氢	H	1.0079	37	铷	Rb	85.4678	73	钽	Ta	180.9479
2	氦	He	4.00260	38	锶	Sr	87.62	74	钨	W	183.85
3	锂	Li	6.941	39	钇	Y	88.9059	75	铼	Re	186.207
4	铍	Be	9.01218	40	锆	Zr	91.22	76	锇	Os	190.2
5	硼	B	10.81	41	铌	Nb	92.9064	77	铱	Ir	192.22
6	碳	C	12.011	42	钼	Mo	95.94	78	铂	Pt	195.09
7	氮	N	14.0067	43	锝	Tc	97.907	79	金	Au	196.9665
8	氧	O	15.9994	44	钌	Ru	101.07	80	汞	Hg	200.59
9	氟	F	18.99840	45	铑	Rh	102.9055	81	铊	Tl	204.37
10	氖	Ne	20.179	46	钯	Pd	106.4	82	铅	Pb	207.2
11	钠	Na	22.98977	47	银	Ag	107.868	83	铋	Bi	208.9804
12	镁	Mg	24.305	48	镉	Cd	112.41	84	钋	Po	208.9824
13	铝	Al	26.98154	49	铟	In	114.82	85	砹	At	209.987
14	硅	Si	28.0855	50	锡	Sn	118.69	86	氡	Rn	222.018
15	磷	P	30.97376	51	锑	Sb	121.75	87	钫	Fr	223.0197
16	硫	S	32.06	52	碲	Te	127.60	88	镭	Ra	226.0254
17	氯	Cl	35.453	53	碘	I	126.9045	89	锕	Ac	227.0278
18	氩	Ar	39.948	54	氙	Xe	131.30	90	钍	Th	232.0381
19	钾	K	39.098	55	铯	Cs	132.9054	91	镤	Pa	231.0359
20	钙	Ca	40.08	56	钡	Ba	137.33	92	铀	U	238.029
21	钪	Sc	44.9559	57	镧	La	138.9055	93	镎	Np	237.0482
22	钛	Ti	47.90	58	铈	Ce	140.12	94	钚	Pu	244.0642
23	钒	V	50.9415	59	镨	Pr	140.9077	95	镅	Am	243.0614
24	铬	Cr	51.996	60	钕	Nd	144.24	96	锔	Cm	247.07035
25	锰	Mn	54.9380	61	钷	Pm	[145]	97	锫	Bk	247.07031
26	铁	Fe	55.847	62	钐	Sm	150.4	98	锎	Cf	251.0795
27	钴	Co	58.9332	63	铕	Eu	151.96	99	锿	Es	252.0830
28	镍	Ni	58.70	64	钆	Gd	157.25	100	镄	Fm	257.0951
29	铜	Cu	63.546	65	铽	Tb	158.9254	101	钔	Md	258.0984
30	锌	Zn	65.38	66	镝	Dy	162.50	102	锘	No	259.1010
31	镓	Ga	69.72	67	钬	Ho	164.9304	103	铹	Lr	262.110
32	锗	Ge	72.59	68	铒	Er	167.26	104	𬬻	Rf	267.122
33	砷	As	74.9216	69	铥	Tm	168.9342	105	𬭊	Db	270.131
34	硒	Se	78.96	70	镱	Yb	173.04	106	𬭳	Sg	269.129
35	溴	Br	79.904	71	镥	Lu	174.967	107	𬭛	Bh	270.133
36	氪	Kr	83.80	72	铪	Hf	178.49				

表 2　基本物理常数

名称	符号	数值	单位(SI)
万有引力常数	G	6.6720	$10^{-11}N \cdot m^2 \cdot kg^{-2}$
真空中光速	c	2.99792458	$10^8 m \cdot s^{-1}$
统一原子质量单位	U	1.6605655	$10^{-27}kg$
电子的质量	m_e	9.109534	$10^{-31}kg$
质子的质量	m_p	1.6726485	$10^7 kg$
中子的质量	m_n	1.6749543	$10^{-27}kg$
基本电荷	e	1.6021892	$10^{-19}C$
	e^*	4.803242	
电子的比电荷	e/m_e	1.7588047	$10^{11}C \cdot kg^{-1}$
	e^*/m_e	5.272764	
电子半径	$r_e=e^2/(4\pi\varepsilon_0 m_e c^2)=e^{*2}/(m_e c^2)$	2.8179380	$10^{-15}m$
普朗克常数	h	6.626176	$10^{-34}J \cdot s$
	$h=h/(2\pi)$	1.0545887	$10^{-34}J \cdot s$
波尔半径	$1/a$ $a_o=4\pi\varepsilon_0 h^2/e^2=h^2/m_e e^{*2}$	137.036045.2917706	10^{-11} — $10^{-11}m$
李德伯格常数	$R_\infty=e^2/(16\pi^2\varepsilon_0 a_0 hc)=e^{*2}/(4\pi a_0 hc)$	1.097373177	$10^7 m^{-1}$
磁通量子	$h/e=hc/e^*$	4.135701	$10^{-15}J \cdot s \cdot C^{-1}$
玻尔磁子	$\mu_B=eh/(2m_e)=e^*h/(2m_e c)$	9.274078	$10^{-24}J \cdot T^{-1}$
电子磁	μ_e	9.284832	$10^{-24}J \cdot T^{-1}$
自由电子的 g-因子	$2\mu_e/\mu_B$	2.00231931	—
核磁子	$\mu_N=eh/(2m_p)=e^*h/(2m_p c)$	5.050824	$10^{-27}J \cdot T^{-1}$
质子的磁惯量	μ_p	1.4106171	$10^{-26}J \cdot T^{-1}$
质子的磁角动量比	γ_p	2.6751987	$10^8 S^{-1} \cdot T^{-1}$
电子的康普顿波长	$\lambda_G=h/(m_e c)$	2.4263089	$10^{-12}m$
质子的康普顿波长	$\lambda_{GP}=h/(m_p c)$	1.3214099	$10^{-15}m$
中子的康普顿波长	$\Lambda ca=h/(m_a c)$	1.3195909	$10^{-15}m$
玻尔兹曼常数	k	1.380662	$10^{-23}J \cdot K^{-1}$
阿伏伽德罗常数	N_A	6.022045	$10^{23}mol^{-1}$
完全气体的体积(0℃,1个气压)	V_o	2.241383	$10^{-2}m^3 \cdot mol^{-1}$
1摩尔的气体常数	$R=N_A k$	8.31441	$J \cdot mol^{-1} \cdot K^{-1}$
法拉第常数	$F=N_A e$	9.648456	$10^4 C \cdot mol^{-1}$
	$=N_A e^*$	2.8925342	

表 3　国际单位制的基本单位

量的名称	单位名称	单位符号	量的名称	单位名称	单位符号
长度	米	m	热力学温度	开[尔文]	K
质量	千克(公斤)	kg	物质的量	摩[尔]	mol
时间	秒	s	光强度	坎[德拉]	cd
电流	安[培]	A			

表 4　国际单位制中具有专用名称的导出单位

量的名称	单位名称	单位符号	其他表示	量的名称	单位名称	单位符号	其他表示
频率	赫[兹]	Hz	s^{-1}	压力、应力	帕[斯卡]	Pa	$N \cdot m^{-2}$
力	牛[顿]	N	$kg \cdot m/s^2$	能、功、热量	焦[耳]	J	$N \cdot m$
电感	亨[利]	H	$Wb \cdot A^{-1}$	电量、电荷	库[仑]	C	$A \cdot s$
功率	瓦[特]	W	$J \cdot s^{-1}$	电位、电压、电动势	伏[特]	V	$W \cdot A^{-1}$
电容	法[拉]	F	$C \cdot V^{-1}$	磁通量	韦[伯]	Wb	$V \cdot s$
电阻	欧[姆]	Ω	$V \cdot A^{-1}$	磁感应强度	特[斯拉]	T	$Wb \cdot m^{-2}$
电导	西[门子]	S	$A \cdot V^{-1}$	摄氏温度	摄氏度	℃	

表 5 能量单位的换算

尔格 erg	焦耳 J	千克力米 kgf·m	千瓦时 kW·h	千卡 kcal(国际蒸汽表卡)	升大气压 L·atm
1	10^{-7}	0.102×10^{-7}	27.78×10^{-15}	23.9×10^{-12}	9.869×10^{-10}
10^{7}	1	0.102	277.8×10^{-9}	239×10^{-6}	9.869×10^{-3}
9.807×10^{7}	9.807	1	2.724×10^{-6}	2.342×10^{-3}	9.679×10^{-2}
36×10^{12}	3.6×10^{6}	367.1×10^{3}	1	859.845	3.553×10^{4}
41.87×10^{9}	4186.8	426.935	1.163×10^{-3}	1	41.29
1.013×10^{9}	101.3	10.33	2.814×10^{-5}	0.024218	1

表 6 压力单位的换算

帕斯卡 Pa	工程大气压 $kgf\cdot cm^{-2}$	毫米水柱 mmH_2O	标准大气压 atm	毫米汞柱 mmHg	托 Torr	巴 bar
1	1.02×10^{-5}	0.102	0.99×10^{-5}	0.0075	0.0075	10^{-5}
98067	1	10^{4}	0.9678	735.6	735.6	0.980665
9.807	0.0001	1	0.9678×10^{-4}	0.0736	0.0736	9.807×10^{-5}
101325	1.033	10332	1	760	760	1.01325
133.32	0.00036	13.6	0.00132	1	1	0.00133322

表 7 不同温度下水的表面张力 σ

t/℃	$\sigma/10^{-3}N\cdot m^{-1}$	t/℃	$\sigma/10^{-3}N\cdot m^{-1}$	t/℃	$\sigma/10^{-3}N\cdot m^{-1}$	t/℃	$\sigma/10^{-3}N\cdot m^{-1}$
0	75.64	15	73.49	22	72.44	29	71.35
5	74.92	16	73.34	23	72.28	30	71.18
10	74.22	17	73.19	24	72.13	35	70.38
11	74.07	18	73.05	25	71.97	40	69.56
12	73.93	19	72.90	26	71.82	45	68.74
13	73.78	20	72.75	27	71.66		
14	73.64	21	72.59	28	71.50		

表 8 常用参比电极电势及温度系数

电极	体系	E/V①	$(\partial E/\partial T)/mV\cdot K^{-1}$
氢电极	$Pt,H_2\|H^+(\alpha_{H^+}=1)$	0.0000	
饱和甘汞电极	$Hg,Hg_2Cl_2\|$饱和 KCl	0.2415	−0.761
标准甘汞电极	$Hg,Hg_2Cl_2\|1mol\cdot L^{-1}KCl$	0.2800	−0.275
甘汞电极	$Hg,Hg_2Cl_2\|0.1mol\cdot L^{-1}KCl$	0.3337	−0.875
银-氯化银电极	$Ag,AgCl\|0.1mol\cdot L^{-1}KCl$	0.290	−0.3
氧化汞电极	$Hg,HgO\|0.1mol\cdot L^{-1}KOH$	0.165	
硫酸亚汞电极	$Hg,Hg_2SO_4\|1mol\cdot L^{-1}H_2SO_4$	0.6758	
硫酸铜电极	$Cu\|$饱和 $CuSO_4$	0.316	−0.7

① 25℃；相对于标准氢电极（NCE)。

表 9 甘汞电极的电极电势与温度的关系

甘汞电极①	φ/V
SCE	$0.2412-6.61\times10^{-4}(t/℃-25)-1.75\times10^{-6}(t/℃-25)^2-9\times10^{-10}(t/℃-25)^3$
NCE	$0.2801-2.75\times10^{-4}(t/℃-25)-2.50\times10^{-6}(t/℃-25)^2-4\times10^{-9}(t/℃-25)^3$
0.1NCE	$0.3337-8.75\times10^{-5}(t/℃-25)-3\times10^{-6}(t/℃-25)^2$

① SCE 为饱和甘汞电极；NCE 为标准甘汞电极；0.1NCE 为 0.1 $mol\cdot L^{-1}$ 甘汞电极。

表 10 水的黏度（cP）

t/℃	0	1	2	3	4	5	6	7	8	9
0	1.787	1.728	1.671	1.618	1.567	1.519	1.472	1.428	1.386	1.346
10	1.307	1.271	1.235	1.202	1.169	1.139	1.109	1.081	1.053	1.027
20	1.002	0.9779	0.9548	0.9325	0.9111	0.8904	0.8705	0.8513	0.8327	0.8148
30	0.7975	0.7808	0.7647	0.7491	0.7340	0.7194	0.7052	0.6915	0.6783	0.6654
40	0.6529	0.6408	0.6291	0.6178	0.6067	0.5960	0.5856	0.5755	0.5656	0.5561

注：$1cP=10^{-3}N \cdot s/m^2$。

表 11 KCl 溶液的电导率 单位：$S \cdot cm^{-1}$

t/℃	$c/mol \cdot L^{-1}$			
	1.000	0.1000	0.0200	0.0100
0	0.06541	0.00715	0.001521	0.000776
5	0.07414	0.00822	0.001752	0.000896
10	0.08319	0.00933	0.001994	0.001020
15	0.09252	0.01048	0.002243	0.001147
16	0.09441	0.01072	0.002294	0.001173
17	0.09631	0.01095	0.002345	0.001199
18	0.09822	0.01119	0.002397	0.001225
19	0.10014	0.01143	0.002449	0.001251
20	0.10207	0.01167	0.002501	0.001278
21	0.10400	0.01191	0.002553	0.001305
22	0.10594	0.01215	0.002606	0.001332
23	0.10789	0.01239	0.002659	0.001359
24	0.10984	0.01264	0.002712	0.001386
25	0.11180	0.01288	0.002765	0.001413
26	0.11377	0.01313	0.002819	0.001441
27	0.11574	0.01337	0.002873	0.001468
28		0.01362	0.002927	0.001496
29		0.01387	0.002981	0.001524
30		0.01412	0.003036	0.001552
35		0.01539	0.003312	
36		0.01564	0.003368	

表 12 不同温度下水和乙醇的折射率①

t/℃	纯 水	99.8%乙醇	t/℃	纯 水	99.8%乙醇	t/℃	纯 水	99.8%乙醇
14	1.33348		28	1.33219	1.35721	44	1.32992	1.35054
15	1.33341		30	1.33192	1.35639	46	1.32959	1.34969
16	1.33333	1.36210	32	1.33164	1.35557	48	1.32927	1.34885
18	1.33317	1.36129	34	1.33136	1.35474	50	1.32894	1.34800
20	1.33299	1.36048	36	1.33107	1.35390	52	1.32860	1.34715
22	1.33281	1.35967	38	1.33079	1.35306	54	1.32827	1.34629
24	1.33262	1.35885	40	1.33051	1.35222			
26	1.33241	1.35803	42	1.33023	1.35138			

① 相对于空气；钠光波长 589.3 nm。

表 13 一些液体的蒸气压

表中所列各化合物的蒸气压可用下列方程式计算

$$\lg p = A - B/(C+t)$$

式中，A、B、C 为三常数；p 为化合物的蒸气压（mmHg 柱）；t 为摄氏温度。

化合物	25℃时蒸气压	温度范围/℃	A	B	C
丙酮（C_3H_6O）	230.05		7.02447	1161.0	224
苯（C_6H_6）	95.18		6.90565	1211.033	220.790
溴（Br_2）	226.32		6.83298	1133.0	228.0

续表

化合物	25℃时蒸气压	温度范围/℃	*A*	*B*	*C*
甲醇(CH_4O)	126.40	−20至140	7.87863	1473.11	230.0
甲苯(C_7H_8)	28.45		6.95464	1344.80	219.482
乙酸($C_2H_4O_2$)	15.59	0至36	7.80307	1651.2	225
		36至170	7.18807	1416.7	211
氯仿($CHCl_3$)	227.72	−30至150	6.90328	1163.03	227.4
四氯碳(CCl_4)	115.25		6.93390	1242.43	230.0
乙酸乙酯($C_4H_8O_2$)	94.29	−20至150	7.09808	1238.71	217.0
乙醇(C_2H_6O)	56.31		8.04494	1554.3	222.65
乙醚($C_4H_{10}O$)	534.31		6.78574	994.195	220.0
乙酸甲酯($C_3H_6O_2$)	213.43		7.20211	1232.83	228.0
环己烷(C_6H_{12})		−20至142	6.84498	1203.526	222.86

表14 pH缓冲溶液在不同温度下的pH值

温度/℃	四草酸氢钾 0.05 mol·L^{-1}	邻苯二甲酸氢钾 0.05 mol·L^{-1}	磷酸盐 0.025 mol·L^{-1}	四硼酸钠 0.01mol·L^{-1}	氢氧化钙 25℃饱和
0	1.666	4.000	6.984	9.464	13.423
5	1.668	3.998	6.951	9.395	13.207
10	1.670	3.997	6.923	9.332	13.003
15	1.672	3.998	6.900	9.276	12.810
20	1.675	4.001	6.881	9.225	12.627
25	1.679	4.005	6.865	9.180	12.454
30	1.683	4.011	6.853	9.139	12.289
35	1.688	4.018	6.844	9.102	12.133
37	—	4.022	6.841	9.088	—
40	1.694	4.027	6.838	9.068	11.984
45	1.700	4.039	6.836	9.040	11.841
50	1.707	4.050	6.833	9.011	11.705
55	1.715	4.065	6.835	8.986	11.574
60	1.723	4.080	6.836	8.962	11.449

表15 25 ℃时普通电极反应的超电势

电极名称	电流密度 *i* /A·m^{-2}				
	10	100	1000	5000	50000
H_2(1 mol·L^{-1} H_2SO_4 溶液)					
Ag	0.097	0.13	0.3	0.48	0.69
Al	0.3	0.83	1.00	1.29	—
Au	0.017	—	0.1	0.24	0.33
石墨C	0.002	—	0.32	0.60	0.73
Hg	0.8	0.93	1.03	1.07	
Ni	0.14	0.3	—	0.56	0.71
Pt(光滑的)	0.0000	0.16	0.29	0.68	—
Pt(镀铂黑的)	0.0000	0.030	0.041	0.048	0.051
Zn	0.48	0.75	1.06	1.23	—
O_2(1 mol·L^{-1} KOH 溶液)					
Ag	0.58	0.73	0.98	—	1.13
Au	0.67	0.96	1.24	—	1.63
Cu	0.42	0.58	0.66	—	0.79
石墨C	0.53	0.90	1.09	—	1.24
Ni	0.35	0.52	0.73	—	0.85

续表

电极名称	电流密度 i /A·m^{-2}				
	10	100	1000	5000	50000
O_2(1 mol·L^{-1} KOH 溶液)					
Pt(光滑的)	0.72	0.85	1.28	—	1.49
Pt(镀铂黑的)	0.40	0.52	0.64	—	0.77
Cl_2(饱和 NaCl 溶液)					
石墨 C	—	—	0.25	0.42	0.53
Pt(光滑的)	0.008	0.03	0.054	0.161	0.236
Pt(镀铂黑的)	0.006	—	0.026	0.05	—
Br_2(饱和 NaBr 溶液)					
石墨 C	—	0.002	0.027	0.16	0.33
Pt(光滑的)	—	0.002	—	0.26	—
Pt(镀铂黑的)	—	0.002	0.012	0.069	0.21
I_2(饱和 NaI 溶液)					
石墨 C	0.002	0.014	0.097	—	—
Pt(光滑的)	—	0.003	0.03	0.12	0.22
Pt(镀铂黑的)	—	0.006	0.032	—	0.196

表 16 不同温度下水的饱和蒸气压和密度

温度/K	饱和蒸气压		密度	温度/K	饱和蒸气压		密度
	×10^2Pa	mmHg	/g·cm^{-3}		×10^2Pa	mmHg	/g·cm^{-3}
273	6.105	4.579	0.9998395	299	33.609	25.209	0.9967837
274	6.567	4.926	0.9998985	300	35.649	26.739	0.9965132
275	7.058	5.294	0.9999399	301	37.796	28.349	0.9962335
276	7.579	5.685	0.9999642	302	40.054	30.043	0.9959448
277	8.134	6.101	0.9999720	303	42.429	31.824	0.9956473
278	8.723	6.543	0.9999638	304	44.923	33.695	0.9953410
279	9.350	7.013	0.9999402	305	47.547	35.663	0.9950262
280	10.017	7.513	0.9999015	306	50.301	37.729	0.9947030
281	10.726	8.045	0.9998482	307	53.193	39.898	0.9943715
282	11.478	8.609	0.9997808	308	56.229	41.175	0.9940319
283	12.278	9.209	0.9996996	309	59.412	44.563	0.9936842
284	13.124	9.844	0.9996051	310	62.751	47.067	0.9933287
285	14.023	10.518	0.9994947	311	66.251	49.692	0.9929653
286	14.973	11.231	0.9993771	312	69.917	52.442	0.9925943
287	15.981	11.987	0.9992444	313	73.759	55.324	0.9922158
288	17.049	12.788	0.9990996	314	77.780	58.34	0.9918298
289	18.177	13.634	0.9989430	315	81.990	61.50	0.9914364
290	19.372	14.530	0.9987749	316	86.390	64.80	0.9910358
291	20.634	15.477	0.9985956	317	91.000	68.26	0.9906280
292	21.968	16.477	0.9984052	318	95.830	71.88	0.9902132
293	23.378	17.535	0.9982041	319	100.86	75.65	0.9897914
294	24.865	18.650	0.9979925	320	106.12	79.60	0.9893628
295	26.434	19.827	0.9977705	321	111.60	93.71	0.9889273
296	28.088	21.068	0.9975385	322	117.35	88.02	0.9884851
297	29.834	22.377	0.9972965	323	123.34	92.51	0.9880363
298	31.672	23.756	0.9970449	373	1013.25	760.00	0.9583637

表 17 标准电极电势

电极反应	E/V	电极反应	E/V
$Ag^{+}+e \rightleftharpoons Ag$	0.7996	$Md^{3+}+3e \rightleftharpoons Md$	−1.65
$Ag^{2+}+e \rightleftharpoons Ag^{+}$	1.980	$Mg^{2+}+2e \rightleftharpoons Mg$	−2.372
$AgBr+e \rightleftharpoons Ag+Br^{-}$	0.0713	$Mg(OH)_2+2e \rightleftharpoons Mg+2OH^{-}$	−2.690
$AgBrO_3+e \rightleftharpoons Ag+BrO_3^{-}$	0.546	$Mn^{2+}+2e \rightleftharpoons Mn$	−1.185
$AgCl+e \rightleftharpoons Ag+Cl^{-}$	0.222	$Mn^{3+}+3e \rightleftharpoons Mn$	1.542
$AgCN+e \rightleftharpoons Ag+CN^{-}$	−0.017	$MnO_2+4H^{+}+2e \rightleftharpoons Mn^{2+}+2H_2O$	1.224
$Ag_2CO_3+2e \rightleftharpoons 2Ag+CO_3^{2-}$	0.470	$MnO_4^{-}+4H^{+}+3e \rightleftharpoons MnO_2+2H_2O$	1.679
$Ag_2C_2O_4+2e \rightleftharpoons 2Ag+C_2O_4^{2-}$	0.465	$MnO_4^{-}+8H^{+}+5e \rightleftharpoons Mn^{2+}+4H_2O$	1.507
$Ag_2CrO_4+2e \rightleftharpoons 2Ag+CrO_4^{2-}$	0.447	$MnO_4^{-}+2H_2O+3e \rightleftharpoons MnO_2+4OH^{-}$	0.595
$AgF+e \rightleftharpoons Ag+F^{-}$	0.779	$Mn(OH)_2+2e \rightleftharpoons Mn+2OH^{-}$	−1.56
$Ag_4[Fe(CN)_6]+4e \rightleftharpoons 4Ag+[Fe(CN)_6]^{4-}$	0.148	$AmO_2^{2+}+4H^{+}+3e \rightleftharpoons Am^{3+}+2H_2O$	1.75
$AgI+e \rightleftharpoons Ag+I^{-}$	−0.152	$As+3H^{+}+3e \rightleftharpoons AsH_3$	−0.608
$AgIO_3+e \rightleftharpoons Ag+IO_3^{-}$	0.354	$As+3H_2O+3e \rightleftharpoons AsH_3+3OH^{-}$	−1.37
$Ag_2MoO_4+2e \rightleftharpoons 2Ag+MoO_4^{2-}$	0.457	$As_2O_3+6H^{+}+6e \rightleftharpoons 2As+3H_2O$	0.234
$[Ag(NH_3)_2]^{+}+e \rightleftharpoons Ag+2NH_3$	0.373	$HAsO_2+3H^{+}+3e \rightleftharpoons As+2H_2O$	0.248
$AgNO_2+e \rightleftharpoons Ag+NO_2^{-}$	0.564	$AsO_2^{-}+2H_2O+3e \rightleftharpoons As+4OH^{-}$	−0.68
$Ag_2O+H_2O+2e \rightleftharpoons 2Ag+2OH^{-}$	0.342	$H_3AsO_4+2H^{+}+2e \rightleftharpoons HAsO_2+2H_2O$	0.560
$2AgO+H_2O+2e \rightleftharpoons Ag_2O+2OH^{-}$	0.607	$AsO_4^{3-}+2H_2O+2e \rightleftharpoons AsO_2^{-}+4OH^{-}$	−0.71
$Ag_2S+2e \rightleftharpoons 2Ag+S^{2-}$	−0.691	$AsS_2^{-}+3e \rightleftharpoons As+2S^{2-}$	−0.75
$Ag_2S+2H^{+}+2e \rightleftharpoons 2Ag+H_2S$	−0.0366	$AsS_4^{3-}+2e \rightleftharpoons AsS_2^{-}+2S^{2-}$	−0.60
$AgSCN+e \rightleftharpoons Ag+SCN^{-}$	0.0895	$Au^{+}+e \rightleftharpoons Au$	1.692
$Ag_2SeO_4+2e \rightleftharpoons 2Ag+SeO_4^{2-}$	0.363	$Au^{3+}+3e \rightleftharpoons Au$	1.498
$Ag_2SO_4+2e \rightleftharpoons 2Ag+SO_4^{2-}$	0.654	$Au^{3+}+2e \rightleftharpoons Au^{+}$	1.401
$Ag_2WO_4+2e \rightleftharpoons 2Ag+WO_4^{2-}$	0.466	$AuBr_2^{-}+e \rightleftharpoons Au+2Br^{-}$	0.959
$Al^{3+}+3e \rightleftharpoons Al$	−1.662	$AuBr_4^{-}+3e \rightleftharpoons Au+4Br^{-}$	0.854
$AlF_6^{3-}+3e \rightleftharpoons Al+6F^{-}$	−2.069	$AuCl_2^{-}+e \rightleftharpoons Au+2Cl^{-}$	1.15
$Al(OH)_3+3e \rightleftharpoons Al+3OH^{-}$	−2.31	$AuCl_4^{-}+3e \rightleftharpoons Au+4Cl^{-}$	1.002
$AlO_2^{-}+2H_2O+3e \rightleftharpoons Al+4OH^{-}$	−2.35	$AuI+e \rightleftharpoons Au+I^{-}$	0.50
$Am^{3+}+3e \rightleftharpoons Am$	−2.048	$Au(SCN)_4^{-}+3e \rightleftharpoons Au+4SCN^{-}$	0.66
$Am^{4+}+e \rightleftharpoons Am^{3+}$	2.60	$Au(OH)_3+3H^{+}+3e \rightleftharpoons Au+3H_2O$	1.45
$IO^{-}+H_2O+2e \rightleftharpoons I^{-}+2OH^{-}$	0.485	$BF_4^{-}+3e \rightleftharpoons B+4F^{-}$	−1.04
$2IO_3^{-}+12H^{+}+10e \rightleftharpoons I_2+6H_2O$	1.195	$H_2BO_3^{-}+H_2O+3e \rightleftharpoons B+4OH^{-}$	−1.79
$IO_3^{-}+6H^{+}+6e \rightleftharpoons I^{-}+3H_2O$	1.085	$B(OH)_3+7H^{+}+8e \rightleftharpoons BH_4^{-}+3H_2O$	−.0481
$IO_3^{-}+2H_2O+4e \rightleftharpoons IO^{-}+4OH^{-}$	0.15	$Ba^{2+}+2e \rightleftharpoons Ba$	−2.912
$IO_3^{-}+3H_2O+6e \rightleftharpoons I^{-}+6OH^{-}$	0.26	$Ba(OH)_2+2e \rightleftharpoons Ba+2OH^{-}$	−2.99
$2IO_3^{-}+6H_2O+10e \rightleftharpoons I_2+12OH^{-}$	0.21	$Be^{2+}+2e \rightleftharpoons Be$	−1.847
$H_5IO_6+H^{+}+2e \rightleftharpoons IO_3^{-}+3H_2O$	1.601	$Be_2O_3^{2-}+3H_2O+4e \rightleftharpoons 2Be+6OH^{-}$	−2.63
$In^{+}+e \rightleftharpoons In$	−0.14	$Bi^{+}+e \rightleftharpoons Bi$	0.5
$In^{3+}+3e \rightleftharpoons In$	−0.338	$Bi^{3+}+3e \rightleftharpoons Bi$	0.308
$In(OH)_3+3e \rightleftharpoons In+3OH^{-}$	−0.99	$BiCl_4^{-}+3e \rightleftharpoons Bi+4Cl^{-}$	0.16
$Ir^{3+}+3e \rightleftharpoons Ir$	1.156	$BiOCl+2H^{+}+3e \rightleftharpoons Bi+Cl^{-}+H_2O$	0.16
$IrBr_6^{2-}+e \rightleftharpoons IrBr_6^{3-}$	0.99	$Bi_2O_3+3H_2O+6e \rightleftharpoons 2Bi+6OH^{-}$	−0.46
$IrCl_6^{2-}+e \rightleftharpoons IrCl_6^{3-}$	0.867	$Mo^{3+}+3e \rightleftharpoons Mo$	−0.200
$K^{+}+e \rightleftharpoons K$	−2.931	$MoO_4^{2-}+4H_2O+6e \rightleftharpoons Mo+8OH^{-}$	−1.05
$La^{3+}+3e \rightleftharpoons La$	−2.379	$N_2+2H_2O+6H^{+}+6e \rightleftharpoons 2NH_4OH$	0.092
$La(OH)_3+3e \rightleftharpoons La+3OH^{-}$	−2.90	$2NH_3OH^{+}+H^{+}+2e \rightleftharpoons N_2H_5^{+}+2H_2O$	1.42
$Li^{+}+e \rightleftharpoons Li$	−3.040	$2NO+H_2O+2e \rightleftharpoons N_2O+2OH^{-}$	0.76
$Lr^{3+}+3e \rightleftharpoons Lr$	−1.96	$2HNO_2+4H^{+}+4e \rightleftharpoons N_2O+3H_2O$	1.297
$Lu^{3+}+3e \rightleftharpoons Lu$	−2.28	$NO_3^{-}+3H^{+}+2e \rightleftharpoons HNO_2+H_2O$	0.934
$Md^{2+}+2e \rightleftharpoons Md$	−2.40	$NO_3^{-}+H_2O+2e \rightleftharpoons NO_2^{-}+2OH^{-}$	0.01

续表

电极反应	E/V	电极反应	E/V
$2NO_3^- + 2H_2O + 2e \rightleftharpoons N_2O_4 + 4OH^-$	−0.85	$Ce^{3+} + 3e \rightleftharpoons Ce(Hg)$	−1.437
$Na^+ + e \rightleftharpoons Na$	−2.713	$CeO_2 + 4H^+ + e \rightleftharpoons Ce^{3+} + 2H_2O$	1.4
$Nb^{3+} + 3e \rightleftharpoons Nb$	−1.099	Cl_2(气体)$+ 2e \rightleftharpoons 2Cl^-$	1.358
$NbO_2 + 4H^+ + 4e \rightleftharpoons Nb + 2H_2O$	−0.690	$ClO^- + H_2O + 2e \rightleftharpoons Cl^- + 2OH^-$	0.89
$Nb_2O_5 + 10H^+ + 10e \rightleftharpoons 2Nb + 5H_2O$	−0.644	$HClO + H^+ + 2e \rightleftharpoons Cl^- + H_2O$	1.482
$Nd^{2+} + 2e \rightleftharpoons Nd$	−2.1	$2HClO + 2H^+ + 2e \rightleftharpoons Cl_2 + 2H_2O$	1.611
$Nd^{3+} + 3e \rightleftharpoons Nd$	−2.323	$H_2PO_2^- + e \rightleftharpoons P + 2OH^-$	−1.82
$Ni^{2+} + 2e \rightleftharpoons Ni$	−0.257	$H_3PO_3 + 2H^+ + 2e \rightleftharpoons H_3PO_2 + H_2O$	−0.499
$NiCO_3 + 2e \rightleftharpoons Ni + CO_3^{2-}$	−0.45	$H_3PO_3 + 3H^+ + 3e \rightleftharpoons P + 3H_2O$	−0.454
$Ni(OH)_2 + 2e \rightleftharpoons Ni + 2OH^-$	−0.72	$H_3PO_4 + 2H^+ + 2e \rightleftharpoons H_3PO_3 + H_2O$	−0.276
$NiO_2 + 4H^+ + 2e \rightleftharpoons Ni^{2+} + 2H_2O$	1.678	$PO_4^{3-} + 2H_2O + 2e \rightleftharpoons HPO_3^{2-} + 3OH^-$	−1.05
$No^{2+} + 2e \rightleftharpoons No$	−2.50	$Pa^{3+} + 3e \rightleftharpoons Pa$	−1.34
$No^{3+} + 3e \rightleftharpoons No$	−1.20	$Pa^{4+} + 4e \rightleftharpoons Pa$	−1.49
$Np^{3+} + 3e \rightleftharpoons Np$	−1.856	$Pb^{2+} + 2e \rightleftharpoons Pb$	−0.126
$NpO_2 + H_2O + H^+ + e \rightleftharpoons Np(OH)_3$	−0.962	$Pb^{2+} + 2e \rightleftharpoons Pb(Hg)$	−0.121
$O_2 + 4H^+ + 4e \rightleftharpoons 2H_2O$	1.229	$PbBr_2 + 2e \rightleftharpoons Pb + 2Br^-$	−0.284
$O_2 + 2H_2O + 4e \rightleftharpoons 4OH^-$	0.401	$PbCl_2 + 2e \rightleftharpoons Pb + 2Cl^-$	−0.268
$O_3 + H_2O + 2e \rightleftharpoons O_2 + 2OH^-$	1.24	$PbCO_3 + 2e \rightleftharpoons Pb + CO_3^{2-}$	−0.506
$Os^{2+} + 2e \rightleftharpoons Os$	0.85	$PbF_2 + 2e \rightleftharpoons Pb + 2F^-$	−0.344
$OsCl_6^{3-} + e \rightleftharpoons Os^{2+} + 6Cl^-$	0.4	$PbI_2 + 2e \rightleftharpoons Pb + 2I^-$	−0.365
$OsO_2 + 2H_2O + 4e \rightleftharpoons Os + 4OH^-$	−0.15	$PbO + H_2O + 2e \rightleftharpoons Pb + 2OH^-$	−0.580
$OsO_4 + 8H^+ + 8e \rightleftharpoons Os + 4H_2O$	0.838	$PbO + 2H^+ + 2e \rightleftharpoons Pb + H_2O$	0.25
$OsO_4 + 4H^+ + 4e \rightleftharpoons OsO_2 + 2H_2O$	1.02	$PbO_2 + 4H^+ + 2e \rightleftharpoons Pb^{2+} + 2H_2O$	1.455
$P + 3H_2O + 3e \rightleftharpoons PH_3(g) + 3OH^-$	−0.87	$HPbO_2^- + H_2O + 2e \rightleftharpoons Pb + 3OH^-$	−0.537
$Bi_2O_4 + 4H^+ + 2e \rightleftharpoons 2BiO^+ + 2H_2O$	1.593	$PbO_2 + SO_4^{2-} + 4H^+ + 2e \rightleftharpoons PbSO_4 + 2H_2O$	1.691
$Bi_2O_4 + H_2O + 2e \rightleftharpoons Bi_2O_3 + 2OH^-$	0.56	$PbSO_4 + 2e \rightleftharpoons Pb + SO_4^{2-}$	−0.359
Br_2(水溶液,aq)$+ 2e \rightleftharpoons 2Br^-$	1.087	$Pd^{2+} + 2e \rightleftharpoons Pd$	0.915
Br_2(液体)$+ 2e \rightleftharpoons 2Br^-$	1.066	$PdBr_4^{2-} + 2e \rightleftharpoons Pd + 4Br^-$	0.6
$BrO^- + H_2O + 2e \rightleftharpoons Br^- + 2OH^-$	0.761	$PdO_2 + H_2O + 2e \rightleftharpoons PdO + 2OH^-$	0.73
$BrO_3^- + 6H^+ + 6e \rightleftharpoons Br^- + 3H_2O$	1.423	$Pd(OH)_2 + 2e \rightleftharpoons Pd + 2OH^-$	0.07
$BrO_3^- + 3H_2O + 6e \rightleftharpoons Br^- + 6OH^-$	0.61	$Pm^{2+} + 2e \rightleftharpoons Pm$	−2.20
$2BrO_3^- + 12H^+ + 10e \rightleftharpoons Br_2 + 6H_2O$	1.482	$Pm^{3+} + 3e \rightleftharpoons Pm$	−2.30
$HBrO + H^+ + 2e \rightleftharpoons Br^- + H_2O$	1.331	$Po^{4+} + 4e \rightleftharpoons Po$	0.76
$2HBrO + 2H^+ + 2e \rightleftharpoons Br_2$(水溶液,aq)$+ 2H_2O$	1.574	$Pr^{2+} + 2e \rightleftharpoons Pr$	−2.0
$CH_3OH + 2H^+ + 2e \rightleftharpoons CH_4 + H_2O$	0.59	$Pr^{3+} + 3e \rightleftharpoons Pr$	−2.353
$HCHO + 2H^+ + 2e \rightleftharpoons CH_3OH$	0.19	$Pt^{2+} + 2e \rightleftharpoons Pt$	1.18
$CH_3COOH + 2H^+ + 2e \rightleftharpoons CH_3CHO + H_2O$	−0.12	$[PtCl_6]^{2-} + 2e \rightleftharpoons [PtCl_4]^{2-} + 2Cl^-$	0.68
$(CN)_2 + 2H^+ + 2e \rightleftharpoons 2HCN$	0.373	$Pt(OH)_2 + 2e \rightleftharpoons Pt + 2OH^-$	0.14
$(CNS)_2 + 2e \rightleftharpoons 2CNS^-$	0.77	$ClO_2^- + 2H_2O + 4e \rightleftharpoons Cl^- + 4OH^-$	0.76
$CO_2 + 2H^+ + 2e \rightleftharpoons CO + H_2O$	−0.12	$2ClO_3^- + 12H^+ + 10e \rightleftharpoons Cl_2 + 6H_2O$	1.47
$CO_2 + 2H^+ + 2e \rightleftharpoons HCOOH$	−0.199	$ClO_3^- + 6H^+ + 6e \rightleftharpoons Cl^- + 3H_2O$	1.451
$Ca^{2+} + 2e \rightleftharpoons Ca$	−2.868	$ClO_3^- + 3H_2O + 6e \rightleftharpoons Cl^- + 6OH^-$	0.62
$Ca(OH)_2 + 2e \rightleftharpoons Ca + 2OH^-$	−3.02	$ClO_4^- + 8H^+ + 8e \rightleftharpoons Cl^- + 4H_2O$	1.38
$Cd^{2+} + 2e \rightleftharpoons Cd$	−0.403	$2ClO_4^- + 16H^+ + 14e \rightleftharpoons Cl_2 + 8H_2O$	1.39
$Cd^{2+} + 2e \rightleftharpoons Cd(Hg)$	−0.352	$Cm^{3+} + 3e \rightleftharpoons Cm$	−2.04
$Cd(CN)_4^{2-} + 2e \rightleftharpoons Cd + 4CN^-$	−1.09	$Co^{2+} + 2e \rightleftharpoons Co$	−0.28
$CdO + H_2O + 2e \rightleftharpoons Cd + 2OH^-$	−0.783	$[Co(NH_3)_6]^{3+} + e \rightleftharpoons [Co(NH_3)_6]^{2+}$	0.108
$CdS + 2e \rightleftharpoons Cd + S^{2-}$	−1.17	$[Co(NH_3)_6]^{2+} + 2e \rightleftharpoons Co + 6NH_3$	−0.43
$CdSO_4 + 2e \rightleftharpoons Cd + SO_4^{2-}$	−0.246	$Co(OH)_2 + 2e \rightleftharpoons Co + 2OH^-$	−0.73
$Ce^{3+} + 3e \rightleftharpoons Ce$	−2.336	$Co(OH)_3 + e \rightleftharpoons Co(OH)_2 + OH^-$	0.17

续表

电极反应	E/V	电极反应	E/V
$Cr^{2+}+2e \rightleftharpoons Cr$	−0.913	$SeO_3^{2-}+3H_2O+4e \rightleftharpoons Se+6OH^-$	−0.366
$Cr^{3+}+e \rightleftharpoons Cr^{2+}$	−0.407	$SeO_4^{2-}+H_2O+2e \rightleftharpoons SeO_3^{2-}+2OH^-$	0.05
$Cr^{3+}+3e \rightleftharpoons Cr$	−0.744	$Cu_2O+H_2O+2e \rightleftharpoons 2Cu+2OH^-$	−0.360
$[Cr(CN)_6]^{3-}+e \rightleftharpoons [Cr(CN)_6]^{4-}$	−1.28	$Cu(OH)_2+2e \rightleftharpoons Cu+2OH^-$	−0.222
$Cr(OH)_3+3e \rightleftharpoons Cr+3OH^-$	−1.48	$2Cu(OH)_2+2e \rightleftharpoons Cu_2O+2OH^-+H_2O$	−0.080
$Cr_2O_7^{2-}+14H^++6e \rightleftharpoons 2Cr^{3+}+7H_2O$	1.232	$CuS+2e \rightleftharpoons Cu+S^{2-}$	−0.70
$CrO_2^-+2H_2O+3e \rightleftharpoons Cr+4OH^-$	−1.2	$CuSCN+e \rightleftharpoons Cu+SCN^-$	−0.27
$HCrO_4^-+7H^++3e \rightleftharpoons Cr^{3+}+4H_2O$	1.350	$Dy^{2+}+2e \rightleftharpoons Dy$	−2.2
$CrO_4^{2-}+4H_2O+3e \rightleftharpoons Cr(OH)_3+5OH^-$	−0.13	$Dy^{3+}+3e \rightleftharpoons Dy$	−2.295
$Cs^++e \rightleftharpoons Cs$	−2.92	$Er^{2+}+2e \rightleftharpoons Er$	−2.0
$Cu^++e \rightleftharpoons Cu$	0.521	$Er^{3+}+3e \rightleftharpoons Er$	−2.331
$Cu^{2+}+2e \rightleftharpoons Cu$	0.342	$Es^{2+}+2e \rightleftharpoons Es$	−2.23
$Cu^{2+}+2e \rightleftharpoons Cu(Hg)$	0.345	$Es^{3+}+3e \rightleftharpoons Es$	−1.91
$Cu^{2+}+Br^-+e \rightleftharpoons CuBr$	0.66	$Eu^{2+}+2e \rightleftharpoons Eu$	−2.812
$Cu^{2+}+Cl^-+e \rightleftharpoons CuCl$	0.57	$Eu^{3+}+3e \rightleftharpoons Eu$	−1.991
$Cu^{2+}+I^-+e \rightleftharpoons CuI$	0.86	$F_2+2H^++2e \rightleftharpoons 2HF$	3.053
$Cu^{2+}+2CN^-+e \rightleftharpoons [Cu(CN)_2]^-$	1.103	$F_2O+2H^++4e \rightleftharpoons H_2O+2F^-$	2.153
$CuBr_2^-+e \rightleftharpoons Cu+2Br^-$	0.05	$Fe^{2+}+2e \rightleftharpoons Fe$	−0.447
$CuCl_2^-+e \rightleftharpoons Cu+2Cl^-$	0.19	$Fe^{3+}+3e \rightleftharpoons Fe$	−0.037
$CuI_2^-+e \rightleftharpoons Cu+2I^-$	0.00	$[Fe(CN)_6]^{3-}+e \rightleftharpoons [Fe(CN)_6]^{4-}$	0.358
$PtO_2+4H^++4e \rightleftharpoons Pt+2H_2O$	1.00	$[Fe(CN)_6]^{4-}+2e \rightleftharpoons Fe+6CN^-$	−1.5
$PtS+2e \rightleftharpoons Pt+S^{2-}$	−0.83	$FeF_6^{3-}+e \rightleftharpoons Fe^{2+}+6F^-$	0.4
$Pu^{3+}+3e \rightleftharpoons Pu$	−2.031	$Fe(OH)_2+2e \rightleftharpoons Fe+2OH^-$	−0.877
$Pu^{5+}+e \rightleftharpoons Pu^{4+}$	1.099	$Fe(OH)_3+e \rightleftharpoons Fe(OH)_2+OH^-$	−0.56
$Ra^{2+}+2e \rightleftharpoons Ra$	−2.8	$Fe_3O_4+8H^++2e \rightleftharpoons 3Fe^{2+}+4H_2O$	1.23
$Rb^++e \rightleftharpoons Rb$	−2.98	$Fm^{3+}+3e \rightleftharpoons Fm$	−1.89
$Re^{3+}+3e \rightleftharpoons Re$	0.300	$Fr^++e \rightleftharpoons Fr$	−2.9
$ReO_2+4H^++4e \rightleftharpoons Re+2H_2O$	0.251	$Ga^{3+}+3e \rightleftharpoons Ga$	−0.549
$ReO_4^-+4H^++3e \rightleftharpoons ReO_2+2H_2O$	0.510	$H_2GaO_3^-+H_2O+3e \rightleftharpoons Ga+4OH^-$	−1.29
$ReO_4^-+4H_2O+7e \rightleftharpoons Re+8OH^-$	−0.584	$Gd^{3+}+3e \rightleftharpoons Gd$	−2.279
$Rh^{2+}+2e \rightleftharpoons Rh$	0.600	$Ge^{2+}+2e \rightleftharpoons Ge$	0.24
$Rh^{3+}+3e \rightleftharpoons Rh$	0.758	$Ge^{4+}+2e \rightleftharpoons Ge^{2+}$	0.0
$Ru^{2+}+2e \rightleftharpoons Ru$	0.455	$GeO_2+2H^++2e \rightleftharpoons GeO$(棕色)$+H_2O$	−0.118
$RuO_2+4H^++2e \rightleftharpoons Ru^{2+}+2H_2O$	1.120	$GeO_2+2H^++2e \rightleftharpoons GeO$(黄色)$+H_2O$	−0.273
$RuO_4+6H^++4e \rightleftharpoons Ru(OH)_2^{2+}+2H_2O$	1.40	$Si+4H^++4e \rightleftharpoons SiH_4$(气体)	0.102
$S+2e \rightleftharpoons S^{2-}$	−0.476	$Si+4H_2O+4e \rightleftharpoons SiH_4+4OH^-$	−0.73
$S+2H^++2e \rightleftharpoons H_2S$(水溶液,aq)	0.142	$SiF_6^{2-}+4e \rightleftharpoons Si+6F^-$	−1.24
$S_2O_6^{2-}+4H^++2e \rightleftharpoons 2H_2SO_3$	0.564	$SiO_2+4H^++4e \rightleftharpoons Si+2H_2O$	−0.857
$2SO_3^{2-}+3H_2O+4e \rightleftharpoons S_2O_3^{2-}+6OH^-$	−0.571	$SiO_3^{2-}+3H_2O+4e \rightleftharpoons Si+6OH^-$	−1.697
$2SO_3^{2-}+2H_2O+2e \rightleftharpoons S_2O_4^{2-}+4OH^-$	−1.12	$Sm^{2+}+2e \rightleftharpoons Sm$	−2.68
$SO_4^{2-}+H_2O+2e \rightleftharpoons SO_3^{2-}+2OH^-$	−0.93	$Sm^{3+}+3e \rightleftharpoons Sm$	−2.304
$Sb+3H^++3e \rightleftharpoons SbH_3$	−0.510	$Sn^{2+}+2e \rightleftharpoons Sn$	−0.138
$Sb_2O_3+6H^++6e \rightleftharpoons 2Sb+3H_2O$	0.152	$Sn^{4+}+2e \rightleftharpoons Sn^{2+}$	0.151
$Sb_2O_5+6H^++4e \rightleftharpoons 2SbO^++3H_2O$	0.581	$SnCl_4^{2-}+2e \rightleftharpoons Sn+4Cl^-$ ($1mol \cdot L^{-1}$ HCl)	−0.19
$SbO_3^-+H_2O+2e \rightleftharpoons SbO_2^-+2OH^-$	−0.59	$SnF_6^{2-}+4e \rightleftharpoons Sn+6F^-$	−0.25
$Sc^{3+}+3e \rightleftharpoons Sc$	−2.077	$Sn(OH)_3^-+3H^++2e \rightleftharpoons Sn+3H_2O$	0.142
$Sc(OH)_3+3e \rightleftharpoons Sc+3OH^-$	−2.6	$SnO_2+4H^++4e \rightleftharpoons Sn+2H_2O$	−0.117
$Se+2e \rightleftharpoons Se^{2-}$	−0.924	$Sn(OH)_6^{2-}+2e \rightleftharpoons HSnO_2^-+3OH^-+H_2O$	−0.93
$Se+2H^++2e \rightleftharpoons H_2Se$(水溶液,aq)	−0.399	$Sr^{2+}+2e \rightleftharpoons Sr$	−2.899
$H_2SeO_3+4H^++4e \rightleftharpoons Se+3H_2O$	−0.74	$Sr^{2+}+2e \rightleftharpoons Sr(Hg)$	−1.793

续表

电极反应	E/V	电极反应	E/V
$Sr(OH)_2+2e \rightleftharpoons Sr+2OH^-$	−2.88	$Ho^{2+}+2e \rightleftharpoons Ho$	−2.1
$Ta^{3+}+3e \rightleftharpoons Ta$	−0.6	$Ho^{3+}+3e \rightleftharpoons Ho$	−2.33
$Tb^{3+}+3e \rightleftharpoons Tb$	−2.28	$I_2+2e \rightleftharpoons 2I^-$	0.5355
$Tc^{2+}+2e \rightleftharpoons Tc$	0.400	$I_3^-+2e \rightleftharpoons 3I^-$	0.536
$TcO_4^-+8H^++7e \rightleftharpoons Tc+4H_2O$	0.472	$2IBr+2e \rightleftharpoons I_2+2Br^-$	1.02
$TcO_4^-+2H_2O+3e \rightleftharpoons TcO_2+4OH^-$	−0.311	$ICN+2e \rightleftharpoons I^-+CN^-$	0.30
$Te+2e \rightleftharpoons Te^{2-}$	−1.143	$2HIO+2H^++2e \rightleftharpoons I_2+2H_2O$	1.439
$Te^{4+}+4e \rightleftharpoons Te$	0.568	$HIO+H^++2e \rightleftharpoons I^-+H_2O$	0.987
$Th^{4+}+4e \rightleftharpoons Th$	−1.899	$TlBr+e \rightleftharpoons Tl+Br^-$	−0.658
$Ti^{2+}+2e \rightleftharpoons Ti$	−1.630	$TlCl+e \rightleftharpoons Tl+Cl^-$	−0.557
$Ti^{3+}+3e \rightleftharpoons Ti$	−1.37	$TlI+e \rightleftharpoons Tl+I^-$	−0.752
$TiO_2+4H^++2e \rightleftharpoons Ti^{2+}+2H_2O$	−0.502	$Tl_2O_3+3H_2O+4e \rightleftharpoons 2Tl^++6OH^-$	0.02
$TiO^{2+}+2H^++e \rightleftharpoons Ti^{3+}+H_2O$	0.1	$TlOH+e \rightleftharpoons Tl+OH^-$	−0.34
$Tl^++e \rightleftharpoons Tl$	−0.336	$Tl_2SO_4+2e \rightleftharpoons 2Tl+SO_4^{2-}$	−0.436
$Tl^{3+}+3e \rightleftharpoons Tl$	0.741	$Tm^{2+}+2e \rightleftharpoons Tm$	−2.4
$Tl^{3+}+Cl^-+2e \rightleftharpoons TlCl$	1.36	$Tm^{3+}+3e \rightleftharpoons Tm$	−2.319
$H_2GeO_3+4H^++4e \rightleftharpoons Ge+3H_2O$	−0.182	$U^{3+}+3e \rightleftharpoons U$	−1.798
$2H^++2e \rightleftharpoons H_2$	0.0000	$UO_2+4H^++4e \rightleftharpoons U+2H_2O$	−1.40
$H_2+2e \rightleftharpoons 2H^-$	−2.25	$UO_2{}^++4H^++e \rightleftharpoons U^{4+}+2H_2O$	0.612
$2H_2O+2e \rightleftharpoons H_2+2OH^-$	−0.8277	$UO_2^{2+}+4H^++6e \rightleftharpoons U+2H_2O$	−1.444
$Hf^{4+}+4e \rightleftharpoons Hf$	−1.55	$V^{2+}+2e \rightleftharpoons V$	−1.175
$Hg^{2+}+2e \rightleftharpoons Hg$	0.851	$VO^{2+}+2H^++e \rightleftharpoons V^{3+}+H_2O$	0.337
$Hg_2^{2+}+2e \rightleftharpoons 2Hg$	0.797	$VO_2{}^++2H^++e \rightleftharpoons VO^{2+}+H_2O$	0.991
$2Hg^{2+}+2e \rightleftharpoons Hg_2^{2+}$	0.920	$VO_2{}^++4H^++2e \rightleftharpoons V^{3+}+2H_2O$	0.668
$Hg_2Br_2+2e \rightleftharpoons 2Hg+2Br^-$	0.1392	$V_2O_5+10H^++10e \rightleftharpoons 2V+5H_2O$	−0.242
$HgBr_4^{2-}+2e \rightleftharpoons Hg+4Br^-$	0.21	$W^{3+}+3e \rightleftharpoons W$	0.1
$Hg_2Cl_2+2e \rightleftharpoons 2Hg+2Cl^-$	0.2681	$WO_3+6H^++6e \rightleftharpoons W+3H_2O$	−0.090
$2HgCl_2+2e \rightleftharpoons Hg_2Cl_2+2Cl^-$	0.63	$W_2O_5+2H^++2e \rightleftharpoons 2WO_2+H_2O$	−0.031
$Hg_2CrO_4+2e \rightleftharpoons 2Hg+CrO_4^{2-}$	0.54	$Y^{3+}+3e \rightleftharpoons Y$	−2.372
$Hg_2I_2+2e \rightleftharpoons 2Hg+2I^-$	−0.0405	$Yb^{2+}+2e \rightleftharpoons Yb$	−2.76
$Hg_2O+H_2O+2e \rightleftharpoons 2Hg+2OH^-$	0.123	$Yb^{3+}+3e \rightleftharpoons Yb$	−2.19
$HgO+H_2O+2e \rightleftharpoons Hg+2OH^-$	0.0977	$Zn^{2+}+2e \rightleftharpoons Zn$	−0.7618
HgS(红色)$+2e \rightleftharpoons Hg+S^{2-}$	−0.70	$Zn^{2+}+2e \rightleftharpoons Zn(Hg)$	−0.7628
HgS(黑色)$+2e \rightleftharpoons Hg+S^{2-}$	−0.67	$Zn(OH)_2+2e \rightleftharpoons Zn+2OH^-$	−1.249
$Hg_2(SCN)_2+2e \rightleftharpoons 2Hg+2SCN^-$	0.22	$ZnS+2e \rightleftharpoons Zn+S^{2-}$	−1.40
$Hg_2SO_4+2e \rightleftharpoons 2Hg+SO_4^{2-}$	0.613	$ZnSO_4+2e \rightleftharpoons Zn(Hg)+SO_4^{2-}$	−0.799

注：上表中所列的标准电极电势（25.0 ℃，101.325 kPa）是相对于标准氢电极电势的值。标准氢电极电势被规定为零伏特（0.0V）。

参 考 文 献

[1] 沙定国．误差分析与数据处理［M］．北京：北京理工大学出版社，1993.
[2] 肖明耀．实验误差估计与数据处理［M］．北京：科学出版社，1980.
[3] 叶卫平，方安平，于本方．Origin 7.0 科技绘图及数据分析［M］．北京：机械工业出版社，2003.
[4] 宋清．定量分析中的误差和数据评价［M］．北京：人民教育出版社，1982.
[5] Shoemaker D P，et al. Experimental in physical Chemistry［M］．New York：McGraw-hill Book Company，1989.
[6] 湘潭大学化学学院物理化学教研室．物理化学实验［M］．湖南：湖南科学技术出版社，2002.
[7] 傅献彩，沈文霞，姚天扬，等．物理化学［M］．第 5 版．北京：高等教育出版社，2005.
[8] 北京大学化学学院物理化学实验教学组．物理化学实验［M］．第 4 版．北京：北京大学出版社，2002.
[9] 邱金恒，孙尔康，吴强．物理化学实验［M］．北京：高等教育出版社，2009.
[10] 复旦大学，等编，庄继华等修订．物理化学实验．第 3 版［M］．北京：高等教育出版社，2004.
[11] 东北师范大学等校．物理化学实验［M］．第 3 版．北京：高等教育出版社，2014.
[12] 金丽萍，邬时清，陈大勇．物理化学实验［M］．上海：华东理工大学出版社，2005.
[13] 金丽萍，邬时清．物理化学实验［M］．上海：华东理工大学出版社，2016.
[14] 北京大学化学学院物理化学实验教学组．物理化学实验［M］．第 4 版．北京：北京大学出版社，2002.
[15] 武汉大学．分析化学［M］．第 6 版．北京：高等教育出版社，2016.
[16] 顾月姝，宋淑娥．基础化学实验（Ⅲ）——物理化学实验［M］．北京：化学工业出版社，2007.
[17] 周昕，罗虹，刘文娟．大学实验化学［M］．第 3 版．北京：科学出版社，2019.
[18] 夏海涛．物理化学实验［M］．第 2 版．南京：南京大学出版社，2014.
[19] ［美］斯坦莱·韦拉斯．化工反应动力学［M］．北京：化学工业出版社，1968.
[20] 吴越，等．中国科学院应用化学研究所集刊［M］．第 4 集．北京：科学出版社，1960.
[21] 张春晔，赵谦．物理化学实验［M］．第 2 版．南京：南京大学出版社，2006.
[22] 武汉大学化学与分子科学学院实验中心．物理化学实验．第 2 版［M］．武汉：武汉大学出版社，2012.
[23] 钱人元，等．高分子化合物分子量的测定［M］．北京：科学出版社，1958.
[24] 刘粤惠，刘平安．X 射线衍射分析原理与应用［M］．北京：化学工业出版社，2003.
[25] 贾梦秋，杨文胜．应用电化学［M］．北京：高等教育出版社，2004.
[26] 巴德，福克纳．电化学方法原理和应用［M］．第 2 版．邵元华，等译．北京：化学工业出版社，2005.
[27] 张祖训，王尔康．电化学原理和方法［M］．北京：科学出版社，2000.
[28] 陈斌．物理化学实验［M］．北京：中国建材工业出版社，2004.
[29] 陈念贻，许志宏，刘洪霖，等．计算化学及其应用［M］．上海：上海科学技术出版社，1987.
[30] 邵学广，蔡文生．化学信息学［M］．北京：科学出版社．2005.
[31] 徐光宪，黎乐民，王德民．量子化学——基本原理和从头计算法［M］（上、中册）．第 2 版．北京：科学出版社，2008.
[32] Hehre W J. Ab initio molecular orbital theory. New York：John&Sons Inc.，1986.
[33] 史美伦．交流阻抗谱原理及应用［M］．北京：国防工业出版社，2001.
[34] 努丽燕娜，王宝峰．实验电化学［M］．北京：化学工业出版社，2007.
[35] 华中一．真空实验技术［M］．上海：上海科学技术出版社，1986.
[36] 孙企达，陈建中．真空测量与仪表［M］．北京：机械工业出版社，1981.
[37] Roth A 著．真空技术翻译组．真空技术［M］．北京：机械工业出版社，1980.
[38] 清华大学工业自动化系编．电动仪表及其晶体管电路［M］．北京：人民教育出版社，1976.
[39] 沈维善，张孙元编．热电偶热电阻分度手册［M］．北京：机械工业部仪表工业局，1985.
[40] 沙占友．智能化集成温度传感器原理与应用［M］．北京：机械工业出版社，2002.
[41] 周伟舫．电化学测量［M］．上海：上海科学技术出版社，1985.
[42] 刘永辉．电化学测试技术［M］．北京：北京航空学院出版社，1987.
[43] 杨辉，卢文庆．应用电化学［M］．北京：科学出版社，2002.
[44] Bard A J，Faulkner L R. 电化学原理方法和应用［M］．谷林英，等译．北京：化学工业出版社，1986.

[45] 邓龙武，邓希贤，等．物理化学实验基本技术［M］．上海：华东师范大学出版社，1986.
[46] 杨文治．物理化学实验基本技术［M］．北京：北京大学出版社，1992.
[47] 李余曾．热分析［M］．北京：清华大学出版社，1987.
[48] 陈镜泓，李传儒．热分析及其应用［M］．北京：科学出版社，1985.
[49] 周祖康，顾锡人，马季铭．胶体化学基础［M］．北京：北京大学出版社，1987.
[50] 丁晓峰，管蓉，陈沛智．接触角测量技术的最新进展［J］．理化检验，2008，44（2）：84-89.